Eugen Fröhner

Gerichtliche Tierheilkunde

Salzwasser

Eugen Fröhner

Gerichtliche Tierheilkunde

1. Auflage | ISBN: 978-3-84609-794-6

Erscheinungsort: Paderborn, Deutschland

Erscheinungsjahr: 2014

Salzwasser Verlag GmbH, Paderborn.

Nachdruck des Originals von 1915.

Eugen Fröhner

Gerichtliche Tierheilkunde

Salzwasser

Lehrbuch

der

Gerichtlichen Tierheilkunde

von

Eugen Fröhner,

Dr. med. und Dr. med. vet. h. c., Geh. Regierungsrat u. Professor,
Direktor der medizinisch-forensischen Klinik der Königl. Tierärztl. Hochschule in Berlin.

Vierte, neubearbeitete Auflage.

Berlin 1915.
Verlagsbuchhandlung von Richard Schoetz
Wilhelmstraße 10.

Inhaltsverzeichnis.

Anhang.

Die forensische Identifizierung von Tiergattung und Geschlecht

Vorwort zur vierten Auflage.

In der neuen Auflage ist der Abschnitt über die Abdeckerei-privilegien vervollständigt und durch weitere Gerichtsentscheidungen ergänzt worden. Zur Beantwortung der Frage: ob schlachtbare Pferde dem Abdecker gehören, ist ein Obergutachten des Preuß. Landesveterinäramts wiedergegeben, das diese Frage mit Recht verneint. Das Kapitel über die Haftung der Schlachthoftierärzte ist nach den neuen Bestimmungen der Gesetze über die Haftung des Staates und der Gemeinden für Amtspflichtverletzungen der Beamten umgearbeitet worden. Weitere Zusätze betreffen den Unterschied zwischen dem forensischen und dem veterinärpolizei-lichen Begriff der Tuberkulose, die Haftpflicht der Tierärzte beim Selbstdispensieren, bei der Rotlaufimpfung, beim Gebrauch der sog. Geburtsmaschinen sowie bei der Anwendung von Lumbagin und Morphium-Atropin, die strafrechtliche Bedeutung der Maul- und Klauenseuche, die Zuchtfehler und Erbfehler der Hengste, die Altersbestimmung der Kälber und der abgestorbenen Frucht sowie der Eihautwassersucht, die Gewichtsverluste nach Transporten bei Schweinen, die Differentialdiagnose des juvenilen und trächtigen Uterus, den Nachweis der Kaltschlachtung, das Zungenspielen und das Ausschuhen beim Rind, das Inkubationsstadium der Hunde-staupe, die Bissigkeit der Hunde, die Sodomie und den Sadismus. Die Schardingerreaktion hat sich als Diagnostikum für das Frisch-milchendsein der Kühe nicht bewährt. Dagegen waren wertvolle

klinische Untersuchungen über die Involution des Uterus zu
registrieren. Der serologische Nachweis der Trächtigkeit mittelst
der optischen Methode und des Dialysierverfahrens nach Abderhalden dürfte für forensische Zwecke leider nicht verwertbar
sein. Die forensische Bedeutung des Laryngoskops für die Diagnose des Kehlkopfpfeifens ist durch eingehende Untersuchungen
von Frese in meiner Klinik geklärt worden. Auf die Schwierigkeit der Unterscheidung des Dummkollers von der akuten Gehirnentzündung in der zweiten Woche der Gewährfrist haben die
Mitteilungen von Behrens aus meiner Klinik hingewiesen. Die
Notwendigkeit, daß die Trachealstenosen in den Hauptmangelbegriff
des Kehlkopfpfeifens aufgenommen wurden, ist durch die von
Kärnbach und Harms in den letzten Jahren veröffentlichten
Fälle von Trachealsarkom bewiesen worden. Zu der in Frankreich
neuerdings aufgetauchten sonderbaren Ansicht vom neuropathischen
Ursprung des Koppens mußte Stellung genommen werden. Bezüglich der zugesicherten Eigenschaften sei bemerkt, daß ich den
in der dritten Auflage vertretenen Standpunkt beibehalten und
versucht habe, diese für die forensische Veterinärpraxis so sehr
wichtige Frage durch den Hinweis auf bekannte juristische Kommentare dem allgemeinen Verständnis näher zu bringen. Endlich wurden
die Haftpflicht des Militärfiskus, die jüngst erlassene Gebührenordnung für Zeugen und Sachverständige sowie die neuen ausländischen Währschaftsgesetze kurz registriert, insbesondere die
beachtenswerte neue Regelung der Gewährleistung in der Schweiz.

Berlin, im März 1915.

Eugen Fröhner.

Vorwort zur ersten Auflage.

Das vorliegende Lehrbuch der Gerichtlichen Tierheilkunde ist von mir auf Wunsch der Verlagshandlung geschrieben worden. Ich glaubte der Anregung nachkommen zu müssen in meiner Eigenschaft als derzeitiger Vertreter der Gerichtlichen Tierheilkunde an der Berliner Hochschule. Mit den forensischen Traditionen unserer Hochschule bin ich seit 20 Jahren auch sonst in vielfacher Tätigkeit vertraut geworden. Diese Traditionen sind schon früher gesammelt und herausgegeben worden, zuerst von Gerlach und sodann von Dieckerhoff, meinen Vorgängern im Amt. Selbstverständlich hat jeder dieser beiden ausgezeichneten Autoren zu den überkommenen forensischen Lehrsätzen Stellung genommen, den Stoff mehr oder wenig selbständig bearbeitet und Neues hinzugefügt. Ich habe dieses Recht für mich ebenfalls in Anspruch genommen und neben der Überlieferung vielfach meine eigene Auffassung vertreten. Die Gerichtliche Tierheilkunde muß vor allen andern Disziplinen mit der Wissenschaft fortschreiten und darf sich nicht der Konsequenz zuliebe an veraltete Thesen anklammern, die von der modernen Forschung als unhaltbar nachgewiesen sind. Dies gilt sowohl für innerliche wie für chirurgische Mängel. Nicht wenige derselben sind heutzutage forensisch anders zu beurteilen, als bisher gelehrt worden ist. Eine neue Bearbeitung der Gerichtlichen Tierheilkunde erschien mir aus diesen Gründen nicht unzeitgemäß.

Im Gegensatz zu den vorhandenen Werken habe ich nach
verschiedenen Richtungen hin eine etwas kompendiösere Form der
Darstellung gewählt. Dies bezieht sich namentlich auf den juristischen Teil. Das römische Recht, sowie die ältere Gesetzgebung
der einzelnen deutschen Staaten, welche in den Lehrbüchern der
Gerichtlichen Tierheilkunde herkömmlich sehr eingehend behandelt
sind, hat seit dem Inkrafttreten des Deutschen Bürgerlichen Gesetzbuches nur noch historische Bedeutung. Auch die häufig stark
divergierenden Ansichten und Entscheidungen der Juristen über die
Währschaftsparagraphen des B. G. B. gehören meines Erachtens
nicht in ein veterinärwissenschaftliches Werk, sondern sind
Gegenstand juristischer Fachkommentare. Andrerseits habe ich im
speziellen veterinärtechnischen Teil alle rein forensischen Gesichtspunkte kurz hervorgehoben und die wichtigsten, in der forensischen
Praxis am häufigsten zu begutachtenden Gewährmängel und Kunstfehler eingehend besprochen. Auch hier erschien mir übrigens eine
gewisse Beschränkung angezeigt zu sein. Es kann ja allerdings
jede einzelne innere und äußere, jede sporadische und seuchenhafte Krankheit bei jedem lebenden und toten Haustier, jede
Operation, jedes Arzneimittel und Gift, jede Futterart und
Fütterungsmethode, jeder Beschlag, überhaupt jedwede Hantierung
mit Haustieren einmal Gegenstand eines Rechtsstreits und damit
einer forensischen Begutachtung werden. Diese tausenderlei Gegen-
stände können aber unmöglich alle in einem forensischen Lehrbuch besprochen werden. Je gründlicher die Kenntnisse des tierärztlichen Sachverständigen in den einzelnen Disziplinen seiner
Wissenschaft sind, je vollständiger er die Einzelfächer der Pathologie, Chirurgie, Therapie, Pharmakologie, Toxikologie, Seuchen-
lehre, pathologischen Anatomie, Fleischbeschau, Diätetik, Be-
schlaglehre usw. beherrscht, um so eher kann er im konkreten
Fall einer besonderen forensischen Anleitung entraten und sich
sein Gutachten aus eigner Wissenschaft formulieren. Ist doch
Gerichtliche Tierheilkunde nichts anderes, als tierärztliche Logik,
begründet auf Wissenschaft und Erfahrung.

Schließlich habe ich davon Abstand genommen, dem Grundriß eine Sammlung von Gutachten beizufügen, obgleich ich über eine große Anzahl eigner Obergutachten verfüge. Ich wollte das Buch mit einem derartigen Ballast von Formalien nicht beschweren. Die Form des Gutachtens ist Nebensache; auf das Formelle wird von manchen tierärztlichen Sachverständigen viel zu viel Gewicht gelegt. Möge man sich hierbei an die Worte des Altmeisters der Gerichtlichen Tierheilkunde, Gerlach, erinnern, die auch heute noch Gültigkeit besitzen: „Die Wahrheit behält in jeder Form der Fassung ihren absoluten Wert; Irrtum und Lüge bleiben in der elegantesten Form der Darstellung, was sie sind."

Berlin, im März 1905.

Eugen Fröhner.

Die Währschafts-Gesetzgebung.*)

Am 1. Januar 1900 ist in Deutschland das Bürgerliche Gesetzbuch für das Deutsche Reich einheitlich in Kraft getreten. Damit sind die zahlreichen älteren, in den einzelnen Bundesstaaten bis dahin gültigen Währschaftsgesetze aufgehoben worden. Eine eingehende Besprechung der alten Währschafts-Gesetzgebung, wie sie in den bisherigen Lehrbüchern üblich war, ist somit überflüssig. Dagegen empfiehlt sich zum besseren Verständnis der neuen Bestimmungen des Bürgerlichen Gesetzbuches eine kurze Darlegung der älteren Rechtsprinzipien, speziell des römischen und deutschen (germanischen) Rechts, sowie des früheren Preußischen Allgemeinen Landrechts (gemischtes Recht). Von praktischer Bedeutung ist ferner die Kenntnis der einschlägigen Bestimmungen der ausländischen Gesetzgebung (Handelsverkehr mit Nachbarstaaten).

I. Die älteren Währschaftsgesetze.

(Römisches, Deutsches, Preußisches Recht.)

Römisches Recht. Das römische Recht (Pandekten, Corpus juris civilis) schreibt in dem Edictum aediliticum als Verkaufsnormen für Lasttiere und Sklaven die allgemeine Haftverbindlichkeit für alle erheblichen, verborgenen und zur Zeit des Kaufs vorhandenen Mängel vor (gemeinrechtliches Prinzip). Für diese Mängel mußte jeder Verkäufer auch ohne

*) *Literatur:* Gerlach, Dieckerhoff, Malkmus, Lehrbücher der gerichtlichen Tierheilkunde; v. Kübel, Die Gewährleistung beim Viehhandel und Motive zum Bürgerlichen Gesetzbuch; Windscheid, Pandektenrecht; Krückmann, Wandelungen beim Viehverkauf; Stoelzle, Viehkauf (Viehgewährschaft); gerichtliche Entscheidungen über den Viehkauf; Heilfron, Lehrbuch des Bürgerlichen Rechts; Hirsch-Nagel, Die Gewährleistung beim Viehhandel; Sauer-Reuter, Gewährleistung bei Viehveräußerungen; Wrede-Oehmke, Recht und Unrecht im Viehhandel.

besonderes Versprechen stillschweigend auf Grund des ädilitischen
Gesetzes haften (Hauptmängel, redhibitorische Mängel). Als
Rechtsmittel standen auf Grund des ädilitischen Ediktes dem
Käufer nach freier Wahl zwei verschiedene Klagen zur Verfügung,
wobei jedoch die Anwendung der einen die andere ausschloß:

1. Die Wandelungsklage oder Redhibitionsklage (actio
redhibitoria); dieselbe bezweckt die Aufhebung des Kaufvertrags
und die Wiederherstellung des früheren Zustandes (Zurückzahlung
des Kaufpreises mit Zinsen und Kaufkosten, unversehrte Rückgabe
der Sache mit Haftung für etwaige Schuld = Culpa) und verjährte
nach 6 Monaten.

2. Die Minderungsklage oder Schätzungsklage (actio
quanti minoris, actio aestimatoria); sie diente zur Feststellung des
Minderwertes, den die gekaufte Sache infolge der anhaftenden
Fehler hatte, und verjährte nach 1 Jahr.

Neben diesen sog. ädilitischen Klagen bestand nach dem
älteren römischen Recht (Zwölftafelgesetz) noch die Kaufklage
oder Schadenersatzklage (actio empti) bei ausdrücklichen
Zusagen (dictum promissum) sowie die Klage auf Betrug (actio
doli) mit einer Verjährungsfrist von 30 Jahren. Endlich konnte
der Verkäufer nach römischem Rechte vom Vertrage zurücktreten,
wenn der Käufer weniger als die Hälfte des wirklichen Wertes
des Tieres bezahlt hatte (Laesio enormis).

Das römische Währschaftsrecht war in reiner Form noch
bis zum Jahre 1900 gültig in Oldenburg, Mecklenburg, Hannover,
Sachsen-Weimar und Lippe. Es war ferner die Grundlage des
Preußischen Allgemeinen Landrechts und des Code Napoléon
(früheres Rheinisches Recht).

Deutsches (germanisches) Recht. In den ältesten germanischen Volksrechten (leges barbarorum) ist in dem sog. Kauf
auf Probe der Grundsatz enthalten, daß jede Gewährleistung
ausgeschlossen war, wenn der Fehler nicht in einer bestimmten Zeit (3tägige Probezeit) erkannt und angezeigt
wurde. Aus dieser „Probezeit" hat sich später die „Gewährzeit"
entwickelt. Die Aufhebung eines bereits abgeschlossenen Vertrages
war im Gegensatz zum römischen Recht unzulässig, mit alleiniger
Ausnahme der verheimlichten Mängel („Kauf ist Kauf"; „Augen
auf oder den Beutel").

Im Mittelalter entwickelten sich zahlreiche gesonderte
Stadt- und Landrechte, welche unter verschiedenen Namen

gesammelt und aufgezeichnet wurden (Sachsenspiegel, vermehrter
Sachsenspiegel = schlesisches Landrecht, Schwabenspiegel, Magde-
burger, Goslarer, Husumer, Braunschweiger, Lüneburger Stadtrecht,
Lübisches Recht usw.). In diesen mittelalterlichen Gewohnheits-
rechten waren meist nur bestimmte Mängel (Gewährmängel)
genannt, für welche allein Gewährleistung vorgeschrieben wurde,
während alle übrigen Mängel von der Gewährleistung ausgeschlossen
waren. Solche Gewährmängel waren namentlich beim Pferd Rotz,
Star, Dampf, Stätigkeit und Koller, beim Rind Franzosenkrankheit
(Tuberkulose) und Epilepsie. Traten die Gewährmängel ferner
innerhalb der Gewährzeit, d. h. innerhalb einer bestimmten Zeit
nach dem Kaufe (meist 3 Tage) hervor, so galt bis zum Beweise
des Gegenteils als Voraussetzung (Praesumptio juris), daß sie
schon zur Zeit des Kaufes vorhanden waren. Dieses deutschrechtliche Währschaftsprinzip ist dann im 19. Jahrhundert
(1858—1865) in Form der sogenannten „Hauptmängel" in die
Gesetzgebung der süddeutschen Staaten aufgenommen worden
(Baden, Bayern, Hessen, Sachsen, Württemberg, Sachsen-Meiningen,
Sachsen-Koburg). Auch das neue deutsche Bürgerliche
Gesetzbuch (1900) beruht mit seinen Hauptmängeln auf
dem alten deutschrechtlichen Prinzip.

Preußisches Allgemeines Landrecht. Das von Friedrich dem
Großen ins Leben gerufene Preußische Allgemeine Landrecht vom
1. Juni 1794 bildete eine Mischung von römischem (gemeinem)
und deutschem Recht, indem es neben der allgemeinen Haftverbindlichkeit für alle erheblichen Fehler (ädilitisches Edikt)
bestimmte Gewährfehler mit besonderen Gewährfristen aufstellte
(deutsches Recht). Es war bis zum Jahre 1900 in Kraft in den
altpreußischen Provinzen (Ostpreußen, Westpreußen, Posen,
Pommern, Brandenburg, Schlesien und Sachsen), in der Provinz
Westfalen, in einigen Kreisen der Rheinprovinz, sowie in bestimmten
Gegenden der Provinz Hannover. Auch in Braunschweig, Bremen,
Lübeck, Waldeck und im österreichischen Gesetz galt gemischtes
Recht. Neben der Wandelungsklage und Minderungsklage
bestand die Schadenersatzklage und die Laesio enormis;
bei verendeten und geschlachteten Tieren war jedoch nur die
Wandelungsklage zulässig. Die Klagefrist betrug im allgemeinen
6 Monate. Im Gegensatz zum römischen Recht übernahm der
Kläger die Gefahr nicht schon beim Vertragsabschluß, sondern
erst bei der Übergabe. Daneben waren als Gewährfehler mit

bestimmten Gewährfristen aufgestellt: Wahre Stätigkeit (4 Tage),
Räude und Rotz (14 Tage), Dämpfigkeit, Herzschlägigkeit, schwarzer
Star, Mondblindheit und Dummkoller (28 Tage) bei Pferden,
französische Krankheit bei Rindern, Finnen beim Schwein, sowie
Pocken beim Schaf (8 Tage).

Besondere praktische Bedeutung hatten die deutschrechtlichen
Bestimmungen des Preußischen Allgemeinen Landrechts über die
sog. Nachtschaden, d. h. über die 24 Stunden nach der
Übergabe eintretenden erheblichen oder tödlich verlaufenden
Krankheiten. Die betreffenden Paragraphen lauteten:

§ 199. Wenn ein Stück Vieh binnen 24 Stunden nach
der Übergabe krank befunden wird, so gilt die Vermutung, daß
selbiges schon vor der Übergabe krank gewesen sei.

§ 201. Stirbt das Vieh binnen 24 Stunden nach der
Übergabe, so ist der Verkäufer zur Vertretung verpflichtet, wenn
nicht klar ausgemittelt werden kann, daß die Krankheit erst nach
der Übergabe entstanden ist.

§ 203. Äußert sich die Krankheit des Viehes erst nach
Verlauf von 24 Stunden, so trifft der Schaden den Käufer, wenn
nicht ausgemittelt werden kann, daß der kränkliche Zustand
(= Keim der Krankheit) schon zur Zeit der Übergabe vorhanden war.

Als Keim der Krankheit („kränklicher Zustand") kamen insbesondere pflanzliche und tierische Parasiten (Inkubationsstadium
bei Infektionskrankheiten und Invasionskrankheiten), sowie ver-
schluckte Fremdkörper in Betracht.

Frankreich. Der Code Napoléon (Code civile) vom 20. März 1804
hat in den Artikeln 1641—1649 als Grundlage das römische Recht
mit der Actio redhibitoria und quanti minoris. Daneben blieben jedoch,
ähnlich wie beim Preuß. Allg. Landrecht, gewisse Hauptmängel als
Reste der alten Gewohnheitsrechte (coutumes) bestehen. Diese Hauptmängel wurden zuerst durch das Gesetz vom 20. Mai 1838 (11 Hauptmängel beim Pferd, 4 beim Rind, 2 beim Schaf, neuntägige Klagefrist)
einheitlich geregelt und sodann durch das Spezialgesetz vom 2. August
1884 (modifiziert durch das Gesetz vom 31. Juli 1905) wesentlich
reduziert. Nach dem französischen Gesetz beträgt die Zahl der
Hauptmängel in Frankreich nur 7: Dummkoller, Lungenemphysem,
chronisches Kehlkopfpfeifen, Koppen, periodische Augenentzündung und alte intermittierende Lahmheit bei Pferden,
Finnen bei Schweinen. Die Klagefrist beträgt nur 9 Tage (für
periodische Augenentzündung 30). Die stillschweigende Gewähr für
Hauptmängel beim Verkauf von Schlachtvieh ist in Frankreich ausgeschlossen. Daneben ist jedoch die Vertragsfreiheit der Parteien gewahrt.
Grundprinzip ist ferner, daß Tiere unter 100 Frank Wert von der

Gewährleistung ausgeschlossen sind. Der Kläger hat die Wahl zwischen Wandelungs- und Minderungsklage. Außerdem ist in Frankreich im veterinärpolizeilichen Interesse der Verkauf von Tieren mit ansteckenden Krankheiten verboten. Wenn der Verkauf stattgefunden hat, ist er rechtlich ungültig („nulle de droit"). Solche Krankheiten sind: Rinderpest, Lungenseuche, Rauschbrand, Tuberkulose, Maul- und Klauenseuche, Schafpocken, Schafräude, Rotz, Beschälseuche, Wut, Milzbrand, Rotlauf, Schweineseuche und Schweinepest. Literatur: Godard und Cozette, Manuel juridique des vices rédhibitoires, 2. Aufl. 1906. Gaure, Les vices rédhibitoires dans les ventes et échanges d'animaux domestique. 1898. Albrecht, Die Unterschiede des französischen und deutschen Viehwährschaftsgesetzes. Zeitschr. für Veterinärkunde. 1909.

Die Währschaftsgesetze von Belgien, Holland und Italien haben sich ebenfalls auf der Grundlage des französischen Code civile mit Anklängen an das deutschrechtliche Prinzip (Hauptmängel) entwickelt. Dem neuesten Gesetzentwurf (1911) in Holland ist das deutsche System zu Grunde gelegt; bezüglich der Hauptmängel sowohl wie der verborgenen Mängel sind jedoch weitere Grenzen gezogen (vergl. Wester, Holl. Zeitschr. 1911). Im neuen Währschaftsgesetz für Luxemburg (21. April 1908) sind beim Kauf von Nutztieren bestimmte Gewährmängel festgesetzt, während beim Kauf von Schlachttieren für alle erheblichen Mängel die Wandelungsklage (Untauglichkeit oder bedingte Tauglichkeit des ganzen Fleisches) bzw. die Minderungsklage (teilweise Untauglichkeit des Fleisches) zulässig ist.

Österreich. Das Bürgerliche Gesetzbuch vom 1. Juni 1811 stimmt mit dem Preußischen Allgemeinen Landrecht ziemlich überein (Haftung für alle erheblichen und verborgenen Mängel, Nachtschaden, einzelne Gewährmängel mit bestimmten Gewährfristen). Als Gewährmängel gelten nach § 925 bei Pferden und Lasttieren: verdächtige Druse, Rotz, Dampf (15 Tage) Dummkoller, Wurm, Stätigkeit, schwarzer Star, Mondblindheit (30 Tage), bei Rindern Drüsenkrankheit, sog. Stiersucht (30 Tage), bei Schweinen Finnen (8 Tage), bei Schafen Pocken und Räude (8 Tage), sowie Lungen- und Egelwürmer (2 Monate).

In Ungarn besteht keine besondere Gewährschaftsgesetzgebung. Dagegen sind vom Verkäufer Zusicherungen bestimmter Eigenschaften bzw. des Nichtvorhandenseins von Fehlern zu vertreten, auch ist der Betrug strafbar (Wandelung).

Dänemark. Nach § 49 des Gesetzes vom 6. April 1906 besteht in Dänemark das römische Rechtsprinzip: Gewährleistung für alle erheblichen Mängel (Wandelungs- und Minderungsklage), sowie für die zugesicherten Eigenschaften (Schadenersatzklage).

Schweiz. Nach der Verordnung des Bundesrats vom 14. November 1911, betreffend das Verfahren bei der Gewährleistung im Viehhandel ist die Währschaftsgesetzgebung nunmehr für alle schweizerische Kantone einheitlich geregelt. Danach besteht in der Schweiz eine Verpflichtung zur Gewährleistung im Viehhandel nur bei schriftlichen Zusicherungen und absichtlichen Täuschungen. Bei Gewährleistung für Trächtigkeit hat der Verkäufer bei schriftlich übernommener Garantie eine solche nur zu vertreten, wenn ihm der Käufer, nachdem sich sichere Zeichen des Nichtträchtigseins eingestellt haben oder das Tier an dem angegebenen Zeitpunkt nicht geworfen hat, den Mangel sofort anzeigt und bei der zuständigen Behörde die Untersuchung des Tieres verlangt. Ist bei den übrigen Fällen der Gewährleistung in der schriftlichen Zusicherung keine Frist bestimmt, so haftet der Verkäufer nur dann, wenn der Mangel bis zum neunten Tage von der Übergabe an entdeckt, dem Verkäufer angezeigt und binnen der gleichen Frist bei der zuständigen Behörde die Untersuchung des Tieres verlangt wird. Ist jedoch eine schriftliche Frist bestimmt, so muß der Mangel sofort nach Entdeckung und innerhalb der Garantiefrist dem Verkäufer angezeigt und die Untersuchung des Tieres durch Sachverständige bei der Behörde verlangt werden.

England. Eine gesetzliche Gewährleistung besteht nicht. Die Zusicherung für Gesundheit und Fehlerfreiheit wird nach römischem Recht beurteilt (nur erhebliche und verborgene Mängel). Außerdem kann auf Betrug geklagt werden.

Rußland. Nach dem russischen Bürgerlichen Gesetzbuch ist eine Gewährleistung nur bei besonderen Zusicherungen und bei Betrug vorhanden. Die Gewährfrist beträgt 7 Tage („heilige" Zahl).

Nordamerika. Im allgemeinen wie in England.

II. Das Bürgerliche Gesetzbuch für das Deutsche Reich.

I. Die §§ 459—493 B. G. B.

Den Vorschriften des Bürgerlichen Gesetzbuches über Gewährleistung (§§ 459—493) liegt in der Hauptsache das deutschrechtliche Währschaftsprinzip zugrunde. Dies gilt speziell für den Verkauf der wichtigsten Haustiere, nämlich für **Pferde, Rindvieh, Schafe** und **Schweine** (§ 481), für welche besondere Hauptmängel mit gewissen Gewährfristen (§ 482) durch die Kaiserliche Verordnung vom 27. März 1899 bestimmt sind.

Der Verkäufer eines Pferdes, Rindes, Schafes oder Schweines hat gesetzlich durchaus nicht alle erheblichen und verborgenen Mängel, sondern nur einige bestimmte Fehler, die sog. Hauptmängel, und diese auch nur dann zu vertreten, wenn sie sich innerhalb bestimmter Fristen (Gewährfristen) zeigen. Die näheren Bestimmungen hierüber sind in den §§ 483—492 enthalten. Danach beginnt die Gewährfrist mit dem Ablauf des Tages, an welchem „die Gefahr auf den Käufer übergeht", d. h. meist mit dem Ablauf des Tages der Übergabe (§ 483). Zeigt sich ein Hauptmangel innerhalb der Gewährfrist, wird er innerhalb derselben nachgewiesen, so braucht nicht erst dargetan zu werden, daß er schon zur Zeit der Übergabe vorhanden war, sondern dies wird ohne weiteres „vermutet" (Praesumptio juris), d. h. angenommen (§ 484). Nach Ablauf der Gewährfrist steht dem Kläger noch eine zweitägige Anzeigefrist zur Verfügung (§ 485). Durch Vertrag kann die Gewährfrist verlängert oder verkürzt werden (§ 486). Als Klage ist nur die Wandelungsklage, nicht auch, wie bisher, die Minderungsklage zulässig (§ 487). Der Verkäufer ist zum Ersatz der Futterkosten verpflichtet (488). Die öffentliche Versteigerung ist, wenn ein Rechtsstreit anhängig ist, auf Antrag einer Partei anzuordnen (489). Die Verjährungsfrist (Klagefrist) beträgt 6 Wochen (§ 490).

§ 481. Für den Verkauf von Pferden, Eseln, Mauleseln und Maultieren, von Rindvieh, Schafen und Schweinen gelten die Vorschriften der §§ 459 bis 467, 469 bis 480 nur insoweit, als sich nicht aus den §§ 482 bis 492 ein anderes ergibt.

§ 482. Der Verkäufer hat nur bestimmte Fehler (Hauptmängel) und diese nur dann zu vertreten, wenn sie sich innerhalb bestimmter Fristen (Gewährfristen) zeigen.

Die Hauptfristen und die Gewährfristen werden durch eine mit Zustimmung des Bundesrats zu erlassende Kaiserliche Verordnung bestimmt. Die Bestimmung kann auf demselben Wege ergänzt oder abgeändert werden.

§ 483. Die Gewährfrist beginnt mit dem Ablaufe des Tages, an welchem die Gefahr auf den Käufer übergeht.

§ 484. Zeigt sich ein Hauptmangel innerhalb der Gewährfrist, so wird vermutet, daß der Mangel schon zu der Zeit vorhanden gewesen sei, zu welcher die Gefahr auf den Käufer übergegangen ist.

§ 485. Der Käufer verliert die ihm wegen des Mangels zustehenden Rechte, wenn er nicht spätestens zwei Tage nach dem Ablaufe der Gewährfrist oder, falls das Tier vor dem Ablaufe der Frist getötet worden oder sonst verendet ist, nach dem Tode des Tieres den Mangel dem Verkäufer anzeigt oder die Anzeige an ihn absendet oder wegen des Mangels Klage gegen den Verkäufer erhebt oder diesem den Streit verkündet oder gerichtliche Beweisaufnahme zur Sicherung des Beweises beantragt. Der Rechtsverlust tritt nicht ein, wenn der Verkäufer den Mangel arglistig verschwiegen hat.

§ 486. Die Gewährfrist kann durch Vertrag verlängert oder abgekürzt werden. Die vereinbarte Frist tritt an die Stelle der gesetzlichen Frist.

§ 487. Der Käufer kann nur Wandelung, nicht Minderung verlangen.

Die Wandelung kann auch in den Fällen der §§ 351 bis 353, insbesondere, wenn das Tier geschlachtet ist, verlangt

werden; an Stelle der Rückgewähr hat der Käufer den Wert
des Tieres zu vergüten. Das gleiche gilt in anderen Fällen,
in denen der Käufer infolge des Umstandes, den er zu vertreten hat, insbesondere einer Verfügung über das Tier, außerstande ist, das Tier zurückzugewähren.

Ist vor der Vollziehung der Wandelung eine unwesent-
liche Verschlechterung des Tieres infolge eines von dem
Käufer vertretenen Umstandes eingetreten, so hat der Käufer
die Wertminderung zu vergüten.

Nutzungen hat der Käufer nur insoweit zu ersetzen, als
er sie gezogen hat.

§ 488. Der Verkäufer hat im Falle der Wandelung dem
Käufer auch die Kosten der Fütterung und Pflege, die
Kosten der tierärztlichen Untersuchung und Behandlung, sowie
die Kosten der notwendig gewordenen Tötung und Wegschaffung des Tieres zu ersetzen.

§ 489. Ist über den Anspruch auf Wandelung ein
Rechtsstreit anhängig, so ist auf Antrag der einen oder der
anderen Partei die öffentliche Versteigerung des Tieres
und die Hinterlegung des Erlöses durch einstweilige Verfügung
anzuordnen.

§ 490. Der Anspruch auf Wandelung sowie der Anspruch
auf Schadenersatz wegen eines Hauptmangels, dessen Nichtvorhandensein der Verkäufer zugesichert hat, verjährt in
sechs Wochen von dem Ende der Gewährfrist an. Im
übrigen bleiben die Vorschriften des § 477 unberührt.

An die Stelle der in den §§ 210, 212, 215 bestimmten
Fristen tritt eine Frist von sechs Wochen.

Der Käufer kann auch nach der Verjährung des Anspruchs
auf Wandelung die Zahlung des Kaufpreises verweigern. Die
Aufrechnung des Anspruchs auf Schadenersatz unterliegt nicht
der im § 479 bestimmten Beschränkung.

§ 491. Der Käufer eines nur der Gattung nach bestimmten
Tieres kann statt der Wandelung verlangen, daß ihm an Stelle
des mangelhaften Tieres ein mangelfreies geliefert wird. Auf
diesen Anspruch finden die Vorschriften der §§ 488 bis 490
entsprechende Anwendung.

§ 492. Übernimmt der Verkäufer die Gewährleistung
wegen eines nicht zu den Hauptmängeln gehörenden Fehlers
oder sichert er eine Eigenschaft des Tieres zu, so finden

die Vorschriften der §§ 487 bis 491 und, wenn eine Gewährfrist vereinbart wird, auch die Vorschriften der §§ 483 bis 485
entsprechende Anwendung. Die in § 490 bestimmte Verjährung
beginnt, wenn eine Gewährfrist nicht vereinbart wird, mit der
Ablieferung des Tieres.

§ 495. Bei einem Kauf auf Probe oder auf Besicht steht die
Billigung des gekauften Gegenstandes im Belieben des Käufers. Der
Kauf ist im Zweifel unter der aufschiebenden Bedingung der Billigung
geschlossen. Der Verkäufer ist verpflichtet, dem Käufer die Untersuchung des Gegenstandes zu gestatten.

§ 496. Die Billigung eines auf Probe oder auf Besicht gekauften Gegenstandes kann nur innerhalb der vereinbarten Frist und
in Ermangelung einer solchen nur bis zum Ablauf einer dem Käufer
von dem Verkäufer bestimmten angemessenen Frist erklärt werden.
War die Sache dem Käufer zum Zwecke der Probe oder der Besichtigung übergeben, so gilt sein Schweigen als Billigung.

Im Gegensatz zu den für den Verkauf von Pferden, Rindern,
Schafen und Schweinen gültigen deutschrechtlichen Bestimmungen
hat das Bürgerliche Gesetzbuch die Gewährleistung beim Verkauf
der übrigen Tiere **(Hunde, Ziegen, Geflügel, Wild** usw.) auf der Grundlage des römischen (gemeinen) Rechtes geregelt (§§ 459—480).
Diese Paragraphen gelten also nicht für Pferde, Rinder, Schafe und
Schweine, sondern nur für solche Tiere, welche im § 481 nicht erwähnt
sind. Nach §§ 459 und 460 haftet der Verkäufer einer „Sache" für alle
erheblichen und verborgenen Fehler, sowie für die zugesicherten Eigenschaften. Er hat dagegen einen Mangel nicht zu vertreten,
wenn der Käufer den Mangel beim Kaufabschluß kennt (§ 460).
Der Käufer kann Wandelung oder Minderung verlangen; der
Anspruch hierauf verjährt in 6 Monaten (§ 477). Bei zugesicherten
Eigenschaften oder bei arglistigem Verschweigen eines Mangels
kann der Käufer statt Wandelung und Minderung auch die Schadenersatzklage anstrengen (§ 463 und 480). Bei arglistigem Verschweigen ist ferner der Anspruch des Käufers nicht an die Anzeige
gebunden; in diesem Falle hat der Verkäufer auch dann zu haften,
wenn der Käufer den Fehler aus Fahrlässigkeit nicht erkannt hat
(§ 460); der Anspruch aus Arglist verjährt erst in 30 Jahren. Die
Bestimmungen des B. G. B. über Gewährleistung wegen Mängel
der Sache lauten:

§ 459. Der Verkäufer einer Sache haftet dem Käufer
dafür, daß sie zu der Zeit, zu welcher die Gefahr auf den
Käufer übergeht, nicht mit Fehlern behaftet ist, die den
Wert oder die Tauglichkeit zu dem gewöhnlichen oder dem

nach dem Vertrage vorausgesetzten Gebrauch aufheben oder
mindern. Eine unerhebliche Minderung des Wertes
oder der Tauglichkeit kommt nicht in Betracht.

Der Verkäufer haftet auch dafür, daß die Sache zur Zeit des
Überganges der Gefahr die zugesicherten Eigenschaften hat.

§ 460. Der Verkäufer hat einen Mangel der verkauften
Sache nicht zu vertreten, wenn der Käufer den Mangel bei
dem Abschlusse des Kaufes kennt. Ist dem Käufer ein
Mangel der im § 459 Abs. 1 bezeichneten Art infolge grober
Fahrlässigkeit unbekannt geblieben, so haftet der Verkäufer,
sofern er nicht die Abwesenheit des Fehlers zugesichert hat,
nur, wenn er den Fehler arglistig verschwiegen hat.

§ 461. Der Verkäufer hat einen Mangel der verkauften
Sache nicht zu vertreten, wenn die Sache auf Grund eines
Pfandrechts in öffentlicher Versteigerung unter der Bezeichnung
als Pfand verkauft wird.

§ 462. Wegen eines Mangels, den der Verkäufer nach
den Vorschriften der §§ 459, 460 zu vertreten hat, kann der
Käufer Rückgängigmachung des Kaufes (Wandelung) oder
Herabsetzung des Kaufpreises (Minderung) verlangen.

§ 463. Fehlt der verkauften Sache zur Zeit des Kaufes
eine zugesicherte Eigenschaft, so kann der Käufer statt der
Wandelung (oder der Minderung) Schadenersatz wegen
Nichterfüllung verlangen. Das gleiche gilt, wenn der Verkäufer einen Fehler arglistig verschwiegen hat.

§ 477. Der Anspruch auf Wandelung [oder auf Minde-
rung] sowie der Anspruch auf Schadenersatz wegen Mangels
einer zugesicherten Eigenschaft verjährt [sofern nicht der
Verkäufer den Mangel arglistig verschwiegen hat], bei beweglichen Sachen in sechs Monaten von der Ablieferung, bei
Grundstücken in einem Jahre von der Übergabe an (§ 490).
Die Verjährungsfrist kann durch Vertrag verlängert werden.

Beantragt der Käufer gerichtliche Beweisaufnahme zur
Sicherung des Beweises, so wird die Verjährung unterbrochen.
Die Unterbrechung dauert bis zur Beendigung des Verfahrens
fort. Die Vorschriften des § 211 Abs. 2 und des § 212 finden
entsprechende Anwendung.

Die Hemmung oder Unterbrechung der Verjährung eines der
im Abs. 1 bezeichneten Ansprüche bewirkt auch die Hemmung
oder Unterbrechung der Verjährung der anderen Ansprüche.

§ 464. Nimmt der Käufer eine mangelhafte Sache an, obschon er den Mangel kennt, so stehen ihm die in den §§ 462, 463 bestimmten Ansprüche nur zu, wenn er sich seine Rechte wegen des Mangels bei der Annahme vorbehält.

§ 465. Die Wandelung (oder die Minderung) ist vollzogen, wenn sich der Verkäufer auf Verlangen des Käufers mit ihr einverstanden erklärt.

§ 466. Behauptet der Käufer dem Verkäufer gegenüber einen Mangel der Sache, so kann der Verkäufer ihn unter dem Erbieten zur Wandelung und unter Bestimmung einer angemessenen Frist zur Erklärung darüber auffordern, ob er Wandelung verlange. Die Wandelung kann in diesem Falle nur bis zum Ablaufe der Frist verlangt werden.

§ 467. Auf die Wandelung finden die für das vertragsmäßige Rücktrittsrecht geltenden Vorschriften der §§ 346 bis 348, 350, 354, 356 entsprechende Anwendung [im Falle des § 352 ist jedoch die Wandelung nicht ausgeschlossen, wenn der Mangel sich erst bei der Umgestaltung der Sache gezeigt hat (§ 487)]. Der Verkäufer hat dem Käufer auch die Vertragskosten zu ersetzen.

§ 469. Sind von mehreren verkauften Sachen nur einzelne mangelhaft, so kann nur in Ansehung dieser Wandelung verlangt werden, auch wenn ein Gesamtpreis für alle Sachen festgesetzt ist. Sind jedoch die Sachen als zusammengehörend verkauft, so kann jeder Teil verlangen, daß die Wandelung auf alle Sachen erstreckt wird, wenn die mangelhaften Sachen nicht ohne Nachteil für ihn von den übrigen getrennt werden können.

§ 470. Die Wandelung wegen eines Mangels der Hauptsache erstreckt sich auch auf die Nebensache. Ist die Nebensache mangelhaft, so kann nur in Ansehung dieser Wandelung verlangt werden.

§ 471. Findet im Falle des Verkaufs mehrerer Sachen für einen Gesamtpreis die Wandelung nur in Ansehung einzelner Sachen statt, so ist der Gesamtpreis in dem Verhältnisse herabzusetzen, in welchem zur Zeit des Verkaufs der Gesamtwert der Sachen in mangelfreiem Zustande zu dem Werte der von der Wandelung nicht betroffenen Sachen gestanden haben würde.

§ 472. Bei der Minderung ist der Kaufpreis in dem Verhältnisse herabzusetzen, in welchem zur Zeit des Verkaufs der Wert der Sache in mangelfreiem Zustande zu dem wirklichen Werte gestanden haben würde.

§ 476. Eine Vereinbarung, durch welche die Verpflichtung des Verkäufers zur Gewährleistung wegen Mängel der Sache erlassen oder beschränkt wird, ist nichtig, wenn der Verkäufer den Mangel arglistig verschweigt.

§ 478. Hat der Käufer den Mangel dem Verkäufer angezeigt oder die Anzeige an ihn abgesendet, bevor der Anspruch auf Wandelung [oder auf Minderung] verjährt war, so kann er auch nach der Vollendung der Verjährung die Zahlung des Kaufpreises insoweit verweigern, als er auf Grund der Wandelung [oder der Minderung] dazu berechtigt sein würde. Das gleiche gilt, wenn der Käufer vor der Vollendung der Verjährung gerichtliche Beweisaufnahme zur Sicherung des Beweises beantragt oder in einem zwischen ihm und einem späteren Erwerber der Sache wegen des Mangels anhängigen Rechtsstreite dem Verkäufer den Streit verkündet hat.

Hat der Verkäufer den Mangel arglistig verschwiegen, so bedarf es der Anzeige oder einer ihr nach Abs. 1 gleichstehenden Handlung nicht.

§ 479. Der Anspruch auf Schadenersatz kann nach der Vollendung der Verjährung nur aufgerechnet werden, wenn der Käufer vorher eine der im § 478 bezeichneten Handlungen vorgenommen hat (§ 490). Diese Beschreibung tritt nicht ein, wenn der Verkäufer den Mangel arglistig verschwiegen hat.

§ 480. Der Käufer einer nur der Gattung nach bestimmten Sache kann statt der Wandelung [oder der Minderung] verlangen, daß ihm an Stelle der mangelhaften Sache eine mangelfreie geliefert wird. Auf diesen Anspruch finden die für die Wandelung geltenden Vorschriften der §§ 464 bis 466, des 467 Satz 1 und der §§ 469, 470, 474 bis 479 entsprechende Anwendung.

Fehlt der Sache zu der Zeit, zu welcher die Gefahr auf den Käufer übergeht, eine zugesicherte Eigenschaft oder hat der Verkäufer einen Fehler arglistig verschwiegen, so kann der Käufer statt der Wandelung [der Minderung] oder der Lieferung einer mangelfreien Sache Schadenersatz wegen Nichterfüllung verlangen.

2. Die Kaiserliche Verordnung, betreffend die Hauptmängel und Gewährfristen beim Viehhandel vom 27. März 1899.

Zu dem § 482, nach welchem der Verkäufer nur bestimmte Fehler, die sogenannten Hauptmängel, und diese auch nur dann zu vertreten hat, wenn sie sich innerhalb bestimmter Fristen (Gewährfristen) zeigen, ist mit Zustimmung des Bundesrats eine Kaiserliche Verordnung erlassen, welche die Hauptmängel und Gewährfristen bei den einzelnen Tieren (Pferden, Rindern, Schafen, Schweinen) benennt. In der Kaiserlichen Verordnung wird ein Unterschied zwischen Nutz- und Zuchttieren (§ 1) einerseits und Schlachttieren (§ 2) andererseits gemacht. Nutztiere sind solche Tiere, welche am Leben bleiben und dadurch Nutzen bringen sollen, Schlachttiere dagegen solche, welche ohne vorherige sonstige Nutzung alsbald geschlachtet werden sollen und dazu bestimmt sind, als Nahrungsmittel für Menschen zu dienen (nicht für Tiere, z. B. Hunde). Für einzelne Hauptmängel sind ferner Definitionen eingefügt (Dummkoller, Dämpfigkeit, Kehlkopfpfeifen, periodische Augenentzündung, Tuberkulose, Wassersucht), um für forensische Zwecke eine einheitliche Begriffsbestimmung herbeizuführen. Die Dauer der Gewährfristen ist möglichst kurz bemessen und beträgt meist nur 14 Tage, beim Schweinerotlauf und der Schweineseuche sogar nur 3 bzw. 10 Tage. (Die Lungenseuche allein hat eine Gewährfrist von 28 Tagen.)

Kaiserliche Verordnung,
betreffend die Hauptmängel und Gewährfristen beim Viehhandel.

Wir Wilhelm, von Gottes Gnaden Deutscher Kaiser, König von
Preußen usw.

verordnen auf Grund des § 482 Abs. 2 des Bürgerlichen Gesetzbuches im
Namen des Reichs, nach erfolgter Zustimmung des Bundesrats, was folgt:

§ 1.

Für den Verkauf von **Nutz- und Zuchttieren** gelten als Hauptmängel:

I. bei **Pferden,** Eseln, Mauleseln und Maultieren:
1. Rotz (Wurm) mit einer Gewährfrist von 14 Tagen;
2. Dummkoller (Koller, Dummsein) mit einer Gewährfrist von
   14 Tagen; als Dummkoller ist anzunehmen die allmählich oder
   infolge der akuten Gehirnwassersucht entstandene, unheilbare
   Krankheit des Gehirns, bei der das Bewußtsein des Pferdes herabgesetzt ist;
3. Dämpfigkeit (Dampf, Hartschlägigkeit, Bauchschlägigkeit) mit
   einer Gewährfrist von 14 Tagen; als Dämpfigkeit ist anzusehen
   die Atembeschwerde, die durch einen chronischen, unheilbaren
   Krankheitszustand der Lungen oder des Herzens bewirkt wird;
4. Kehlkopfpfeifen (Pfeiferdampf, Hartschnaufigkeit, Rohren)
   mit einer Gewährfrist von 14 Tagen; als Kehlkopfpfeifen ist anzusehen die durch einen chronischen und unheilbaren Krankheitszustand des Kehlkopfs oder der Luftröhre verursachte und durch
   ein hörbares Geräusch gekennzeichnete Atemstörung;
5. periodische Augenentzündung (innere Augenentzündung,
   Mondblindheit) mit einer Gewährfrist von 14 Tagen; als periodische
   Augenentzündung ist anzusehen die auf inneren Einwirkungen
   beruhende, entzündliche Veränderung an den inneren Organen des
   Auges;
6. Koppen (Krippensetzen, Aufsetzen, Freikoppen, Luftschnappen,
   Windschnappen) mit einer Gewährfrist von 14 Tagen;

II. bei **Rindvieh:**
1. tuberkulöse Erkrankung, sofern infolge dieser Erkrankung
   eine allgemeine Beeinträchtigung des Nährzustandes des Tieres
   herbeigeführt ist, mit einer Gewährfrist von 14 Tagen;
2. Lungenseuche mit einer Gewährfrist von 28 Tagen;

III. bei **Schafen:**
Räude mit einer Gewährfrist von 14 Tagen;

IV. bei **Schweinen:**
1. Rotlauf mit einer Gewährfrist von 3 Tagen;
2. Schweineseuche (einschließlich Schweinepest) mit einer Gewährfrist von 10 Tagen.

§ 2.

Für den Verkauf solcher Tiere, die alsbald geschlachtet werden sollen
und bestimmt sind, als Nahrungsmittel für Menschen zu dienen **(Schlachttiere),** gelten als Hauptmängel:

I. bei **Pferden,** Eseln, Mauleseln und Maultieren:
Rotz (Wurm) mit einer Gewährfrist von 14 Tagen;

II. bei **Rindvieh**:
tuberkulöse Erkrankung, sofern infolge dieser Erkrankung mehr als die Hälfte des Schlachtgewichtes nicht oder nur unter Beschränkungen als Nahrungsmittel für Menschen geeignet ist, mit einer Gewährfrist von 14 Tagen;

III. bei **Schafen**:
allgemeine Wassersucht mit einer Gewährfrist von 14 Tagen; als allgemeine Wassersucht ist anzusehen der durch eine innere Erkrankung oder durch ungenügende Ernährung herbeigeführte wassersüchtige Zustand des Fleisches;

IV. bei **Schweinen**:
1. tuberkulöse Erkrankung unter der in der Nr. II bezeichneten Voraussetzung mit einer Gewährfrist von 14 Tagen;
2. Trichinen mit einer Gewährfrist von 14 Tagen;
3. Finnen mit einer Gewährfrist von 14 Tagen.

Urkundlich unter Unserer Höchsteigenhändigen Unterschrift mit beigedrucktem Kaiserlichen Insiegel.

Gegeben Berlin im Schloß, den 27. März 1899.

(L. S.)   Wilhelm.

Fürst zu Hohenlohe.

3. Erläuterungen zu den §§ 481—492 B. G. B.

Der Begriff Hauptmangel. Als Hauptmangel wird jeder gesetzliche Gewährmangel bezeichnet. Hauptmängel sind demnach nur die im § 482 als „bestimmte Fehler" erwähnten und in der Kaiserlichen Verordnung namentlich aufgeführten Fehler oder Mängel: Rotz, Dummkoller, Dämpfigkeit, Kehlkopfpfeifen, periodische Augenentzündung, Koppen, Tuberkulose, Lungenseuche, Räude, Rotlauf, Schweineseuche bzw. Schweinepest, Wassersucht bei Schafen, Trichinen und Finnen. Für diese Hauptmängel hat der Verkäufer stillschweigend die Garantie zu übernehmen; nur für diese Fehler hat er gesetzlich zu haften. Im Gegensatz zu diesen im Gesetz erwähnten und durch Gesetz garantierten „Haupt"-Mängeln stehen die vertraglichen Mängel, welche von den Parteien auf Grund eines Sondervertrages vereinbart werden. Solche private Sonderverträge werden durch den § 482 nicht betroffen; sie sind nach § 492 zulässig. Der Verkäufer kann unabhängig von § 482 die Gewährleistung für Fehler übernehmen, welche nicht zu den Hauptmängeln gehören (vertragliche Mängel) oder bestimmte Eigenschaften eines Tieres zusichern. Für diese vertraglichen Mängel sind im Gegensatz zu den Hauptmängeln bestimmte schriftliche oder mündliche Verträge notwendig. Für die gesetzlichen

Fehler (Hauptmängel) hat der Verkäufer unter allen Umständen auch ohne besondere Zusicherung zu haften. Dies gilt für jeden Verkäufer und Käufer, auch für den gewerbsmäßigen Händler (Viehhändler, Pferdehändler, Fleischer).

Alle Hauptmängel sind im Sinne des Gesetzes erhebliche Fehler. Eine Ausnahme hiervon bildet nur die Tuberkulose, bei welcher nach der Definition der Kaiserl. Verordnung nur die höheren Grade als Hauptmangel gelten. Bei allen übrigen Hauptmängeln sind schon die niederen Grade im Sinne des Gesetzes erhebliche, d. h. redhibitorische Mängel.

Gewährfrist. Die Gewährfrist ist die rechtliche Vermutungsfrist. Zeigt sich ein Hauptmangel innerhalb der Gewährfrist, d. h. tritt er mit seinen wesentlichsten Merkmalen hervor, so besteht für den Richter, ohne daß ein weiterer Beweis nötig ist, die Vermutung (Praesumptio juris), daß der Mangel schon zur Zeit der Übergabe vorhanden war (§ 484). Die vom Gesetz aufgestellte Dauer der Gewährfrist (meist 14 Tage) ist nämlich wissenschaftlich so berechnet, daß sich der Fehler innerhalb dieser Zeit in der Regel nicht entwickeln kann (Dummkoller, Dämpfigkeit; 3- bzw. 10tägiges Inkubationsstadium bei Rotlauf und Schweineseuche). Andererseits reicht die Zeit zur Feststellung des Mangels aus. Die Aufgabe des Klägers beschränkt sich somit darauf, den Beweis zu führen, daß der behauptete Fehler innerhalb der Gewährfrist sich gezeigt hat bzw. festgestellt worden ist.

Gegen die rechtliche Vermutung des Richters, daß durch die Feststellung des Fehlers innerhalb der Gewährfrist implicite die Frage nach dem Vorhandensein desselben zur Zeit der Übergabe bejaht wird, kann der Verkäufer zwar versuchen, den Gegenbeweis zu führen, daß der Fehler bei der Übergabe noch nicht vorhanden war. Dieser Gegenbeweis läßt sich jedoch meist nicht erbringen, weil die Berechnung der Gewährfristen auf wissenschaftlicher Grundlage beruht. Der bloße negative Beweis des Verkäufers, daß keine Krankheitserscheinungen vor der Übergabe wahrnehmbar waren, genügt nicht. Der Verkäufer muß vielmehr bestimmte, positive Tatumstände als Ursache der nach der Übergabe aufgetretenen Krankheit nachweisen.

Übergang der Gefahr. Neben der Dauer der Gewährfrist hat der Beginn derselben praktische Bedeutung. Im Gegensatz zum römischen Recht bildet im B. G. B. nicht der Kaufabschluß, sondern

die Übergabe die Grundlage für die Berechnung. „Die Gewährfrist beginnt mit dem Ablauf des Tages (d. h. nachts 12 Uhr), an
welchem die Gefahr auf den Käufer übergeht" (§ 483).
Dieser Ausdruck bedeutet die Übernahme der Sorge und Pflege für
das Tier sowie die Übernahme der Gefahr einer zufälligen späteren
Verschlechterung (Erkrankung) oder des zufälligen Untergangs des
Tieres. Der Zeitpunkt des Übergangs der Gefahr wird nach § 446
bestimmt durch die Übergabe („mit der Übergabe der verkauften Sache geht die Gefahr des zufälligen Untergangs und
einer zufälligen Verschlechterung auf den Käufer über"). Die „Übergabe" ist nicht etwa gleichbedeutend mit „Kaufabschluß", auch
nicht mit der einfachen „Ablieferung" des Tieres. Die Übergabe
bedeutet vielmehr die wissentliche Abnahme durch den Käufer
oder dessen Beauftragten, nachdem der Verkäufer das Tier zur
Besitzübernahme angeboten hat. Kaufabschluß und Ablieferung
können allerdings mit dem Akt der Übergabe, der körperlichen
Übernahme durch den Käufer zusammenfallen. Auch dann, wenn
der Verkäufer das Tier infolge besonderer Vereinbarung als Verwahrer behält oder der Käufer dasselbe schon als Verwahrer besitzt, fällt die Übergabe mit dem Kaufabschluß zusammen.

Besondere Bestimmungen bezüglich der Übergabe bei Sendungen enthält der § 447. Danach geht bei Sendungen (Transporten) des Verkäufers (Erfüllungsort Hamburg) auf Verlangen des
Käufers nach einem andern Orte („Lieferung nach Berlin") die Gefahr auf den Käufer schon mit der Übergabe am Erfüllungsort
(Hamburg) über, sobald der Verkäufer die Sache dort dem Spe-
diteur (Frachtführer usw.) ausgeliefert hat.

Anzeigefrist. Ist ein Hauptmangel innerhalb der Gewährfrist nachgewiesen, so hat der Kläger außer der Gewährfrist noch
eine weitere Frist von 2 Tagen zur Anzeige des Mangels an
den Verkäufer. Diese 2tägige Anzeigefrist bildet gewissermaßen
eine Zusatzfrist zur Gewährfrist für die Fälle, in welchen der
Käufer die Anzeige nicht schon innerhalb der Gewährfrist macht
oder, machen kann. Zeigt der Käufer dem Verkäufer den
Mangel nicht spätestens zwei Tage nach dem Ablauf der
Gewährfrist an, so verliert er die ihm wegen des Mangels
zustehenden Rechte (§ 485). Ist jedoch das Tier vor dem Ablauf der Gewährfrist getötet oder sonst verendet, mithin zur Feststellung des Mangels eine Sektion erforderlich, so muß die Anzeige
nicht erst innerhalb zweier Tage nach dem Ablauf der Gewährfrist,

sondern spätestens zwei Tage nach dem Tode des Tieres dem
Verkäufer gemacht werden, damit dieser der Sektion beiwohnen
kann. Wie bei forensischen Fristen überhaupt (mit Ausnahme der
Gewährfrist), so tritt auch bei der Anzeigefrist eine Verlängerung
um einen Tag ein (§ 193), wenn der letzte Tag ein Sonntag
oder staatlich anerkannter Feiertag ist (1. und 2. Weihnachts-
feiertag, Neujahr, Karfreitag, Ostermontag, Pfingstmontag, Himmel-
fahrtstag, Buß- und Bettag).

Die Form der Anzeige kann nach Wahl mündlich (vor
Zeugen!) oder schriftlich sein (eingeschriebener Brief, vor dem
Ende der Anzeigefrist aufgegeben). In der Anzeige empfiehlt
es sich, den Fehler mit den in der Kaiserlichen Verordnung
gebrauchten Bezeichnungen bestimmt zu nennen. Die bloße
Anzeige vom Vorhandensein eines „Fehlers" genügt nicht. Statt
der Anzeige an den Verkäufer kann der Kläger demselben nach
§ 485 auch die Klageschrift durch den Gerichtsvollzieher innerhalb
zweier Tage zustellen lassen (Klageerhebung) oder den Streit
verkünden oder gerichtliche Beweisaufnahme zur Sicherung
des Beweises beim Gericht beantragen.

Klagefrist. Als Klagefrist, Verjährungsfrist oder Prozeß-
frist wird diejenige Frist bezeichnet, innerhalb deren die Klage
wegen eines Hauptmangels erhoben und dem Verkäufer zugestellt
sein muß. Nach dem § 490 B. G. B. beträgt diese Frist 6 Wochen.
Sie beginnt nicht etwa mit dem Ende der Anzeigefrist, sondern
mit dem Ende der Gewährfrist. Da die Gewährfrist bei keinem
Hauptmangel (mit Ausnahme der Lungenseuche) über zwei Wochen
beträgt, dauert mithin die Haftpflicht des Verkäufers gewöhnlich
insgesamt ca. 8 Wochen. Acht Wochen nach der Übergabe
ist gewöhnlich ein Rechtsstreit wegen eines Hauptmangels
nicht mehr anhängig zu machen.

Die Klagefrist kann durch Vertrag verlängert werden. Die
Verjährung wird unterbrochen, wenn der Käufer gerichtliche Beweisaufnahme zur Sicherung des Beweises beantragt (§ 477). Hat der
Verkäufer den Hauptmangel arglistig verschwiegen (Betrug, dolus),
so dauert die Verjährungsfrist 30 Jahre.

Wandelungsklage. Die früher neben der Wandelungsklage zu-
lässige Minderungsklage (actio quanti minoris), d. h. die Klage auf
Herabsetzung des Kaufpreises und Erstattung des Minderwertes,
ist nach § 487 B. G. B. für die Hauptmängel ausgeschlossen. Der
Käufer kann darnach nur Wandelung, d. h. Zurücknahme

des ganzen Tieres verlangen (Wandelungsklage, actio redhibitoria). Auch wenn das Tier geschlachtet ist, kann nur Wandelung, nicht wie früher Minderung verlangt werden; statt der Zurückgabe des Tieres hat der Käufer hierbei den Wert des Tieres zu vergüten.

Ist das Tier beim Käufer nicht mehr unversehrt (Casus interitus und Casus deteriorationis nach römischem Recht), so kann ebenfalls die Wandelungsklage unter Wertvergütung in allen Fällen erhoben werden, in denen der Käufer infolge eines Umstandes, den er zu vertreten hat, außerstande ist, das Tier zurückzugewähren (Tod, Schlachtung, Verschlechterung, Umbildung durch Operationen, Wiederverkauf, Verpfändung, Pfändung). Bei allen diesen vom Käufer verschuldeten bzw. zu vertretenden erheblichen Umständen hat der Käufer dem Verkäufer statt des Tieres den Wert zu vergüten, welchen das Tier zur Zeit des Todes, der Schlachtung oder Verschlechterung hatte. Ist dagegen nur eine unerhebliche Verschlechterung des Tieres infolge eines vom Käufer zu vertretenden Umstandes eingetreten, so hat der Käufer bei der Wandelung die Wertverminderung zu vergüten.

Nutzungen hat der Käufer nur insofern zu ersetzen, als er sie wirklich gezogen hat (Fuhrlohn, Milch, neugeborene Kälber).

Bei gleichzeitigem Kauf mehrerer Tiere bezieht sich die Wandelung im allgemeinen nur auf die mangelhaften Einzeltiere. Eine Wandelung aller Tiere kommt nur in Betracht, wenn sie ausdrücklich als zusammengehörend (z. B. Zweigespann) verkauft sind (§ 469 und 471).

Der Verkäufer hat im Falle der Wandelung außer dem Kaufpreis mit Zinsen (4 Prozent) auch die Futterkosten und Verpflegungskosten, die Kosten der tierärztlichen Untersuchung und Behandlung sowie der Tötung und Wegschaffung des Tieres zu ersetzen (§ 488). Um ein allzu hohes Anwachsen der Futterkosten während der oft sehr langen Dauer des Prozesses zu vermeiden, ist auf Antrag einer Partei die öffentliche Versteigerung des Tieres und die Hinterlegung des Erlöses anzuordnen (§ 489).

Schadenersatzklage. Statt der Wandelungsklage (die Minderungsklage ist bei Hauptmängeln ausgeschlossen) ist in einzelnen Fällen die Schadenersatzklage zulässig: erstens beim Fehlen einer zugesicherten Eigenschaft (§§ 463 und 480), und zweitens beim arglistigen Verschweigen von Fehlern (sog. Anfechtungsklage). Die Verjährung tritt im zweiten Fall nicht schon nach sechs Wochen,

sondern erst in 30 Jahren ein; im ersten Fall verjährt der Anspruch
auf Schadenersatz in sechs Wochen (§ 490). Bei der Schadenersatzklage behält der Käufer das Tier und verlangt vom Verkäufer eine
Geldentschädigung für den Schaden, der ihm durch die Nichterfüllung der Zusicherung oder durch das Verschweigen von Fehlern
entstanden ist (Minderwert, entgangener Gewinn, Beschaffung von
Ersatztieren, Beschädigung von Menschen, Tieren und Sachen usw.).

Vertragsmängel und zugesicherte Eigenschaften. Nach § 492
B. G. B. können von den Parteien unabhängig von der gesetzlichen
Haftung für die Hauptmängel besondere Abmachungen wegen
anderer Fehler beim Verkauf von Pferden, Rindern, Schafen und
Schweinen getroffen werden, die nicht zu den Hauptmängeln gehören
(vertragliche Mängel, Vertragsmängel, Gewährmängel).
Außerdem können Eigenschaften zugesichert werden. Jeder
Käufer ist somit in der Lage, sich neben der gesetzlichen Garantie
für die Hauptmängel durch einen Sondervertrag auch für andere
Fehler garantieren oder Eigenschaften der Tiere zusichern zu lassen.
Diese Sonderverträge können mündlich (vor Zeugen!) oder schriftlich
abgeschlossen werden. Am besten ist ein schriftlicher Vertrag
(sog. Schlußschein, schriftliches Garantieversprechen). Ebenso
kann durch einen Sondervertrag die gesetzliche Gewährleistung für
die Hauptmängel ausgeschlossen werden (ohne Garantie verkaufen; hiermit gleichbedeutend sind die Ausdrücke „für nichts
gut sein", „wie es geht und steht", „schlecht für gerecht" usw.).

Bei einem derartigen Sondervertrag ist indessen in jedem Falle
genau zu unterscheiden, ob die Übernahme der Gewährleistung
(für einzelne oder alle Fehler) oder die Zusicherung von Eigenschaften (das Vorhandensein gewisser Eigenschaften oder das
Nichtvorhandensein bestimmter Fehler) verabredet ist. In beiden
Fällen finden zwar nach § 492 die §§ 487—491 (nur Wandelungsklage, nur sechswöchentliche Verjährungsfrist), sowie im Fall einer
vereinbarten Gewährfrist die §§ 483—485 entsprechende Anwendung.
Die weiteren Rechtsfolgen sind jedoch verschieden, je nachdem die
Gewährleistung für einen Fehler oder die Zusicherung einer Eigenschaft vorliegt. Bei Gewährleistung für einen Fehler tritt der
§ 459 und 460 B. G. B. in Geltung, d. h. die betreffenden Fehler
müssen erheblich und verborgen sein (§ 459: „Eine unerhebliche
Minderung des Wertes oder der Tauglichkeit kommt nicht in Betracht"; § 460: „Der Verkäufer hat einen Mangel nicht zu vertreten,
wenn der Käufer den Mangel beim Abschlusse des Vertrags kennt".

2*

Dagegen kommt bei der Zusicherung einer Eigenschaft („Fehlen eines Mangels") lediglich der § 463 B. G. B. in Betracht; die Frage der Erheblichkeit oder Nichterheblichkeit des Mangels sowie die Frage des Verborgenseins ist in diesem Falle grundsätzlich nicht von Bedeutung.

Unter den besonderen Gewährleistungen nach § 492 ist am wichtigsten die für Gesundheit und Fehlerfreiheit. Die Garantie für „Gesundheit" („gesund und reell", „untadelhaft", „klar und recht", „um und um gerecht", „nichts dran" usw.) ist als Zusicherung einer bestimmten Eigenschaft (§ 463) aufzufassen und besagt das Nichtvorhandensein aller Krankheiten. Auch die Garantie für „Fehlerfreiheit" bedeutet die Zusicherung einer bestimmten Eigenschaft nach § 463 und umfaßt mithin auch die unerheblichen Mängel. Dagegen bedeutet die „Haftung für alle Fehler" („Garantie für alles", „Aufkommen für alles") eine Übernahme der Gewährleistung nach § 459 und 460 nur für erhebliche und verborgene Mängel. Der Verkäufer haftet mit dieser Gewährleistung nicht nur für die Hauptmängel, sondern außerdem auch für alle erheblichen Mängel.

Von den Gerichten wird ferner, wenn der Verkäufer die Frage des Käufers, ob das Tier „gesund", „reell" oder „fehlerfrei" sei, einfach bejaht, eine besondere Zusicherung nach § 459 und 463 B. G. B. in dieser Bejahung überhaupt nicht erblickt, sondern diese Versicherung nur als eine allgemein übliche und unverbindliche Anpreisung und lediglich als eine einfache Erklärung dahin aufgefaßt, daß das Tier bisher gesund bzw. daß dem Verkäufer eine Krankheit nicht bekannt sei. Nur unter ganz bestimmten Umständen liegt eine Zusicherung besonderer Eigenschaften im Sinne des § 459 und 463 vor, wenn nämlich der Verkäufer nicht bloß beiläufig angibt, sondern ausdrücklich erklärt, daß er für diese Eigenschaften aufkommen werde, wenn also unzweideutig zum Ausdruck gebracht wird, daß eine beiderseitig ausdrücklich zum Vertragsinhalt gemachte Festsetzung vorliegt. In der Reichsgerichtsentscheidung vom 1. April 1903 (Bd. 54, S. 223) wird hierzu folgendes bemerkt: „Wie das Reichsgericht schon wiederholt entschieden hat, kann nicht jede bei Gelegenheit von Kaufsverhandlungen über den Kaufgegenstand abgegebene Erklärung, nicht jedes Diktum des Verkäufers ohne weiteres als Zusicherung nach § 459 und 463 B. G. B. betrachtet werden. Um eine solche annehmen zu können, ist vielmehr erforderlich, daß die Erklärung vom Käufer als vertragsmäßige verlangt, vom Verkäufer in vertragsmäßig bindender Weise abgegeben wurde."

Andere Zusicherungen sind beschränkter Natur. Hierher gehört die Garantie für „Zugfestigkeit", „Frommsein" (stallfromm, schmiedefromm, fromm im Geschirr, fromm unter dem Reiter, „militärfromm", „automobilfromm", fromm beim Melken), „Trächtigkeit", „nach so und so viel Monaten Kalben", „Frischmilchendsein", „gute Milchkuh", „gute Augen", „auf den Beinen gesund", „6jährig", „guter Fresser", „gut verschnitten", „sprungfähig", „der Hengst deckt und erbt" usw.

Eine Anzeige des Mangels ist im Falle des § 492 nicht erforderlich.

Im übrigen sind bei der Auslegung von Sonderverträgen durch den Richter die allgemeinen Bestimmungen der §§ 157 und 133 B. G. B. über „Vertrag" und „Willenserklärung" in Betracht zu ziehen. Diese Paragraphen lauten:

§ 157. „Verträge sind so auszulegen, wie Treue und Glauben mit Rücksicht auf die Verkehrssitte es erfordern."

§ 133. „Bei der Auslegung einer Willenserklärung ist der wirkliche Wille zu erforschen und nicht an dem buchstäblichen Sinne des Ausdrucks zu haften."

Zugesicherte Eigenschaften. Über den wesentlichen Unterschied der Rechtsfolgen bei Zusicherung von Eigenschaften im Gegensatz zur Gewährleistung für Fehler schreibt Heilfron in seinem Lehrbuch des Bürgerl. Rechtes auf der Grundlage des B. G. B. (3. Aufl. 1905. II. S. 440): „Die Zusicherung einer Eigenschaft ändert die gesetzliche Vertretungspflicht des Verkäufers in 3facher Beziehung:
1. Im Gegensatz zu den sonstigen Fällen (§ 459, Abs. 1) kommt hierbei auch eine unerhebliche Minderung des Wertes oder der Tauglichkeit in Betracht. Wenn also A. von B. einen Regulator „9 Tage gehend" kauft, braucht er keinen Regulator zu behalten, der nur 8³/₄ Tage geht.
2. Der Verkäufer hat (§ 460, Abs. 2) auch diejenigen Fehler zu vertreten, die dem Käufer infolge grober Fahrlässigkeit unbekannt geblieben sind, falls er die Abwesenheit des Fehlers zugesichert hat.
3. Im Falle der Zusicherung kann der Käufer neben den ädilitischen Rechtsbehelfen Schadensersatz wegen Nichterfüllung beantragen."

4. Die Entstehungsgeschichte der §§ 481—492 B. G. B. und der Kaiserlichen Verordnung.*)

Das deutschrechtliche Prinzip in den §§ 481—492 B. G. B. Im Jahre 1874 beschloß der Bundesrat, die Ausarbeitung des Ent-

---

*) Vgl. meine Festrede zum 27. Januar 1906: Ist die Kaiserliche Verordnung vom 27. März 1899, betr. die Hauptmängel und Gewährfristen beim Viehhandel, einer Revision bedürftig? Berlin 1906. Verlag von R. Schoetz.

wurfs eines einheitlichen Bürgerlichen Gesetzbuches für
das Deutsche Reich einer Kommission von 11 Juristen zu übertragen. Die Kommission begann ihre Sitzungen im September 1874
und übertrug die Redaktion des Obligationenrechts und der dazu
gehörigen Gewährleistung wegen Mängel der Sache dem württem-
bergischen Obertribunalsvizepräsidenten Dr. von Kübel, welcher
sich für das deutschrechtliche Währschaftsprinzip aussprach. Der
Vorsitzende der Kommission unterbreitete demzufolge im Jahre 1875
den Bundesregierungen einen dahingehenden Vorschlag des Redaktors
des Obligationenrechts zur gutachtlichen Äußerung, daß die Regelung der Gewährleistung auf der Grundlage des deutschrechtlichen Prinzips zu erfolgen habe, wonach der Veräußerer
kraft Gesetzes nur für gewisse gesetzlich bestimmte Mängel (Hauptmängel) und auch für diese nur, wenn sie innerhalb einer gesetzlich
bestimmten Frist (Gewährfrist) hervorgetreten sind, Gewähr zu
leisten hat, und wonach beim Hervortreten des Mangels innerhalb
der Gewährfrist das Bestehen des fraglichen Mangels zur entscheidenden Zeit bis zum Beweise des Gegenteils vermutet wird.

Bei der Aufstellung der Hauptmängelliste ging man davon
aus, daß entsprechend dem deutschrechtlichen Währschaftsprinzip
überhaupt nur eine sehr beschränkte Zahl von Mängeln aufgenommen werden durfte. Um als Hauptmangel Aufnahme zu finden,
mußte ferner der betreffende Mangel die vier nachstehenden Eigenschaften besitzen:

1. er mußte allgemein oder wenigstens in größeren Teilen
   des Reiches so verbreitet sein, daß für seine Aufnahme
   ein praktisches Bedürfnis vorlag;
2. er mußte erheblich sein und den Gebrauchswert oder
   Handelswert des Tieres beträchtlich mindern;
3. er mußte seiner Natur nach zur Zeit des Verkaufs verborgen sein, d. h. er durfte nicht schon bei gewöhnlicher
   Aufmerksamkeit in die Augen fallen und erkannt werden;
4. es mußte sich für den Fehler eine bestimmte Gewährfrist
   angeben lassen, innerhalb deren einerseits der Fehler sich
   nach tierärztlicher Erfahrung nicht entwickeln, innerhalb
   deren er andererseits vom Käufer in der Regel erkannt und
   vom Sachverständigen konstatiert werden kann.

Die Preußische Technische Deputation für das Veterinärwesen hat sich in ihrem Gutachten vom Jahre 1876 für das römische
und gegen das deutsche und gemischte Rechtsprinzip ausgesprochen.

In demselben Sinne hat sich das Preußische Landesökonomie-
kollegium geäußert. Die süddeutschen Bundesstaaten sprachen
sich indessen überwiegend für das deutsche Recht und damit für
den Vorschlag von Kübels aus, wodurch das Schicksal des römischen
Rechtsprinzips endgültig besiegelt war. Die wichtigsten Gesichtspunkte für und wider das römische und deutsche Recht sind in den
Motiven von Kübel (Anlage A) und im Gutachten der Preußischen
Technischen Deputation für das Veterinärwesen (Anlage B) enthalten; vgl. S. 24 und S. 26.

Eine weitere wichtige Frage betraf die Aufstellung von Hauptmängeln beim Schlachtvieh. Die Technische Deputation für das
Veterinärwesen und der Deutsche Landwirtschaftsrat lehnten in den
Jahren 1896 und 1897 die Aufnahme von Hauptmängeln für Schlachtvieh überhaupt ab. Sie wiesen darauf hin, daß infolge der privaten,
kommunalen und staatlichen Schlachtviehversicherung eine gesetzliche Gewährleistung beim Schlachtvieh überflüssig erscheine, daß
ferner die Hauptmängel des Schlachtviehs einseitig nur zum Schutze
der Schlächter dienen, denen der Verkäufer vollständig in die Hand
gegeben werde (der deutsche Fleischerverband hatte nicht weniger
als 35 Hauptmängel allein für das Schlachtvieh beantragt!), und
daß endlich für den Verkäufer eine Kontrollierung der Identität bei
dem regen Zwischenhandel und der Entsendung der Schlachttiere
nach weiten Entfernungen im Streitfall unmöglich sei. Auch das
französische Gesetz vom 2. August 1884 bzw. 31. Juli 1905 kenne
keine Hauptmängel bei Schlachttieren; im belgischen Gesetz vom
9. Juli 1894 seien bloß einige wenige Schlachtviehmängel mit
nur fünftägiger Gewährfrist und nur bei Transporten bis zu 50 km
Entfernung zugelassen. Da indessen der Vertreter des Reichsjusti-
amtes gegen die Ausschließung der Schlachtviehmängel rechtliche
Bedenken erhob, weil die Ausschließung gegen das System und den
Sinn des B. G. B. verstoße, wurde der Technischen Deputation im
Jahr 1898 erneut eine Liste von sieben Hauptmängeln bei Schlachttieren zur Begutachtung vom Reichsjustizamt überwiesen, von welchen
die Deputation vier zur Aufnahme auswählte, nämlich: Rotz, allgemeine Wassersucht, Trichinen und Schweinefinnen. Gegen die
Aufnahme der Tuberkulose erklärte sich die Deputation auch dies-
mal, weil die Tuberkulose in 90 Proz. aller Fälle bei Schlachttieren einen unerheblichen Mangel bildet. Trotzdem ist später die
Tuberkulose als Hauptmangel bei Schlachttieren aufgenommen worden,
allerdings mit der Beschränkung auf die erheblichen Grade.

Die Erwägungen des Bundesrats bei der Beschlußfassung über die Kaiserliche Verordnung betr. die Hauptmängel und Gewährfristen sind in der Anlage C (S. 29) enthalten.

Anlage A.
Begründung des Entwurfs des B. G. B. betr. die Gewährleistung durch v. Kübel.

Das **römische** Rechtsprinzip, obwohl es dem reinen Rechtsstandpunkte entspricht und bei leblosen Gegenständen auch den Anforderungen des Verkehrs gerecht wird, hat sich in seiner Anwendung auf den Viehhandel den bisherigen Erfahrungen zufolge nicht als praktisch bewährt und ist fast überall verlassen worden. Die Zweifelhaftigkeit der Frage, ob im einzelnen Falle der Fehler eines Tieres als ein verborgener oder erheblicher zu erachten, die in der Natur der Sache liegende Schwierigkeit des Beweises des Vorhandenseins zur entscheidenden Zeit und die Abhängigkeit der Entscheidung nach allen diesen Richtungen in jedem einzelnen Falle von dem ungewissen Gutachten Sachverständiger begünstigt schikanöse und verderbliche Prozesse, verteuert und erschwert den wirklich Verletzten den Erfolg oder macht solchen selbst unmöglich und führt dadurch zur Rechtsunsicherheit, welche Viehhandel und Viehzucht in empfindlicher Weise schädigt. Es hat sich infolgedessen das römische Prinzip nur in einem kleinen Teile von Deutschland rein behauptet, so in Mecklenburg und in Oldenburg, wo das gemeine Recht gilt und bezüglich der Gewährleistung im Viehhandel keine besonderen gesetzlichen Bestimmungen bestehen, sowie in Hannover, wo aber ein auf das deutschrechtliche Prinzip gebauter Entwurf bereits vorlag, als die Ereignisse des Jahres 1866 eintraten und die Erhebung des Entwurfs zum Gesetze verhinderten.

Im übrigen Deutschland haben alle Gesetze der Neuzeit von dem römischen Prinzip sich abgewandt und die Gewährleistung beim Viehhandel auf der Grundlage des **deutschrechtlichen** Prinzips normiert. Hierbei ist der von seiten der Tierheilwissenschaft erhobene Einwand nicht unbeachtet geblieben, daß es nicht möglich ist, alle verborgenen und erheblichen, nach allgemeinen Grundsätzen zur Gewährleistung verpflichtenden Mängel erschöpfend zu bestimmen und sie mit einer für alle Fälle zutreffenden und dem Erwerber wie dem Veräußerer in gleicher Weise gerecht werdenden Gewährfrist zu versehen, die Wissenschaft vielmehr nur eine aus der Mehrzahl der Fälle abstrahierte Wahrscheinlichkeitsberechnung an die Hand geben könne. Es wurde davon ausgegangen, daß diesen Bedenken überwiegende Rücksichten des praktischen Bedürfnisses, der Rechtseinfachheit und Rechtssicherheit entgegenstehen, welche eine Beschränkung der Gewährleistungspflicht auf gewisse besonders erhebliche Mängel und die Aufstellung einer Rechtsvermutung im Falle des Hervortretens binnen einer gewissen Frist zugunsten des Erwerbers, sowie den Ausschluß der Gewährpflicht für später hervortretende Mängel zugunsten des Veräußerers hinreichend rechtfertigen. Auch wurde auf die Möglichkeit weitergehender besonderer Vereinbarung der Vertragschließenden hingewiesen. In den Motiven zu dem Königl. Preuß. Gesetze für Hohenzollern ist insbesondere hervorgehoben worden, daß, wenn auch vom theoretischen Standpunkte das römische Prinzip den Vorzug verdiene, die theoretisch besten Gesetzgebungen sich in der Praxis nicht immer am besten bewähren, daß vielmehr die Gesetze in Württemberg und Baden den Handel mit Haustieren wesentlich erleichtern und befördern und deren Einführung in Hohenzollern als dringendes Bedürfnis empfunden werde. Auch wurde, im Widerspruch mit den Motiven zu dem Gesetze für den App.-Bezirk Cöln bemerkt, daß bei einer gemeinsamen Gesetzgebung in betreff der Gewährleistung beim Viehhandel nicht sowohl auf die Grundsätze des römischen Rechts, als vielmehr auf die Grundsätze des Preuß. Landrechtes, welches die Prinzipien des römischen und des deutschen Rechtes zweckmäßig miteinander verbinde, zurückzugehen sein werde. Endlich wurde bemerkt, es seien die Präsumtionsfristen so berechnet, daß mit einer an Gewißheit grenzenden Wahrscheinlichkeit angenommen werden könne, es sei ein Fehler, der in diesen Fristen sich offenbare, schon zur Zeit der Übergabe vorhanden gewesen.

Abweichend hiervon steht das **preußische Landrecht** von 1794 auf dem Boden des sogenannten gemischten Prinzips. Dieses letztere Prinzip ist es, welches besonders vom tierärztlichen Standpunkte befürwortet wird. So hat die zweite internationale Versammlung von Tierärzten zu Wien im Jahre 1865 sich für Notwendigkeit der Beibehaltung der allgemeinen Gewährpflicht unter Herabsetzung der Verjährungsfrist auf höchstens $\frac{1}{4}$ Jahr, weil die wissenschaftliche Beweisführung in der Regel über die Zeit hinausgehe, und für die Festsetzung einer speziellen Gewährzeit für gewisse näher bezeichnete Mängel neben der allgemeinen Haftverbindlichkeit ausgesprochen, wobei für die Beibehaltung der letzteren geltend gemacht worden ist, daß die Tierheilkunde so weit vorgeschritten sei, um die konkreten Fälle beurteilen zu können, dieselbe dagegen nicht imstande sei, auch nur annähernd alle die Mängel aufzuführen und eine bestimmte Gewährzeit für dieselben zu normieren, welche dem Käufer einen wohlbegründeten Rechtsanspruch geben, endlich nur die Beibehaltung der allgemeinen Haftpflicht es möglich mache, die sogenannten Nachtschäden (24 stündige Garantie für alle während dieser Zeit sich äußernde Krankheiten) wegfallen lassen zu können. In ganz ähnlicher Weise ist auch sonst von Autoritäten der Tierheilkunde, so z. B. von Gerlach, Handbuch, 2. Aufl., S. 26 ff., 32 ff., 37 f., ausgesprochen worden, welch letzterer meint, daß damit auch dem Bedürfnisse des Viehhandels entsprochen werde. Daran wird sich jedoch zweifeln lassen, denn abgesehen von der Abkürzung der Verjährungsfrist, welche mit dem Prinzip nichts zu tun hat, wird durch das sogenannte gemischte Prinzip lediglich der Käufer begünstigt, zu dessen Gunsten für einzelne Mängel im Falle ihres Hervortretens binnen einer bestimmten Frist die Beweislast geändert ist, während der Veräußerer für diese Mängel auch über die Frist hinaus für den Fall der Erweislichkeit des Bestehens zur entscheidenden Zeit und unter derselben Voraussetzung für alle und jede sonstigen verborgenen Mängel von Erheblichkeit haftbar bleibt und deshalb dieselbe Unsicherheit, wie bei dem reinen römischen Prinzip besteht und für schikanöse Prozesse derselbe Raum ist.

Offenbar wird man bei der Wahl des Prinzips für die Regelung der Gewährleistung beim Viehhandel neben der juristischen und tierheilwissenschaftlichen Seite insbesondere das praktische Bedürfnis der Erzielung möglichster Sicherheit des Handelsverkehrs im Auge behalten müssen und letzterem Bedürfnisse wird nur durch die Annahme des deutschen Prinzips genügt. Der Veräußerer weiß in diesem Falle von vornherein, wofür er zu haften hat und ist der seine Rechtssicherheit bedrohenden

Gefahr, je nach dem unsichern Resultate von Sachverständigengutachten, für alle möglichen Mängel bis zur Verjährungszeit haften zu müssen, enthoben, während andererseits der Erwerber der Beschränkung der gesetzlichen Haftpflicht gegenüber den Vorteil der ihn des schwierigsten und zweifelhaftesten Beweises überhebenden Rechtsvermutung hat und erforderlichenfalls eine Ausdehnung der Gewährleistungspflicht des Veräußerers auf weitere bestimmte Mängel vereinbaren kann. Diese großen, den Verkehrsinteressen wesentlich dienenden, eminent praktischen Vorteile sind es, welche dem deutschen Prinzip, ungeachtet der fortgesetzten Angriffe seitens der Tierheilwissenschaft, den Eingang in alle neueren Gesetzgebungen (mit einer einzigen Ausnahme) verschafft haben, und die in dem Geltungsbereiche des Prinzips gemachten, wie bemerkt, auch in den Motiven zu dem Königlich Preußischen Gesetze für Hohenzollern konstatierten günstigen Erfahrungen sprechen entschieden gegen ein Verlassen desselben. Es würde dies sicher im Handel und Verkehr als ein empfindlicher Rückschritt und eine Störung der bisherigen Rechtssicherheit empfunden werden.

Die von seiten der Tierärzte erhobenen Bedenken sind nicht neu, sie bestanden schon bei allen neueren Gesetzen, welche das deutschrechtliche Prinzip angenommen haben und sind, wie schon bemerkt, nicht als durchschlagend erkannt worden. Es gilt dies insbesondere von dem aus dem heutigen gehobenen Standpunkte der Tierheilkunde entnommenen Grunde; denn nicht nur steht auch heute noch immer nur der kleinere Teil der Tierärzte auf der Höhe der Wissenschaft (sic!), sondern es gehen bekanntlich auch die Gutachten wissenschaftlich gebildeter Tierärzte oft genug weit auseinander, und jeder Praktiker kennt die Unsicherheit einer von solchen Gutachten abhängigen Entscheidung. Die praktische Rücksicht auf die für Handel und Verkehr so wichtige Rechtssicherheit spricht daher noch immer für das deutsche Prinzip bestimmter Gewährmängel und Gewährfristen. Die hieraus sich ergebende Beschränkung der Haftpflicht des Veräußerers rechtfertigt sich durch die schon hervorgehobenen praktischen Erwägungen und die Schwierigkeit für die Tierheilkunde, Gewährmängel und Gewährfristen in befriedigender Weise festzustellen, sollte sich bei dem heutigen Standpunkte der Tierheilkunde doch wohl überwinden lassen, zumal es sich dabei nur um die Konstatierung einer auf die Erfahrung gebauten Regel handelt. (Auszug.)

Anlage B.

Gutachten der Preußischen Technischen Deputation für das Veterinärwesen vom Jahre 1876.

Die Forderungen des **römischen** Prinzips entsprechen in gleicher Weise dem Rechtsgefühl des Publikums und den praktischen Bedürfnissen des Handelsverkehrs auch bei den Tieren. In denjenigen Ländern, in welchen die betreffenden gesetzlichen Bestimmungen auf Grund des sogenannten gemischten Prinzips erlassen sind, ist es nur die mit dem letzteren zugelassene Gewährleistungspflicht des Römischen Rechts, welche den Käufer von Tieren vor jeder erheblichen Übervorteilung schützt.

Es ist klar, daß nur der Abschluß unredlicher Geschäfte erleichtert wird, wenn der Verkäufer sich der Verpflichtung enthoben sieht, für die gesunde und brauchbare Beschaffenheit der Tiere aufzukommen. Abgesehen von dieser Begünstigung unzulässiger Übervorteilungen, kann als Tatsache angegeben werden, daß eine wesentliche Verminderung der Rechtsstreitigkeiten durch die nach deutschen Rechtsgrundsätzen geordnete Währschaftsgesetzgebung nicht erreicht wird. Die Erfahrungen derjenigen Länder, in denen das Gemeine Recht gilt, haben erwiesen, daß durch dasselbe die Anstrengung von Prozessen nicht begünstigt wird. Die Meinung, daß der Käufer unter dem Schutze der umfassenderen Gewährleistung des Römischen Rechts sich ermuntert sehen müßte, schon bei ganz unerheblichen Anlässen, gleichsam zur Vexation des Verkäufers einen Rechtsstreit zu beginnen, trifft tatsächlich nicht zu. Im Gegenteil gerade in den gesetzlichen Privilegien, welche nach dem Deutschen Prinzip den einzelnen Krankheiten und Fehlern beigelegt werden, liegt eine Versuchung des Käufers zur Einleitung von unbegründeten Rechtshändeln.

Die Kenntnis unserer Haustiere im gesunden und kranken Zustande hat im Laufe des gegenwärtigen Jahrhunderts in allen ihren Teilen eine wissenschaftliche Grundlage erhalten. An der Hand dieser Grundsätze, die jedem tierärztlichen Sachverständigen zugänglich sind, ist es nicht schwierig, bei einem Untersuchungsobjekte festzustellen, ob die nach der Durchschnittsberechnung in einem mittleren Maße zu beanspruchende Nutzungsfähigkeit infolge einer Krankheit oder eines Gebrauchsfehlers erheblich beeinträchtigt wird.

Dieser Nachweis bildet die rechtliche Basis für die Ansprüche des Käufers. Jede erhebliche Abweichung von der gewohnheitsmäßig vorausgesetzten mittleren Gesundheit und Brauchbarkeit eines Tieres impliziert demnach den Begriff eines „Fehlers" im Sinne des Gesetzes.

Der Beweis, daß ein Fehler an dem erworbenen Tiere bereits eine bestimmte Zeit und schon vor dem Kaufe oder der Übernahme bestanden hat, regelt sich ohne besondere Schwierigkeit nach der wissenschaftlichen Erfahrung. Jedes Urteil über die Dauer eines Fehlers oder einer Krankheit basiert mit logischer Notwendigkeit auf der Voraussetzung, daß das Vorhandensein des behaupteten Mangels zuvor objektiv festgestellt sei. Nur dieser Nachweis kann bei manchen Krankheiten, deren Verhalten sich von anderen Abnormitäten nicht scharf abhebt oder bei den ihrer Natur nach zu gewissen Zeiten nicht offen hervortretenden Fehlern schwierig sein. Wenn aber der Mangel selbst durch die objektive Darstellung derjenigen Kriterien, durch welche sich derselbe während des Lebens oder bei der Sektion kennzeichnet, zweifellos dargetan ist, so ergibt sich das Urteil über die Dauer desselben gemäß den Erfahrungen der Wissenschaft von selbst. Durch die Bezugnahme der tierärztlichen Sachverständigen auf die prinzipiellen Aussprüche wissenschaftlicher Männer oder Behörden und auf anerkannte Autoritäten der forensischen Tierarzneikunde werden die Zweifel über die Möglichkeit der Entwicklung eines Fehlers innerhalb einer bestimmten Zeit stets in ausreichender Weise gehoben.

Als Regel wird bei der Befolgung des **deutschen** Prinzips zunächst festgehalten, daß die Gewährleistung sich nur auf diejenigen Mängel erstrecken soll, die im Gesetz benannt sind. Infolgedessen kann die Zahl der Gewährmängel aus Gründen, die in der Natur der Sache liegen, nur sehr gering sein, und es entsteht tatsächlich in den Geltungsbezirken aller derartigen Gesetze für den Käufer der Nachteil, daß er bei sehr vielen Übervorteilungen des Schutzes entbehrt, den er nach dem öffentlichen Rechtsbewußtsein zu fordern sich berechtigt hält. Denn es gibt nur relativ wenige Krankheiten, die in allen Fällen und in jedem Entwicklungsstadium den Charakter eines Hauptmangels an sich tragen. Dieselben

Krankheiten, die oft sehr milde verlaufen und eine wesentliche Ver-
ringerung des Wertes und der Gebrauchsfähigkeit der Tiere nicht mit
sich bringen, führen in andern Fällen zum Tode oder sie heilen mit Zurück-
lassung von fehlerhaften Zuständen. Mit Rücksicht auf die Verschieden-
heit ist es nicht statthaft, solche Krankheiten mit unter die Hauptmängel
aufzunehmen. Es würde sonst gesetzlich angeordnet sein, daß sie in jedem
Falle und auch bei ganz geringfügiger Ausbildung einen erheblichen Mangel
darstellen. Infolgedessen würde, da auf den formellen Nachweis eines
Fehlers die graduellen Verschiedenheiten des letzteren ohne Einfluß sind,
der Erwerber nicht selten zur Erhebung eines Rechtsanspruchs an den
Verkäufer legitimiert sein, trotzdem ihm ein Nachteil aus der betreffenden
Krankheit nicht entstanden ist.

Beispielshalber wird der Fehler des Scheidenvorfalls, der in Elsaß-
Lothringen, in den süddeutschen Staaten und in dem ehemaligen Kur-
fürstentum Hessen als Hauptmangel gilt, nicht selten als Vorwand zu
einer ganz unzulässigen Vexation des Verkäufers benutzt, indem der
Fehler gewöhnlich nur eine bedeutungslose Abnormität darstellt.

Die gesetzliche Anordnung von Präsumtionsfristen für die
Dauer der Hauptmängel erweist sich bei einer eingehenden
Prüfung der letzteren als unzulässig. Zunächst kann für alle
Präsumtionsfristen immer nur derjenige Zeitraum gewählt werden, der als
die kürzeste Entwicklungszeit der betreffenden Fehler erfahrungsgemäß
bekannt ist. Jede Abweichung von diesem Grundsatze würde den Verkäufer in die Gefahr bringen, unrechtmäßigerweise übervorteilt zu werden.
In dem gesetzlichen Vorbehalt, daß dem Verkäufer freisteht, die etwa nach
der Überlieferung der Tiere stattgefundene Entstehung des behaupteten
Fehlers nachzuweisen, kann ein tatsächlicher Schutz nicht gefunden werden,
die kasuistische Erfahrung hat erwiesen, daß dem Verkäufer ein solcher
Beweis fast nie gelingt. Denn abgesehen von seltenen Ausnahmen, sind
die betreffenden Tiere vor ihrer Überlieferung an den Käufer fast niemals
so genau untersucht worden, um mit Sicherheit nachweisen zu können,
daß sie zur entscheidenden Zeit mit dem seiner Natur nach verborgenen
Gewährfehler noch nicht behaftet sein konnten. Solange aber Zweifel
bezüglich dieses Streitpunktes bleiben, ist der Verkäufer durch die gesetzliche Präsumtionsfrist auf die kürzeste Entwicklungszeit eines Fehlers
beschränkt und zur Vertretung eines Schadens verpflichtet, zu welchem
der Grund erst gelegt wurde, als sich das betreffende Tier nicht mehr in
seinem Besitze befand.

Unter der großen Zahl von Krankheiten, die unsere Haustiere befallen, gibt es nur wenige, denen eine genau abgemessene Entwicklungszeit eigentümlich ist und für welche deshalb die Zeitdauer, welche der
betreffende Krankheitszustand bis zu seiner vollständigen Ausbildung notwendig durchlaufen haben muß, in einer befriedigenden Weise bezeichnet
werden kann. Für diese Leiden kann aber die gesetzliche Präsumtionszeit
auch ohne jeden Nachteil entbehrt werden, denn die einzelnen Krankheit-
stadien und die Besonderheiten der anatomischen Störung bilden so sichere
Kriterien, daß die Beurteilung der nachweisbaren Dauer niemals zweifelhaft ausfallen kann. Die gesetzliche Einschränkung der Nachwähr auf die
besonders benannten Hauptmängel ist stets in erster Linie damit motiviert
worden, daß verwickelten und für die Parteien lästigen Prozessen vor-
gebeugt werden solle. In der praktischen Erfahrung hat sich diese Auffassung nicht bestätigt. Auch theoretisch würde dieselbe nur dann zutreffen, wenn das Urteil über die Entwicklung und Bedeutung der einzelnen

Hauptmängel ohne Rücksicht auf den einzelnen Fall, nach gewissen konstanten Regeln abgegeben werden könnte. Da aber, wie bereits gezeigt, die Hauptmängel vielerlei graduelle und quantitative Verschiedenheiten darbieten, so liegt es auf der Hand, daß sie mit vielen anderen, im Gesetze nicht benannten akuten Krankheiten wegen der Ähnlichkeit des Symptomen-Komplexes leicht verwechselt werden können. Hierdurch wird der Käufer bestimmt, Krankheiten, die nicht zu den Hauptmängeln gehören, als solche auszugeben und auf Grund des irrtümlichen oder geradezu gefälschten Tatbestandes im Wege der gerichtlichen Klage den Verkäufer zu bedrängen. Wenn auch ein solcher Prozeß nicht immer zum Schaden des Verkäufers ausläuft, so zeigt doch die Erfahrung, daß der letztere in zahlreichen Fällen dadurch, daß das Gesetz über den vom Kläger behaupteten Fehler bestimmte Rechtsvermutungen angeordnet hat, eingeschüchtert wird und sich zu einer freiwilligen Befriedigung des Käufers herbeiläßt. Gerade die Rechtsvermutungen und die ausdrückliche Bezeichnung der Fehler mit ihren Präsumtionsfristen im Gesetze begünstigen die ungerechten Versuche der Käufer, durch Einschüchterung und prozessualische Vexationen ziemlich erhebliche Geldbeträge vom Verkäufer zurückzufordern. In den deutschen Staaten und Provinzen, in denen ausschließlich die Gewährleistungspflicht des römischen Rechts beibehalten ist, sind die Rechtsstreitigkeiten wegen fehlerhafter Beschaffenheit der erworbenen Tiere notorisch viel seltener, als in den Staaten, in denen das gemischte oder das deutsche Rechtsprinzip Eingang gefunden haben. (Auszug.)

Anlage C.

Erwägungen für die Beschlußfassung des Bundesrats, betreffend die Kaiserliche Verordnung über Hauptmängel und Gewährfristen beim Viehhandel.[*]

Nach § 481 und 482 Abs. 1 des Bürgerlichen Gesetzbuchs hat bei dem Verkaufe von Pferden, Eseln, Mauleseln und Maultieren, von Rindvieh, Schafen und Schweinen der Verkäufer nur bestimmte Fehler (Hauptmängel) und auch diese nur dann zu vertreten, wenn sie sich innerhalb bestimmter Fristen (Gewährfristen) zeigen. Für die Festsetzung der Hauptmängel und der Gewährfristen ist durch § 482 Abs. 2 des Bürgerlichen Gesetzbuches der Weg einer mit Zustimmung des Bundesrats zu erlassenden Kaiserlichen Verordnung vorgesehen. Die in solcher Weise erfolgende Regelung ist nach § 493 des Bürgerlichen Gesetzbuches ohne weiteres auch für andere Verträge maßgebend, die auf Veräußerung gegen Entgelt gerichtet sind.

Der in Frage stehenden Verordnung sind durch das sogenannte deutschrechtliche System, welches den Vorschriften des Bürgerlichen Gesetzbuches über die Gewährleistung wegen Viehmängel zugrunde legt, von vornherein bestimmte Grenzen gezogen. Das Wesen des deutschrechtlichen Systems bringt es mit sich, daß ausnahmsweise den Verkäufer die Haftung für einen Mangel im einzelnen Falle treffen kann, obwohl der Mangel für den Handels- oder Gebrauchswert des Tieres nach Lage der Sache ohne Bedeutung ist. Mit Rücksicht auf die Interessen des Verkäufers hat daher die Verordnung nur solche Fehler als Hauptmängel erklärt, welche zufolge ihrer Natur die Eigenschaft haben, die

---

[*] Königl. Preuß. Staatsanzeiger vom 5. Juni 1899 Nr. 130.

Tauglichkeit und den Wert des Tieres wenigstens für die regelmäßigen Fälle aufzuheben oder erheblich zu beeinträchtigen.
Zur Aufnahme unter die Hauptmängel eignen sich ferner diejenigen Fehler
nicht, welche von den bei dem Handel mit Vieh beteiligten Personen schon
bei mäßiger Aufmerksamkeit sofort zu erkennen sind (zu vgl. § 460 Satz 2
des Bürgerlichen Gesetzbuches). Das gleiche gilt von allen Fehlern, bei
denen zufolge tierärztlicher Erfahrung der Zeitraum, innerhalb dessen sie
entstehen und zutage treten, überhaupt nicht allgemein bestimmt werden
kann, sondern je nach den Umständen sich verschieden gestaltet; denn
hier fehlt es an einer Grundlage für die mit der Festsetzung einer Gewährfrist verbundene Rechtsvermutung, daß der Mangel, wenn er im Laufe
der Frist sich zeige, schon bei deren Beginn vorhanden gewesen sei (§ 484
des Bürgerlichen Gesetzbuches).

Ungeachtet der aus dem Vorstehenden sich ergebenden Beschränkungen haben in dem vorliegenden Entwurfe die Fehler, welche am
häufigsten zu Rechtsstreitigkeiten führen, fast durchweg eine Stelle gefunden. Wo der Entwurf von den bezeichneten Gesetzen abweicht, hat
dies seinen Grund teils in den veränderten Bedürfnissen des Verkehrs,
teils in dem heutigen Stande der Tierheilkunde.

Die Hauptmängel sind für die Nutz- und Zuchttiere (§ 1 des
Entwurfs) und für die Schlachttiere (§ 2) je besonders geregelt. Eine
solche Scheidung ist nach dem Bürgerlichen Gesetzbuche zulässig (zu
vgl. die Denkschrift zum Entwurf eines Bürgerlichen Gesetzbuchs, Ver-
handlungen des Reichstages 1895/97, Anlage Band 1, S. 634) und auch
sachlich gerechtfertigt. Denn durch Fehler, welche den Wert und
die Tauglichkeit von Nutz- und Zuchttieren aufheben oder erheblich mindern, wird häufig die Genießbarkeit des Fleisches
nicht wesentlich beeinträchtigt und umgekehrt. Aus der im Entwurfe vorgesehenen Scheidung ergibt sich ohne weiteres, daß der Verkäufer
eines unter die §§ 1, 2 fallenden Tieres für die im § 1 bestimmten Mängel
nur dann haftet, wenn das Tier als Nutz- oder Zuchttier, für die im § 2
bestimmten Mängel dagegen nur dann, wenn es als Schlachttier verkauft
wird. Die Vereinbarung über die eine oder andere Art der Verwendung
braucht jedoch nicht ausdrücklich getroffen zu sein; es genügt, wenn die
Umstände ergeben, daß bei dem Kaufe beide Teile über diesen Punkt
einig waren. Besteht Streit, so trifft die Beweislast nach den allgemeinen
Grundsätzen den Käufer. Stellt sich nach dem Abschlusse des Vertrages
heraus, daß eine Einigung der Parteien nach der bezeichneten Richtung
in Wirklichkeit überhaupt nicht erfolgt ist, so wird gemäß § 155 des
Bürgerlichen Gesetzbuches in der Regel der ganze Vertrag ungültig sein.

Die Dauer der Gewährfristen ist, soweit es die Natur der Fehler
gestattet, gleichmäßig geordnet. In keinem Falle ist diese Dauer
länger bemessen, als notwendig erschien, um dem Käufer die
Wahrnehmung des Mangels zu ermöglichen. Dabei konnte indessen
hinsichtlich der Schlachttiere nicht außer Betracht bleiben, daß sie vielfach
erst in den Zwischenhandel gebracht und auf weite Entfernungen versandt
werden, ehe sie zur Abschlachtung gelangen.

Die einzelnen Hauptmängel sind unter den Namen aufgeführt, die
ihnen nach dem Sprachgebrauche des Verkehrs und der Tierheilkunde zu-
kommen. Soweit für einen Fehler oder für bestimmte Erscheinungsformen
desselben im Verkehre noch andere Bezeichnungen Anwendung finden, sind
diese Bezeichnungen in Klammern beigefügt. Außerdem wird aber jeder
Hauptmangel, bei dem jene Angaben zur Klarstellung seiner Tragweite

noch nicht genügen, durch eine genaue Begriffsbestimmung erläutert.
Unter Lungenseuche (§ 1, II 2) ist die im § 10 Abs. 1 Nr. 5 des Reichs-
gesetzes, betreffend die Abwehr und Unterdrückung von Viehseuchen, vom
23. Juni 1880, 1. Mai 1894 (Reichsgesetzbl. 1894, S. 410) zu verstehen.
Von besonderer Wichtigkeit ist die Frage, in welchem Umfange die
Tuberkulose als Hauptmangel behandelt werden soll.

Bei der großen Verbreitung dieser Krankheit unter dem Rindvieh
und bei der Erweiterung, welche ihr Begriff durch die neuere Wissenschaft
erfahren hat, wäre es jedenfalls eine unbillige Härte, wenn denjenigen,
welcher Rindvieh als Nutz- oder Zuchtvieh verkauft, die Haftung für Tuberkulose schlechthin treffen würde. Erfahrungsmäßig tritt die Krankheit
häufig so leicht auf, daß sie den Gebrauchswert des Tieres überhaupt nicht
oder doch nur unbedeutend mindert. Ebenso sicher aber stellt die Tuberkulose in den höheren Graden ihrer Entwicklung einen erheblichen Fehler
dar, und es wäre daher mit dem Zwecke des Bürgerlichen Gesetzbuches
nicht vereinbar, dem Käufer auch hier den Schutz zu versagen. Der Entwurf (§ 1 Nr. II, 1) will eine angemessene Ausgleichung der verschiedenen
Interessen herbeiführen, indem er die Haftung des Verkäufers für Tuberkulose bei Nutz- und Zuchttieren davon abhängig macht, daß durch
die tuberkulöse Erkrankung bereits eine allgemeine Beeinträchtigung des Nährzustandes des Tieres herbeigeführt worden
ist. Die tuberkulöse Erkrankung umfaßt, wie bei dem heutigen Stande
der Tierheilkunde keiner besonderen Hervorhebung mehr bedarf, auch die
Perlsucht (Tuberkulose der serösen Häute) und die Skrofulose (Tuberkulose der Lymphdrüsen).

Für den Nachweis einer tuberkulösen Erkrankung gelten die allgemeinen Grundsätze des Prozeßrechts. Demgemäß ist hierzu das unmittelbare Auffinden von Tuberkelbazillen nicht erforderlich, vielmehr
genügt es, wenn mit den Hilfsmitteln, welche die Wissenschaft bietet, in
sicherer Weise festgestellt wird, daß die Erkrankung durch Tuberkelbazillen hervorgerufen ist.

Ähnlich wie bei dem Verkaufe von tuberkulösem Rindvieh zu Nutz-
und Zuchtzwecken liegen die Verhältnisse, wenn Tiere solcher Art als
Schlachttiere veräußert werden. In zahlreichen Fällen ist das Fleisch
dieser Tiere der Hauptsache nach ohne weiteres zum Genusse für Menschen
tauglich. Der Entwurf (§ 2 Nr. II, 1) bestimmt deshalb, daß bei dem
Verkaufe von Rindvieh als Schlachtvieh die tuberkulöse Erkrankung nur
dann einen Hauptmangel bilden soll, wenn infolge der Erkrankung mehr
als die Hälfte des Schlachtgewichts nicht oder nur unter Beschränkung
als Nahrungsmittel für Menschen geeignet ist. Eine Beschränkung im
Sinne dieser Vorschrift ist namentlich dann gegeben, wenn es
besonderer Sicherungsmaßregeln, z. B. des Abkochens, bedarf,
um das Fleisch zum Genusse verwendbar zu machen, oder wenn
es zwar solcher Maßregeln nicht bedarf, das Fleisch aber
gleichwohl seiner Beschaffenheit wegen auf die Freibank verwiesen wird. Der Zustand des Fleisches, welcher hiernach die Voraussetzung der Haftung bildet, läßt sich bei der Schlachtung des Tieres
jederzeit mit Leichtigkeit und Bestimmtheit feststellen, und die Vorschrift
wird daher zur Abschneidung von Rechtsstreitigkeiten wesentlich beitragen.

Abgesehen von dem Rindvieh, kommt die Tuberkulose nur noch
bei Schweinen in Betracht, welche als Schlachttiere verkauft werden.
Ihre Verbreitung ist unter den letzteren allerdings geringer; immerhin
haben neuerdings die Fälle, in denen das Fleisch geschlachteter Schweine

vernichtet oder nur mit Beschränkungen dem Verkehr überlassen wurde,
eine entschiedene Steigerung erfahren. Mit Rücksicht hierauf erscheint es
gerechtfertigt, wenn der Entwurf (§ 2 Nr. IV, 1) hier die tuberkulöse
Erkrankung unter der im § 2 Nr. II, 1 bezeichneten Voraussetzung gleichfalls als Hauptmangel festsetzt.

Bei Schweinen, welche als Schlachttiere verkauft werden, sollen
außerdem noch Trichinen (§ 2 Nr. IV, 2) und Finnen (§ 2 Nr. IV, 3) als
Hauptmängel gelten. Was die Feststellung dieser Mängel im einzelnen
Falle betrifft, so wird durch die Fassung des Entwurfs nicht gefordert,
daß stets das Vorhandensein einer Mehrzahl von Trichinen oder von Finnen
unmittelbar nachgewiesen wird.

III. Die Formalien.

I. Das Rechtsverfahren.

Zuständig für die Währschaftsklagen („Streitigkeiten wegen
Viehmängel") sind nach dem **Gerichtsverfassungsgesetz** für das
Deutsche Reich vom 20. Mai 1898 (Novelle 1909) ohne Rücksicht
auf den Wert des Streitgegenstandes, also auch wenn dieser Wert
600 Mark übersteigt, die Amtsgerichte. Durch Vereinbarung
der Parteien („Prorogation") können indessen Währschaftsklagen
auch dem Landgericht zugewiesen werden. Die Berufung erfolgt
gegen das Amtsgericht beim Landgericht (Zivilkammer). Bezüglich
des Gerichtsstandes hat der Kläger nach der **Zivilprozeßordnung** vom 30. Januar 1877 bzw. 17. Mai 1898 (Novelle 1909) die
Wahl zwischen dem Amtsgericht des Wohnbezirkes des Beklagten
oder dem Amtsgericht des Erfüllungsortes (Lieferungsortes) bzw.
des Ortes, nach welchem der Kläger das gekaufte Tier bringt. Nach
dem Tode des Tieres ist die Klage am besten am Wohnort des
Beklagten anzubringen. Bei den höheren Gerichten ist die Klage
bzw. Berufung durch einen Rechtsanwalt zu führen, vor dem
Amtsgericht können die Parteien den Prozeß selbst führen. Die
Verhandlung ist mündlich und beginnt mit Anträgen der Parteien.
Tatsachen, welche von der Gegenpartei nicht ausdrücklich bestritten
werden, sind als zugestanden anzusehen, gehören also zum Tatbestand.

Das Gericht kann die Einnahme des Augenscheins, sowie
die Begutachtung durch Sachverständige anordnen. Dies kann
auch bei noch nicht anhängig gemachtem Rechtsstreit zur Sicherung des Beweises geschehen, wenn zu besorgen ist, daß das
Beweismittel verloren geht. Die Auswahl der Sachverständigen
bestimmt das Prozeßgericht (dasselbe hat jedoch einen von beiden

Parteien vorgeschlagenen Sachverständigen anzunehmen). Der Sachverständige hat der Ernennung Folge zu leisten: „wenn er die Wissenschaft, Kunst oder das Gewerbe, deren Kenntnis Voraussetzung der Begutachtung ist, öffentlich zum Erwerb ausübt, oder zu dessen Ausübung öffentlich bestellt ist". Zeugen und Sachverständige, die ihr Nichterscheinen nicht ausreichend entschuldigen, haben die durch ihr Ausbleiben verursachten Kosten, sowie eine Geldstrafe bis zu 300 Mark zu zahlen. Auch eine zwangsweise Vorführung kann vom Gericht angeordnet werden. Der Sachverständige wird vereidigt (wenn nicht beide Parteien darauf verzichten); er hat nach der **Gebührenordnung** (siehe S. 34) zu liquidieren. Auch die Zeugen müssen vereidigt werden, wofern sie nicht mit den Parteien verwandt oder am Ausgang des Rechtsstreites beteiligt sind (oder beide Parteien auf die Vereidigung verzichten). Nicht vereidete Sachverständige und Zeugen sind bei der Abgabe eines Obergutachtens nur in bedingter Weise („die Richtigkeit der Angaben vorausgesetzt") sowie dann zu berücksichtigen, wenn der Richter ausdrücklich auf sie verweist. Wenn jedoch beide Parteien auf die Beeidigung eines Zeugen oder Sachverständigen verzichten, so gilt dessen Aussage als ebenso beweiskräftig, wie die vereidigter Zeugen und Sachverständigen. Näheres über das Rechtsverfahren enthält die Zivilprozeßordnung.

2. Tierärztliche Schriftstücke.

Die von den tierärztlichen Sachverständigen in forensischen Angelegenheiten erstatteten Schriftstücke sind teils Protokolle, teils Atteste, teils Gutachten.

1. Das Protokoll enthält den einfachen Tatbestand (Sektionsbefund, Untersuchungsbefund). Seine Richtigkeit wird durch die Unterschrift der anwesenden Personen bezeugt. Die Form ist gewöhnlich: „Verhandelt Berlin, den . . . ., Anwesend: . . . ., Tatbestand, vorgelesen, genehmigt und unterschrieben (v. g. u.), Unterschriften "

2. Das Attest oder die Bescheinigung (vorläufiges Attest, Interimsattest, Testimonium, Testatio) ist die einfache Bescheinigung über das Vorhandensein oder Nichtvorhandensein eines Fehlers ohne Befundangaben und ohne Beweisgründe. Die Ausstellung von Attesten ist im allgemeinen nicht empfehlenswert, weil den Attesten bei dem Fehlen jedweden objektiven Inhalts die Eigenschaft eines gerichtlichen Beweismittels nicht zukommt. Form:

„Bescheinigung. Ich habe heute ein . . . . . des Herrn . . . .
untersucht, Signalement . . . . . ., und bescheinige, daß es mit
. . . . . . behaftet ist."

3. Das Gutachten (Arbitrium) ist ein motiviertes Attest.
Man unterscheidet herkömmlich einfache Gutachten, Gegengutachten
und Obergutachten. Das einfache Gutachten (Arbitrium) enthält
als Hauptbestandteil den Untersuchungs- oder Sektionsbefund und
sodann kurz das Gutachten mit oder ohne Begründung. Das Gegengutachten (Kontraarbitrium) enthält die Beurteilung oder Be-
richtigung eines anderen Gutachtens. Das Obergutachten (Supra-
arbitrium) prüft und beurteilt mehrere andere Gutachten. Es besteht gewöhnlich aus dem Eingang (Kopf), dem Tatbestand
(Geschichtserzählung, Referat, Species facti, Status), dem Tenor
(eigentliches, zusammenfassendes Gutachten), der Begründung
(Motivierung), Datum und Unterschrift. Die Form des Gutachtens ist im übrigen unwesentlich, auch vom Gericht nicht vorgeschrieben.

Gebühren. 1. Das *Preußische Gesetz betreffend die Dienstbezüge der
Kreistierärzte vom 24. Juli 1904* bzw. die *Königliche Verordnung, betreffend
die Tagegelder und Reisekosten der preußischen Veterinärbeamten vom
25. Juni 1905*, bestimmt nach § 2 für Departementstierärzte in gerichtlichen Angelegenheiten für amtliche Geschäfte: 9 Mark Tagegelder und an
Reisekosten 9 Pfennige pro km Eisenbahn oder Schiff nebst 3 Mark für
jeden Zugang und Abgang (oder 50 Pfennige pro km bei Reisen, die nicht
auf Eisenbahnen oder Schiffen gemacht werden können). Die entsprechenden
Sätze für Kreistierärzte und Departementstierärzte in kreistierärztlicher
Tätigkeit bei amtlicher Aufforderung betragen 7,50 Mark Tagegelder und
7 bzw. 35 Pfennige pro km Reisekosten.

2. Nach dem zu dem obigen Gesetz erlassenen *Tarif für die Gebühren der preußischen Kreistierärzte in gerichtlichen Angelegenheiten vom
15. Juni 1905* (Preußische Gesetzessammlung S. 254—257) und der hierzu
unter dem 3. März 1913 erlassenen Änderung des Gebührentarifs (Preußische
Gesetzessammlung S. 27) sind die Gebühren für die beamteten sowohl wie
für die nicht beamteten Tierärzte in folgender Weise bemessen: Termin
bis zu 2 Stunden 6 Mark, jede angefangene halbe Stunde mehr 1 Mark;
Untersuchung eines Tieres 2—5 Mark; Obduktion eines Pferdes
oder Rindes einschließlich Bericht 15 Mark, eines anderen Haus-
tieres 4—8 Mark; Befundschein oder schriftliche Auskunft ohne
nähere gutachtliche Ausführung 3 Mark; schriftliches Gutachten 8 bis
30 Mark; Untersuchung eines Futtermittels, Arzneimittels usw. einschließlich Fundschein oder kurzem Gutachten 3—12 Mark; zeitraubende
bakteriologische oder chemische Untersuchungen 12—60 Mark; Akten-
einsicht außerhalb des Termins 1½—4 Mark. Sind mehrere beamtete Tierärzte zur Erstattung eines Gutachtens aufgefordert worden (Professoren-
kollegium der preußischen tierärztlichen Hochschulen, Landesveterinäramt),
so erhalten sie bei gemeinsamer Erstattung des Gutachtens insgesamt
30—100 Mark. Die Schreibgebühren können nach dem Gerichtskosten-

gesetz berechnet werden (10 Pfennig für jede Schreibseite von 20 Zeilen à 12 Silben; jede angefangene Seite zählt als volle Seite).

3. Die *Gebührenordnung für Zeugen und Sachverständige* vom 30. Juni 1878 / 10. Juni 1914 bestimmt in § 3: „Der Sachverständige erhält für seine Leistungen eine Vergütung nach Maßgabe der erforderlichen Zeitversäumnis im Betrage bis zu 3 Mark auf jede angefangene Stunde. Ist die Leistung besonders schwierig, so darf der Betrag bis zu 6 Mark für jede angefangene Stunde erhöht werden. Die Vergütung ist unter Berücksichtigung der Erwerbsverhältnisse des Sachverständigen zu bemessen." Der § 4 bestimmt: „Besteht für die aufgetragene Leistung ein üblicher Preis, so ist dem Sachverständigen dieser und für die außerdem stattfindende Teilnahme an Terminen die im § 3 geregelte Vergütung zu gewähren. Beschränkt sich die Tätigkeit des Sachverständigen auf die Teilnahme an Terminen, so erhält er lediglich die im § 3 bestimmte Vergütung." Der § 13 besagt: „Soweit für gewisse Arten von Sachverständigen besondere Taxvorschriften bestehen (vgl. den obigen Tarif für die Gebühren der preußischen Kreistierärzte vom 15. Juni 1905 bzw. 3. März 1913), kommen lediglich diese Vorschriften in Anwendung. Endlich besagt der § 16 bezüglich des Gebührenanspruchs: „Die Gebühren der Zeugen und Sachverständigen werden nur auf Verlangen derselben gewährt. Der Anspruch erlischt, wenn das Verlangen binnen drei Monaten nach Beendigung der Zuziehung oder Abgabe des Gutachtens bei dem zuständigen Gerichte nicht angebracht wird." (Die Ansprüche der Tierärzte für Dienstleistungen in der kurativen Praxis verjähren nach § 196 B. G. B. in zwei Jahren.

Die Entscheidung der Frage, ob ein Tierarzt für die Wahrnehmung eines Termins Anspruch auf Entschädigung als Sachverständiger oder nur als Zeuge hat, hängt nicht davon ab, ob er als Sachverständiger oder als Zeuge geladen oder beeidigt worden ist, sondern lediglich davon, ob er ein sachverständiges Gutachten abgegeben hat oder nicht (Beschluß des Oberlandesgerichts Breslau vom 7. Oktober 1905).

4. Für *private Gutachten* (nicht im Auftrage des Gerichts erstattete) gelten die Bestimmungen der Privatpraxis bzw. der § 80 der Gewerbeordnung für das Deutsche Reich: „Die Bezahlung der Ärzte (Tierärzte) bleibt der Vereinbarung überlassen." Im Streitfall (Gegenpartei) entscheidet das Gericht, nicht die Landestaxe über die Angemessenheit der Forderung.

Stempelpflichtigkeit. Die Stempelpflichtigkeit der Gutachten und Atteste unterliegt den landesgesetzlichen Bestimmungen. In Preußen sind stempelfrei alle vom Prozeßgericht eingeforderten Gutachten, die Gutachten der Privattierärzte sowie die aus der Privatpraxis der Kreistierärzte stammenden, mit bloßer Namensunterschrift oder dem bloßen Zusatz „Tierarzt" versehenen Gutachten und Atteste. Stempelpflichtig sind dagegen alle Gutachten und Atteste beamteter Tierärzte, welche mit amtlicher Unterschrift („Kreistierarzt") oder mit Amtssiegel versehen sind (amtliche Zeugnisse in Privatsachen).

Die Gewährmängel der Pferde.

I. Die Hauptmängel der Pferde.

Nach der Kaiserl. Verordnung vom 27. März 1899 sind bei Pferden (Eseln, Mauleseln und Maultieren) Hauptmängel im Sinne des § 482 B. G. B. 1. der Rotz, 2. der Dummkoller, 3. die Dämpfigkeit, 4. das Kehlkopfpfeifen, 5. die periodische Augenentzündung, 6. das Koppen. Mit Ausnahme des Rotzes, welcher auch bei Schlachttieren einen Hauptmangel bildet, gelten die genannten Fehler als Hauptmängel nur bei Nutz- und Zuchttieren. Wird also beispielsweise bei einem zum Schlachten gekauften Pferd Dummkoller oder periodische Augenentzündung festgestellt, so liegt in diesem Falle kein Hauptmangel vor (§ 1 der Kaiserl. Verordnung).

Von den genannten Hauptmängeln haben nicht alle die gleiche praktische Bedeutung. Speziell der Rotz ist im Gegensatz zu früheren Zeiten*) heutzutage so selten geworden, daß er kaum jemals den Gegenstand eines Rechtsstreites bilden wird. In den letzten zehn Jahren waren in ganz Deutschland jährlich im Durchschnitt nur etwa 300 Pferde rotzig (im Jahre 1911 insgesamt nur 265, im Jahre 1912 nur 331 Pferde). Unter 77 000 im Jahre 1903 in Preußen geschlachteten Pferden waren nur 13 = 0,016 Proz. rotzig. Es kommt hinzu, daß nach § 68 des Reichs-Viehseuchengesetzes rotzige, auf polizeiliche Anordnung getötete Pferde dem Besitzer entschädigt werden (zu $^3/_4$ des gemeinen Wertes). Der Rotz wird daher im nachstehenden als Hauptmangel nicht weiter besprochen.

---

*) Die große Verbreitung des Rotzes in früheren Zeiten erklärt es, daß der Rotz seit alten Zeiten ein Hauptmangel ist (leges barbarorum, Keltenrecht, Sachsenspiegel, Preußisches Allgemeines Landrecht). Noch in den 70er Jahren des vorigen Jahrhunderts betrug die Zahl der rotzkranken Pferde in Preußen allein jährlich 2000 Stück (in den Jahren 1876—1880 insgesamt 12 000 Stück). Diese Ziffern erklären den Ausspruch Gerlachs: „Die Rotzkrankheit als Gewährsmangel zu verteidigen, ist überflüssig."

I. Der Dummkoller.

Kaiserl. Verordnung: Als Dummkoller (Koller, Dummsein) ist anzusehen die entweder allmählich oder infolge der akuten Gehirnwassersucht entstandene unheilbare Krankheit des Gehirns, bei der das Bewußtsein des Pferdes herabgesetzt ist

Definition. Die forensische Definition des Dummkollers ist eine andere als die wissenschaftliche. Wissenschaftlich wird der Dummkoller gewöhnlich als chronischer Hydrocephalus bezeichnet (spezieller anatomischer Begriff). Forensisch ist als Dummkoller anzusehen jede unheilbare Gehirnkrankheit, bei der das Bewußtsein herabgesetzt ist.

Anatomischer Befund beim Dummkoller. Dem Dummkoller können sehr verschiedenartige unheilbare Veränderungen im Gehirn zugrunde liegen.

1. Der chronische Hydrocephalus internus (Ventrikelhydrops, Wassersucht der Seitenventrikel) bildet die häufigste anatomische Grundlage des Dummkollers. Der Hydrops kann entweder rein mechanischen Ursprungs sein und sich allmählich entwickeln (Stauungshydrops) oder er ist entzündlicher Natur und entsteht als Folge der akuten Gehirnwassersucht (entzündlicher Hydrops). Im Durchschnitt enthalten die beiden Seitenventrikel beim Ventrikelhydrops zusammen 20 bis 40 ccm wasserhelles, eiweißarmes Serum. Sonstige durch den Hydrops bedingte Veränderungen sind: Erweiterung der Seitenkammern, Schwund der Scheidewand, Abplattung der Ammonshörner, Streifenhügel und Sehhügel am Boden der Kammern, Abflachung der Gehirnwindungen (Gyri), Verstreichen der Furchen (Sulci), Blutleere der Gehirnoberfläche. Außerdem findet man häufig die Adergeflechte verdickt, sulzig geschwollen, sowie Erweiterung der Gefäße, Neubildung von Bindegewebe und Einlagerung von Cholestearinkristallen in den Adergeflechten (Leptomeningitis chronica chorioidealis). Auch das Ependym der Seitenkammern ist oft verdickt (Ependymsklerose).

2. Encephalitische Prozesse (Erweichungsherde, Sklerose) oder angeborene Defekte sind wohl in denjenigen Fällen von Dummkoller als anatomische Krankheitsursache anzunehmen, in welchen bei der Sektion grob anatomische Veränderungen vermißt werden. Auf die Bedeutung der Encephalitis für die Pathogenese des Dummkollers hat namentlich Dexler hingewiesen. Eine systematische mikroskopische Untersuchung des Gehirns dummkolleriger Pferde, ähnlich wie bei geisteskranken Menschen

(Serienschnitte), muß im Interesse der Wissenschaft als dringend
erwünscht bezeichnet werden.

3. Chronische Pachymeningitis und Leptomeningitis,
namentlich Verwachsungen der Gehirnhäute miteinander, mit dem
Gehirn und Schädeldach können ebenfalls Dummkoller bedingen.

4. Größere Exostosen des Schädeldachs im Bereiche der
Großhirnrinde oder des Keilbeins im Bereich der Gehirnbasis sind
seltener die Ursache.

5. Große Cholesteatome der Adergeflechte und andere Neubildungen im Gehirn erzeugen vereinzelt Dummkoller (kleinere
Cholesteatome bilden mitunter einen zufälligen Sektionsbefund bei
sonst ganz gesunden Pferden).

6. Parasiten im Gehirn (Echinokokkusblasen und andere
Wurmblasen) sind sehr selten die Ursache von Dummkoller.

Ätiologie des Dummkollers. Der Dummkoller ist unter allen
Hauptmängeln des Pferdes der häufigste (in der Berliner Klinik
wurden beispielsweise in den letzten 12 Jahren 1500 Fälle festgestellt). Die Ursachen des Dummkollers sind in vielen Fällen
unbekannt (primärer, idiopathischer Dummkoller). Sehr häufig
entsteht andererseits der Dummkoller bzw. die chronische Gehirnwassersucht als Nachkrankheit der akuten Gehirnwassersucht
(sekundärer, symptomatischer Dummkoller).

1. Der primäre oder idiopathische Dummkoller kommt
namentlich bei kaltblütigen Arbeitspferden im mittleren Alter vor
(Vererbung? Blutstauung in den Jugularen infolge Geschirrdrucks?
Verschluß der Sylvischen Wasserleitung mit mechanischer Stauung
des Liquor cerebrospinalis in den Ventrikeln?); außerdem findet
man ihn nicht selten beim Halbblut. Besonders häufig scheinen
namentlich irische Pferde an Dummkoller zu leiden. Er entwickelt
sich langsam.

2. Der sekundäre oder symptomatische Dummkoller ist
gewöhnlich die Folge der akuten Gehirnwassersucht, aus der er
sich nach etwa vier Wochen entwickelt (Infektion, Überanstrengung,
Aufregung und Angst bei Transporten, Hitze, dumpfe Stallungen,
intensive Fütterung). Zuweilen entwickelt sich der Dummkoller
auch sekundär aus der Bornaschen Krankheit und aus der Brustseuche (selten).

Symptome des Dummkollers. Die Erscheinungen des herabgesetzten Bewußtseins äußern sich bei den einzelnen dumm-
kollerkranken Pferden in sehr verschiedenen Formen und Graden.

Das Krankheitsbild des Dummkollers ist daher außerordentlich variabel. Die wichtigsten Erscheinungen sind im allgemeinen folgende:

1. Der blöde, ausdrucklose Blick spiegelt die Störung des Seelenlebens am deutlichsten wider. Die Augen sind oft halb geschlossen (schläfriges Aussehen).

2. Das Ohrenspiel ist häufig unphysiologisch, wechselvoll und widersinnig („Lauschen").

3. Die Kopfhaltung ist meist gesenkt; zuweilen wird der Kopf aufgesetzt oder angelehnt.

4. Die Körperstellung ist zuweilen unnatürlich; künstliche abnorme Stellungen werden minutenlang beibehalten (Kreuzung der Vorderbeine); manche dummkollerige Pferde stehen ferner mit Vorliebe schräg im Stand.

5. Die Empfindung ist oft herabgesetzt oder fehlt ganz. Die Pferde lassen sich vor die Stirne, Nase, Oberlippe schnellen, in die Ohren greifen, auf die Krone der Vorder- und Hinterfüße treten, in die Flanken kneifen usw. Nicht selten ist die Empfindlichkeit zu verschiedenen Zeiten wechselnd, manchmal auch erhöht.

6. Die Willenstätigkeit ist mehr oder weniger beeinträchtigt. Die Aufforderung zum Herumtreten im Stand wird nicht oder nur schwer beachtet. Besondere Schwierigkeit bereitet das Zurücktreten. Manche Pferde sind trotz des Dummkollers zur Arbeit zu gebrauchen. Häufiger dagegen sind die dummkollerigen Pferde träge und faul, müssen fortwährend angetrieben werden, reagieren schwer oder gar nicht auf Peitsche, Gebiß und Sporen und drängen nach einer Seite. Andere Pferde verweigern zuweilen überhaupt jede Arbeit, zeigen sich also stätig (Nichtanziehen, Seitwärtsdrängen, Stehenbleiben, Steigen, Umkehren, Durchgehen, Kleben, Bocken).

7. Die Futteraufnahme ist quantitativ (Menge) meist nicht gestört, dagegen häufig qualitativ verändert (Aussetzen im Kauen, langsames oder hastiges Fressen, Fressen vom Boden). Ähnliche Störungen beobachtet man zuweilen bei der Wasseraufnahme (sehr langsames Trinken, Kauen des Wassers, tiefes Eintauchen des Kopfes).

8. Der Gang ist mitunter unphysiologisch (abnormes Hochheben der Vorderbeine, Antreten mit einem Hinterfuß, tappender Gang, Manegebewegung).

9. Die Pulszahl ist bei einigen Pferden subnormal (25 bis 30 statt 28 bis 40). Die Temperatur ist unverändert (37,5 bis 38,5⁰).

10. Nach der Arbeit steigern sich meistens alle oben genannten Erscheinungen des herabgesetzten Bewußtseins.

Der Verlauf des Dummkollers ist in den einzelnen Fällen oft verschieden. Im allgemeinen ist der Dummkoller ein chronisches, viele Jahre andauerndes, unheilbares, in der Regel nicht tödliches Leiden, welches je nach den Außenverhältnissen zuweilen abwechselnd Besserungen und Verschlimmerungen zeigt. Günstig wirken namentlich kalte Jahreszeiten, kühle Stallungen, mäßige Diät und Schonung; ungünstig dagegen Sonnenhitze, schwere Arbeit, dunstige Stallungen, Besitzwechsel, schweres Futter, gastrische Störungen, Rossigsein usw.

Diagnose des Dummkollers. Während die höheren Grade des Dummkollers unschwer zu diagnostizieren sind, ist die forensische Feststellung niederer Grade unter Umständen sehr schwierig. In allen Zweifelsfällen enthalte man sich der positiven Begutachtung. Wie bei den Geisteskrankheiten des Menschen, gibt es auch bei den chronischen Gehirnkrankheiten der Pferde viele Übergangsstufen vom Gesunden zum Abnormen, bei denen es schwer zu entscheiden ist, ob sie noch als normal oder schon als krank zu bezeichnen sind. Jedenfalls darf die Diagnose Dummkoller pro foro in solchen Fällen nur dann gestellt werden, wenn sich objektiv und deutlich eine Herabsetzung des Bewußtseins nachweisen läßt. Dabei ist zu beachten, daß zur Diagnose Dummkoller im Sinne der Kaiserl. Verordnung der Nachweis nicht erforderlich ist, daß das betreffende Pferd infolge des Dummkollers in seiner Leistungsfähigkeit erheblich beeinträchtigt ist. Erfahrungsgemäß ist bei dummkollerigen Pferden nicht selten die Arbeitsfähigkeit wenig oder gar nicht vermindert. Die automatischen Gewohnheitsbewegungen (sog. Automatismen oder Stereotypien) beim Fahren werden nämlich durch die teilweise Ausschaltung der psychischen Rindenzentren nicht immer so beschränkt, daß eine wesentliche Störung der Fahrdressur eintritt. In seiner Eigenschaft als Hauptmangel ist jedoch der Dummkoller auch in solchen die Brauchbarkeit nicht wesentlich vermindernden Graden immer ein erheblicher Fehler.

Das normale Seelenleben des Pferdes ist je nach Rasse (Warmblut, Kaltblut), Alter, Geschlecht, Dressur, Temperament usw. sehr verschieden entwickelt. Bei der Untersuchung auf Dummkoller müssen daher in jedem Falle die individuellen psychischen

Verhältnisse wohl berücksichtigt werden. Die Äußerung der Gehirntätigkeit ist ferner ein sehr komplizierter Vorgang mit einer Summe von Einzeläußerungen. Auch das gestörte Seelenleben (Dummkoller) tritt nach außen nicht etwa nur in einem einzigen Symptom, sondern immer als Symptomenkomplex in die Erscheinung. Zur Diagnose des Dummkollers genügt mithin nicht der Nachweis eines Krankheitssymptoms, sondern es muß ein bestimmter Symptomenkomplex nachgewiesen werden. Diesen Hauptpunkt für die Diagnose des Dummkollers hat die gerichtliche Tierheilkunde von jeher in den Vordergrund gestellt.

Eine besondere Bedeutung für die Diagnose des Dummkollers haben die nachstehenden Symptome, wenn sie bei einem Pferde nicht einzeln, sondern in einer Mehrzahl vergesellschaftet vorliegen und nach der Bewegung sich steigern. Wenn beispielsweise ein Pferd nichts anderes zeigt als Unempfindlichkeit der Krone und Beibehalten abnormer Stellungen, so ist man nicht ohne weiteres berechtigt, aus diesen beiden einzigen Symptomen den Dummkoller zu diagnostizieren, weil erfahrungsgemäß auch manche gesunde Pferde sich die Beine kreuzen lassen und eine herabgesetzte Empfindung an den Kronen zeigen.

1. Psychische Depressionserscheinungen (Blick, Ohrenspiel, Kopfhaltung, Wille);

2. Sensibilitätsstörungen (Unempfindlichkeit an Stirn, Nase, Oberlippe und Krone);

3. unphysiologische Futteraufnahme (namentlich Aussetzen);

4. Beibehalten abnormer Stellungen (gekreuzte Vorderbeine);

5. Trägheit oder Stätigkeit bei der Arbeit.

Für die Diagnose des Dummkollers ist ausschließlich entscheidend der klinische Befund. Durch den Sektionsbefund allein kann der Dummkoller nicht nachgewiesen werden. Das herabgesetzte Bewußtsein (Definition des B. G. B.) läßt sich nur am lebenden, nicht am toten Tier nachweisen. Die Erfahrung lehrt ferner, daß anatomische Veränderungen (Neubildungen, chronische Entzündungszustände) am Gehirn bei Pferden vorkommen können, ohne Störungen des Bewußtseins hervorzurufen. Selbst schwere kongenitale Hirndefekte bedingen zuweilen nur geringe oder überhaupt keine objektiv nachweisbaren psychotischen Störungen (Dexler). Ebensowenig berechtigt ein negativer Sektionsbefund zur Schlußfolgerung, daß das Pferd nicht an Dummkoller gelitten hat. Wie schon S. 37 hervorgehoben wurde, sind die anatomischen Veränderungen des Gehirns beim Dummkoller nicht immer mit bloßem Auge erkennbar; nachweisbare Veränderungen können sogar überhaupt fehlen (Psychosen).

Ist bei einem Pferde durch eine einwandfreie Untersuchung das Nichtvorhandensein des Dummkollers festgestellt, so geht daraus gleichzeitig hervor, daß das Pferd auch zu einer früheren Zeit nicht an Dummkoller gelitten haben kann (unheilbares Leiden).

Differentialdiagnose. Da der Dummkoller vom Gesetz als eine „unheilbare", also chronische Krankheit des „Gehirns" definiert wird, bei der das Bewußtsein herabgesetzt ist, so müssen alle diejenigen mit Herabsetzung des Bewußtseins verlaufenden Krankheiten von der Diagnose ausgenommen werden, welche einerseits durch heilbare, vorübergehende Gehirnleiden, andererseits durch heilbare oder unheilbare Krankheitszustände in anderen Körperorganen verursacht sind. In dieser Beziehung dürfen nicht mit dem Dummkoller verwechselt werden:

1. Die akute Gehirnentzündung (akute Gehirnwassersucht) sowie die akute Gehirnkongestion. Sie unterscheiden sich vom Dummkoller durch das plötzliche Auftreten (Transporte, Märkte, Überhitzung), den akuten, oft rasch zum Tode führenden Verlauf, die höhere Rötung der Konjunktiva, die vermehrte Wärme am Schädel, die verminderte oder ganz aufgehobene Futteraufnahme, das Vorherrschen von Exzitationserscheinungen im Anfangsstadium (Aufregung, Steigen, Toben, Vorwärtsdrängen, Zwangsbewegungen, Taumeln, Zusammenstürzen), den Wechsel von Depression und Exzitation im weiteren Verlauf, das Vorhandensein von Hautverletzungen an den Augenbogen, die Unfähigkeit zu jedweder Arbeitsleistung bzw. die erhebliche Verschlimmerung des Leidens nach dem Fahren oder Reiten, endlich durch Fieber (kann fehlen) und gesteigerte Pulsfrequenz (desgleichen). Bei der Sektion findet man Hyperämie, Hämorrhagie sowie akute entzündliche Veränderungen an den Gehirnhäuten (akute, seröse, basilare Leptomeningitis), in den Gehirnventrikeln (akuter Hydrozephalus) und am Gehirn.

Eine sichere klinische Unterscheidung der akuten Gehirnentzündung vom Dummkoller ist übrigens häufig nur innerhalb der ersten Krankheitswoche im ersten akuten Stadium der Gehirnentzündung möglich, wenn die oben beschriebenen akuten Krankheitserscheinungen nachweisbar sind. Von der zweiten Woche ab, im subakuten und subchronischen Stadium, ist das Krankheitsbild der akuten Gehirnentzündung nicht immer sicher vom Dummkoller zu unterscheiden[1]). Es empfiehlt sich daher in allen verdächtigen Fällen, in denen das Vorhandensein der akuten Gehirnentzündung in Betracht kommt, insbesondere nach vorausgegangenen Transporten im Sommer, eine Untersuchung auf Dummkoller nur innerhalb der ersten Woche der Gewährfrist vorzunehmen.

2. Die akuten fieberhaften Infektionskrankheiten, namentlich Influenza, Druse und Brustseuche. Sie erzeugen besonders im Anfang eine schwere Benommenheit des Bewußtseins. Vor Verwechslung mit Dummkoller schützt die Temperaturabnahme (geprüftes Thermometer!) und eine sorgfältige innerliche Untersuchung.

3. Magendarmkatarrhe und Leberkrankheiten (Schweinsberger Krankheit, sog. Leberkoller). Die Futteraufnahme ist hierbei im Gegensatz zum Dummkoller vermindert oder aufgehoben, der Kot zeigt entsprechende Veränderungen (Durchfall), die Schleimhäute sind oft gelb gefärbt, zuweilen besteht auch Fieber.

4. Zahnkrankheiten (Schieferzähne, Zahnkaries, Alveolarperiostitis, Scherengebiß) haben mit dem Dummkoller das Aussetzen im Kauen, zuweilen auch Depressionserscheinungen gemein. Die sorgfältige Untersuchung der Maulhöhle bei jedem dummkollerverdächtigen Pferde sichert vor Verwechslung. Besondere Vorsicht ist bei im Zahnwechsel stehenden Pferden notwendig; das Vorkommen des Dummkollers bei Pferden unter 4 Jahren ist ziemlich selten.

5. Augenkrankheiten, namentlich Erblindung, können durch die eigentümliche Kopfhaltung, durch das Ohrenspiel, den tappenden, unsicheren Gang, sowie durch Scheuen und Anstoßen Verdacht auf Dummkoller erwecken.

6. Empyeme der Kopfhöhlen (Nasenhöhle, Kieferhöhle, Stirnhöhle) bedingen zuweilen schwere Depressionserscheinungen (Lokaluntersuchung).

7. Dämpfigkeit (Stehenbleiben wegen Atemnot), Taubheit (Anrufen im Stand), Rossigsein (Benommenheit und verminderte Empfindlichkeit), Vergiftungen (Futtergifte) und schmerzhafte Lahmheiten können ebenfalls Verwechslungen veranlassen.

8. Überanstrengung, hohes Alter, Phlegma, Träg-

---

[1]) Behrens, Einiges über die forensische Diagnose Dummkoller. Monatshefte für praktische Tierheilkunde. XXII. Bd., 1910, S. 123.

heit, wahre Stätigkeit (vgl. unten) und andere Untugenden (Beißen, Schlagen) sowie Dressur und Gutmütigkeit müssen endlich bei der Untersuchung wohl in Betracht gezogen werden.

Untersuchung. Dieselbe kann nicht sorgfältig genug vorgenommen werden. Womöglich untersuche man das Pferd nicht bloß einmal, sondern wiederholt und in allen zweifelhaften Fällen mehrmals. Der Gang der Untersuchung ist in der Regel folgender:

I. Voruntersuchung. Dieselbe hat die Fieberlosigkeit des Pferdes und das Nichtvorhandensein der in der Differentialdiagnose erwähnten Krankheiten bzw. Zustände festzustellen.

II. Untersuchung im Stall. Es sind besonders zu untersuchen der Blick, das Ohrenspiel, die Kopfhaltung und Körperstellung, die Empfindlichkeit, das Herumtreten auf Anrufen, das Kreuzenlassen der Vorderbeine und die Futteraufnahme.

III. Untersuchung in der Bewegung. Das Pferd ist bis zum Schweißausbruch womöglich in der gewohnten Arbeit (Fahren, Reiten) zu bewegen. Dabei ist zu beachten, ob es folgsam, stätig oder träge ist, ob es angetrieben werden muß oder stehen bleibt, ob es nach der Seite drängt oder schwer lenkbar ist.

IV. Untersuchung nach der Bewegung. Das Pferd wird zunächst an einem ruhigen Platz und sodann in seinem Stand wie unter II untersucht. Hierbei ist namentlich auch darauf zu achten, ob die Herabsetzung des Bewußtseins und der Empfindlichkeit nach der Bewegung stärker hervortritt.

Dummkoller und Stätigkeit. Als Stätigkeit bezeichnet man die habituelle Unfolgsamkeit im ordnungsmäßigen Dienstgebrauch. Die durch bewußten Eigenwillen bei geistig ganz gesunden(?) Pferden bedingte Unfolgsamkeit wird nach dem Vorgang des Preußischen Allgemeinen Landrechts als wahre Stätigkeit bezeichnet; sie bildet einen besonderen Mangel, der mit dem Dummkoller nichts zu tun hat. Dagegen stellt die sogenannte falsche Stätigkeit eine unbewußte, aus unrichtigen Vorstellungen gehirnkranker, dummkolleriger Pferde hervorgehende Unfolgsamkeit dar, welche als ein Symptom des Dummkollers aufzufassen ist. In jedem Fall von Stätigkeit ist mithin zu prüfen, ob sie forensisch dem Dummkoller zuzurechnen ist (falsche Stätigkeit) oder nicht (wahre Stätigkeit). An und für sich bildet die Unfolgsamkeit (Stätigkeit) keine notwendige Folge des Dummkollers, da viele dummkollerige Pferde willig arbeiten. Liegen jedoch bei einem Pferde außer dem Symptom der Stätigkeit chronische Erscheinungen von herabgesetztem Bewußtsein vor, dann ist ein ursächlicher Zusammenhang zwischen Dummkoller und Stätigkeit anzunehmen und die „Stätigkeit" als Dummkoller, mithin als Hauptmangel mit einer Gewährfrist von 14 Tagen zu begutachten. Die sog. wahre Stätigkeit bildet dagegen nur einen vertraglichen Mangel, der sich erfahrungsgemäß in wenigen Tagen entwickeln kann. Vgl. das Kapitel Stätigkeit.

2. Die Dämpfigkeit.

Kaiserliche Verordnung: Als Dämpfigkeit (Dampf, Hartschlägigkeit, Bauchschlägigkeit) ist anzusehen die Atembeschwerde, die durch einen chronischen, unheilbaren Krankheitszustand der Lungen oder des Herzens bewirkt wird.

Definition. Unter den Begriff der Dämpfigkeit fallen nach dem B. G. B. nur diejenigen Fälle von Atembeschwerde, die durch einen unheilbaren Krankheitszustand der Lungen oder des Herzens bedingt sind. Das früher (bis zum Jahre 1900) zur Dämpfigkeit gerechnete Kehlkopfpfeifen bildet jetzt einen besonderen Hauptmangel und gehört daher nicht mehr zur Dämpfigkeit.

Ursachen der Dämpfigkeit. Die der Dämpfigkeit zugrunde liegenden unheilbaren Krankheitszustände der Lungen (Lungendämpfigkeit) und des Herzens (Herzdämpfigkeit) sind:

1. das chronische Lungenemphysem,
2. der chronische Bronchialkatarrh,
3. die chronische Lungenentzündung,
4. Neubildungen in der Lunge,
5. Klappenfehler des Herzens,
6. chronische Herzerweiterung.

1. Das chronische Lungenemphysem. Das chronische vesikuläre, alveoläre oder substantielle Lungenemphysem ist die häufigste Ursache der Lungendämpfigkeit beim Pferde. Das Wesen des Lungenemphysems besteht in einem Elastizitätsverlust der Lunge infolge Alveolarektasie. Das Lungenemphysem bildet wie beim Menschen eine Abnutzungs- oder Berufskrankheit der Pferde (Zugpferde, Reitpferde) und entsteht gewöhnlich mechanisch durch übermäßige Ausdehnung der Lungenalveolen bzw. abnorm häufige und abnorm tiefe Inspirationen bei fortgesetzter schwerer Arbeit und rascher Bewegung (mechanisches Lungenemphysem). In andern Fällen entwickelt es sich im Anschluß an Lungenentzündungen (Brustseuche) und Bronchialkatarrhe, welche eine Schwächung der Lungenelastizität, sowie eine Erweiterung der Alveolen durch Hustenstöße veranlassen (entzündliches Lungenemphysem). Eine starke Abnutzung und Elastizitätsverminderung der Lungen findet man namentlich bei alten Pferden (seniles Emphysem). Endlich scheinen manche Pferde eine Prädisposition zu Lungenemphysem in Form einer angeborenen (vererblichen?) Schwäche der elastischen Lungenfasern zu besitzen (atrophisches Lungenemphysem). Über den angeblichen Zu-

sammenhang zu reichlicher Heufütterung mit dem Lungenemphysem
ist nichts Sicheres bekannt.

Anatomisch besteht das Lungenemphysem in einer Erweiterung der Alveolen und Infundibula mit sekundärer
Druckatrophie der Alveolarwände (elastische Fasern,
Lungenkapillaren). Die Alveolen sind bis zum Zehnfachen vergrößert (1,5 mm statt 0,15 mm), während die Dicke der Scheidewände entsprechend abnimmt (1 bis 2 μ statt 8 μ). Schließlich
schwinden die Scheidewände und bilden nur noch leistenartige
Vorsprünge, so daß die Alveolen miteinander konfluieren. Die
Atrophie der Scheidewände bedeutet gleichzeitig eine Atrophie der
elastischen Fasern und eine Verödung der Blutgefäße. Das Volum
der emphysematösen Lunge ist vermehrt (volumen pulmonum auctum).

Bezüglich der Pathogenese der Lungendämpfigkeit beim
Lungenemphysem ist zu beachten, daß das Lungenemphysem eine
permanente inspiratorische Ausdehnung der Lunge darstellt und
daß die überdehnte Lunge unfähig ist, sich zu retrahieren, d. h.
zu exspirieren. Die physiologische Exspiration erfolgt im wesentlichen passiv durch die Elastizität der Alveolarwände. Infolgedessen entsteht beim Lungenemphysem exspiratorische Dyspnoe,
welche sich in starker Kontraktion der Bauchmuskel, der ex-
spiratorischen Hilfsmuskel, äußert (Flankenschlagen, Dampfrinne,
Afteratmen). Daneben kommt in zweiter Linie wegen der Gefäß-
atrophie der Scheidewände und der dadurch bedingten Anämie der
Lunge eine inspiratorische Dyspnoe zustande (Kurzatmigkeit, Beschleunigung der Atmung, inspiratorische Erweiterung der Nüstern).

2. Der chronische Bronchialkatarrh. Derselbe ist entweder
primär die Ursache von Lungendämpfigkeit oder er gesellt sich
sekundär zum Lungenemphysem und zu anderen chronischen
Lungenkrankheiten; auch bei Klappenfehlern und chronischer Herzerweiterung kann er sich sekundär infolge Rückstauung des
Bronchialvenenblutes entwickeln. Viele dämpfige Pferde sind
daher primär oder sekundär mit chronischem Bronchialkatarrh (Husten) behaftet.

Die anatomischen Veränderungen bestehen in Verdickung
der Schleimhaut (Endobronchitis), des Bronchialrohrs (Meso-
bronchitis) und des peribronchialen Gewebes (Peribronchitis
nodosa). Auf der Bronchialschleimhaut findet sich schleimiges
oder eitriges Sekret. Folgezustände der chronischen Bronchitis
sind Atelektase, Bronchiektasie und Emphysem.

Die Atemnot beim chronischen Bronchialkatarrh wird teils durch die Schwellung der Bronchialschleimhaut bzw. durch die Verengerung und den Verschluß des Bronchialrohres, teils durch die Atelektase verursacht (inspiratorische Dyspnoe).

3. Chronische Lungenentzündung. Im Anschluß an den chronischen Bronchialkatarrh, an die krüppöse (Brustseuche) und katarrhalische Lungenentzündung, an Verwachsungen der Lunge mit der Brustwand und Kompression der Lunge durch Hydrothorax, an Rotz und Tuberkulose der Lungen, sowie an verminöse Invasion entwickeln sich teils diffuse, teils umschriebene Bindegewebsneubildungen, welche als interstitielle Pneumonie (bindegewebige Induration, Lungensklerose) bezeichnet werden und zur Verödung zahlreicher Alveolen führen (inspiratorische Dyspnoe).

4. Neubildungen in der Lunge. Sie sind sehr selten die Ursache von Lungendämpfigkeit (Karzinome, Sarkome, Adenome, Fibrome, Angiome) und bedingen inspiratorische Dyspnoe.

5. Klappenfehler. Die organischen Veränderungen der Klappen infolge chronischer Endokarditis sind bei Pferden gewöhnlich die Folge von Brustseuche oder Überanstrengung. Meistens handelt es sich um eine Insuffizienz der Mitralis mit bindegewebiger Schrumpfung und Verdickung der Klappe, sowie Verkürzung ihrer Sehnenfäden (Schließungsunfähigkeit). So lange die Funktionsstörung der Klappe durch eine kompensatorische Herzhypertrophie ausgeglichen ist, entsteht keine Atemstörung. Erst mit dem Übergang der Herzhypertrophie (aktive Herzerweiterung) in die Herzdilatation (passive Herzerweiterung) kommt es zu venöser Blutstauung in der Lunge (Versagen der rechten Herzhälfte) und damit zu einer starken Anfüllung der Lungenkapillaren, wodurch das Lumen der Alveolen verengert wird (inspiratorische Dyspnoe). Der Klappenfehler erzeugt mithin für sich allein keine Dämpfigkeit. Die Herzdämpfigkeit bei Klappenfehlern wird vielmehr durch die sekundäre Herzerweiterung veranlaßt. — Sehr selten sind angeborene Defekte an den Klappen sowie Neubildungen die Ursache von Dämpfigkeit.

6. Chronische Herzerweiterung. Außer bei nicht kompensierten Klappenfehlern kommt eine chronische oder passive Herzerweiterung (chronische Herzdilatation) als Ursache von Herz-

dämpfigkeit zustande im Anschluß an die akute Herzerweiterung. Die akute Herzdilatation wird namentlich nach Überanstrengungen junger, frisch importierter, nicht eingefahrener
oder eingerittener Pferde beobachtet und bildet die häufigste
Ursache der chronischen Herzdilatation und damit der
Herzdämpfigkeit. Außerdem bleibt zuweilen eine chronische
Herzerweiterung nach Brustseuche und anderen mit akuter Herzschwäche verlaufenden Infektionskrankheiten zurück. Endlich
kann die primäre, idiopathische Herzhypertrophie (aktive Herzerweiterung), welche als chronische Arbeitshypertrophie bei
Rennpferden und schweren Zugpferden vorkommt, mit der Zeit infolge Insuffizienz (Ermüdung) des Herzmuskels in eine passive
Herzerweiterung übergehen. Auch hier erschlafft in erster Linie
die von vornherein schwächere Muskulatur des rechten Herzens,
so daß ebenfalls eine venöse Lungenstauung mit inspiratorischer
Dyspnoe als Grundlage der Herzdämpfigkeit vorliegt.

Allgemeine Symptome der Dämpfigkeit. Als Erscheinungen der
Dämpfigkeit im allgemeinen (Lungen- und Herzdämpfigkeit) sind zu
nennen: vermehrte Atmungsfrequenz, inspiratorische und
exspiratorische Dyspnoe, verzögerte Beruhigung der
Atmung, sowie Husten; hierzu kommen die Ergebnisse der Auskultation und Perkussion der Lunge und des Herzens.

1. Die Atmungsfrequenz ist bei dämpfigen Pferden nach
der Bewegung auffallend vermehrt. Die Zahl der Atemzüge beträgt nach 10—20 Minuten langer mäßiger Bewegung bis zum Beginn des Schweißausbruchs bei dämpfigen Pferden oft **80—100** und
darüber, statt bis höchstens 40—80 bei gesunden Pferden, und
steigt bei manchen dämpfigen Pferden sogar noch nach dem Anhalten. Besonders hohe Ziffern findet man bei der Herzdämpfigkeit.
Der Schweißausbruch tritt bei dämpfigen Pferden meist auffallend früh ein.

2. Die inspiratorische Dyspnoe äußert sich durch Erweiterung der Nüstern, starkes Heben der Rippen und durch oberflächliche, kurze, beschleunigte Atmung. Man findet sie am aus-
geprägtesten und reinsten bei der Herzdämpfigkeit und beim
chronischen Bronchialkatarrh.

3. Die exspiratorische Dyspnoe ist charakterisiert durch
Flankenschlagen („Bauchschlägigkeit", „Hartschlägigkeit"), Bildung
einer „Dampfrinne" in der Unterrippengegend und Afteratmen.
Die Atmung wird dabei „doppelschlägig", indem erstens der Brust-

korb wie gewöhnlich passiv zusammensinkt, worauf zweitens durch die aktive Kontraktion der Bauchmuskel (exspiratorische Hilfsmuskel) an ihrer Ansatzstelle an den Rippenknorpeln die sog. Dampfrinne entsteht. Diese Form der Dyspnoe ist von pathognostischer Bedeutung für das Lungenemphysem.

4. Die Beruhigung der Atmung nach mäßiger, etwa viertelstündiger Bewegung erfolgt bei dämpfigen Pferden meist auffallend spät, durchschnittlich erst nach etwa **30—60** Minuten, statt nach etwa 10—20 Minuten bei gesunden Pferden.

5. Der Husten ist bei dämpfigen Pferden gewöhnlich ein Zeichen von chronischem Bronchialkatarrh. Das Lungenemphysem und die Herzerweiterung bedingen an und für sich keinen Husten. Der künstlich erzeugte Husten ist namentlich beim Lungenemphysem matt und kurz, bei Herzerweiterung dagegen normal kräftig. Bei Bronchialkatarrh beobachtet man nach der Bewegung vereinzelt auch Nasenausfluß („feuchter Dampf").

6. Die Auskultation der Lunge ist beim Lungenemphysem meist negativ; Rasselgeräusche beweisen das Vorhandensein eines Bronchialkatarrhs. Die Auskultation des Herzens ist bei einer Herzerweiterung ebenfalls negativ; Aftergeräusche beweisen einen Klappenfehler.

7. Die Perkussion der Lunge ist beim Lungenemphysem und Bronchialkatarrh meist negativ; zuweilen findet man eine nachweisbare Vergrößerung der Lunge bzw. eine Verkleinerung der Herzdämpfung beim Lungenemphysem. Dämpfungen der Lunge deuten auf Herderkrankungen (Lungeninduration, Verwachsung, Neubildungen). Die Perkussion des Herzens ergibt bei der Herzdämpfigkeit mitunter eine Vergrößerung der Herzdämpfung (Herzhypertrophie, Herzdilatation); der Puls ist in diesen Fällen auffallend beschleunigt; seine Frequenz beträgt nach viertelstündiger mäßiger Bewegung oft **100** bis **120** Schläge (statt 60 bis 80 bei gesunden Pferden).

Symptome der Lungendämpfigkeit. Während die inspiratorische Dyspnoe auch bei der Herzdämpfigkeit vorkommt, ist die exspiratorische Dyspnoe ein ausschließliches Symptom der Lungendämpfigkeit und speziell für das Lungenemphysem charakteristisch. Sonstige wichtige Anzeichen der Lungendämpfigkeit sind Husten, Rasselgeräusche, verkleinerte Herzdämpfung (infolge Vergrößerung der Lunge) und nachweisbare Dämpfungsherde in der Lunge.

Symptome der Herzdämpfigkeit. Die Erscheinungen der Herzschwäche (auffallend hohe Pulsfrequenz — 100 bis 120 Schläge und darüber — nach mäßiger Bewegung bei gleichzeitig schwachem und oft

unregelmäßigem Puls, Cyanose der Schleimhäute und starkem Herzklopfen),
ein eventuell vorhandenes After geräusch und die zuweilen nachweisbare
Vergrößerung der Herzdämpfung bilden in Verbindung mit einer
auffallenden Beschleunigung der Atmung (100 Atemzüge und darüber)
die wichtigsten Kennzeichen der Herzdämpfigkeit.

Diagnose der Dämpfigkeit. Nach der Definition des B. G. B.
ist die Dämpfigkeit eine „Atembeschwerde", mithin ein klinischer Begriff. Durch die Sektion läßt sich die Dämpfigkeit als Hauptmangel nicht nachweisen. Der anatomische
Nachweis eines Klappenfehlers z. B. oder eines Emphysems beweist
für das Vorhandensein von Dämpfigkeit während des Lebens nichts,
da die hierdurch etwa bedingten Störungen kompensiert sein konnten.
Auch führen die der Dämpfigkeit zugrunde liegenden Krankheiten
der Lunge und des Herzens an sich nicht zu einem schnellen tödlichen Ausgang, sondern sie bestehen gewöhnlich als chronische
Zustände längere Zeit fort. Außer dem Vorhandensein einer Atembeschwerde muß sodann bewiesen werden, daß dieser Atembeschwerde
eine Erkrankung der Lunge oder des Herzens und nicht etwa eine
andere Organkrankheit zugrunde liegt. Die Atembeschwerde muß
ferner durch „chronische unheilbare" Krankheitszustände der
Lunge oder des Herzens bedingt sein. Alle akuten, heilbaren,
vorübergehenden Atembeschwerden bei Lungen- und Herzkrankheiten sind somit auszuschließen (vgl. Differentialdiagnose). Da auch chronische Lungen- und Herzkrankheiten
unter Umständen heilbar sind, so z. B. manche Fälle von chronischem
Bronchialkatarrh und chronischer Herzdilatation, so muß die Untersuchung mitunter auf einen längeren Zeitraum ausgedehnt werden
(die Gewährfrist von 14 Tagen erscheint für solche Fälle zu kurz
bemessen). Hieraus ergibt sich, daß man bei der Diagnose
„Dämpfigkeit" mit größter Vorsicht und Sorgfalt verfahren muß.
In allen zweifelhaften Fällen, in welchen sich das Vorhandensein
einer chronischen und unheilbaren Krankheit der Lunge oder des
Herzens nicht einwandfrei dartun läßt, enthalte man sich einer
positiven Begutachtung.

Die sichere Feststellung der Dämpfigkeit ist unter anderem
auch deshalb oft schwierig, weil die Zahl und Tiefe, sowie
die Beruhigung der Atmung nach der Bewegung schon
bei gesunden Pferden sehr schwankt. Junge, schlaffe, frisch
von der Weide importierte, ungeübte, untrainierte, noch nicht ein-
gefahrene und eingerittene, nicht durch längere Arbeit leistungs-
fähiger gemachte („Mangel an Kondition"), fette, mastige, wenig

gebrauchte Pferde einerseits; müde, überangestrengte, abgearbeitete,
struppierte, alte, sowie durch überstandene Krankheiten geschwächte
Pferde andererseits, zeigen sehr häufig, namentlich bei hoher Außentemperatur und bei anstrengender Bewegung, eine auffallend frequente
und angestrengte Atmung und Herztätigkeit, ohne dämpfig zu sein.
Manche Pferde, namentlich temperamentvolle Tiere, zeigen ferner
unter neuen Außenverhältnissen und bei ungewohnter Dienstleistung
infolge Aufregung und Überanstrengung eine vorübergehende Beschleunigung der Atmung, welche von dem neuen Besitzer häufig
für Dämpfigkeit gehalten wird. Hierauf ist bei jeder Untersuchung
auf Dämpfigkeit Rücksicht zu nehmen. Lassen sich die angegebenen
inneren und äußeren Umstände im Einzelfalle als Ursachen einer
vorhandenen Atembeschwerde nicht mit Sicherheit ausschließen, so
ist die Begutachtung auszusetzen oder die Untersuchung mit entsprechenden Zwischenpausen so oft zu wiederholen, bis ein ein-
wandfreies Resultat herauskommt. In manchen Fällen empfiehlt es
sich auch, zur Kontrolle ein zweifellos nicht dämpfiges Pferd mit
anspannen oder mit reiten zu lassen.

Die Atembeschwerde (Dyspnoe, Atemnot) kann sich bei der
Dämpfigkeit nach drei Richtungen hin äußern: in einer krankhaften
Beschleunigung (Dyspnoe im weiteren Sinne), oder in einer
krankhaften Anstrengung (Dyspnoe im engeren Sinne), oder in
einer verzögerten Beruhigung der Atmung. Sehr häufig zeigen
dämpfige Pferde gleichzeitig eine krankhafte Abweichung in der
Frequenz und in der Art der Atmung.

I. Frühzeitige und übermäßige **Beschleunigung** der Atemzüge
nach mäßiger Bewegung (bis 100 und darüber nach viertelstündiger
Trabbewegung auf ebenem Boden). Der Nachweis der abnormen
Beschleunigung genügt zur Diagnose Dämpfigkeit, wenn die Atmungs-
beschleunigung zweifellos durch ein chronisches, unheilbares Herz-
oder Lungenleiden veranlaßt wird. Man findet die Beschleunigung
zwar meist verbunden mit Erschwerung des Atmens. Der gleichzeitige Nachweis einer angestrengten Atmung ist aber für die
Diagnose der Dämpfigkeit nicht unbedingtes Erfordernis. Bei der
Herzdämpfigkeit z. B. ist die Atmung zuweilen nur abnorm beschleunigt, nicht aber auffallend erschwert.

II. Abnorm **angestrengte** und erschwerte Atmung (inspiratorische, exspiratorische, gemischte Dyspnoe). In der
Regel ist die Dyspnoe gleichzeitig mit Beschleunigung der Atmung
verbunden. Zur Diagnose Dämpfigkeit genügt der Nachweis einer

4*

abnorm angestrengten Atmung. Besonders erheblich ist die Atembeschwerde beim Lungenemphysem (exspiratorische Dyspnoe).

III. Abnorm **verzögerte** Beruhigung der Atmung nach der Bewegung. Meist ist die Atmung gleichzeitig auch beschleunigt und erschwert. Eine auffallende Verzögerung im Rückgang der Atmung kann jedoch bei dämpfigen Pferden auch fehlen. Zur Diagnose Dämpfigkeit ist daher der Nachweis einer verzögerten Beruhigung der Atmung nicht absolut notwendig.

Nach J. Schmidt-Dresden zeigen dämpfige Pferde einen auffallend langsamen Abfall der nach einer Körperbewegung gesteigerten Mastdarmtemperatur. Ein über 2 Stunden sich erstreckender Temperaturabstieg soll den Verdacht auf das Bestehen einer Atembeschwerde berechtigen, und der Verdacht noch dadurch bekräftigt werden, wenn die Temperatur 30 Minuten nach der Bewegung auf über 38,8 Grad verharrt. Diese Behauptung ist falsch. Nach Otto, Pekac u. a. kommt eine derartige Temperatursteigerung auch bei nicht dämpfigen Pferden vor.

Differentialdiagnose. Mit der Dämpfigkeit dürfen nicht verwechselt werden:

1. Akute Katarrhe der Respirationsschleimhaut (Laryngitis, Bronchitis, Pharyngitis usw.).

2. Fieberhafte Erkrankungen (Lungenentzündung, Brustseuche, Druse, Septikämie usw.); außerdem akute und chronische Krankheiten anderer innerer Organe (Magendarmkatarrh, Anämie, Leukämie, chronische Nephritis usw.).

3. Akute Herzerweiterung infolge von Überanstrengung und nach vorausgegangenen Infektionskrankheiten. Die akute Herzerweiterung wird besonders häufig bei frisch importierten Pferden mit Herzdämpfigkeit verwechselt. Sie unterscheidet sich klinisch von der chronischen Herzerweiterung durch Störungen in der Futteraufnahme und im Allgemeinbefinden (Mattigkeit), sowie durch die meist schon in der Ruhe vorhandene abnorme Pulsbeschleunigung. Die akute Herzerweiterung kann heilen oder nach vier Wochen in die chronische Herzerweiterung (Herzdämpfigkeit) übergehen. In allen Zweifelsfällen lehne man ein Gutachten ab oder wiederhole die Untersuchung mehrmals.

4. Kompensierte Klappenfehler (Aftergeräusche) sowie gewisse unerhebliche Herzanomalien (gespaltener erster Herzton, aussetzender Puls) ohne gleichzeitig vorhandene Atembeschwerde.

5. Lahmheiten, namentlich starkes Lahmen bei Sehnenentzündungen, Distorsionen, Spat, Schale, Gonitis, Omarthritis

chronica und Kreuzschwäche, außerdem schmerzhafte Hautent-
zündungen in der Geschirrlage. Die Schmerzhaftigkeit der genannten Affektionen hat reflektorisch eine Steigerung der Atmungsfrequenz zur Folge.

6. Kehlkopfpfeifen (bildet einen Hauptmangel für sich).
Auch andere mit Dyspnoe verbundene Stenosen der oberen
Luftwege (Nasenhöhle, Pharynx) fallen nicht unter den Begriff
der Dämpfigkeit.

Untersuchung. Die Untersuchung muß sehr eingehend und
wiederholt vorgenommen werden. Eine mindestens 3malige
Untersuchung ist die Regel. In Zweifelsfällen muß die Untersuchung auf die ganze Gewährfrist ausgedehnt und in Zwischenräumen mehrfach wiederholt werden. Unter Umständen empfiehlt
sich sogar zur einwandfreien Feststellung der Unheilbarkeit des
Leidens die vertragsmäßige Verlängerung der Gewährfrist nach
§ 486 B. G. B.

I. Voruntersuchung. Es ist zunächst im Stande der
Ruhe eine sorgfältige innerliche und äußerliche Untersuchung
vorzunehmen. Durch die Voruntersuchung muß namentlich ein-
wandfrei dargetan sein, daß die Temperatur, der Puls, die
Futteraufnahme und die Bewegung normal sind, und daß akute
fieberhafte Krankheiten, akute katarrhalische Affektionen sowie
Lahmheit fehlen. Besteht bei einem Pferde Fieber oder
Appetitmangel oder akute Pharyngitis, Laryngitis und
Bronchitis oder erhebliche Lahmheit, so kann es auf
Dämpfigkeit nicht untersucht werden. Ein geringgradiger
Nasenausfluß dagegen, sowie eine unerhebliche Lahmheit schließen
die Untersuchung nicht unter allen Umständen aus.

II. Untersuchung in der Bewegung. Die Bewegung ist
entsprechend der Leistungsfähigkeit des Pferdes, womöglich im
ordnungsmäßigen Gebrauch (Fahren, Reiten) vorzunehmen. Für
passendes Geschirr ist Sorge zu tragen. Die Atmung ist mindestens
15 bis 30 Minuten lang sorgfältig zu kontrollieren und von 5 zu 5
Minuten zu zählen (Atemfrequenz, in- oder exspiratorische Dyspnoe,
Schweißausbruch, Ermüdung). Ebenso sind der Puls und die
Herztätigkeit, sowie die Schleimhäute (Cyanose, Blässe) zu prüfen
bzw. zu zählen.

III. Untersuchung nach der Bewegung. Die Beruhigung
der Atmungs- und Pulsfrequenz ist von 5 zu 5 Minuten zu zählen,
bis die Norm erreicht ist. Ebenso ist der Rückgang der Dyspnoe

bis zur Norm zu verfolgen. Das Ergebnis der Zählung der Atmungs-
und Pulsfrequenz wird am besten tabellarisch notiert.

3. Kehlkopfpfeifen.

Kaiserliche Verordnung: Als Kehlkopfpfeifen (Pfeiferdampf, Hartschnaufigkeit, Rohren)*) ist anzusehen die durch einen chronischen und unheilbaren Krankheitszustand des Kehlkopfes oder der Luftröhre verursachte und
durch ein hörbares Geräusch gekennzeichnete Atemstörung.

Begriff. Die forensische Definition des Kehlkopfpfeifens deckt
sich nicht mit der wissenschaftlichen. In der Pathologie versteht
man unter Kehlkopfpfeifen die halbseitige Stimmbandlähmung
(Hemiplegia laryngis, Rekurrenslähmung, Postikuslähmung, Atrophie
der Stimmritzenerweiterer). In der gerichtlichen Tierheilkunde dagegen bildet der Name Kehlkopfpfeifen einen Sammelbegriff für
mehrere Krankheitszustände nicht bloß des Kehlkopfes,
sondern auch der Luftröhre, welche ein hörbares Geräusch
beim Atmen erzeugen und dabei chronisch und unheilbar sind.
Diese Krankheitszustände sind folgende:

1. Die chronische Rekurrenslähmung (Stimmbandlähmung,
Hemiplegia laryngis, Postikuslähmung, Atrophie der Stimmritzenerweiterer). Die chronische Rekurrenslähmung bildet die
gewöhnliche Ursache des Kehlkopfpfeifens (99 Prozent).

2. Neubildungen des Kehlkopfes (selten). Dieselben kommen
namentlich in Form sog. Kehlkopfpolypen in der Umgebung der
Stimmritze (Fibrome, Lipome, Myxome, Papillome), sowie an der
Basis der Epiglottis vor (Schleimzysten) und veranlassen eine Verengerung der Stimmritze (Glottis) oder des Kehlkopfeingangs und
dadurch Rohren.

3. Chronische Laryngitis und Perilaryngitis (selten)
mit Bindegewebsneubildung, Verdickung, Verknöcherung und Verwachsung der Knorpel, namentlich des Gießkannenknorpels (Chondritis und Perichondritis laryngea), zuweilen auch mit Ulzeration,
Abszeßbildung und Nekrose der Knorpel (Rotz, Druse, Petechialfieber, Tuberkulose).

4. Stenosen der Luftröhre (selten), und zwar Narben-
stenosen (Tracheotomie), Obturationsstenosen (Neubildungen innen),
Kompressionsstenosen (Neubildungen außen) und angeborene Stenosen
(Abplattung, spiralige Drehung).

---

*) In Händler- und Sportkreisen sind außerdem als mit Kehlkopfpfeifen
gleichbedeutende Ausdrücke gebräuchlich: „Ton", „lauter", „heller", „harter" Atem
oder Ton, „Brummer", „Zegner".

Einen interessanten Fall von Kehlkopfpfeifen infolge eines intratrachealen Tumors (primäres Trachealsarkom) hat Kärnbach*) beschrieben. Ein Pferd zeigte bei der Bewegung im Trab und Galopp das charakteristische Stenosengeräusch der Rekurrenslähmung (anfangs nur leichtes Pfeifen, zuletzt lautes Brüllen). Zur Beseitigung der gleichzeitig vorhandenen Atembeschwerde wurde die Tracheotomie gemacht und ein Tubus eingesetzt. Wider Erwarten verschwand jedoch hierauf das Stenosengeräusch nicht. Eine laryngeale Stenose konnte somit nicht vorliegen. Die Sondierung der Luftröhre ergab das Vorhandensein eines intratrachealen Tumors am Eingang der Brustapertur, der sich bei der Sektion als ein kleinapfelgroßes, der hinteren Trachealwand breit aufsitzendes, großzelliges Rundzellensarkom erwies. Einen ähnlichen Fall hat Harms**) in der Berliner chirurgischen Klinik beobachtet. Diese Fälle bilden einen Beleg dafür, daß die Aufnahme der Luftröhrenstenosen in die Definition des Hauptmangels Kehlkopfpfeifen einem praktischen Bedürfnis entspricht.

Ätiologie der Rekurrenslähmung. Die Lähmung des Rekurrens, die gewöhnliche Form des Kehlkopfpfeifens, kommt bei allen Pferderassen vor. Am häufigsten findet man sie indessen beim englischen Vollblut und beim Halbblut, und zwar meist schon im 4. bis 6. Lebensjahr.

Die Ursachen der Rekurrenslähmung sind noch immer dunkel. Sie sind offenbar nicht einheitlicher Natur. Man hat insbesondere zwei Formen der Lähmung, eine primäre und eine sekundäre, zu unterscheiden.

I. Die primäre Rekurrenslähmung. Die Ursachen sind nicht aufgeklärt. Gewöhnlich wird Vererbung (vererbte Anlage) als Ursache angenommen. Am häufigsten tritt das Leiden vom 3. Lebensjahr ab ohne jede andere vorausgegangene Krankheit in die Erscheinung. Außer der Vererbung wird das Trainieren der Vollblutpferde als Ursache beschuldigt (Kompression des Rekurrens durch den gesteigerten Pulsschlag der Aorta). Auch auf die anatomische Lage des linken Rekurrens (Umschlagstelle um den Aortenbogen, Einpressung zwischen Aorta und Trachea), sowie auf die geringere Größe der linken Karotis ist zur Erklärung des linksseitigen bzw. halbseitigen Auftretens der Lähmung (Hemiplegia laryngis) hingewiesen worden. Anatomische Veränderungen an der Umschlagstelle des linken Rekurrens lassen sich indessen nicht nachweisen. Degenerative Veränderungen finden sich dagegen im peripheren Teil des Rekurrens, also in der Gegend des Kehlkopfes,

---

*) Über einen Fall von Kehlkopfpfeifen infolge eines primären Rachealsarkoms. Monatshefte f. prakt. Tierheilkunde XXI, 1910, S. 490.
**) Ein Fall von Rundzellensarkom der Trachea des Pferdes. Berl. Archiv 1913, S. 553.

zuweilen auch im Zentrum in der Medulla oblongata (Nucleus ambiguus).

II. Die sekundäre Rekurrenslähmung schließt sich als Folgekrankheit namentlich an vorausgegangene Infektionskrankheiten und Vergiftungen an. Im einzelnen kommen die nachstehenden Primärkrankheiten in Betracht.

1. Die Brustseuche ist die häufigste Ursache der sekundären Rekurrenslähmung; die letztere kann sich somit in jedem Lebensalter entwickeln (am häufigsten im 5. und 6. Jahr). Die Pathogenese ist nicht ganz aufgeklärt. Wahrscheinlich liegt eine toxische Neuritis bzw. Nervendegeneration zugrunde. In ähnlicher Weise entwickelt sich die Rekurrenslähmung bei der Beschälseuche, bei welcher ich tatsächlich eine periphere Neuritis des N. recurrens in Form kleinzelliger Infiltration als Ursache des Kehlkopfpfeifens nachgewiesen habe.

2. Die Druse und Angina sind zwar nicht selten, aber doch nicht so häufig wie die Brustseuche Ursachen der Rekurrenslähmung (neurogene Lähmung?).

3. Von Vergiftungen sind zu nennen als Ursachen der Rekurrenslähmung: die chronische Bleivergiftung (primäre Degeneration der peripheren motorischen Nervenfasern, sekundäre Atrophie der Muskeln), die Fütterung von Kichererbsen (Lathyrus Cicer), Platterbsen (Lathyrus sativus), Kapuzinererbsen (Pisum umbellatum) und Luzerne (Medicago sativa).

4. Sehr selten ist endlich eine Verletzung oder Kompression des Rekurrens durch Tumoren (Druseabszeß, Schlunddivertikel, Lymphom, Struma) die Ursache der sekundären Rekurrenslähmung.

Vermeulen (Das Kehlkopfpfeifen beim Pferde, Utrecht 1914) vertritt neuerdings die Ansicht, daß das Kehlkopfpfeifen keine isolierte, lokalisierte Rekurrenslähmung darstellt, sondern eine Systemerkrankung mehrerer motorischer Nervenkerne (Rekurrens, Fazialis, Oculomotorius, Abduzens). Er hat bei Kehlkopfpfeifern wiederholt gleichzeitig Fazialislähmung, Ptosis, Strabismus, Verengerung des linken Nasenloches usw. beobachtet. Die Erkrankung des linken Rekurrens ist nach ihm ferner häufig zunächst partiell, indem nur die Verengerer der Stimmritze gelähmt sind (Phonationsstörung in Form von Heiserkeit ohne gleichzeitiges Pfeifen!). Er rät daher namentlich den Pferdezüchtern, die angekauften Pferde nicht nur auf Pfeifen, sondern auch auf Heiserkeit zu untersuchen. In zwei Fällen fand er, daß die Rekurrenslähmung einen zentralen Ursprung hatte (Degeneration des Nucleus ambiguus in der Medulla oblongata).

Anatomischer Befund bei Rekurrenslähmung. Bei der linksseitigen Rekurrenslähmung findet man im Gefolge der chronischen
Nervenlähmung in der Regel eine Atrophie der vom Rekurrens
innervierten linksseitigen Kehlkopfmuskeln. Diese Muskeln
sind namentlich der hintere Ringgießkannenmuskel (M. crico-
arytaenoideus posticus), der seitliche Ringgießkannenmuskel
(M. crico-arytaenoideus lateralis) und der Quergießkannenmuskel
(M. arytaenoideus transversus). Alle drei Gießkannenmuskeln zeigen
die Erscheinungen der Atrophie und Verfettung: Schwund, blasse
Verfärbung, bindegewebiges Aussehen. Ähnliche degenerative Veränderungen findet man in den Endästen des Nervus recurrens.

In sehr vorgeschrittenen Fällen der Rekurrenslähmung findet
man ferner eine Formveränderung des Kehlkopfes: der Kehlkopf wird durch das Einsinken des linken Gießkannenknorpels
und die Verschiebung der linken Seitenplatte des Ringknorpels
asymmetrisch.

Pathogenese des Kehlkopfpfeifens bei der Rekurrenslähmung.
Für die Entstehung des Kehlkopfpfeifens bei der linksseitigen Rekurrenslähmung kommt von den drei gelähmten Gießkannenmuskeln
nur die Lähmung und Atrophie des hinteren Ringgießkannenmuskels (Postikus) in Betracht. Das Kehlkopfpfeifen ist mithin
am besten als *Postikuslähmung* zu bezeichnen. Die hinteren
Ringgießkannenmuskeln (M. crico-arytaenoidei postici) ziehen die
Gießkannenknorpel bei der Inspiration nach hinten und aufwärts
und erweitern dadurch die Stimmritze bzw. den Kehlkopf
(Stimmritzenerweiterer, Glottisöffner). Die Lähmung des
linksseitigen Postikus verhindert somit die linksseitige Erweiterung
des Kehlkopfes. Infolgedessen wird bei der Inspiration das gelähmte
linke Stimmband mit dem linken Gießkannenknorpel durch die ein-
strömende Luft ventilartig in das Innere des Kehlkopfes herein-
gerissen. Die dadurch entstehende Verengerung des Kehlkopf-
raumes ist die Ursache des Kehlkopfpfeifens (inspiratorisches
Stenosengeräusch).

Die Lähmung und Atrophie der beiden anderen Muskeln, des
seitlichen Ringgießkannenmuskels und des Quergießkannenmuskels
(lateralis und transversus), kommt bei der Entstehung des Kehlkopfpfeifens nicht in Betracht. Beide Muskeln sind vielmehr Verengerer
der Stimmritze (Glottisschließer). Ihre Lähmung hat demnach eine
der Postikuslähmung geradezu entgegengesetzte Wirkung, nämlich
die Schließungsunfähigkeit des Kehlkopfes. Die Lähmung des

Lateralis und Transversus äußert sich speziell bei der Exspiration in der Unmöglichkeit, die Stimmritze beim Husten und Wiehern zu schließen (schlotternder Husten mit erschlafftem, linkem Stimmband, rauhes Wiehern).

Symptome des Kehlkopfpfeifens. Das für das Kehlkopfpfeifen charakteristische inspiratorische Stenosengeräusch ist in der Regel erst während der Bewegung hörbar; nur in sehr hochgradigen Fällen und bei doppelseitiger Stimmbandlähmung (Vergiftungen) ist es schon in der Ruhe vernehmbar.

Je nach dem Grade und dem Alter der Lähmung hört man beim Kehlkopfpfeifen sehr verschiedenartige Stenosengeräusche: Pfeifen (Flöten), Rohren (engl. „roaring"), Keuchen (franz. „Cornage"), Giemen, Hiemen, Röcheln, Ronchen, Schnarchen, Krächzen, Kreischen, Grunzen, Brummen, Schnauben und selbst Brüllen. In vielen Fällen ist das Kehlkopfpfeifen durch einen eigenartigen metallischen Klang bzw. durch seine Ähnlichkeit mit einem musikalischen Ton charakterisiert. Häufig hört man das Geräusch schon in der Entfernung. Bei gestreckter Kopfhaltung und im Trab ist es gewöhnlich geringer, bei gebeugter Kopfhaltung dagegen und im Galopp meist stärker. In hochgradigen Fällen ist es auch während der Exspiration hörbar. Charakteristisch für das Geräusch ist ferner, daß man es vorübergehend sofort durch teilweise Kompression der Nüstern mit der Hand zum Verschwinden bringen kann, und daß es gewöhnlich nach dem Aufhören der Bewegung von selbst ziemlich rasch verschwindet. Bei höheren Graden des Kehlkopfpfeifens besteht gleichzeitig inspiratorische Dyspnoe, welche sich durch trompetenförmige Erweiterung der Nüstern, Cyanose der Schleimhäute und nach forcierter Bewegung sogar durch Erstickungsanfälle und Zusammenstürzen äußert. Der Husten ist häufig langgedehnt, rauh, schlotternd oder brummend, mit hörbarem Rückstoß („Husten mit geöffneter Stimmritze"), das Wiehern zuweilen heiser und tonlos.

Die Adspektion und Palpation des Kehlkopfes ergibt meist keine nachweisbaren Veränderungen. Nur in hochgradigen Fällen und bei sehr mageren Pferden läßt sich zuweilen beim Umgreifen des Kehlkopfes eine Asymmetrie in der Gegend der linken Ringplatte und des eingesunkenen linken Gießkannenknorpels nachweisen.

Diagnose des Kehlkopfpfeifens. Nach dem B. G. B. ist das Kehlkopfpfeifen eine Atemstörung, die durch ein „hörbares Geräusch" gekennzeichnet ist. Die sachverständige Feststellung des Hauptmangels erfolgt also durch das Gehör. Forensisch liegt Kehlkopfpfeifen vor, wenn ein chronisches und unheilbares, inspiratorisches, laryngeales oder tracheales Stenosengeräusch akustisch nachgewiesen wird.

Eine „Atemstörung" sowohl wie ein „hörbares Geräusch" läßt sich nur während des Lebens feststellen. Eine sichere Diagnose des Kehlkopfpfeifens ist somit nur am lebenden Pferde möglich. Aus dem Sektionsbefunde allein (Muskelatrophie) läßt sich das Vorhandensein des Kehlkopfpfeifens mit Sicherheit nicht nachweisen. Es läßt sich höchstens ausnahmsweise „mit Wahrscheinlichkeit" annehmen, und dies auch nur in dem Fall, wenn sehr hochgradiger Muskelschwund und sehr starke Asymmetrie des Kehlkopfes vorliegt, daß das Pferd vermutlich während des Lebens gerohrt hat. Geringe oder mittlere Grade von Muskelatrophie gestatten dagegen diese Schlußfolgerung nicht; man findet sie erfahrungsgemäß bei Pferden, welche im Leben nie gerohrt haben. Diese Tatsache erklärt sich wohl aus einer Kompensation, welche durch die nachweisbare Hypertrophie des vom Nervus laryngeus superior (IX. Gehirnnerv) innervierten Musculus crico-thyreoideus herbeigeführt wird. Man hüte sich daher vor falschen Schlußfolgerungen und stelle eine Sektionsdiagnose des Kehlkopfpfeifens in der Regel überhaupt nicht. Andererseits kommt es ähnlich wie beim Dummkoller vor, daß bei einem tatsächlich rohrenden Pferde der Sektionsbefund negativ ist, indem bei niederen Graden und im Beginn des Leidens eine Muskelatrophie noch nicht eingetreten ist, sondern lediglich eine anatomisch nicht nachweisbare Funktionsstörung (Muskellähmung) besteht. Ich habe einen solchen im Verlauf der Beschälseuche beobachteten Fall von hochgradigem Kehlkopfpfeifen mit negativem Sektionsbefund am Kehlkopf beschrieben (Monatshefte für praktische Tierheilkunde, XX. Bd., S. 490).

Der Nachweis des für das Kehlkopfpfeifen charakteristischen inspiratorischen Stenosengeräusches ist in vielen Fällen leicht, in anderen jedoch sehr schwer. Schwierig ist die Diagnose im Anfang des Leidens und bei den niederen Graden. Leichtere Fälle von Kehlkopfpfeifen können monatelang von dem Besitzer unentdeckt bleiben, wenn die Pferde nur in mäßiger Gangart, in geräuschvollen Straßen oder auf hartem Pflaster bewegt werden. Zur Kennbarmachung des Geräusches ist daher oft eine sehr forcierte Bewegung (Galopp) mit gleichzeitigem starkem Herannehmen des Kopfes und seitlichem Ausbinden erforderlich. Da es ferner vereinzelt vorkommt, daß das Rohren trotz sachgemäßer Untersuchung nicht an jedem Tage zur Wahrnehmung gebracht werden kann, ist es notwendig, die Untersuchung an mehreren Tagen hintereinander vorzunehmen.

Große Schwierigkeiten erheben sich ferner zuweilen bei der Beurteilung eines vorhandenen Geräusches. Außer dem für das Kehlkopfpfeifen charakteristischen Geräusch kommen bei Pferden vielfach andere Atmungsgeräusche vor, welche zum Teil nicht inspiratorisch, zum Teil nicht laryngeal oder tracheal, zum Teil nicht unheilbar und chronisch, zum Teil überhaupt keine Stenosengeräusche sind; vgl. das Kapitel über die Differentialdiagnose des Kehlkopfpfeifens.

Sehr schwierig ist endlich mitunter der von der Kaiserlichen Verordnung verlangte Nachweis zu erbringen, daß dem Kehlkopfpfeifen ein unheilbarer Krankheitszustand des Kehlkopfes oder der Luftröhre zugrunde liegt. In der weitaus überwiegenden Mehrzahl aller Fälle ist zwar erfahrungsgemäß das durch Rekurrenslähmung bedingte Kehlkopfpfeifen unheilbar. Dies gilt speziell für die primäre Rekurrenslähmung. Die Unheilbarkeit des Kehlkopfpfeifens kann daher als Regel angenommen werden. Von dieser Regel kommen jedoch Ausnahmen vor. Namentlich bei der sekundären, als Nachkrankheit von Druse, Brustseuche und Vergiftungen auftretenden Rekurrenslähmung hat man vereinzelte Fälle von Heilung beobachtet, welche entweder spontan oder nach vorausgegangener Tracheotomie eingetreten sind. Derartige Fälle von Heilung des Kehlkopfpfeifens sind in der tierärztlichen Praxis nicht unbekannt und auch in der Literatur verschiedentlich verzeichnet. Albrecht (Woch. f. Tierh. 1905, S. 343) hat z. B. über sechs Fälle berichtet. Wahrscheinlich lagen in diesen geheilten Fällen unvollständige Lähmungen bzw. reparable Veränderungen im Nerven oder Muskel, vielleicht auch kompensatorische Prozesse (Hypertrophie des M. crico-thyreoideus) vor. Durch diese Spontanheilungen wird vielleicht mancher Widerspruch in den Befundangaben der Sachverständigen erklärt. Die wenn auch nur ausnahmsweise vorkommende Heilung des Kehlkopfpfeifens dürfte die Notwendigkeit der Streichung dieses Fehlers in der Hauptmängelliste nahelegen. Es kommt hinzu, daß das Kehlkopfpfeifen nicht selten einen unerheblichen Mangel darstellt und daß es sich unter Umständen auch in einer kürzeren Zeit als 14 Tagen, also innerhalb der Gewährfrist, entwickeln kann (Günther, Rosenfeld, eigene Beobachtung).

Laryngoskopie. Die älteren Laryngoskope haben sich wegen ihres großen Umfangs (Nasenblutungen!) und ihrer umständlichen Anwendung auch in der forensischen Praxis keinen Eingang verschafft. Neuerdings hat Frese (Monatshefte für prakt. Tierheilkunde 1914, Bd. XXV) in der Berliner medizinischen Klinik auf meine Veranlassung unter besonderer Berücksichtigung des Kehlkopfpfeifens ein Rhino-Laryngoskop für Pferde konstruiert, das leicht einzuführen ist und lagerichtige Bilder liefert. Die Einführung geschieht durch das rechte Nasenloch und den unteren Nasengang bei gebremster Unterlippe unter Beihilfe zweier Personen auf einem geräumigen Platze. Bei ruhigen Pferden läßt sich das Laryngoskop in der Regel ohne Gefahr einführen. Bei edlen, unruhigen, nervösen, kopfscheuen und bösartigen Pferden ist die Einführung unter Umständen nicht ungefährlich (unter 80 Pferden ereignete sich bei einem eine stärkere, auf Adrenalineinspritzung jedoch stehende Nasenblutung). Mit Rücksicht auf die Haftpflicht (§ 823 B. G. B.) empfiehlt es sich daher, in solchen Fällen den Besitzer des Pferdes vor der Anwendung des Instrumentes auf die Gefährlichkeit der Einführung aufmerksam zu machen und vor der Einführung Chloralhydrat zu verabreichen.

Frese prüfte zunächst die Frage, ob sich durch das Laryngoskop in jedem Falle von Kehlkopfpfeifen organische Veränderungen im Kehlkopf feststellen lassen. Das Resultat war folgendes. In 83 Prozent der Fälle von Kehlkopfpfeifen ließen sich Lähmungserscheinungen am Kehlkopf mit Sicherheit nachweisen. In etwa 10 Prozent war der laryngoskopische Befund trotz festgestelltem Kehlkopfpfeifen negativ, in 7 Prozent zweifelhaft. In den Fällen mit positivem Befunde ließen sich feststellen: Asymmetrie der Stimmritze, scheinbare Verkürzung und steilere Stellung des linken Stimmbandes, Heranrücken des linken oder rechten Stimmbandes bis an die Medianlinie, wellenförmiger Verlauf des linken Stimmbandes, Aufrichtung des Schnäuzchens des linken Aryknorpels, scheinbare knollige Verdickung des linken Aryknorpelschnäuzchens infolge Drehung und Hereinsinken des Aryknorpels in das Lumen des Kehlkopfes, ziehharmonikaartige Öffnung der linken Morgagnischen Tasche, Bewegungslosigkeit, Schlottern oder träge Bewegung des linken oder rechten Stimmbandes oder Aryknorpels oder beider Seiten, endlich bei beiderseitiger Lähmung fast völliger Verschluß der Stimmritze bei der Inspiration, schlotterndes Auseinanderreißen der Stimmbänder durch den Luftstrom bei der Exspiration. In allen Fällen mit positivem Befunde wurden linksseitige Lähmungen ermittelt, in 7 Fällen zugleich auch rechtsseitige.

Frese hat ferner versucht, vor der Untersuchung auf Ton lediglich durch das Laryngoskop zu bestimmen, ob das zu untersuchende Pferd Kehlkopfpfeifer sei oder nicht. In der großen Mehrzahl der Fälle gelingt dies. Zweifellos sind dies die vorgeschrittenen. Die übliche Untersuchung in der Bewegung ergab mittel- bis hochgradige Atemstörungen, während in den 9 Fällen mit negativem oder zweifelhaftem laryngoskopischen Befunde nur feine, giemende, pfeifende oder auch ronchende Töne nachzuweisen waren, die entweder sofort oder nach

einigen Atemzügen verschwanden. Bei hochgradigen Kehlkopfpfeifern, insbesondere solchen, bei denen Geräusch oder Ton noch längere
Zeit nach dem Anhalten fortbestand, fanden sich in allen Fällen Abweichungen, und man konnte demgemäß vor der Untersuchung auf Ton
voraussagen, daß die Pferde Rohrer seien.

Die **forensische** Bedeutung des Laryngoskopes ist demnach wie
folgt zu skizzieren. Der positive Nachweis einer Stimmbandlähmung beweist für sich allein nichts für die Diagnose des
Hauptmangels, weil nach der Definition der Kaiserl. Verordnung vom
27. März 1899 eine „durch ein hörbares Geräusch gekennzeichnete
Atemstörung" vorliegen muß. Auch der negative laryngoskopische
Befund beweist für sich allein nichts. Denn es gibt manche Pferde,
die, trotzdem sie laryngoskopisch keine Lähmung zeigen, Rohrer sind.
Dagegen ist das Laryngoskop das einzige brauchbare Hilfsmittel, um die Diagnose **Rekurrenslähmung** einwandfrei zu stellen,
ferner um den **Sitz** und die **Art** der übrigen Ursachen der Atemstörung sicher nachzuweisen. Außerdem ist die Anwendung des
Laryngoskops zur Sicherung der Diagnose in der forensischen Praxis dann
angezeigt, wenn Lahmheiten, Koliken, Katarrhe der Luftwege und
andere fieberhafte Krankheiten die Untersuchung auf Ton (Bewegung!)
erschweren oder wenn sich wegen dieser interkurrenten Krankheiten
eine begonnene Untersuchung auf Ton nicht zu Ende führen läßt.
Auch über die Natur mancher „Spielgeräusche" dürfte das Laryngoskop
Aufklärung verschaffen.

Sonstige diagnostische Hilfsmittel. Von Wester (Holländ. Zeitschr.
1904) ist die operative Eröffnung des Kehlkopfs und die Abtastung
des Kehlkopfinnern mittels des eingeführten Zeigefingers (Palpation des
nach innen und unten dislozierten linken Gießkannenknorpels) empfohlen
worden. Zu diesem Zweck muß die Haut unter dem Kehlkopf einge-
schnitten und das Ringknorpel-Luftröhrenband durchschnitten werden. Ob
diese immerhin eingreifende Operation bei einem Untersuchungspferde ohne
weiteres ausgeführt werden darf, muß bezweifelt werden, da unter Umständen der Casus deteriorationis hierdurch veranlaßt (§ 487 B.G.B.) und
die Wandelungsklage erschwert wird. Auch ist nicht ausgeschlossen, daß
die Operation als solche später Kehlkopfpfeifen im Gefolge hat. Aber
auch abgesehen davon, wird durch die Operation allein, d. h. durch die
bloße Digitaluntersuchung des Gießkannenknorpels ohne gleichzeitige Feststellung eines hörbaren Geräusches die Rekurrenslähmung forensisch
nicht dargetan. — Von Händlern wird herkömmlich eine eigenartige Mani-
pulation zum Nachweis des Rohrens im Stand der Ruhe vorgenommen.
Sie besteht darin, daß das Pferd durch einen plötzlichen Stoß oder
Schlag gegen die Rippen erschreckt und dabei zu einer tiefen Inspiration
veranlaßt wird. Man hört dann ein brummendes Geräusch beim Einatmen
(sog. „Brummer").

Differentialdiagnose des Kehlkopfpfeifens. Das für das Kehlkopfpfeifen charakteristische chronische, unheilbare, laryngeale oder
tracheale Atmungsgeräusch kann unter Umständen sehr leicht mit
vorübergehenden oder anderswoher, nicht aus dem Kehlkopf
oder der Luftröhre stammenden Geräuschen verwechselt werden.
Die wichtigsten dieser Geräusche sind folgende:

1. *Akute laryngeale* und pharyngeale Stenosengeräusche im Verlaufe der akuten, katarrhalischen und phlegmonösen Laryngitis und Pharyngitis (Angina, Druse, Glottisödem). Sie sind vom Kehlkopfpfeifen durch das Vorhandensein örtlicher Entzündungserscheinungen (Husten, Schmerzhaftigkeit bei Druck, entzündliche Schwellung, Schlingbeschwerden), sowie häufig auch von Fieber und Allgemeinstörungen (unterdrückte Futteraufnahme) zu unterscheiden und sind oft schon im Stande der Ruhe hörbar. Die akute Stimmbandlähmung ist durch eine plötzlich auftretende und hochgradige Dyspnoe mit lautem Rohren schon im Stand der Ruhe gekennzeichnet.

2. *Chronische heilbare*, laryngeale und pharyngeale, Stenosengeräusche bei chronischen Schwellungszuständen im Pharynx und Larynx, namentlich im Anschluß an Druse. Die mitunter sehr schwierige und erst nach wiederholten Untersuchungen und unter Berücksichtigung von Zeugenaussagen mögliche Unterscheidung stützt sich auf den Nachweis entzündlicher Erscheinungen und die nachweisbare Besserung im weiteren Verlauf (Behandlung). Über die vereinzelt bei der Rekurrenslähmung beobachtete Heilung des Kehlkopfpfeifens vgl. S. 60.

3. *Spielgeräusche.* a) Das gewohnheitsmäßige exspiratorische Schnauben und Brausen warmblütiger Pferde kommt am häufigsten in Betracht. Es ist als exspiratorisches Geräusch von dem inspiratorischen Kehlkopfpfeifen leicht zu unterscheiden.

b) Das willkürliche inspiratorische Stenosengeräusch in Form von Pfeifen und Ronchen bei der Inspiration ist schwieriger zu unterscheiden, weil es häufig ganz den akustischen Charakter des Kehlkopfpfeifens hat. Es ist jedoch nicht immer, sondern meist nur im Anfang der Bewegung hörbar und verliert sich gewöhnlich später, wenn die Pferde ermüden. Besonders schwierig ist die Beurteilung derjenigen Fälle, in welchen bei einem und demselben Pferde gleichzeitig echtes Kehlkopfpfeifen und inspiratorische Spielgeräusche vorhanden sind.

c) Das willkürliche inspiratorische Zungengeräusch in Form von Giemen (zeitweises Auftreten).

4. *Nasalgeräusche* akuter oder chronischer Natur. Die nasalen Stenosengeräusche werden teils durch akute entzündliche und traumatische Prozesse in den Nasenhöhlen, teils durch chronische Neubildungen bedingt und lassen sich durch sorgfältige örtliche Untersuchung leicht vom laryngealen Stenosengeräusch unter-

scheiden. Schwieriger sind die chronischen pharyngealen Stenosengeräusche (Neubildungen) von den laryngealen (Kehlkopfpfeifen)
zu unterscheiden.

Nichtverschwinden der Spielgeräusche. Vereinzelt hat man die Beobachtung gemacht (Kreistierarzt Kegel-Gerdauen), daß ein nur im Anfang
der Bewegung hörbares, bei längerer Bewegung dagegen wieder ver-
schwindendes und daher als „Spielgeräusch" aufgefaßtes Pfeifen bei der
einige Monate später vorgenommenen Untersuchung nicht wieder verschwand, sondern fortbestand und nunmehr zweifellos das Kehlkopfpfeifen
zu begutachten war. Hiernach scheint es, daß manche sog. Spielgeräusche doch zum Kehlkopfpfeifen gerechnet werden müssen.
Das spätere Nichtverschwinden des Tons erklärt sich vielleicht aus dem
späteren Wegfall einer früher zum Teil vorhandenen Kompensation der
Kehlkopfstenose (Hypertrophie des M. crico-thyreoideus?).

Untersuchung. Dieselbe besteht in einer Voruntersuchung
im Stande der Ruhe und der eigentlichen Untersuchung in der
Bewegung.

I. Voruntersuchung. Das Fehlen akuter, fieberhafter Entzündungszustände im Larynx und Pharynx (Laryngitis, Pharyngitis, Druse) muß vor jeder Untersuchung auf Kehlkopfpfeifen
klar dargetan sein. In dieser Beziehung sind namentlich zu beachten: Temperatur und Puls, Futteraufnahme und Wasseraufnahme
(Appetit, Regurgitieren), Nasenausfluß, spontaner Husten, Atemfrequenz, entzündliche Schwellungen im Kehlgang und in der Parotisgegend (Lymphdrüsen), Druckempfindlichkeit des Kehlkopfes und
Schlundkopfes, sowie die Beschaffenheit der Schleimhäute. Man
prüfe außerdem, den Husten, ob er vielleicht mit offener
Stimmritze erfolgt, palpiere den Kehlkopf auf eine vorhandene
Asymmetrie und besichtige die Luftröhre (Strikturen nach
Tracheotomie).

II. Eigentliche Untersuchung. Das Pferd wird womöglich an
einem stillen Orte auf weichem Boden (am besten Reitbahn und
Sandboden) und mit lockerem oder ausgeschnalltem Kehlriemen
und gut passendem Geschirr anstrengend bewegt (Fahren, Reiten
oder Longieren in scharfem Trapp, Galopp und Renngalopp). Kopf
und Hals müssen eventuell beim Fahren und Reiten aufgerichtet und
stark beigezäumt, beim Longieren außerdem seitlich ausgebunden
werden. Das Longieren muß sowohl rechtsherum als linksherum
geschehen. Das charakteristische Kehlkopfpfeifen wird hierbei in
sehr verschiedenen Formen teils sofort oder sehr bald (schwere
Fälle), teils erst nach längerer, wiederholter und bis zu anstrengender Atmung forcierter Bewegung (leichte Grade) vernommen.

Nach dem Anhalten ist zu prüfen, wie lange das Geräusch andauert, und ob es vorübergehend durch teilweisen Verschluß der Nasenöffnungen künstlich zu beseitigen ist (Verkleinerung der eingeatmeten Luftsäule). Die künstliche Erzeugung und die Verstärkung des Stenosengeräusches durch einen Druck von außen zunächst auf den linken (gelähmten) Gießkannenknorpel und die noch erheblichere Steigerung des Geräusches und der Dyspnoe durch einen gleich starken Druck auf den gesunden rechten Gießkannenknorpel (Unterschied zwischen rechts und links) wird zwar vielfach als ein weiteres diagnostisches Hilfsmittel angesehen. Da sich jedoch bei ungleich starkem Druck ähnliche Erscheinungen willkürlich bei ganz gesunden Pferden hervorrufen lassen, kann diese Probe vom objektiven Standpunkt aus nicht immer als einwandfrei bezeichnet werden. — Gleichzeitig ist auf die Art der Atmung zu achten. Zuweilen bestehen nämlich außerdem noch die Erscheinungen der Dämpfigkeit, so daß also zwei Hauptmängel bei einem und demselben Pferde vorliegen. Zur Sicherstellung der Diagnose empfiehlt es sich endlich, die Untersuchung auf Kehlkopfpfeifen nicht bloß einmal, sondern mehrmals vorzunehmen.

Harms (B. T. W. 1906, S. 97) hat in Elmshorn seit 11 Jahren alljährlich 7—800 Pferde auf Kehlkopfpfeifen untersucht. Er hält das Longieren für die beste und sicherste Untersuchungsmethode und betont, daß es durchaus notwendig ist, die Pferde sowohl rechtsherum als auch linksherum laufen zu lassen, indem manche Pferde auf der einen Hand gesund erscheinen, während beim Wenden sofort der Ton hervortritt. Manche Pferde pfeifen nur beim Rechtsherumlaufen, manche nur beim Linksherumlaufen. Nach seinen Beobachtungen pfeifen 70 Proz. stärker beim Rechtsherumlaufen, 30 Proz. dagegen stärker beim Linksherumlaufen. Für junge Pferde, die noch kein Gebiß gewohnt sind, empfiehlt er eine Art Kappzaum ohne Gebiß. Die Pferde müssen nach H. auch nach dem Longieren geraume Zeit beobachtet werden, da nicht selten der Ton erst entsteht, wenn die Pferde wieder stehen und die Aufsatzzügel bereits gelöst sind. Eine einmalige Untersuchung genügt in vielen Fällen nicht zur Feststellung des Mangels. Die Pferde müssen vielmehr mehrere Male untersucht werden, da das Pfeifen bei manchen Rohrern erfahrungsgemäß nicht an jedem Tage gehört wird, indem wahrscheinlich eine ganz bestimmte Kopfhaltung zur Erzeugung des Tons Vorbedingung ist.

4. Die periodische Augenentzündung.

Kaiserliche Verordnung: Als periodische Augenentzündung (innere Augenentzündung, Mondblindheit) ist anzusehen die auf inneren Einwirkungen beruhende, entzündliche Veränderung an den inneren Organen des Auges.

Definition. Wie beim Dummkoller und Kehlkopfpfeifen, so deckt sich auch bei der periodischen Augenentzündung der wissenschaftliche Begriff nicht mit dem forensischen. Wissenschaftlich versteht man unter periodischer Augenentzündung oder Mondblindheit eine spezifische, infektiöse, rezidivierende Panophthalmie, somit eine konkrete, scharf begrenzte Augenkrankheit. Forensisch ist dagegen als Hauptmangel aufzufassen jede beliebige, auf inneren Einwirkungen beruhende (also nicht durch Verwundung oder andere äußere Einflüsse verursachte) entzündliche Veränderung an den inneren Organen des Auges. Der Nachweis eines periodischen Charakters der Augenentzündung (Anfall) ist nicht erforderlich. Der wissenschaftliche Begriff ist mithin ganz eng, der forensische sehr weit. Zur periodischen Augenentzündung im forensischen Sinne gehören:

1. die Mondblindheit im wissenschaftlichen Sinn;
2. alle nicht traumatischen Entzündungsprozesse und Entzündungsprodukte an der Iris, Linse, Chorioidea, Retina, am Ziliarkörper und im Glaskörper.

1. Die Mondblindheit im wissenschaftlichen Sinn. Die Ursachen der Mondblindheit sind unbekannt. Gewisse Erfahrungen sprechen dafür, daß eine spezifische miasmatische Infektionskrankheit vorliegt (stationäres und enzootisches Auftreten). Ebenso unbekannt ist die Dauer des Inkubationsstadiums; eine bestimmte Gewährfrist läßt sich also wissenschaftlich nicht begründen.*) Die sehr schwierige Frage der erblichen Übertragung ist für das Muttertier zu bejahen (seltene Fälle von angeborener Mondblindheit beim Fohlen), für das Vatertier dagegen zu verneinen.

Die Erscheinungen der Mondblindheit sind je nach dem Verlauf (akut, chronisch) verschieden. Die akute Mondblindheit äußert sich hauptsächlich unter dem Bilde der fibrinösen Iritis, Zyklitis und Chorioiditis, die chronische führt namentlich zur Ausbildung von Synechien, grauem Star und Bulbusatrophie.

a) Der akute Anfall setzt gewöhnlich plötzlich, häufig über Nacht, ein. Die ersten auffallenden Erscheinungen bestehen in großer Lichtscheue, starkem Tränen, erheblicher Schmerzhaftigkeit und vermehrter Wärme des Auges (iritische und zyklitische Initialsymptome). Diese Veränderungen beobachtet man in der Regel nur an einem Auge. Zuweilen sind die Entzündungserscheinungen beim akuten Anfall so gering, daß sie dem Laien

---

*) Die Gewährfrist beträgt 14 Tage. In den Ankaufsbedingungen der preußischen Remonteinspektion ist sie auf 28 Tage verlängert.

entgehen, mithin für denselben nicht offensichtlich sind. Bei genauerer Untersuchung findet man die Konjunktiva höher gerötet und die Pupille sehr stark verengt. Nach Ablauf etwa eines Tages lassen sich am Boden der vorderen Augenkammer die Produkte einer fibrinösen oder fibrinös-hämorrhagischen Iritis in Form eines gelbrötlichen, flockigen, voluminösen, beweglichen Gerinnsels feststellen. Die Regenbogenhaut selbst ist gelbbraun verfärbt, mit Gerinnseln besetzt, geschwollen und zeigt eine rauhe Oberfläche ohne scharfe Zeichnung; die Pupille ist spaltförmig verengt, der Pupillarreflex zuweilen grünlich, mitunter ragt aus der hinteren Augenkammer etwas Gerinnsel hervor. Gleichzeitig erscheint die Hornhaut am Rande schwach rauchig getrübt; es besteht starke episklerale Injektion, an welche sich zuweilen späterhin eine randförmige Vaskularisation der Kornea anschließt. Unter Steigerung der Lichtscheue und des Tränenflusses erreichen die entzündlichen Erscheinungen nach einigen Tagen ihren Höhepunkt. Von da ab beginnt unter Nachlaß der Schmerzhaftigkeit die Resorption des Exsudates in der vorderen und hinteren Augenkammer, worauf nach durchschnittlich 14 Tagen der Anfall abgelaufen und das Auge scheinbar wieder gesund ist.

b) Die chronischen Veränderungen, welche zuweilen schon nach dem ersten Anfall, in der Regel jedoch mit zunehmender Intensität erst nach mehreren Anfällen an dem erkrankten Auge bei genauerer Untersuchung wahrnehmbar sind, treten zunächst unter dem Bilde einer adhäsiven Iritis hervor. Die Pupille ist infolge der Verwachsung der Iris mit der Linsenkapsel verengt und verzerrt, unbeweglich (starr), von unregelmäßiger, eckiger und winkliger Gestalt; der Pupillarrand ist häufig zerrissen und zerfranst, und es haben sich von der Iris Pigmentflecke abgelöst, welche in Form von Punkten, Fetzen oder Streifen der Vorderfläche der Linsenkapsel aufsitzen. Die Iris ist rostgelb verfärbt, an der Oberfläche matt, einem verwelkten Blatte ähnlich (Atrophie der Iris). Die Linse zeigt punktförmige oder diffuse Trübungen, namentlich auch in der Umgebung der Pigmentinseln (grauer Star). Zuweilen ist sie auch in die vordere oder hintere Augenkammer heruntergefallen und gleichzeitig getrübt (Luxatio lentis). Mit dem Augenspiegel lassen sich Glaskörpertrübungen und unter Umständen Netzhautablösung (flottierende, trichterförmige Trübung) nachweisen. Die Konsistenz des Bulbus wird allmählich weicher (Synchisis) und der ganze

5*

Augapfel kleiner (Atrophia bulbi); infolgedessen sinkt das Auge
tiefer in die Orbita zurück und das obere Augenlid wird faltig
und winklig aufgezogen (sog. dritter Augenwinkel). Die Seh-
kraft ist schon frühzeitig erloschen.

**2. Nicht traumatische, entzündliche Veränderungen an den
inneren Organen des Auges (Iris, Linse, Ziliarkörper, Glaskörper, Chorioidea, Retina).** Praktische Bedeutung haben besonders die Trübung der Linse (grauer Star), die Trübung und
Verflüssigung des Glaskörpers sowie die Atrophie und Abhebung
der Netzhaut.

a) Der graue Star wird beim Pferde am häufigsten durch
die chronische Form der Mondblindheit im wissenschaftlichen
Sinne bedingt (vgl. S. 67). Daneben kommen vereinzelt Linsen-
trübungen auf der Basis chronischer innerer Entzündung nach
Brustseuche und Influenza vor (Cataracta symptomatica).
Forensisch sind dagegen nicht als Mondblindheit aufzufassen der
traumatische und der angeborene Star (Cataracta traumatica und
congenita). Ausführlicheres über den grauen Star findet sich im
Abschnitte über Vertragsmängel beim Pferde.

b) Die Trübung und Verflüssigung des Glaskörpers ist
ebenfalls sehr oft eine Folge der Mondblindheit im wissenschaftlichen Sinne. Sie kann ferner vereinzelt auch bei anderen
inneren Augenentzündungen vorkommen (Zyklitis, Chorioiditis,
Retinitis). Außerdem kann eine Glaskörpertrübung auch ohne
Entzündung zustandekommen und ist dann forensisch nicht als
Mondblindheit aufzufassen (regressive Metamorphose). Die Glaskörpertrübungen äußern sich in staubförmigen, flockigen oder streifen-
förmigen Trübungen im Augenhintergrund, welche sich nach der
entgegengesetzten Seite bewegen. Auf die meist gleichzeitig vorhandene Verflüssigung des Glaskörpers weist die Beweglichkeit der
Trübungen, sowie die weiche Konsistenz des Bulbus hin.

c) Die Atrophie der Papille, erkennbar an der Entfärbung
bei der Untersuchung mit dem Augenspiegel und der völligen Erblindung (Pupillenerweiterung, schwarzer Star), wird teils durch
die Mondblindheit im wissenschaftlichen Sinne, teils durch andere
innere Entzündungen (Retinitis) bedingt. Dagegen fallen diejenigen Formen der Atrophie der Papille nicht unter den forensischen Begriff der Mondblindheit, welche durch Blutverluste,
Traumen und Neuritis retrobulbaris verursacht oder angeboren
sind (selten).

d) Die Ablösung der Netzhaut ist gewöhnlich die Folge der Mondblindheit im wissenschaftlichen Sinne (flottierender Trichter oder undulierendes, blasenartiges Gebilde). Ausnahmsweise entsteht sie durch Blutungen oder Neubildungen und zählt dann forensisch nicht zur Mondblindheit.

Die akuten inneren Entzündungen bei Brustseuche und Influenza sind nach dem Wortlaut der Definition der Kaiserl. Verordnung ebenfalls forensisch als „Mondblindheit" aufzufassen (was nicht beabsichtigt war). Die bei den genannten Infektionskrankheiten zuweilen als Komplikation auftretende akute Iritis (symptomatische, metastatische Iritis) befällt im Unterschied zu der gewöhnlich einseitig einsetzenden echten Mondblindheit meist beide Augen gleichzeitig und ist durch ein graugelbes, fibrinöses, zuweilen jedoch auch hämorrhagisches Exsudat in der vorderen Augenkammer gekennzeichnet. Auch bei der Beschälseuche hat man vereinzelt eine innere Augenentzündung (Iridozyklitis) beobachtet.

Differentialdiagnose. Von dem forensischen Begriff der Mondblindheit auszuschließen sind alle durch äußere Einwirkungen entstandenen, also die traumatischen oder durch Fortleitung äußerer Entzündungsprozesse entstandenen entzündlichen Veränderungen an den inneren und äußeren Organen des Auges. Der Nachweis der Mondblindheit setzt das Nichtvorhandensein traumatischer bzw. äußerer Entzündungen voraus. Von traumatischen Prozessen kommen namentlich in Betracht: traumatische Keratitis, Leukome, Blutungen in die vordere Augenkammer, eitrige Iritis und Panophthalmie. Diese durch äußere Einflüsse entstandenen Krankheitszustände unterscheiden sich von der Mondblindheit durch nachweisbare Verletzungen sowie oberflächliche Trübungen und Narben an der Hornhaut (zuweilen auch an den Lidern). Schwieriger ist die Unterscheidung des (übrigens sehr seltenen) traumatischen grauen Stars von dem als Mondblindheit aufzufassenden symptomatischen grauen Star. Die Abwesenheit traumatischer Veränderungen an der Hornhaut und in der Umgebung des Auges, sowie das Vorhandensein iritischer und zyklitischer Residuen spricht für Cataracta symptomatica (Mondblindheit).

Außer durch Entzündung kann eine auf inneren Einwirkungen beruhende Veränderung an den inneren Organen des Auges veranlaßt sein durch Neubildungen (Hyperplasie der Traubenkörner, Sarkome der Retina usw.). Diese übrigens sehr seltenen Neubildungen fallen nicht unter den forensischen Begriff der Mondblindheit. Auch Glaskörpertrübungen ohne nachweisbaren entzündlichen Ursprung (senile Involutionsvorgänge und andere rein degenerative Prozesse) sind nicht als Mondblindheit zu begutachten.

Endlich sind nicht als Mondblindheit aufzufassen die nicht entzündlichen **angeborenen** Veränderungen an den inneren Organen des Auges. Hierher gehört namentlich der nicht entzündliche, vielmehr auf Bildungsanomalien der Linsenfasern zurückzuführende, **angeborene graue Star** (Cataracta congenita), der nicht gerade selten in Form von Punkten, Bläschen, Kreisen, Achter-, Leier-, Stern- und Ypsilonfiguren vorkommt. Dieser angeborene, nicht durch eine Entzündung hervorgerufene graue Star muß jedoch von dem ebenfalls angeborenen, aber durch echte Mondblindheit veranlaßten Star (Übertragung der Mondblindheit durch das Muttertier) unterschieden werden. Der nicht entzündliche, angeborene graue Star unterscheidet sich von dem grauen Star der Mondblindheit (Cataracta symptomatica) durch seine charakteristische Form und das Fehlen entzündlicher Erscheinungen von seiten der Iris.

Untersuchung. Die Untersuchung auf Mondblindheit muß streng methodisch und unter Benutzung der modernen Hilfsmittel (Augenspiegel, fokale Beleuchtung) vorgenommen werden. In der Regel untersucht man die Augen in nachstehender Reihenfolge: **einfache Besichtigung, fokale Beleuchtung, Augenspiegel, Palpation, Sehprobe.** Genaueres über den Gang der Augenuntersuchung, speziell über die Anwendung und Bedeutung des Augenspiegels und der Pristley-Lampe für die Diagnose der Mondblindheit findet sich in meiner Chirurgischen Diagnostik der Krankheiten des Pferdes 1907, S. 47—60.

5. Das Koppen.

Kaiserl. Verordnung: Koppen (Krippensetzen, Aufsetzen. Freikoppen, Luftschnappen, Windschnappen) mit einer Gewährfrist von 14 Tagen.

Wesen. Das B. G. B. hat eine Definition des Koppens nicht gegeben, sondern nur die gebräuchlichsten synonymen Bezeichnungen und die Gewährfrist beigefügt. In der Tierheilkunde bezeichnet man als **Koppen** oder **Köken** eine Spielerei, welche als eine mit einem hörbaren Geräusch (Kopperton) verbundene Öffnung des Schlundkopfes zu definieren ist. Der Vorgang besteht aus drei Akten. Der Hauptakt (erster Akt) besteht darin, daß die am vorderen Halsrand gelegenen Muskeln des Kehlkopfes und der Zunge, nämlich die Brust-Schildmuskeln

(Mm. sternothyreoidei), die Schulter-Zungenbeinmuskeln (Mm. omohyoidei) und die Brust-Zungenbeinmuskeln (Mm. sternohyoidei) sich kontrahieren und dadurch den Kehlkopf und Zungengrund nach abwärts ziehen. Der Schlundkopf wird hierbei erweitert und geöffnet, so daß Luft in ihn einströmt (zweiter Akt). Mit der Rückkehr des Kehlkopfes und des Schlundkopfes in ihre alte Lage entweicht die Luft wieder aus dem Schlundkopf (dritter Akt). Die Luft kann dabei nach vorn oder nach hinten entweichen, d. h. abgeschluckt werden, oder sie kann zum Teil nach vorn, zum Teil nach hinten entweichen.

Ursachen. Wie andere Spielereien und Untugenden, entwickelt sich auch das Koppen am häufigsten spontan bei jungen, untätig im Stall stehenden Pferden. Außerdem lernen junge und alte Pferde das Koppen durch Nachahmung. Angeblich soll auch eine Vererbung des Koppens beobachtet worden sein. Unerwiesen ist die von französischen Tierärzten vertretene Ansicht, daß das Koppen durch eine neuropathische Veranlagung bedingt und mit dem hysterischen und neurasthenischen Tic des Menschen verwandt sei. Mit Recht bezeichnet Dexler diese Annahme, in den Koppern psychisch degenerierte Pferde zu erblicken, als hinfällig.

Die Behauptung, daß Pferde zum Erlernen des Koppens immer längere Zeit (mehrere Wochen) brauchen, ist willkürlich. Es muß vielmehr die Möglichkeit zugegeben werden, daß manche Pferde das Koppen im Verlaufe einiger Tage bzw. einer Woche lernen. Daß der Fehler des Koppens sich tatsächlich sehr schnell entwickeln kann, hat Kettner (Zeitschr. f. Veterinärkunde. 1906) bewiesen, der bei zwei Militärpferden schon nach 6 bzw. 10 Tagen Koppen auftreten sah. Ähnliche Beobachtungen haben Liebert (Deutsche tierärztl. Wochenschrift 1912) und Lindner (Münchener tierärztl. Wochenschr. 1910) gemacht. In den preußischen Remonteankaufsbedingungen ist die Gewährfrist auf 10 Tage verkürzt.

Symptome. Das Koppen wird von den Pferden in verschiedenen Formen ausgeführt, je nachdem der Kopf dabei aufgesetzt wird oder nicht.

1. Das Krippensetzen oder Aufsetzen ist die häufigste Form des Koppens. Die Pferde setzen gewöhnlich die Schneidezähne des Oberkiefers oder Unterkiefers oder beider Kiefer (Krippenbeißer) auf den Krippenrand, auf die Latierstange, Wagendeichsel oder einen anderen festen Gegenstand, drücken sich gegen den Stützpunkt an, beugen den Hals ab, öffnen das Maul, kontrahieren

die Muskel an der Vorderfläche des Halses und lassen dabei einen rülpsenden Ton vernehmen.

2. Das Freikoppen oder Luftschnappen (Windschnappen, Luftkoppen) wird ohne Stützpunkt ausgeführt, indem der Kopf gegen die Brust abgebeugt und dann unter eigentümlichen Lippenbewegungen rasch wieder aufwärts geschnellt wird.

Das Koppen ist zwar in seiner Eigenschaft als Hauptmangel in jedem Falle und in jedem Grade ein erheblicher Fehler. Den tatsächlichen Verhältnissen entspricht dies jedoch nicht. Erfahrungsgemäß hat das Koppen in den meisten Fällen keine Krankheitserscheinungen im Gefolge. Als Vertragsmangel vermindert das Koppen daher bei den gewöhnlichen Handelspferden in der Regel weder den Arbeitswert noch den Kaufwert. Auch bei Militärpferden bedingt das Koppen an und für sich in der Regel keine „Militäruntauglichkeit". Dagegen hat das Koppen bei Luxuspferden immer eine erhebliche Verminderung des Handelswertes zur Folge. Der Kaufwert wird bei Luxuspferden durch das Koppen um ein Drittel bis ein Sechstel verringert. In einer ziemlich kleinen Zahl von Fällen ist das Koppen die Ursache von chronischen Verdauungsstörungen, Kolik (Windkolik) und Magenerweiterung und dann ausnahmsweise auch bei gewöhnlichen Handelspferden und bei Militärpferden ein erheblicher Mangel. Als unerhebliche Folgezustände des Koppens sind endlich zu erwähnen die Abreibung der Zähne und die Arbeitshypertrophie der Brustkiefer-, Brustzungenbein- und Brustschildmuskeln.

Diagnose. Die Feststellung des Koppens als Hauptmangel beruht auf dem akustischen Nachweis des Koppertons. Kein Koppen ohne Kopperton. Da manche Pferde in Gegenwart von Personen nicht koppen, muß der Beobachter bei der Untersuchung sich verborgen halten. Einzelne Pferde setzen ferner lieber auf Holz, statt auf Stein oder Eisen auf; es muß also für eine passende Vorlage gesorgt werden.

Die Diagnose Koppen wird unterstützt durch den Nachweis einer sichtbaren oder fühlbaren Kontraktion der am vorderen Halsrand gelegenen Muskeln mit Herabziehen des Kehlkopfs. In allen Zweifelsfällen ist diese Muskelkontraktion für die Diagnose ausschlaggebend. Kopperton und Muskelkontraktion zusammen sichern die Diagnose einwandfrei.

Das Abschlucken von Luft fehlt bei manchen Koppern. Der Nachweis des Luftabschluckens ist also zur Diagnose Koppen nicht unbedingt erforderlich. Lassen sich jedoch außer einem Kopperton und außer einer Muskelkontraktion an der Vorderfläche des Halses schluckende Bewegungen im Verlaufe des Schlundes fühlen oder sehen, so dient diese Erscheinung zur Unterstützung der Diagnose.

Eine Abreibung der Zähne ist zwar beim Koppen (Aufsetzen) meist vorhanden, sie kann jedoch bei Koppern auch fehlen (Freikoppen). Auch kommt sie bei Pferden vor, welche nicht koppen (Krippenwetzen). Das Vorhandensein abgeriebener Schneidezähne ist mithin zum Nachweis des Koppens nicht erforderlich, bildet aber in jedem Falle eine sehr verdächtige Erscheinung.

Eine Muskelhypertrophie der beim Koppen aktiv beteiligten Muskeln (Brustzungenbein-, Brustschild-, Brustkiefermuskel) fehlt im Anfang des Koppens und bei leichteren Graden desselben; in Verbindung mit den übrigen Symptomen des Koppens bildet die Muskelhypertrophie einen Beweis für ein längeres Bestehen des Mangels.

Verdächtig für Koppen sind endlich die Spuren getragener Koppriemen (weiße Haare und Narben); für sich allein beweisen sie indessen nichts.

Differentialdiagnose. Das Koppen kann mit einer Reihe anderer Spielereien verwechselt werden. Als solche sind zu nennen das Lippenschlagen (Maulschlagen), das Lippenblasen (Trompeten, Luftsaugen), das Speichelschlürfen oder Sürfeln (Abschlucken von lufthaltigem Speichel), das Lecken und Zungenlöffeln, das Weben, das Zähneklappen, das Aufsetzen ohne Kopperton, das Krippenbeißen und Krippenwetzen. Bei allen diesen Spielereien fehlen die Muskel-Kontraktion an der Vorderfläche des Halses, das Herabziehen des Kehlkopfes und der eigentliche Kopperton (Köken).

II. Die Vertragsmängel der Pferde.

Den Gegensatz zu den gesetzlichen Mängeln (Hauptmängeln), für welche der Verkäufer stillschweigend zu garantieren hat (§ 482 B. G. B.), bilden die durch besondere Verabredung der Parteien vereinbarten vertraglichen Mängel (§ 492 B. G. B.). Für diese Mängel gelten ausschließlich die Vorschriften der §§ 487—491 (sechswöchentliche Klagefrist, nur Wandlungsklage, keine Anzeigepflicht), sowie außerdem die Voraussetzungen der §§ 459 und 460 (Erheblichkeit bzw. Unheilbarkeit, Verborgensein). Bei zugesicherten

Eigenschaften treten dagegen die Bestimmungen des § 463 in Kraft (vgl. S. 20). Die Vertragsmängel sind teils innerliche, teils äußerliche (chirurgische) Fehler. Jeder innerliche und äußerliche Mangel kann gelegentlich einmal Gegenstand eines Rechtsstreites werden. Am häufigsten handelt es sich jedoch in der forensischen Praxis um die nachstehenden vertraglichen Mängel:

1. Innerliche vertragliche Mängel: Stätigkeit und andere Untugenden (Beißen und Schlagen, Durchgehen, Scheuen, Weben, Zungenstrecken), Sichnichtlegen, Nichtaufstehen, chronische Kolik, gewisse Infektionskrankheiten (Brustseuche, Druse, Influenza, Tetanus, Petechialfieber), seltener um Epilepsie und Schwindel.

2. Äußerliche (chirurgische) vertragliche Mängel: chronische Huflahmheiten und Huffehler (chronische Hufgelenkslahmheit, chronische Rehe, habituelle Steingalle, Zwanghuf, Hornspalten, lose und hohle Wand, Hornsäule, Hufknorpelverknöcherung, Hufknorpelfistel, Strahlkrebs), Spat, Hasenhacke und Piephacke, Schale, Leist und Überbeine, chronische Schulterlahmheit, chronische Kniegelenksentzündung, habituelle Verrenkung der Kniescheibe, chronische Sehnenentzündungen, Kreuzschwäche, Hahnentritt, intermittierendes Hinken, alte Fehler an den Geschlechtsorganen (Samenstrangfistel, Hosenpisser, Kryptorchismus), Augenfehler, Zahnfehler, Neubildungen.

A. Innere Vertragsmängel des Pferdes.

I. Die Stätigkeit.

Begriff und Formen. Als Stätigkeit bezeichnet man herkömmlich die gewohnheitsmäßige Unfolgsamkeit und Widersetzlichkeit beim ordnungsmäßigen, angemessenen Gebrauch (Reit-, Wagen-, Zugdienst), welche die Diensttauglichkeit der Pferde erheblich herabsetzt.

Je nachdem die Pferde zu allen oder nur zu einzelnen Dienstleistungen unbrauchbar sind, unterscheidet man eine absolute und relative Stätigkeit; die relative Stätigkeit kann sich äußern entweder als Reitstätigkeit (Reitpferde) oder als Wagen- und Zugstätigkeit (Wagen- und Zugpferde) im einspännigen oder zweispännigen Gebrauch (Kummet- oder Sielengeschirr). Je nach den Erscheinungen der Widersetzlichkeit unterscheidet man ferner eine aktive und passive Stätigkeit.

Früher unterschied man endlich (Preuß. Allgem. Landrecht) zwischen wahrer und falscher Stätigkeit. Nur die „wahre Stätigkeit" bildete nach dem Preuß. Allg. Landrecht einen Hauptmangel mit viertägiger Gewährfrist. Als „wahre" Stätigkeit bezeichnete man die bewußte Widerspenstigkeit bei völliger Gesundheit (?) des Gehirns. Unter „falscher" Stätigkeit verstand man die unbewußte, durch eine Gehirnkrankheit (Dummkoller) verursachte Widersetzlichkeit; vgl. Genaueres über die Beziehungen der falschen Stätigkeit zum Dummkoller S. 44. Wird nach § 492 B. G. B. für „Stätigkeit" im allgemeinen garantiert, so ist unter dieser Mangelbezeichnung sowohl die „wahre", als die „falsche" Stätigkeit zu verstehen. Wird dagegen nach § 492 die „Gesundheit" eines Pferdes zugesichert, so ist in diesem Sondervertrage nur die „falsche" Stätigkeit, d. h. die durch die Krankheit des Dummkollers bedingte habituelle Widersetzlichkeit inbegriffen, während die Garantie für „Fehlerfreiheit" beide Formen der Stätigkeit, die wahre und die falsche, einschließt. Wird endlich nach § 492 für „wahre Stätigkeit" garantiert, so ist darunter nur die bewußte, nicht durch Dummkoller bedingte Unfolgsamkeit zu verstehen.

Ursachen der Stätigkeit. Die Stätigkeit eines Pferdes kann durch sehr verschiedenartige Ursachen bedingt sein.

1. Durch unzweckmäßige oder rohe Behandlung beim Fahren oder Reiten kann namentlich bei jungen und temperamentvollen Pferden unter Umständen sehr schnell der Grund zur Stätigkeit gelegt werden. Unmotivierte Bestrafung, unrichtiges Auspannen, unsicheres oder fehlerhaftes Fahren und Reiten, böswilliges Mißhandeln, nicht passendes Geschirr, Verletzungen und schmerzhafte Entzündungen der Haut und Schleimhaut in der Geschirrlage (Widerrist, Schulter, Brust, Lade) sind sehr häufige Veranlassungen der Stätigkeit.

2. Der Dummkoller ist sehr oft die Ursache von Stätigkeit; der Fehler entwickelt sich in diesem Falle langsam.

3. Ein angeborenes widersetzliches Temperament kommt zuweilen, aber weniger häufig als Ursache der Stätigkeit in Betracht.

Allgemeine Symptome der Stätigkeit. Die Äußerungen der Stätigkeit in den einzelnen Fällen von Reit-, Wagen- und Zugstätigkeit sind außerordentlich mannigfaltiger Natur. Man kann hierbei zwischen aktiver und passiver Stätigkeit unterscheiden, wenn auch beide Formen häufig bei einem und demselben Pferde vorkommen.

1. Bei der aktiven Stätigkeit bleiben die Pferde stehen und widersetzen sich tätig der Aufforderung zum Weitergehen. Wagenpferde trippeln hin und her, drängen nach der Seite, steigen in die Höhe, treten über die Stränge, werfen sich auf das Nebenpferd oder die Deichsel, schlagen mit den Hinterfüßen gegen den Strang (Strangschlagen) oder gegen den Wagen (Hintenausschlagen gegen den Wagen), so daß oft das Geschirr zerrissen und das Vorderteil des Wagens zertrümmert wird; manche werfen sich auch zu Boden. Andere stätige Pferde sind sog. Leinefänger, oder sie dulden den Schweifriemen nicht, oder sie gehen nicht im Sielengeschirr. Reitpferde sträuben sich gegen das Satteln und suchen den Reiter abzuwerfen, indem sie in die Höhe steigen, bocken (Sattelzwang) und sich hierbei bisweilen sogar überschlagen, oder indem sie gegen die Wand drängen oder den Reiter an der Wand abzustreifen suchen. Im Stall sind die Pferde gewöhnlich fromm und willig.

2. Bei der passiven Stätigkeit ziehen manche Pferde den Wagen überhaupt nicht an (absolute Unfolgsamkeit); Reitpferde sind nicht vom Stall wegzubringen (Kleben). Andere Pferde bleiben unterwegs stehen, legen sich ins Geschirr zurück, suchen umzukehren und sind auf keinerlei Weise vorwärts zu bringen, so daß sie ausgespannt werden müssen oder der Reiter absteigen muß; auf dem Heimwege, nach Hause zu, gehen diese Pferde meist willig. Eine besondere Form der passiven Stätigkeit ist die sog. mangelhafte Zugfestigkeit bei Wagen- und Zugpferden, welche sich namentlich darin äußert, daß die Pferde zwar leichte Lasten willig ziehen, bei schweren Lasten jedoch oder auf schwierigem Terrain (bergauf) den Dienst versagen; die mangelhafte Zugfestigkeit wird bald nur im einspännigen, bald nur im zweispännigen Zuge, bald bei jedem Gebrauche beobachtet. Manche Reitpferde widerstreben endlich durch steife Haltung des Kopfes der Zügelführung (sog. Ganaschenzwang); andere gehen nur in Gesellschaft, allein geritten bleiben sie stehen (Nichtalleingehen).

Besondere Formen der Stätigkeit. Der Fehler der Stätigkeit äußert sich bei den einzelnen Pferden in sehr verschiedenen Formen und Graden. Sowohl bei der Reitstätigkeit, als auch bei der Zugstätigkeit gibt es einige eigenartige Formen, welche für die forensische Beurteilung besondere Bedeutung haben. Bei Wagen- und Zugpferden sind es die gewöhnliche Wagenstätigkeit,

ferner die sog. mangelhafte Zugfestigkeit, das Strangschlagen und das Leinefangen, bei Reitpferden das Kleben,
der sog. Sattelzwang und der Ganaschenzwang. Eine mit
der Stätigkeit nahe verwandte Untugend ist ferner das Sichnicht-
beschlagenlassen (Nichtschmiedefrommsein).

I. Die gewöhnliche Wagenstätigkeit. Sie ist die häufigste Form der
Stätigkeit bei Zugpferden und äußert sich in einer meist periodisch auftretenden Widersetzlichkeit im einspännigen oder zweispännigen
Gebrauch. Die Pferde lassen sich zwar in der Regel ohne Widerstand
aufschirren und anspannen, folgen dann aber der Aufforderung zum Anziehen nicht und sind auch durch Antreiben mit der Peitsche nicht vorwärts zu bringen. Manchmal gehen sie mit Galoppsprüngen vor, bleiben
dann aber wieder stehen. Oder sie schlagen aus, wenn sie angetrieben
werden, geraten über die Zugstränge und die Deichsel, zerbrechen die
Deichsel oder Schere und zertrümmern den Wagen; manche werfen sich
auch zu Boden. Im Zweigespann bleiben sie hinter dem Nebenpferd
zurück, halten den Wagen auf, drängen nach der Seite und legen den
Kopf über den Hals des anderen Pferdes.

2. Die mangelhafte Zugfestigkeit. Diese Form der Stätigkeit bildet
eine Unterform der Zugstätigkeit und besteht darin, daß die Pferde
bei leichteren Arbeiten willig und folgsam sind, dagegen den
Dienst versagen und widerspenstig werden, wenn größere,
jedoch berechtigte Anforderungen an ihre Körperkraft gestellt
werden. Die mangelhafte Zugfestigkeit kann entweder nur im einspännigen oder nur im zweispännigen Dienst oder bei jeder Dienststart
vorliegen. Die Pferde ziehen entweder gar nicht an, oder sie bleiben
unterwegs stehen, besonders bergauf oder auf anderem schwierigen Terrain.
Durch Nachschieben des Wagens sind sie zuweilen wieder vorwärtszubringen.
Die Widerspenstigkeit wiederholt sich in wechselnden Zwischenräumen.

Der Begriff „zugfest" bedeutet willig zum Zug, nicht etwa
„fähig" zum Ziehen; die meisten stätigen Pferde sind vermöge ihrer
Körperbeschaffenheit zwar zugfähig, aber nicht zugwillig, sondern
„mangelhaft zugfest".

Wird nach § 492 für Zugfestigkeit im allgemeinen garantiert,
so ist darunter die Zugwilligkeit im einspännigen und zweispännigen Zuge
zu verstehen, vorausgesetzt, daß das Pferd zu beiderlei Dienstgebrauch
angelernt ist. Werden dagegen Pferde ausdrücklich als Einspänner oder
als „Gespann" verkauft, so wird die Zusicherung der Zugfestigkeit dahin
eingeschränkt, daß nur für die Zugwilligkeit im einspännigen bzw. zweispännigen Zuge garantiert wird.

3. Das Strangschlagen. Diese meist beim Einfahren junger Stuten
erworbene und in der Regel nicht wieder zu beseitigende Form der
Stätigkeit äußert sich darin, daß die Pferde bei der Berührung der
Hinterbeine durch die Zugstränge unruhig werden, ausschlagen, den Harn spritzend entleeren („Urinspritzer"),
quietschen, sich zusammenkrümmen und zuweilen auch durchgehen. Manchmal zeigt sich der Fehler nur dann, wenn die Pferde
während der Arbeit mit einem Hinterfuße über den Zugstrang bzw. die
Zugkette oder über den Scherbaum bzw. die Deichsel geraten. Das
Strangschlagen zeigt sich bei den Pferden ebenso wie das damit verwandte,
als eine Form der Stätigkeit aufzufassende „Schlagen gegen das

Geschirr" nicht immer in gleichem Grade und zu jeder Zeit. Bei Stuten tritt es namentlich zur Zeit der Rossigkeit stärker hervor. Es wird ferner mehr oder weniger durch die Art und Weise der Anspannung und der Behandlung der Pferde durch den Kutscher beeinflußt. Zuweilen gelingt es nur mit ganz besonderer Vorsicht und Übung, die Pferde zur Arbeit zu benutzen. Aber auch die niederen Grade des Strangschlagens sind als erheblicher und bleibender Mangel zu begutachten, welcher die regelrechte Benutzung der Pferde zur Arbeit stört, Beschädigungen des Geschirrs veranlaßt, Verletzungen der Pferde herbeiführt und sogar unter Umständen Gesundheitsstörungen von Personen und sonstigen Schaden anrichtet.

4. Das Leinefangen. Eine mit dem Strangschlagen und dem Schlagen gegen das Geschirr verwandte Form der Stätigkeit, welche darin besteht, daß die Pferde die Leine durch Bewegungen des Schweifes zu fangen suchen und sie dann durch den Schweif festhalten. Manche Pferde, namentlich rossige Stuten, schlagen dabei auch gegen die Stränge oder das Geschirr. Das Leinefangen bildet bei Wagenpferden einen erheblichen Fehler, weil die Untugend an sich unheilbar und nur durch eine Verstümmelung des Körpers (Schweifamputation) zu beseitigen ist. Wenn auch besonders vertraute und aufmerksame Kutscher das Fangen der Leine bei manchen Pferden zu verhindern verstehen, so gilt dies doch nicht für Personen mit gewöhnlicher Aufmerksamkeit und Fertigkeit im Fahren.

Weniger erheblich ist im allgemeinen die Untugend mancher Wagenpferde, daß sie den Schweifriemen nicht dulden. Die Beurteilung dieser Form der Stätigkeit hängt im Einzelfalle davon ab, ob ein Schweifriemen zum Fahren unbedingt erforderlich ist oder nicht. Der Schweifriemen ist dazu bestimmt, das Geschirr namentlich beim Bergabfahren und Rückwärtsgehen in der Lage zu erhalten und das Verschieben desselben nach vorn zu hindern. Er gibt besonders dem Blattgeschirr einen bestimmten Halt und trägt dazu bei, Geschirrdrücke am Widerrist zu verhüten, welche durch Verschiebung des Geschirrs entstehen können. Manche Pferde können auch ohne Schweifriemen gefahren werden. Ist dies jedoch nicht möglich, erweist sich ein Schweifriemen zur Sicherheit des Fahrens als notwendig und duldet ein Pferd in diesem Falle das Anlegen eines Schweifriemens nicht, dann liegt ein erheblicher, den Gebrauch des Pferdes wesentlich störender Mangel vor.

5. Das Kleben. Man bezeichnet damit eine Form der Reitstätigkeit, bei der die Pferde beim Abreiten nicht vom Stall oder aus der Gesellschaft anderer Pferde wegzubringen sind, sondern sich im Kreise drehen, gegen die Wand drängen, steigen und bocken. Man trifft das Kleben namentlich bei alten Militärpferden. Der Fehler ist gewöhnlich erheblich, weil es einem Durchschnittsreiter häufig nicht gelingt, die Pferde zum Weggang zu bringen. Solche Kleber versuchen die Untugend auch zuweilen im Wagendienst auszuüben, indem sie nach dem Stall oder Gehöft drängen, wo sie gestanden haben, umzukehren versuchen und in Gesellschaft schwer von anderen Pferden wegzubringen sind. Das Kleben bildet jedoch bei Wagenpferden meist keinen erheblichen Mangel, weil es einem geschickten Kutscher in der Regel gelingt, solche Pferde weiterzufahren und die Untugend durch zweckmäßige Maßnahmen in kurzer Zeit zu beseitigen.

6. Der Sattelzwang. Als „Sattelzwang" oder „Bocken" bezeichnet man eine Form der Reitstätigkeit, bei der die Pferde sich gegen das

Satteln und Gurten sträuben und, wenn sie gleich nach dem Satteln bestiegen werden, sich der Führung des Reiters widersetzen und denselben durch kurze Sprünge abzuwerfen suchen. Gelingt es dem Reiter, seinen Sitz eine Zeitlang zu behaupten und ist das Pferd eine kurze Strecke gegangen, so hört die Widersetzlichkeit gegen den Druck des Sattels gewöhnlich auf. Bei loser Sattelung und unter einem geschickten Reiter äußern manche Pferde den Fehler nicht (verborgener Mangel); auch wenn das Pferd einige Zeit vor dem Aufsteigen des Reiters gesattelt wurde und sich dadurch an den Druck des Sattels gewöhnt hat, kann der Fehler verborgen bleiben. Am deutlichsten zeigt er sich bei festem Anziehen des Sattelgurts.

Die Ursachen des Sattelzwanges sind teils in angeborener oder erworbener Widerspenstigkeit, teils in einer abnormen Empfindlichkeit der Sattelgegend zu suchen. Zuweilen liegen dem Sattelzwange auch krankhafte Veränderungen der Wirbelsäule zugrunde: Periostitis und Exostosenbildung an den Rücken- und Lendenwirbeln, Ankylosierung der Wirbelgelenke, Verknöcherung der Knorpelscheiben und Veränderungen am untern langen Bande (Vogt, Wochenschr. f. Tierh. 1898 u. 1899, Preuß. Mil.-Vet.-Ber. pro 1909). In einem Falle führten die Veränderungen der Wirbelsäule beim Sattelzwang auch zu spinaler Lähmung (Bayr. Mil.-Vet.-Ber. pro 1908). Prädisponierend wirken zu langer oder zu kurzer Rücken. Der Sattelzwang entsteht bei Pferden nicht plötzlich durch einmaliges unrichtiges Satteln und Reiten. Er entwickelt sich vielmehr bei fortgesetzter Einwirkung dieser Ursachen allmählich.

Der Fehler ist in der Regel unheilbar und gewöhnlich erheblich. Bei Berechnung der Wertverminderung ist neben der Bauart und sonstigen Beschaffenheit des Körpers die Frage zu prüfen, ob das reitstätige Pferd wenigstens noch als Wagenpferd zu verwenden ist oder ob gleichzeitig auch Wagenstätigkeit besteht. Im letzten Fall liegt eine besonders erhebliche Wertverminderung vor. Vereinzelt hat man ein Verschwinden des Sattelzwangs nach erfolgter Abheilung der ihn verursachenden Periostitis der Lendenwirbel beobachtet (Spring, Zeitschr. f. Vet. 1908, S. 375).

7. Der Ganaschenzwang. Man bezeichnet in der Reitkunst als „Ganaschenzwang" ein abnormes Verhalten der Pferde bei der Herannahme und beim seitlichen Abbeugen des Kopfes. Die Pferde geben dem Zügel des Reiters nicht nach, sondern halten den Kopf steif. Man hat dabei indessen zu beachten, daß manche Pferde nicht aus Eigenwillen, sondern infolge eines unzweckmäßigen anatomischen Baues des Kopfes und Genicks (breite, dicke Ganaschen, kurzes Genick) sich zum Reitdienst überhaupt nicht eignen. Außerdem zeigen mangelhaft zugerittene Pferde mitunter Ganaschenzwang. Als Reitstätigkeit ist nur diejenige Form des Ganaschenzwangs aufzufassen, bei welcher zugerittene Pferde trotz guter Kopfformation aus Unfolgsamkeit dem Zügel nicht nachgeben und der Aufforderung zum Herannehmen und seitlichen Abbeugen des Kopfes nicht entsprechen, vielmehr das Genick steifhalten und unter Umständen nach der entgegengesetzten Richtung ausweichen. Wenn auch dieser Fehler in manchen Fällen durch einen perfekten Reiter beseitigt werden kann, so ist er doch für den Durchschnittsreiter nicht zu beheben und daher sehr lästig und erheblich.

8. Sich nicht beschlagen lassen. Mit diesem Fehler behaftete Pferde, welche wohl auch als nichtschmiedefromm oder als nichtbeschlagfromm bezeichnet werden, sind infolge des Fehlers nicht unerheblich minderwertig, weil die Behandlung solcher Pferde beim Beschlag viel

Zeit und mehr Arbeitskräfte und Vorrichtungen in Anspruch nimmt, als beim gewöhnlichen Beschlag gutartiger Pferde erforderlich sind. Auch sind Beschädigungen des Schmiedepersonals und der Pferde selbst nicht ausgeschlossen. Der Verkaufswert wird dadurch nicht unwesentlich herabgesetzt, da ein Käufer, der den Fehler kennt, ein solches Pferd nur um einen billigeren Preis erwirbt. Der Fehler des Sichnichtbeschlagenlassens ist mit der Stätigkeit nahe verwandt, da er ebenfalls „eine gewohnheitsmäßige Unfolgsamkeit und Widersetzlichkeit beim ordnungsmäßigen Gebrauch darstellt, welche die Dienstfähigkeit erheblich herabsetzt". Er bildet jedoch nur dann einen Gewährfehler, wenn nach § 492 ausdrücklich für „schmiedefromm" oder für „Fehlerfreiheit" garantiert wurde. Unter den Begriff der Stätigkeit (Reitstätigkeit, Wagen-, Zugstätigkeit) im gewöhnlichen Sinne des Wortes ist der Fehler nicht zu subsummieren.

Der Begriff „schmiedefromm" wird gewöhnlich dahin definiert, daß ein Pferd sich auf jeder Beschlagbrücke und von jedem Beschlagschmied ohne Anwendung von Zwangsmitteln (die Nasenbremse ausgenommen) und unter Beihilfe einer einzigen Person (des Aufhalters) beschlagen läßt. (Vgl. Kuchtner, Wochenschr. f. Tierh. 1899, und Gutenäcker, Der Hufschmied 1904.)

9. Faulheit. Dieselbe ist dann als ein erheblicher, zur Stätigkeit zu zählender Fehler zu begutachten, wenn ein Pferd ein so faules, träges Temperament hat, daß das Antreiben mit einer scharfen Peitsche nicht ausreicht, um das Pferd entsprechend seiner Bauart und Körperschwere für die gewöhnliche wirtschaftliche Dienstleistung vollständig verwerten zu können. Ein derartiges Pferd erreicht die mittlere Dienstwilligkeit und Tauglichkeit eines Arbeitspferdes bei weitem nicht.

Untersuchung auf Stätigkeit. Die Begutachtung eines Pferdes auf Stätigkeit setzt die sorgfältige Beachtung einer Reihe wichtiger Umstände voraus. Als Voraussetzungen bei jeder Untersuchung auf Stätigkeit gelten namentlich folgende:

1. Das Pferd muß sich in einem leistungsfähigen körperlichen Zustande befinden. Das Nichtvorhandensein von Fieber, schwächenden allgemeinen Krankheiten, akuten Gehirnleiden, Atemnot (Dämpfigkeit), Ermüdung, Überanstrengung, Rossigsein, sowie von mechanischen Störungen der freien Bewegung (Lahmheit) ist durch eine genaue innere und äußere Untersuchung vor der Prüfung auf Stätigkeit festzustellen. Besonders dämpfige Pferde werden zuweilen vom Käufer für stätig gehalten, wenn sie infolge Atemnot stehenbleiben.

2. Örtliche schmerzhafte Zustände in der Geschirrlage dürfen nicht vorhanden sein. Es muß mithin bei jedem Pferde vor dem Fahren und Reiten speziell die Gegend des Widerristes, der Schulter, der Vorderbrust, des Schweifansatzes, der Lippen und der Lade auf das etwaige Vorhandensein von Wunden, Hautabschürfungen, Quetschungen, Entzündungen, Fisteln usw. untersucht werden.

3. Das Geschirr, der Sattel und das Zaumzeug müssen für das Pferd passen. Der Sachverständige hat sich hiervon durch die genaue Musterung aller Einzelteile selbst zu überzeugen, um so mehr, als Täuschungen und Betrügereien seitens der Pferdebesitzer nicht ausgeschlossen sind.

4. Die Pferde müssen regelrecht, in der üblichen Weise und von des Fahrens und Reitens kundigen Personen gefahren und geritten werden. Insbesondere junge Pferde müssen unter fremden, ungewohnten Verhältnissen mit Geduld, Sachkenntnis und Sorgfalt behandelt werden. Der Gebrauch der Peitsche und der Sporen darf das gebräuchliche Maß nicht überschreiten. Alle sonstigen äußeren Störungen sind fernzuhalten.

5. Das von den Pferden bei der Prüfung auf Stätigkeit verlangte Maß der Arbeitsleistung muß ihren Körperverhältnissen, ihrem Alter, Temperament usw. angemessen sein.

6. Die Pferde müssen an die Art der verlangten Arbeitsleistung überhaupt gewohnt, sie müssen ferner eingefahren oder eingeritten sein. Namentlich junge temperamentvolle Pferde sind zuweilen beim Wechsel in der Art der Benutzung und Anspannung (z. B. bisher Ackerdienst, jetzt Steinwagen) in der ersten Zeit mangelhaft zugfest, gewöhnen sich aber unter einer geschickten Leitung allmählich an die neuen Verhältnisse und zeigen dann später die normale Zugfestigkeit. Das Eingefahrensein bezieht sich je nach der Art der vorzunehmenden Untersuchung auf den einspännigen oder zweispännigen Dienst. Junge Pferde z. B., welche niemals zweispännig gegangen sind, dürfen bei der allgemeinen Untersuchung auf Stätigkeit nicht zweispännig gefahren werden, und umgekehrt. Bei ausdrücklicher Garantie für zweispännigen Dienst liegt der Fall natürlich anders.

7. Die Erheblichkeit des Fehlers muß in jedem Falle dargetan sein (§ 459). Nur diejenige Unfolgsamkeit kann forensisch als Vertragsmangel gelten und als Stätigkeit bezeichnet werden, „welche die Dienstfähigkeit der Pferde erheblich herabsetzt". Eine geringfügige, den Gebrauch des Pferdes nicht wesentlich beeinträchtigende oder unschwer zu beseitigende Widerspenstigkeit kann nicht Stätigkeit genannt werden.

8. Aus der Untersuchung muß hervorgehen, daß die Widersetzlichkeit gewohnheitsmäßig, habituell, eingewurzelt ist, daß mithin ein veralteter Fehler vorliegt. Einmalige Widersetzlichkeit ist noch nicht Stätigkeit. Eine einmalige Unter-

suchung genügt daher nicht zum Nachweis der Stätigkeit. In allen
zweifelhaften Fällen ist, namentlich bei jungen Pferden, eine wiederholte Untersuchung notwendig, um den Beweis einer andauernden
Widersetzlichkeit zu erbringen.

Forensische Beurteilung der Stätigkeit. Bei der Begutachtung
der Stätigkeit als Vertragsmangel kommen der Reihe nach in Betracht
die Fragen der Erheblichkeit, der Altersbestimmung und des
Verborgenseins.

1. Die Erheblichkeit der Stätigkeit als Mangel wird durch
die Störung der Gebrauchsfähigkeit und die in den meisten Fällen
vorhandene Unheilbarkeit des Fehlers bedingt. In allen
höheren Graden und in allen auf Dummkoller beruhenden
Fällen ist die Unheilbarkeit der Stätigkeit als Regel zu
bezeichnen. Dagegen muß bei den geringeren Graden der Reit-
und Zugstätigkeit die Möglichkeit zugegeben werden, daß es einem
sehr gewandten Reiter oder einem sehr geschickten Kutscher mit
der Zeit gelingt, die Widerspenstigkeit auf die Dauer zu beseitigen.
(Weil bei der Stätigkeit die Möglichkeit der Heilung im allgemeinen
nicht ausgeschlossen ist, eignet sich die Stätigkeit nicht zur Aufnahme in die Hauptmängelliste.) Nicht zu verwechseln mit wirklicher Heilung sind die zahlreichen Fälle von vorübergehender oder
längerdauernder Besserung der Untugend (vgl. S. 83).

2. Bei der Altersbestimmung der Stätigkeit hat man sich
daran zu erinnern, daß die Entwicklung der einzelnen Fälle von
Stätigkeit sehr verschieden sein kann. Das eine Mal handelt es
sich um einen angeborenen, also ganz alten Temperamentfehler,
das andere Mal um einen allmählich im Verlauf des Dummkollers
entstandenen, ebenfalls chronischen Mangel. Neben dieser all-
mählichen Entstehung gibt es jedoch viele Fälle von relativ
schnellerer Entwicklung der Stätigkeit (unzweckmäßige Behandlung
junger Pferde). Aus dem Vorhandensein der Stätigkeit für sich
allein darf daher nicht ohne weiteres auf eine längere Dauer geschlossen werden. Der Fehler der Stätigkeit kann sich vielmehr namentlich bei jungen und sehr temperamentvollen
Pferden ziemlich schnell, in einigen Tagen, entwickeln.
Es kann sogar unter Umständen eine einmalige unzweckmäßige
Behandlung beim Reiten oder Fahren den Grund zur Stätigkeit
legen. Auch wenn Pferde nach der Übergabe nicht gefahren,
sondern im Stall stehengeblieben sind, kann sich bei ihnen im Verlaufe einer Woche (aber nicht in einigen Tagen) Zugstätigkeit ent-

wickeln. Diesen Erfahrungstatsachen hat seinerzeit das Preußische
Allgemeine Landrecht dahin Rechnung getragen, daß es die Gewährfrist für die Stätigkeit auf vier Tage reduzierte. (Wegen der nicht
selten beobachteten schnellen Entstehung eignet sich übrigens die
Stätigkeit ebenfalls nicht zur Aufstellung als Hauptmangel.) Nur
wenn eine unzweckmäßige Behandlung nach Lage des
Falles ausgeschlossen ist, wenn ferner die Stätigkeit
schon am Tage der Übergabe oder beim erstmaligen Gebrauch in den ersten Tagen nach der Übergabe typisch
und einwandfrei festgestellt wird und sich auch späterhin
als ein bleibender Mangel erweist, darf der Fehler bis
vor die Zeit der Übergabe zurückdatiert werden.

3. Den Charakter eines verborgenen Mangels besitzt die
Stätigkeit deshalb in vielen Fällen, weil sie häufig nur periodisch
und auch nicht zu allen Zeiten in demselben Grade hervortritt.
Man macht sehr häufig die Beobachtung, daß Pferde mit
angeborener Stätigkeit beim Vorbesitzer unter den gewohnten Verhältnissen und in der bekannten Umgebung
lange Zeit hindurch willig und brauchbar sind, während
sie sofort den Dienst versagen, wenn sie verkauft werden
und in ungewohnte Verhältnisse kommen. Manche Pferde
äußern die Stätigkeit nur unter der Führung ihnen unbekannter
Kutscher, während sie bei Leitung durch bekannte Personen die
schwerste Arbeit verrichten. Diese Tatsache ist namentlich für
die Begutachtung aktenmäßiger Fälle sehr wichtig, wenn von dem
Beklagten Entlastungszeugen beigebracht worden sind, welche
übereinstimmend und oft in großer Anzahl bekunden, daß sie bei
dem Streitpferde im Besitze des Beklagten niemals Erscheinungen
von Stätigkeit beobachtet haben. Auch wenn das stätige Pferd
von dem beklagten Vorbesitzer z. B. in öffentlicher Versteigerung
zurückerworben wurde, kann es später unter Umständen längere
Zeit hindurch scheinbar fehlerfrei sein (Zeugenaussagen, Sachverständige), weil es wieder in die gewohnten Verhältnisse zurück-
gelangt ist.

2. Die Bösartigkeit (Beißen und Schlagen).

Begriff und Ursachen. Der Fehler der Bösartigkeit (nicht
„fromm" sein) äußert sich bei Pferden entweder in Beißen oder
in Schlagen oder in Beißen und Schlagen; manche Pferde werden
auch dadurch gefährlich, daß sie in den Stand eintretende Per-

sonen an die Wand drücken. Man findet die Bösartigkeit besonders häufig bei Hengsten und Rennpferden (Vollblut). Als ein Fehler im forensischen Sinne ist das Beißen und Schlagen jedoch nur dann anzusehen, wenn es gewohnheitsmäßig (nicht etwa bloß einmal) und ohne äußere Veranlassung geschieht und eine erhebliche Störung der Gebrauchsfähigkeit bedingt (§ 459).

Die Ursache des gewohnheitsmäßigen Beißens und Schlagens ist meist in einem angeborenen boshaften Charakter zu suchen. In manchen Fällen kann indessen auch eine fortgesetzte unzweckmäßige Behandlung (Strafen, Necken), namentlich bei kitzligen und temperamentvollen Pferden, die Ausbildung von Bösartigkeit zur Folge haben.

Untersuchung. Bei der Untersuchung eines Pferdes auf Beißen oder Schlagen hat man sich davor zu hüten, gewisse unerhebliche Untugenden mit wirklicher Bösartigkeit zu verwechseln. Solche unerhebliche Temperamentsfehler sind die sog. Unleidlichkeit und der Futterneid. Auch das Ausschlagen stallmutiger oder durch plötzliches Herantreten erschreckter Pferde, sowie das spielende Anfassen mancher Pferde mit Lippen und Zähnen darf nicht als Bösartigkeit gedeutet werden, ebensowenig das sog. Nachtschlagen (chronische Kolik) und das Stampfen im Stand (Fußräude).

1. Als **unleidlich** (kitzlig, nervös, aufgeregt, reizbar, unruhig usw.) bezeichnet man Pferde, namentlich Stuten, welche die Angewohnheit haben, bei Annäherung von Personen, sowie bei Berührung ihres Körpers mit der Hand, beim Putzen, Einstreuen, Anschirren und Ausschirren, Anspannen und Ausspannen und bei andern Angelegenheiten die Ohren anzulegen, hin und her zu trippeln, die Zähne zu zeigen, zu quieken oder zu schreien, Harn zu lassen und mitunter sogar Bewegungen des Beißens und Schlagens zu machen, ohne indessen jemals zu beißen und zu schlagen. Alle diese Äußerungen sind nicht durch wirkliche Bösartigkeit, sondern nur durch eine erhöhte Empfindlichkeit, Reizbarkeit und Kitzligkeit bedingt.

2. Als **futterneidisch** bezeichnet man Pferde, welche sich beim Fressen anderen Pferden gegenüber eigentümlich benehmen, indem sie unruhig und aufgeregt sind, hin- und herspringen, die Ohren an den Kopf legen, das Futter gierig und hastig fressen und bei Annäherungsversuchen von Nachbarpferden nach diesen schnappen. Der im übrigen häufige und unerhebliche Fehler äußert sich nicht

während der Arbeit oder vor dem Wagen, sondern nur während des Fressens; auch richten sich die Angriffe in der Regel nicht gegen den Menschen, sondern gewöhnlich nur gegen die Nebenpferde.

Begutachtung. 1. Die Bösartigkeit hat im allgemeinen den Charakter eines verborgenen Mangels. Ähnlich wie die stätigen Pferde zeigen auch die bösartigen Pferde den Fehler des Beißens und Schlagens nicht immer. Unter gewohnten Außenverhältnissen und bei sehr vorsichtiger Behandlung können sie den Eindruck vollkommen frommer Pferde erwecken. Manche Schläger gehen im Geschirr ruhig und willig und schlagen nur im Stalle, namentlich wenn fremde Personen in ihre Nähe kommen. Auch nach ermüdender Arbeit, sowie bei Krankheiten beißen und schlagen zuweilen bösartige Pferde nicht. Gegenüber bekannten Personen bleiben manche Schläger und Beißer überhaupt fromm, namentlich wenn sie bei der Annäherung oder Berührung vorher angerufen werden. Bösartige Stuten verhalten sich manchmal während der Rossigkeit unerwartet ruhig und fromm.

2. Die Entwicklung des Beißens und Schlagens geschieht in den meisten Fällen langsam; bei vielen Pferden handelt es sich sogar um einen angeborenen Charakterfehler. Unter Umständen kann sich jedoch der Fehler des Schlagens auch schnell entwickeln. Diese schnelle Ausbildung des Schlagens kommt speziell bei unleidlichen, kitzligen, nervösen Pferden vor, wenn dieselben wiederholt fehlerhaft behandelt werden; hierbei wirkt ein Wechsel des Standortes, des Wärters und Dienstes unterstützend mit. Ein ruhiges frommes Arbeitspferd gewöhnt sich dagegen die habituelle Untugend des Schlagens auch bei unzweckmäßiger Behandlung nicht ohne weiteres, jedenfalls nicht innerhalb 24 Stunden an.

3. Eine Erheblichkeit des Fehlers liegt in jedem Falle von habituellem Beißen und Schlagen vor. Sehr bösartige Pferde sind unter Umständen überhaupt wertlos. Im übrigen schwankt die Wertverminderung je nach dem Grade der Bösartigkeit und je nachdem ein Pferd nur Beißer oder nur Schläger ist oder gleichzeitig beide Fehler hat.

Stallfromm. Unter dieser zuweilen zugesicherten Eigenschaft versteht man, daß Pferde im Stalle weder schlagen, noch beißen, noch Personen an die Wand drücken, daß sie sich ferner ohne Anstand putzen und die Beine aufheben lassen. Bezüglich der Untersuchung vgl. die obigen Ausführungen.

3. Das Scheuen.

Begriff. Als Scheuen bezeichnet man im allgemeinen die Furcht vor Gegenständen, Geräuschen oder Gerüchen. Im forensischen Sinne ist das Scheuen nur dann als ein erheblicher Fehler (§ 459) zu betrachten, wenn Pferde gewohnheitsmäßig vor ganz bekannten und alltäglichen, optischen oder akustischen Erscheinungen Furcht in dem Grade äußern, daß ihre Verwendung wesentlich beeinträchtigt wird.

Formen. Man unterscheidet verschiedene Formen der Scheu, nämlich die Gesichtsscheu, die Gehörsscheu und die Geruchsscheu.

1. Die Gesichtsscheu bildet die Scheu im engeren Sinne und äußert sich im Erschrecken vor ganz gewöhnlichen und harmlosen, belebten oder unbelebten Gegenständen: Steinen, Steinhaufen, Kieshaufen, Strohhaufen, Holzhaufen, Baumstämmen, Baumschatten, Pfützen, weißem Papier, weißen Tüchern, aufgehängter Wäsche, Hunden, Menschen, Fahrrädern, Automobilen, auffliegenden Vögeln, vom Baum fallenden Schneebällen usw. Die Pferde weichen vor diesen Gegenständen aus, springen zur Seite, gehen nicht heran oder machen Kehrt und zeigen sich sehr ängstlich und furchtsam.

2. Die Gehörsscheu besteht im ängstlichen Zusammenschrecken und Durchgehen, namentlich unter Eisenbahnübergängen, beim Hören von tutenden, zischenden und pfeifenden Geräuschen der Automobile, Lokomotiven und anderer Dampfmaschinen, von Schüssen, Trommelwirbeln und Militärmusik („nicht militärfromm", „nicht automobilfromm").

3. Als Geruchsscheu bezeichnet man den Widerwillen, den manche Pferde in der Nähe von Abdeckereien, Gerbereien, Schlachthäusern und Menagerien äußern.

Ursachen. Die Ursachen der Scheu sind entweder angeborene individuelle Furchtsamkeit oder erworbene Schreckhaftigkeit oder Sehstörungen oder Dummkoller. Eine von Geburt an vorhandene Ängstlichkeit ist in vielen Fällen die Ursache der Scheu. Der Fehler kann jedoch auch durch zufälliges Erschrecken vor ungewohnten Erscheinungen oder durch unzweckmäßige Behandlung erworben sein. Von Sehstörungen kommen als Ursachen des Scheuens namentlich grauer Star, Glaskörpertrübungen, Refraktionsanomalien (Myopie), Astigmatismus der Horn-

haut und Linse, sowie Hyperplasie der Traubenkörner in Betracht.*)
Der Dummkoller endlich kann durch Beeinträchtigung des Vor-
stellungsvermögens Scheuen veranlassen.**)

Untersuchung. Das Erschrecken vor ganz ungewohnten,
auffallenden Erscheinungen und Geräuschen ist eine naturgemäße,
rein reflektorische Flucht- und Abwehrbewegung, die mithin nicht
als Scheuen im forensischen Sinne beurteilt werden darf. Beim
Scheuen muß vielmehr eine unmotivierte, unverständliche und durch
nichts begründete Angst vor ganz gewöhnlichen, allen Arbeitspferden bekannten Gegenständen und Geräuschen nachgewiesen
sein. Diese Furcht darf sich ferner nicht etwa bloß einmal äußern,
sondern sie muß andauernd, habituell sein. Als Scheuen kann
daher z. B. nicht der Fall begutachtet werden, wenn ein Pferd
durch ein plötzliches, unvorhergesehenes Ereignis oder durch völlig
unbekannte Erscheinungen und Geräusche erschreckt oder durch
einen Unglücksfall verletzt und ängstlich gemacht wird (herab-
fallende Steine und Bretter, umfallende Bäume, einstürzende Mauern,
Gewitter, Dampfwalzen usw.). Namentlich Pferde, welche vom
Land in die Stadt kommen, brauchen oft längere Zeit, bis sie sich
an die vielen, ihnen bisher unbekannten Geräusche und Erschütterungen gewöhnt haben.

Bei jedem des Scheuens verdächtigen Pferde ist eine sorgfältige Untersuchung der Augen (Augenspiegel, Refraktions-
ophthalmoskop) und des Seelenlebens (Dummkoller) vorzunehmen.
Von den verschiedenen Augenfehlern scheint nach neuen Untersuchungen namentlich die Myopie (Kurzsichtigkeit) zuweilen mit
dem Scheuen in ursächlichem Zusammenhang zu stehen. Viel
häufiger allerdings sind die Fälle, in welchen Pferde trotz vorhandener Augenfehler und trotz unzweifelhaften Dummkollers nicht
scheuen.

Beurteilung. 1. Das Scheuen (nicht scheufrei sein) ist als ein
verborgener Mangel deshalb zu bezeichnen, weil die mit der
Scheu behafteten Pferde nicht bei jeder Arbeitsleistung und an
jedem Orte zu scheuen pflegen. Manche Pferde scheuen nur vor
einzelnen Gegenständen und auf fremden Wegen, während sie an

---

*) Schwendimann, Untersuchungen über den Zustand der Augen bei
scheuen Pferden. Arch. f. Tierh. 1903. Riegel, Untersuchungen über die Ame-
tropie der Pferde. Monatshefte f. prakt. Tierh. 1904. Vogler, Zeitschr. f.
Vetkde. 1906.
**) Dexler, Das Scheuen der Pferde. Arch. f. Psychiatrie, Bd. 42.

anderen Orten und in bekannten Gegenden nicht scheuen. Zugerittene Reitpferde zeigen zuweilen unter einem gewandten, sicheren Reiter keine Scheu, während sie unter einem weniger geübten Reiter die Scheu erkennen lassen. Es ist daher bei dieser Inkonstanz des Fehlers für den Sachverständigen oft gar nicht möglich, die Scheu aus eigener Anschauung kennen zu lernen, sondern er ist zur Beurteilung des Einzelfalles auf die Zeugenaussagen angewiesen.

2. Die Altersbestimmung des Fehlers hängt von der Natur der zugrunde liegenden Ursachen ab. Sehr häufig handelt es sich um ein angeborenes, also altes Leiden. Dies gilt namentlich für ältere Pferde, wenn sie schon in den ersten Tagen nach der Übergabe vor gewöhnlichen Gegenständen und Geräuschen scheuen, weil erfahrungsgemäß ältere Arbeitspferde sich den Fehler des Scheuens nicht mehr anzueignen pflegen. Auch vorhandene Sehstörungen (Myopie) und Dummkoller beweisen in der Regel eine längere Dauer des Scheuens. Bei jungen Pferden kann sich dagegen das Scheuen durch äußere Einflüsse unter Umständen auch schnell entwickeln. Es ist daher bei jungen Pferden besondere Vorsicht in der Beurteilung des Scheuens geboten.

3. Die Erheblichkeit des Scheuens als Fehler ergibt sich aus der Definition. Zum Begriff des Scheuens als Fehler im Sinne des § 459 gehört immer ein solcher Grad, daß die Verwendung der Pferde wesentlich beeinträchtigt wird. Geringgradige Scheu ist weder bei einem Reitpferd, noch bei einem Wagenpferd ein erheblicher Mangel.

Durchgehen. Als redhibitorischer Mangel kann nur die gewohnheitsmäßige, eingewurzelte, auf habitueller Scheu oder Dummkoller beruhende Untugend in Betracht kommen. Mit Rücksicht auf die Gemeingefährlichkeit solcher Pferde handelt es sich hierbei um einen sehr erheblichen Fehler. Dieses gewohnheitsmäßige Durchgehen darf nicht verwechselt werden mit dem Übermut (Stallmut) jugendlicher Pferde, mit dem Erschrecken vor ungewohnten Erscheinungen und Geräuschen, sowie mit dem durch Fahrlässigkeit, mangelhafte Aufsicht und unzweckmäßige Behandlung hervorgerufenen Durchgehen.

Scheuklappen. Einzelne Kutschpferde zeigen sich unruhig und widersetzlich beim Anlegen von Scheuklappen. Wird hierdurch die Dienstbrauchbarkeit wesentlich beeinträchtigt, so liegt ein erheblicher Mangel vor, da das Anlegen von Scheuklappen während der Arbeit bei Kutschpferden allgemein üblich ist, um nach der herkömmlichen Annahme das Scheuen zu verhüten und einen ruhigen Gang herbeizuführen, und mithin das Fahren mit Scheuklappen eine im Pferdehandel bei einem Kutschpferd stillschweigend vorausgesetzte Eigenschaft bildet. Dagegen kann es bei einem Ackerpferde nicht als ein erheblicher Mangel bezeichnet werden, wenn es sich Scheuklappen nicht anlegen läßt, da im Ackerdienst Scheuklappen nicht gebräuchlich sind.

Sich nicht anbinden lassen. Einige Pferde haben die Untugend, daß sie sich das Halfter im Stall abstreifen, bzw. sich nicht anbinden lassen. Diese Untugend erschwert zwar die Haltung und ist mit gewissen Unannehmlichkeiten verbunden. Sie kann aber als ein erheblicher Mangel nicht aufgefaßt werden, da es in der Regel gelingt, durch gewisse einfache Einrichtungen an dem Halfter und die Anwendung starker Anbindestricke oder Ketten die Pferde sicher zu befestigen; eventuell können sie auch in einem Laufstand untergebracht werden.

Kopfscheu. Eine Überempfindlichkeit gegen Berührung des Kopfes, namentlich beim Auflegen des Halfters und Geschirrs kommt bei vielen Pferden vor, bildet aber gewöhnlich keinen erheblichen Mangel, da die Pferde sich in der Regel bei ruhiger Behandlung das Kopfgeschirr auflegen lassen. Ein Pferd kann außerdem durch Mißhandlung oder bei Verletzungen am Kopf sehr schnell kopfscheu werden.

4. Das Leineweben.

Begriff. Das „Leineweben" oder „Weben" ist eine Untugend der Pferde, welche sich in der Angewohnheit äußert, im Stalle vor der Krippe ohne Veranlassung mit den Vorderbeinen seitlich hin- und herzutreten, den Vorderkörper dabei fortwährend von einer Seite nach der andern zu wiegen und mit dem Kopfe schwingende, pendelnde Bewegungen automatenartig auszuführen.

Ursachen. Das Leineweben ist ähnlich wie das Koppen eine aus Langeweile hervorgegangene Spielerei, welche sich namentlich bei leichten Wagenpferden und Reitpferden dann entwickelt, wenn sie allein lange Zeit hindurch untätig im Stalle angebunden stehen. Manchen Pferden scheint ferner das beim Hin- und Hertreten entstehende Kettenklirren Vergnügen zu bereiten. Bei anderen wirkt vielleicht auch das vor der Fütterung eintretende Gefühl von Hunger und Unruhe zur Entstehung der sonderbaren Bewegung mit.

Beurteilung. Die Frage der Erheblichkeit, Verborgenheit und Altersbestimmung des Leinewebens ist in jedem Einzelfalle besonders zu erwägen.

1. Als ein erheblicher Mangel ist das Leineweben nach der herkömmlichen Auffassung nur bei Luxuspferden zu begutachten, welche außer ihrer Leistungsfähigkeit und Präsentation unter dem Reiter oder vor dem Wagen für die Besitzer auch im Stalle durch ihr untadelhaftes Verhalten wertvoll sind. Beim Ankauf eines teuren Luxuspferdes wird im Pferdehandel allgemein ein erheblich

geringerer Preis bezahlt, wenn bekannt ist, daß das Pferd webt,
oder der Liebhaber nimmt wegen der mit dem Weben verbundenen
Unruhe im Stalle überhaupt Abstand vom Kaufe. Bei gewöhnlichen Zugpferden, Wagenpferden und Reitpferden wird
dagegen erfahrungsgemäß durch die Untugend des Webens
weder der Gebrauchswert noch der Verkaufswert wesentlich beeinträchtigt.

Die Erheblichkeit des gewohnheitsmäßigen Leinewebens bei
Luxuspferden wird auch dadurch bedingt, daß der Fehler in der
Regel unheilbar ist. Erfahrungsgemäß bleibt das bis zu einem
gewissen Grade ausgebildete Leineweben die ganze Lebenszeit über
fortbestehen und läßt sich den Pferden nicht mehr abgewöhnen.
Ein sicheres Mittel zur Beseitigung des Leinewebens gibt
es nicht. Alle vorgeschlagenen Mittel (Anrufen, Bewachen, Be-
strafen, besondere Anbindevorrichtungen. Hochbinden, Ausbinden,
Umdrehen, Fesselung der Vorderbeine usw.) haben sich meist. als
nutzlos erwiesen. Das Verbringen in einen Laufstand ist nicht
überall durchführbar. Die Höhe des durch das Leineweben verursachten Minderwerts wird bei Luxuspferden im Preise von 600
bis 3000 Mark gemeinhin auf $^1/_6$ bis $^1/_3$ des Kaufpreises taxiert.
Im Einzelfalle ist außerdem der Grad der Untugend zu berücksichtigen.

2. Bei der Altersbestimmung ist zu beachten, daß die
Pferde, ähnlich wie beim Koppen, sich die Untugend des Leine-
webens erfahrungsgemäß ziemlich schnell, d.h. im Verlaufe einiger
Tage, angewöhnen können. Ausnahmsweise können sie das Leine-
weben in geringem Grade schon innerhalb eines Tages lernen.
Eine große Fertigkeit im Leineweben erlangen sie jedoch in der
Regel binnen 24 Stunden nicht. Wenn daher Pferde schon am
ersten Tage nach der Übergabe fertig bzw. in hohem
Grade weben, so ist anzunehmen, daß der Fehler schon
vor der Übergabe vorhanden war.

3. Den Charakter eines verborgenen Mangels besitzt das
Leineweben deshalb, weil manche Pferde diese Untugend nicht zu
allen Zeiten und an jedem Orte ausüben, sondern häufig nur
dann, wenn sie allein stehen und sich langweilen oder sich un-
beobachtet wissen, dagegen mit dem Weben sofort aufhören, wenn
ihre Aufmerksamkeit durch das Herannahen von Personen, durch
das Einstellen anderer Pferde oder durch die Fütterung abgelenkt wird.

Krippensteigen. Sehr selten beobachtet man bei Pferden als gewohnheitsmäßigen Fehler das sog. Krippensteigen, welches darin besteht, daß die Pferde sich im Stande mit den Hinterfüßen aufrichten und mit den Vorderfüßen in die Krippe treten. Durch kürzeres Anbinden und durch Höherlegen der Krippe lassen sie sich vom Krippensteigen nicht abhalten. Der Fehler ist in diesem Falle erheblich, kann sich auch bis zu gewohnheitsmäßiger Fertigkeit bzw. öfterer Wiederholung nicht innerhalb eines Tages ausbilden. Er ist endlich auch verborgen, weil die damit behafteten Pferde den Fehler (wie auch andere Untugenden) nicht unter allen Umständen und zu jeder Zeit zeigen.

5. Das Zungenstrecken.

Begriff. Das „Zungenstrecken" oder „Zungenblöken" (Zungenschleppen, Zungenschießen, Zungenstechen, Bläken) besteht in der üblen Angewohnheit, ohne äußere Veranlassung die Zunge längere Zeit in auffallender Weise seitlich oder nach vorn aus dem Maule hängen zu lassen oder sie häufig aus- und einzuziehen. Die Untugend des Zungenstreckens wird teils während der Bewegung beim Fahren, Ziehen und Reiten, teils im Ruhezustand ausgeübt.

Ursachen. Der Beweggrund für das Zungenstrecken dürfte in den meisten Fällen, ähnlich wie bei Kindern, bloße Spielerei sein. Das Hin- und Herpendeln der heraushängenden Zunge einerseits, das Gefühl der wechselnden Temperatur, Trockenheit und Feuchtigkeit der Zunge andererseits scheint für manche Pferde die Veranlassung zum Heraushängen der Zunge zu bilden. In anderen Fällen sind die Ursachen des Zungenstreckens im Gebiß zu suchen (ungewohntes, schweres, scharfes, kantiges, enges Mundstück der Trense oder Kandare).

Untersuchung. Der Mangel des gewohnheitsmäßigen Zungenstreckens darf nicht mit dem gelegentlichen Herausstrecken der Zunge verwechselt werden. Viele fehlerfreie Pferde, namentlich jüngere Tiere, strecken mitunter die Zunge vorübergehend aus dem Maule, wenn ihnen ein ungewohntes oder unbequemes Gebiß angelegt wird. Nur das gewohnheitsmäßige, regelmäßige, anhaltende, fortgesetzte und das auffallende Herausstrecken der Zunge gilt forensisch bzw. im Handel und Verkehr als „Zungenstrecken". Das bloße Vorschieben des vorderen Zungenrandes zwischen den Schneidezähnen fällt forensisch nicht unter den Begriff des Zungenstreckens. Auch mit Verletzungen und Lähmungen der Zunge darf das Zungenstrecken nicht verwechselt werden.

Beurteilung. 1. Das Zungenstrecken ist als ein erheblicher
Fehler nur bei Luxuspferden (Wagenpferden, Reitpferden) und
besseren Arbeitspferden zu betrachten. Aber auch bei diesen
Pferden bildet das Zungenstrecken meist nur einen Schönheitsfehler. Die Leistungsfähigkeit und der Gebrauchswert des Pferdes
werden durch das Zungenstrecken in der Regel nicht beeinträchtigt.
Bei gewöhnlichen Arbeitspferden ist das Zungenstrecken
überhaupt kein erheblicher Mangel. Nach den Gepflogenheiten
des Pferdehandels wird dagegen der Verkaufswert bei Luxus-,
Reit-, Wagenpferden und besseren Arbeitspferden durch das Zungenstrecken meist wesentlich vermindert, weil diese Pferde dann schwer
und nur um einen geringeren Preis verkäuflich sind. Der Minderwert, welchen Pferde etwa im Preise von 500 bis 3000 M. infolge
des Zungenstreckens erleiden, wird gemeinhin auf $1/_6$ bis $1/_3$ des
Kaufpreises berechnet. In den meisten Fällen bildet das Zungenstrecken einen unheilbaren Fehler, welcher durch gewisse Vorkehrungen und Operationen nur vorübergehend, aber nicht dauernd
und vollständig beseitigt werden kann (Zungennetz, Zungenschlinge,
Zungengummiband; Doppelgebiß, Gummi-, Strick-, Spiel-, Löffelgebiß;
Brennen der Zunge usw.).

2. Als ein verborgener Mangel ist das Zungenstrecken
deshalb zu bezeichnen, weil es durch die genannten Hilfsmittel
vorübergehend beseitigt bzw. verheimlicht werden kann. Es
kommt hinzu, daß viele Pferde den Fehler nicht immer oder nur
dann zeigen, wenn sie angespannt werden.

3. Bezüglich der Altersbestimmung muß hervorgehoben
werden, daß sich die Untugend des Zungenstreckens infolge eines
ungewohnten oder unbequemen Gebisses ziemlich schnell, schon
innerhalb eines Tages, entwickeln kann. Zeigt jedoch ein Pferd
schon am ersten Tage nach der Übergabe bei normalem Zaumzeug
das Zungenstrecken in ausgebildetem Grade, so muß der Fehler
bis vor der Zeit der Übergabe zurückdatiert werden. Dasselbe ist
der Fall, wenn das Pferd die ersten Tage nach der Übergabe überhaupt kein Gebiß getragen hat und sofort beim erstmaligen Anlegen
des Gebisses den Fehler ausgesprochen zeigt.

Lippenschlagen. Das fortgesetzte klappende Aufeinanderschlagen
der Lippen (Lippenschlagen, Lippenspielen) ist eine gewöhnlich unerhebliche Spielerei vieler Reit- und Wagenpferde, welche die Pferde
zum Zeitvertreib, namentlich im Stall, mitunter auch im Freien und während
des Dienstes ausüben. Nur bei sehr teuren Luxuspferden kann das Lippenschlagen ausnahmsweise und nur dann als eine erhebliche Untugend be-

zeichnet werden, welche den Kaufwert herabsetzt, wenn es in sehr hohem Grade und namentlich während des Dienstgebrauches anhaltend ausgeführt wird.

6. Das Sichnichtlegen der Pferde.

Begriff. Man versteht darunter die Eigentümlichkeit mancher Pferde, daß sie sich auf die Dauer (lebenslänglich, jahrelang) im Stall nicht legen, obwohl die Stallverhältnisse das Niederlegen ermöglichen.

Ursachen. Der Grund, warum sich manche Pferde trotz normaler Stalleinrichtungen nicht legen, ist sehr verschieden. Man beobachtet den Fehler bei vielen alten, stark struppierten Pferden, welchen das Niederlegen Beschwerden macht oder die schwer oder gar nicht aufstehen können und sich daher aus Furcht vor dem Aufstehen erst lieber gar nicht legen. Ähnliche Verhältnisse kommen bei chronischer Kreuzschwäche, sowie bei chronischen Entzündungen von Gelenken und anderen Bewegungsorganen, namentlich bei Spat, chronischer deformierender Gonitis, Omarthritis und Coxitis in Betracht. Auch manche mit Dämpfigkeit, Dummkoller und Zwerchfellshernien behaftete Pferde legen sich niemals im Stall nieder. In nicht wenigen Fällen läßt sich endlich eine Ursache für das eigentümliche abnorme Verhalten nicht nachweisen; vielleicht spielen bei den anscheinend ganz gesunden Pferden eigenartige psychische Einflüsse mit.

Untersuchung. Durch eine sorgfältige äußerliche und innerliche Untersuchung ist zunächst festzustellen, ob einer der genannten chronischen, chirurgischen oder innerlichen Krankheitszustände als Ursache des Sichnichtlegens nachgewiesen werden kann. Sodann ist der Nachweis zu liefern, daß der Fehler nicht bloß vorübergehend, sondern anhaltend besteht, daß er namentlich nicht durch vorübergehende, akute, innerliche oder äußerliche Krankheiten bedingt wird (Lungenentzündung, Brustseuche, Pleuritis, akute Gehirnentzündung, akute Lahmheiten usw.), und daß nicht etwa die Stallverhältnisse (enger Stand, ungewohnte Streu usw.) das Niederlegen verhindern.

Beurteilung. 1. Im Pferdehandel gilt es mit Recht als ein erheblicher Fehler, wenn ein Pferd sich bei normaler Stalleinrichtung auf die Dauer nicht legt. Besonders erheblich ist der Fehler, wenn er durch chronische Krankheitszustände der Bewegungsorgane, der Lunge, des Gehirns und anderer innerer Teile veranlaßt wird. Aber auch ohne diese Krankheiten wird ein Pferd durch das fortgesetzte Stehen in seiner Leistungsfähigkeit erheblich beeinträchtigt, weil ein vollkommenes Ausruhen nach der Arbeit nur im Liegen ermöglicht ist. Pferde, welche sich niemals legen, ermüden schneller im Dienst, auch werden durch das anhaltende Stehen die Stützapparate der Extremitäten, speziell die Sehnen, früher abgenützt. Es kommt hinzu, daß der Fehler durch kein Verfahren mit Sicherheit zu beseitigen ist.

Im übrigen ist die Beurteilung des Grades der Erheblichkeit verschieden. Bei jungen Pferden, bei Reitpferden, bei schweren Zugpferden, sowie bei allen Pferden, welche einen höheren Wert haben, bedingt der Fehler einen höheren Minderwert, als bei alten und billigen Pferden, sowie bei leichten Wagenpferden. Bei den erstgenannten Pferden wird der Kaufpreis schon allein durch die Eigenschaft des Sichnichtlegens (auch wenn kein chronisches, chirurgisches oder innerliches Leiden nachweisbar ist) um ein Drittel vermindert.

2. Ein verborgener Mangel ist das Sichnichtlegen deshalb, weil der Fehler in der Regel bei Tage nicht sichtbar ist. Zu seiner Feststellung ist vielmehr eine wiederholte Besichtigung bei Nacht erforderlich. Von einem Käufer kann aber nach dem beim Pferdehandel üblichen Brauche nicht verlangt werden, daß er das Pferd vor dem Kaufe bei Nacht im Stall des Verkäufers untersucht.

3. Eine Beurteilung des Alters des Fehlers ist ohne Zeugenaussagen nur auf Grund der etwa als Ursachen des Sichnichtlegens nachgewiesenen chronischen Veränderungen an den Gelenken usw. möglich. Sind solche Veränderungen nicht nachweisbar, so läßt sich ohne Zeugenaussagen ein bestimmtes Urteil über die Dauer des Fehlers nicht abgeben. Derselbe kann sich unter Umständen sehr schnell entwickeln (unbekannte psychische Einwirkungen).

Nicht aufstehen können. Wie beim Sichnichtlegen, können sehr verschiedene Krankheitszustände (Kreuzlähmung, Schwäche, Spat, chronische Gonitis usw.) bedingen, daß ein Pferd nicht aufstehen kann. Der Fehler muß daher je nach der zugrunde liegenden Krankheitsursache beurteilt werden. Im übrigen ist der Fehler des Nichtaufstehenkönnens im allgemeinen erheblicher, als der des Sichnichtlegens.

7. Die chronische Kolik.

Allgemeines über die Kolik als Vertragsmangel. Die Kolik bildet zwar die häufigste und wichtigste innerliche Pferdekrankheit. Nur in einem sehr kleinen Teil der Fälle hat jedoch die

Kolik den Charakter eines redhibitorischen Mangels. In der großen Mehrzahl aller Fälle stellt die Kolik ein akutes, ganz schnell, nach der Übergabe entstandenes Leiden dar, welches dazu noch meist vorübergehender Natur, also unerheblich ist. (Der Prozentsatz der geheilten Fälle beträgt 85—90 Prozent.) Dies gilt speziell für die Überfütterungskolik, akute Verstopfungskolik, Erkältungskolik und Windkolik; etwa 90 Prozent aller Kolikfälle dürften auf diese akuten Krankheitsprozesse zurückzuführen sein. Diese Berechnung stützt sich teils auf die klinische Erfahrung, teils auf die Sektionsstatistik. Bei der Sektion kolikkranker Pferde werden am häufigsten die nachfolgenden akuten anatomischen Veränderungen mit den nachstehenden Prozentsätzen angetroffen:

Verlagerung des Grimmdarms in etwa 15 Prozent aller Fälle,
Dünndarmvolvulus . . . . „ „ 15 „ „ „
Magenzerreißung . . . . „ „ 15 „ „ „
Einfache Verstopfung . . . . . . „ „ 15 „ „ „
Magendarmentzündung . . . . „ „ 10 „ „ „
Grimmdarmzerreißung . . . . . „ „ 10 „ „ „
Blinddarmzerreißung . . . . . . „ „ 10 „ „ „

Nur etwa 10 Prozent der tödlich verlaufenden Kolikfälle, also nur etwa 1 Prozent aller Kolikfälle überhaupt, sind nachweisbar durch chronische Krankheitszustände mit redhibitorischem Charakter bedingt. Hierher gehören die nachstehenden Kolikformen:

1. die embolisch-thrombotische Kolik;

2. die durch chronische organische Veränderungen verursachte Verstopfungskolik (chronische Blinddarmverstopfung, Neubildungen, alte Hernien, Verwachsungen, Stenosen und Erweiterungen des Magens und Darms);

3. die Wurmkolik;

4. die Steinkolik.

1. Die embolisch-thrombotische Kolik. Die forensische Beurteilung der mit dem Wurmaneurysma der vorderen Gekrösarterie (Strongylus armatus var. Sclerostomum bidentatum) in Beziehung stehenden embolisch-thrombotischen Kolikfälle ist sehr schwierig. Da eine sichere Diagnose dieser Kolikform während des Lebens in der Regel nicht möglich ist, kann es sich überhaupt nur um die Begutachtung von Todesfällen handeln. Aber auch die forensische Beurteilung des Sektionsbefundes erfordert große Vorsicht. Da bekanntlich fast jedes Pferd mit einem Wurmaneurysma der vorderen Gekrösarterie behaftet ist, findet man bei der Sektion fast aller, an irgendeiner Krankheit verendeter Pferde, also auch so ziemlich in jedem tödlich verlaufenden Falle von Kolik ein Wurmaneurysma. Man hat sich deshalb in erster Linie davor zu hüten, einen ursächlichen Zusammenhang der tödlich gewordenen Kolik mit dem Wurmaneurysma ohne weiteres pro foro zu behaupten. Dieser Zusammenhang muß vielmehr in ganz einwandfreier Weise erst wissenschaftlich bewiesen werden. In sehr vielen Fällen läßt sich dieser Beweis mit ausreichender Sicherheit nicht erbringen, namentlich dann nicht, wenn der Sektionsbefund mangelhaft aufgenommen ist.

Für die Annahme eines ursächlichen Zusammenhanges zwischen Wurmaneurysma und Kolik ist zunächst der Nachweis der aus dem Wurmaneurysma stammenden Emboli in den peripheren Darmarterien notwendig.

Aber auch wenn solche Emboli unzweifelhaft vorhanden sind, so dürfen sie nicht ohne weiteres als die Todesursache angesehen werden. Es muß vielmehr erst ein diesbezüglicher einwandfreier Beweis geliefert werden, da erfahrungsgemäß nicht jeder in eine periphere Darmarterie verschleppter Embolus eine tödliche Kolik zur Folge hat. Insbesondere können embolische Verstopfungen nur einer Grimmdarmarterie oder Blinddarmarterie auf kollateralem Wege ausgeglichen werden. Ein ursächlicher Zusammenhang zwischen Embolus und tödlicher Kolik darf nur dann angenommen werden, wenn es sich in unzweifelhafter Weise dartun läßt, daß im direkten Anschluß an den Embolus schwere pathologische anatomische Veränderungen am Darm eingetreten sind (hämorrhagischer Infarkt und hämorrhagische Darmentzündung bei ungenügendem kollateralem Kreislauf, Nekrose bei vollständiger Abschließung der arteriellen Blutzufuhr). Dabei ist noch besonders zu beachten, daß die Darmentzündung bei der embolischen Kolik in der Regel hämorrhagischer Natur ist. Bei einer einfachen, nicht hämorrhagischen Darmentzündung läßt sich ein örtlicher Zusammenhang mit einem Embolus nicht beweisen. Dies gilt auch für Fohlen. Vgl. bezüglich des Sektionsbefundes bei der embolischen Kolik Friedberger und Fröhner (Spezielle Pathologie 1908, 7. Aufl., I. Band, S. 149) sowie Mieckley (Berl. Archiv 1905, S. 501).

Jedoch sogar im letztgenannten Falle, wenn der ätiologische Zusammenhang zwischen Wurmaneurysma bzw. Embolus und tödlicher

Darmentzündung einwandfrei dargetan ist, bietet die Frage der Altersbestimmung bzw. der Zurückdatierung der thrombotisch-embolischen Kolik bis in die Zeit vor der Übergabe oft große Schwierigkeiten. Man hat hierbei das Alter des Thrombus und des Wurmaneurysmas einerseits, das Alter des Embolus andererseits wohl auseinanderzuhalten. Das Wurmaneurysma als solches bildet zwar in der Regel eine alte, schon zur Zeit der Übergabe vorhandene Veränderung (chronische Arteriitis deformans). Das Wurmaneurysma ist jedoch nicht die unmittelbare Ursache der tödlichen Kolik. Die unmittelbare Todesursache bilden vielmehr die Ablösung des Thrombus im Aneurysma und seine Verschleppung in die peripheren Darmarterien. Das Wurmaneurysma ist nur die mittelbare Todesursache. Da das Wurmaneurysma bei 90 bis 94 Prozent aller Pferde vorkommt und meist keine Krankheitserscheinungen bedingt, kann es im allgemeinen als ein erheblicher Fehler nicht bezeichnet werden. Die Abwesenheit des Wurmaneurysmas wird gemeinhin im Pferdehandel nicht zu denjenigen Eigenschaften gerechnet, deren Nichtvorhandensein stillschweigend vorausgesetzt wird. Die Annahme, daß in einem bestimmten Einzelfall von Kolik das Wurmaneurysma der vorderen Gekrösarterie zur Zeit des Kaufabschlusses mit einer besonderen Gefahr verbunden war, daß mithin in diesem Falle das Wurmaneurysma bzw. der Thrombus andere Eigenschaften gehabt hat, als bei der großen Mehrzahl der gesunden Pferde, läßt sich schwer oder gar nicht beweisen. Ob nun aber die unmittelbare Todesursache, d. h. die Ablösung des Thrombus im Wurmaneurysma vor oder nach der Übergabe eingetreten ist, läßt sich nicht immer mit Sicherheit entscheiden. Eine Ablösung von Stücken des Thrombus kann zu jeder Zeit eintreten. Nur ein geschichteter Embolus mit verschiedenen Altersschichten könnte somit auf längere Zeit zurückdatiert werden. Das Alter des embolischen Prozesses im Darm kann nur auf Grund der im Darm vorhandenen pathologisch-anatomischen Veränderungen beurteilt werden. Zuweilen wird das Gutachten durch Zeugenaussagen bzw. durch den Nachweis wiederholter Kolikanfälle vor der Übergabe unterstützt.

Die Begutachtung der Altersfrage bei der thrombotisch-embolischen Kolik kann aus den entwickelten Gründen meist nur dahin formuliert werden, daß zwar die mittelbare Todesursache schon vor der Übergabe vorhanden war, daß sich jedoch diese Annahme bezüglich der unmittelbaren Todesursache nicht sicher nachweisen läßt.

**2. Die durch chronische organische Veränderungen ver-
ursachte Verstopfungskolik.** Die wichtigsten, der chronischen
Kolik im engeren Sinne zugrunde liegenden organischen Veränderungen am Magen und Darm sind folgende:

a) Die chronische Blinddarmverstopfung wird bedingt
durch eine allmähliche Erweiterung und Lähmung des Blinddarms; sie führt nicht selten zu tödlicher Peritonitis und Zerreißung des Blinddarmgrundes. Das längere Bestehen des Krankheitszustandes wird durch die starke Erweiterung des Blinddarms
mit gleichzeitiger Verdickung der Darmwand und kompensatorischer
Hypertrophie der zirkulären Darmmuskulatur bewiesen. Die
Blinddarmwand erhält durch diese Neubildung von Muskulatur und
Bindegewebe Ähnlichkeit mit einer Magenwandung. Das Bestehen
einer chronischen Erweiterung und einer wirklichen Hypertrophie der Blinddarmmuskulatur muß indessen durch sorgfältige objektive Befundangaben (exakte Messungen, keine bloßen
Schätzungen!) einwandfrei dargetan sein.*) Hierbei ist insbesondere
zu beachten, daß der Blinddarm auch bei einer akuten Verstopfung
„erweitert" und infolge entzündlicher Schwellung seiner Wand
„verdickt" sein kann. Außerdem ist das Vorhandensein einer
chronischen Kolik durch Zeugenaussagen darzutun.

b) Von Neubildungen sind namentlich zu nennen die Lipome
des Gekröses, die Sarkome des Dünndarms und Dickdarms, die
Polypen des Mastdarms, abgekapselte Abszesse in der Umgebung
des Darms, sowie Eierstockzysten. Sie veranlassen eine Kom-
pressions- oder Obturationsstenose mit den entsprechenden entzündlichen Veränderungen vor der Verengerungsstelle und stellen immer
ältere Krankheitszustände dar, deren Alter je nach ihrer Größe
und Konsistenz zu beurteilen ist.

c) Verwachsungen von Abschnitten der Darmwand mit der
Bauchwand oder mit anderen Darmteilen und Organen veranlassen
Stenosen und Verstopfung; die Altersbestimmung stützt sich auf
den Nachweis chronischer peritonitischer Prozesse.

d) Narbenstenosen der Hüft-Blinddarmöffnung und anderer
Partien des Dünndarms veranlassen chronische Dünndarmverstopfung
mit konsekutiver Darmentzündung oder Magenruptur. Die Be-

---

*) Am Blinddarmgrund ist die normale Ringfaserschicht etwa 3 mm, die
normale Längsfaserschicht 1 mm dick. Bei Blinddarmhypertrophie sind die Schichten
um das Doppelte und Dreifache verdickt (Pilwat).

urteilung des Alters stützt sich auf die Beschaffenheit des Narben-
gewebes an der Strikturstelle.

e) Divertikel rufen namentlich im Mastdarm habituelle und
schließlich zur Zerreißung des Mastdarms führende Koliken hervor.
Die Altersbestimmung hängt von der Beschaffenheit der Divertikel-
wand ab.

f) Von Hernien haben forensische Bedeutung der angeborene
Leistenbruch und die angeborene Zwerchfellshernie. Sie veranlassen Darminkarzeration mit Peritonitis. Im Gegensatz zu frisch
entstandenen Bruchpforten zeigen die angeborenen Hernien einen
derben, organisierten Bruchring ohne Blutung.

3. Die Wurmkolik. Die an und für sich schon sehr seltene
Wurmkolik hat nur ausnahmsweise den Charakter eines redhibitorischen Mangels. Die forensische Bedeutung dieser Kolikform wird häufig überschätzt und falsch beurteilt. Von
den verschiedenen in Betracht kommenden Parasiten bilden in ganz
vereinzelten Fällen die Spulwürmer und die Gastruslarven als
Ursachen einer tödlich verlaufenden Wurmkolik die Grundlage eines
Vertragsmangels.

a) *Die Spulwürmer* (Ascaris megalocephala) trifft man meistens
als zufälligen, unerheblichen Befund bei der Sektion kolikkranker Pferde. Man darf daher das Vorhandensein von
Spulwürmern nicht ohne weiteres in einen ätiologischen
Zusammenhang mit der tödlich gewordenen Kolik bringen.
Selbst dann, wenn man sie bei der Sektion zu großen Klumpen zu-
sammengeballt findet, so daß sie das Lumen des Darms verstopfen,
muß man mit der Möglichkeit rechnen, daß diese Verstopfung erst
nach dem Tode des Pferdes infolge Auswanderung und Kon-
glomeration der Würmer eingetreten ist. Nur wenn gleichzeitig an
der Verstopfungsstelle schwere, mit den Parasiten zweifellos im
Zusammenhange stehende Veränderungen der Darmschleimhaut und
Darmwand nachgewiesen sind, dürfen die Spulwürmer ausnahmsweise als Ursache einer tödlichen Verstopfungskolik bezeichnet
werden. In der Regel führt jedoch der Parasitismus der Spulwürmer nicht zu einer tödlichen Verstopfungskolik; namentlich bei
Fohlen findet man erfahrungsgemäß mitunter sehr zahlreiche Askariden, ohne daß die Gesundheit dadurch schädlich beeinflußt wird.

Auch der Befund von Spulwürmern in der Bauchhöhle bei
der Sektion kolikkranker Pferde muß sehr vorsichtig beurteilt
werden, da die Auswanderung der Würmer vom Darm in die Bauch-.

7*

höhle in der Regel post mortem erfolgt. Ein ätiologischer Zusammenhang zwischen den in die Bauchhöhle ausgewanderten Spulwürmern und der tödlich verlaufenden Kolik darf nur dann angenommen werden, wenn eine durch die Würmer oder durch den mit ihnen ausgetretenen Darminhalt verursachte Peritonitis nachweisbar ist. In diesem Falle muß auch die Perforationsstelle in der Darmwand entzündliche Veränderungen zeigen. In vereinzelten Fällen hat man keine direkte Perforation in die Bauchhöhle, sondern zunächst Durchbohrung der Darmwand am Gekrösansatz, Eindringen der Spulwürmer zwischen die Gekrösblätter und die Bildung einer Wurmzyste beobachtet; erst nach Perforation der sackartigen, mit Askariden und Futter gefüllten Wurmgeschwulst im Gekröse trat sekundär die tödliche Peritonitis ein.

Endlich ist bei der Altersbeurteilung der Spulwürmer Vorsicht geboten. Die Entwicklungsdauer des Pferdespulwurms ist zwar nicht genau erforscht; dagegen ist die Entwicklung der Spulwürmer bei andern Tiergattungen und beim Menschen bekannt. Die klinische Erfahrung und das Experiment lehren, daß sich ausgewachsene Spulwürmer in einem Zeitraum von zwei bis drei Monaten sehr wohl entwickeln können. Jedenfalls kann die Einwanderung der Wurmbrut auf längere Zeit nicht zurückdatiert werden. Andererseits reicht ein Zeitraum von acht Tagen zur Entwicklung ausgewachsener Spulwürmer nicht aus. Nach Gasteiger erkranken die Kälber gewöhnlich bereits in der dritten bis fünften Lebenswoche an Askariasis, einzelne Kälber sogar schon am zehnten Tage nach der Geburt (Monatshefte f. prakt. Tierheilkunde 1904). Nach Lossow findet man schon bei 4 Wochen alten Saugfohlen junge, fingerlange Askariden in großer Menge im Duodenum (D. T. W. 1911).

b) *Die Gastruslarven* (Gastrophilus equi) sind noch viel seltener als die Spulwürmer die Ursache zu tödlicher Wurmkolik. Sie bilden namentlich bei Weidepferden regelmäßige und für gewöhnlich unschädliche Magenparasiten. Man findet sie daher sehr häufig als zufälligen Befund bei der Sektion von Pferden, welche infolge von Kolik oder aus einer anderen Veranlassung verendet sind. Nur ganz ausnahmsweise erzeugen Gastruslarven eine tödliche Wurmkolik, wenn sie nämlich die Magenwand perforieren und eine Bauchfellentzündung hervorrufen. In solchen Fällen muß jedoch der Zusammenhang der Peritonitis mit der Magenperforation in unzweifelhafter Weise dargetan werden. Außerdem hat man

vereinzelt bei Fohlen eine übermäßige Ansammlung von Gastruslarven im Magen mit schwerer Entzündung der Magenwand beobachtet, welche zu intermittierender Kolik, gastrischen Störungen,
Anämie und Abmagerung führte. Auch in diesen Fällen muß durch
die Sektion außer den Gastruslarven eine unzweifelhaft durch diese
Parasiten bedingte traumatische Gastritis mit schweren Veränderungen am Magen bei sonst negativem Sektionsbefunde erwiesen
werden, wenn die Gastruslarven den Charakter eines redhibitorischen Mangels bilden sollen.

Bezüglich der Altersbestimmung der Magenbremse bietet
die Naturgeschichte von Gastrophilus equi ausreichende Anhaltspunkte. Die Einwanderung der Larven erfolgt im Sommer und
Herbst, die Auswanderung im Reifezustand nach etwa zehn Monaten.

4. Die Steinkolik. Die durch Konkrementbildung im Darm hervorgerufene Verstopfungskolik ist im allgemeinen nicht häufig; man
beobachtet sie nur in etwa 1 bis 2 Prozent der tödlich verlaufenden
Kolikfälle. Die Steinkolik besitzt alle Kriterien eines redhibitorischen Mangels (verborgen, erheblich, alt). Im übrigen muß
auch hier, wie bei der Wurmkolik, der ursächliche Zusammenhang
zwischen Darmstein und Kolik einwandfrei dargetan sein (Ein-
keilung, Darmdiphtherie). Die bloße Anwesenheit von Darmsteinen
im Darmtraktus bildet keinen Vertragsmangel. Erfahrungsgemäß kommen bei Pferden Darmsteine zuweilen vor,
ohne überhaupt Krankheitserscheinungen hervorzurufen.
Man findet sie daher mitunter als einen ganz zufälligen Befund bei
der Sektion.

Über das Alter bzw. die Zeitverhältnisse der Entwicklung
der Darmsteine ist nichts sicheres bekannt, da sich Darmsteine
experimentell nicht erzeugen lassen. Es kann daher nur im allgemeinen je nach der Größe und Konsistenz der Steine begutachtet
werden, daß sie sich nicht in einigen Tagen oder Wochen entwickeln können. Eine mathematische Berechnung nach der Zahl
und Dicke der Schichten ist willkürlich.

8. Die Brustseuche und Lungenentzündung.

Allgemeines. Die forensische Bedeutung der Lungenentzündung
und Brustseuche der Pferde, welche bei der Häufigkeit dieser Krankheiten unter der Herrschaft des Preußischen Allgemeinen Landrechts sehr erheblich war, hat sich zwar nach der Einführung des

Bürgerlichen Gesetzbuches wesentlich vermindert. Immerhin besitzen
die genannten Krankheiten auch heute noch unter gewissen Umständen den Charakter eines Vertragsmangels, auch können sie
Gegenstand der Haftpflicht werden (Manöver). Allerdings sind
vielfach irrige Ansichten über den Begriff, die Entwicklung,
das Inkubationsstadium und die Altersbestimmung verbreitet.

Begriff. Unter Brustseuche versteht man eine spezifische,
ansteckende Lungen- und Brustfellentzündung, deren Infektionserreger noch nicht bekannt sind. Die Diagnose einer ansteckenden
Lungenentzündung, also der Brustseuche, kann nur gestellt werden,
wenn mehrere Pferde in typischer Weise erkranken oder wenn
ein Pferd mit Lungenentzündung aus einem notorisch verseuchten
Stalle stammt. Ein sporadischer Fall von Lungenentzündung kann
forensisch für sich allein nicht als Brustseuche diagnostiziert werden.
Da es sich nun aber in der forensischen Praxis in der Regel nur
um vereinzelte Fälle von Lungenentzündung oder Lungenbrustfell-
entzündung handelt, mithin die Diagnose Brustseuche oft zweifelhaft ist, so vermeide man in diesen Fällen pro foro die enge
Bezeichnung „Brustseuche“ und wähle als weiteren Begriff
die Diagnose „Lungenentzündung“.

Entwicklung und Inkubationsstadium. Eine Lungenentzündung
kann sich bei Pferden zu jeder Zeit und schnell, im Verlaufe
weniger Stunden entwickeln. Die mit dem Namen Brustseuche
bezeichnete spezifische, ansteckende Lungenentzündung hat als
typische Infektionskrankheit häufig ein Inkubationsstadium,
das auf Grund klinischer Beobachtungen meist auf durchschnittlich
fünf bis zehn Tage berechnet wird. Diese Zahlen sind jedoch nur
Durchschnittszahlen der kürzesten und längsten Fristen (1 bis
30 Tage und darüber). Für die forensische Begutachtung kommt
lediglich die Minimalfrist in Betracht. In dieser Hinsicht ist zu
beachten, daß sich auch die Brustseuche, wie jede Lungenentzündung, schnell, d. h. innerhalb 12 bis 24 Stunden entwickeln kann. Eine derartige schnelle Entwicklung der Lungenentzündung wird namentlich nach Erkältungen, Transporten
und Überanstrengungen beobachtet. Insbesondere auf Eisenbahntransporten kann sich schon über Nacht bei Pferden eine Lungenentzündung ausbilden, welche sich weder klinisch, noch anatomisch
von der Brustseuche unterscheiden läßt. Nur wenn schon vor dem
Transporte, unmittelbar nach der Übergabe bestimmte Krankheitserscheinungen nachgewiesen sind (Zeugen), kann die Lungen-

entzündung bzw. Brustseuche bis vor die Zeit der Übergabe zurückdatiert werden.

Altersbestimmung. Die Bedeutung der klinischen Erscheinungen und der anatomischen Veränderungen der Lunge für die Bestimmung des Alters einer Lungenentzündung wird sehr häufig überschätzt. Eine ausgebreitete Dämpfung bei der Perkussion kann sich schon innerhalb eines Tages entwickeln. In anatomischer Beziehung ist zu beachten, daß die Lungenentzündung und Brustseuche gewöhnlich akut verläuft und daß sich die Veränderungen in der Lunge meist rasch und typisch hintereinander entwickeln, sehr häufig in nachstehender Reihenfolge:

Erster   Tag entzündliche Anschoppung,
2. und 3.   „   rote Hepatisation,
4. „ 5.   „   graue (gelbe) Hepatisation,
6. „ 7.   „   Resolution.

Das Vorhandensein der roten Hepatisation wird somit schon vom 2. Tage ab, das der grauen und gelben vom 4. Tage ab beobachtet.

Irrigen Vorstellungen begegnet man ferner vielfach bei der Altersbeurteilung der Lungennekrose. Die Nekrose kann sich unmittelbar an die rote Hepatisation anschließen (hämorrhagische Nekrose). Eine akute brandige Lungenentzündung mit nekrotischen Herden in der Lunge kann sich also schon nach dreitägiger Krankheitsdauer ausbilden. Die nekrotischen Herde werden bald trocken und verfärben sich. Auch klinisch kann sich die Lungennekrose schon am 3. Tage durch den üblen Geruch der ausgeatmeten Luft bemerklich machen. Besondere Vorsicht ist ferner bei der Beurteilung der sog. Abkapselung nekrotischer Lungenherde geboten. Die abgestorbenen Lungenteile werden sehr bald durch einen Eiterungsprozeß von der Umgebung abgelöst. Die Umgebung des nekrotischen Herdes verdichtet sich hierbei schon in wenigen Tagen zu einer festen Schicht von mehreren Millimetern Dicke. Diese eitrige Demarkationszone, welche eine Kapsel um den abgestorbenen Lungenteil bildet, wird zuweilen fälschlicherweise für eine „fibröse" Kapsel gehalten und im Alter entsprechend hoch taxiert. Da ferner gewöhnlich die Ablösung des Brandherdes in der Richtung der großen bindegewebigen Züge der Lunge stattfindet, so erscheint die Oberfläche der derben Demarkationszone oft „glatt". Auch diese glatte Oberfläche des verdichteten Lungengewebes hat nicht selten eine Verwechslung mit einer „glatten fibrösen Kapsel" veranlaßt. Im übrigen kann sich erfahrungsgemäß*) auch eine echte Bindegewebskapsel schon in 14 Tagen entwickeln; ihr Vorhandensein berechtigt also nicht zu der Schlußfolgerung, daß ein chronischer, veralteter Prozeß vorliegt.

An der Pleura können sich ebenfalls umfangreiche entzündliche Veränderungen sehr rasch entwickeln. Es kann sich speziell ein sehr reichliches seröses und serofibrinöses Exsudat schon im Verlaufe eines Tages ausbilden.

Sind in einem Falle von akuter Lungenentzündung zweifellos ganz alte Verdickungen und Verwachsungen der Pleurablätter vorhanden, so ist ebenfalls große Vorsicht bei der Beurteilung geboten, weil diese chronischen Verdickungen und Adhäsionen nicht ohne weiteres mit dem akuten Lungenprozeß in ätiologische Verbindung gebracht werden dürfen. Bekanntlich findet man chronische Pleuraverwachsungen nicht selten als einen zufälligen, bedeutungslosen Befund bei Sektionen von Pferden, welche weder an Brustseuche, noch an Lungenentzündung gestorben sind.

Zuweilen wird endlich dem Sachverständigen vor Gericht die Frage vorgelegt, ob das streitige Pferd bei richtiger Behandlung geheilt worden wäre. Diese Frage läßt sich meist nicht bestimmt beantworten. Erfahrungsgemäß sterben viele Pferde an Brustseuche und Lungenentzündung trotz sorgfältiger sachverständiger Behandlung.

9. Die Druse.

Allgemeines. Ähnlich wie bei der Brustseuche findet zuweilen auch bei der Druse eine unzutreffende Begutachtung hinsichtlich der Entwicklung (Inkubation) und der Altersbestimmung der Krankheitssymptome und anatomischen Veränderungen statt. Sehr schwierig ist ferner mitunter die Beurteilung der Frage, ob eine tödlich gewordene Lungenentzündung durch die Druse veranlaßt wurde.

Entwicklung. In vielen Fällen wird bei der Druse (Streptococcus equi) ein Inkubationsstadium von mehreren Tagen, durchschnittlich von 4 bis 8, beobachtet. Sehr oft entsteht aber die Druse offensichtlich schon innerhalb eines Tages (Erkältung, prädisponierende Katarrhe). Namentlich nach

---

*) Fröhner, Einige Bemerkungen über die forensische Beurteilung des Alters pathologischer Produkte. Monatshefte für praktische Tierheilkunde, V.Band.

Transporten bei schlechter Witterung kann sich die Druse schnell entwickeln.

Die Aufnahme der Drusestreptokokken erfolgt gewöhnlich entweder aërogen durch die Nasenschleimhaut, oder intestinal durch die Schleimhaut der Rachenhöhle und des Darmes. Außerdem gibt es noch andere Eingangspforten für die Streptokokken (Haut, Euter, Scheide), auch können dieselben ohne Vermittlung der Lymphdrüsen von der Schleimhaut aus direkt ins Blut gelangen. Die Lymphdrüsenanschwellung im Kehlgang kann bei der Druse daher auch fehlen. Diesbezügliche Zeugenaussagen können deshalb für sich allein das Vorhandensein der Druse nicht widerlegen. Eine eiterige Entzündung der Kehlgangsdrüsen findet man in der Regel nur bei der Infektion der Nasenschleimhaut. Andererseits ist zu beachten, daß von Laien mitunter die normalen Kehlgangsdrüsen gesunder Pferde, welche namentlich bei Fohlen stark entwickelt sind, beim Befühlen für abnorme Druseschwellungen gehalten werden. Auch der Nasenausfluß kann bei der Druse fehlen (intestinale Infektion, Hautinfektion).

Altersbestimmung. Das Alter eines Drusefalles läßt sich klinisch nicht immer mit Sicherheit bestimmen. Anhaltspunkte für die Altersbestimmung des Krankheitsprozesses sind nur der Nasenausfluß und die Drüsenschwellungen. Beide können sich ziemlich schnell entwickeln. Insbesondere kann sich ein eitriger Nasenausfluß und eine starke Drüsenschwellung im Kehlgang oder in der Parotisgegend in drei Tagen sehr wohl ausbilden. Bei der Sektion werden vielfach die „abgekapselten" Drüsenabszesse hinsichtlich ihres Alters unzutreffend beurteilt. Drüsenabszesse mit „dicken" Kapseln können sich in 8 bis 14 Tagen sehr wohl entwickeln. Man hat sich hierbei daran zu erinnern, daß jede Lymphdrüse schon unter normalen Verhältnissen von einer Kapsel, d. h. von einer bindegewebigen Hülle umgeben ist, welche sich bei eitrigen Prozessen im Drüsenparenchym rasch verdickt. Auch die krümelige Beschaffenheit des in den Drüsenabszessen enthaltenen Eiters ist kein sicherer Beweis für ein sehr langes Bestehen der Abszesse; da die Eiterung in den Lymphdrüsen mit Absterben von Lymphdrüsengewebe verbunden ist, kann der Eiter in relativ kurzer Zeit eine krümelige Beschaffenheit annehmen. Wichtiger ist die Größe der Drüsenabszesse. Mannskopfgroße Abszesse in den Gekrösdrüsen, z. B. mit ein bis zwei Liter Inhalt und einigen Zentimetern dicken

Kapseln, entwickeln sich nicht in zwei Wochen (wohl aber in zwei
Monaten!). Bezüglich der Abszeßkapsel ist noch zu bemerken, daß
eine objektive Messung des Querdurchmessers mittelst Zentimetermaß
zu erfolgen hat; subjektive Angaben, welche nur auf schätzungsweiser
Berechnung beruhen und denen vielleicht ein schiefer Schnitt durch
die Kapsel zugrunde gelegt wurde, welcher die Kapsel dicker erscheinen läßt, bilden keine sichere Grundlage für die Begutachtung.

Druse und Lungenentzündung. Bei der Sektion drusekranker
Pferde findet man häufig eine Lungenentzündung als Komplikation
und Todesursache. Diese Lungenentzündung steht meistens in einem
kausalen Zusammenhang mit der Druse, so daß also die tödlich
gewordene Krankheit (Lungenentzündung) auf den Druseprozeß zu
beziehen und ihre Entwicklung auf den Anfang der Druse zurückzudatieren ist. Gewöhnlich handelt es sich entweder um eine
durch die Druseangina bedingte Fremdkörperpneumonie oder
um eine metastatische Pneumonie (Drusepyämie). In beiden
Fällen muß jedoch aus dem Sektionsbefund der Zusammenhang
zwischen Druse und Lungenentzündung klar hervorgehen. Auf
Grund eines unvollständigen Sektionsbefundes läßt sich ein derartiger
Zusammenhang nicht begutachten Bei drusekranken Pferden
kann sich eine Lungenentzündung auch ganz unabhängig
von der Druse aus verschiedenen Ursachen entwickeln.
Als eine solche Lungenentzündung ist namentlich die Eingußpneu-
monie zu nennen. Außerdem kann sich Druse mit Brustseuche
kombinieren.

Petechialfieber. Über den Keim der Krankheit ist nichts Sicheres
bekannt, ebensowenig über ein etwaiges Inkubationsstadium. Bei der
forensischen Begutachtung der Ursachen und der Dauer der Krankheit ist
daher große Vorsicht geboten. Wahrscheinlich liegt eine Infektionskrankheit polybakteriellen Ursprungs vor, die häufig sekundär nach Druse
und anderen Infektionskrankheiten auftritt, sich aber auch als primäres
Leiden (Wundinfektion) entwickelt. Besonders im letzten Falle kann das
Petechialfieber rasch entstehen. Mit Rücksicht auf das Vorkommen eines
primären, sich ohne vorausgegangene Druse, Brustseuche usw. rasch ent-
wickelnden Petechialfiebers darf aus der Feststellung des Petechialfiebers
für sich allein nicht auf ein älteres, vor der Übergabe vorhandenes Leiden
geschlossen werden. Die Erfahrung lehrt ferner, daß sich beim
Petechialfieber umfangreiche Schwellungen sehr schnell, innerhalb einiger Stunden, entwickeln können. Die Größe und Ausdehnung der Hautschwellungen bildet mithin keinen Anhalt für die Altersbestimmung des Petechialfiebers. Besonders schwierig ist die Frage des
kausalen Zusammenhanges zwischen Druse und Petechialfieber oder
zwischen Brustseuche und Petechialfieber. Sowohl die Druse als die
Brustseuche verlaufen an und für sich in der Regel ohne die Erscheinungen

des Petechialfiebers; bei beiden kann jedoch, namentlich bei der Druse, im späteren Verlaufe das Petechialfieber als Komplikation hinzutreten und Todesursache werden. In solchen Fällen kann meines Erachtens nach dem gegenwärtigen Stand der Wissenschaft lediglich begutachtet werden, daß das Petechialfieber die direkte, die Druse die indirekte Todesursache war.

10. Der Starrkrampf.

Allgemeines. Der Starrkrampf des Pferdes kann nach zwei verschiedenen Richtungen Gegenstand forensischer Begutachtung werden, nämlich vom Standpunkt der Gewährschaft einerseits, als Gegenstand der Haftpflicht andererseits.

Der Starrkrampf als Gewährmangel. Wenn ein unter Garantie für Gesundheit und Fehlerfreiheit verkauftes Pferd einige Zeit nach der Übergabe an Starrkrampf erkrankt und stirbt, so kann dieser Fall erfahrungsgemäß einen Rechtsstreit zur Folge haben. In der Regel läßt sich jedoch der Beweis nicht erbringen, daß das Pferd schon vor der Übergabe mit dem Keim des tödlich gewordenen Starrkrampfes behaftet war. In wissenschaftlicher Beziehung ist folgendes zu beachten:

Als „Keim" der Krankheit sind die Tetanusbazillen zu bezeichnen. Durch Erkältung, wie die Laien zuweilen annehmen, entsteht der Starrkrampf nicht. Derselbe bildet vielmehr eine Wundinfektionskrankheit. Ohne Wunde kein Starrkrampf. Die Tetanusbazillen bilden die unmittelbare, die Wunde die mittelbare Ursache des Starrkrampfes. Die Wunde ist eine notwendige Bedingung für das Zustandekommen der Krankheit. Meist handelt es sich um äußere Wunden (Haut, Huf, Schweif); jedoch können auch innere Wunden den Ausgangspunkt des Starrkrampfes bilden (Maulhöhle, Schlundkopf, Darm, Uterus). Im letzteren Fall bleibt die Wunde meist unerkannt. Die Verletzungen der Haut und des Hufes entziehen sich ebenfalls sehr häufig dem Nachweise (Kleinheit, verborgene Lage, Abheilung). Das Fehlen einer nachweisbaren Wunde beweist also nichts gegen das Vorhandensein einer Wundinfektion.

Der Zeitpunkt der Infektion der Wunde läßt sich gewöhnlich nicht feststellen. Eine Wunde kann sich zu jeder Zeit mit Starrkrampfbazillen infizieren. Bei einem frisch kupierten Handelspferd z. B. kann die Infektion der Schweifwunde sowohl unmittelbar bzw. bald nach dem Kupieren vor der Übergabe oder nach derselben in jedem Stadium der Wundheilung eintreten.

Zwischen dem Zeitpunkt des Eindringens der Tetanusbazillen in die Wunde und dem Auftreten der ersten sichtbaren Krankheitserscheinungen liegt ein verschieden langes Inkubationsstadium. Die Dauer desselben beträgt beim Pferd im Durchschnitt 4 bis 20 Tage und schwankt zwischen 2 und 40 Tagen und darüber. Eine Dauer von über 4 Wochen ist selten. Die kürzeste bisher beim Pferde beobachtete Inkubationszeit betrug zwei Tage (De Bruin). Nach Impfungen mit Starrkrampfbazillen betrug die Inkubationszeit im Minimum vier Tage (Schütz). Andererseits kann der Starrkrampf selbst schon innerhalb eines Tages tödlich verlaufen. Hiernach kann ein Pferd sich sehr wohl in fünf (vielleicht auch schon in drei) Tagen mit Starrkrampfbazillen infizieren, an Starrkrampf erkranken und sogar an Starrkrampf sterben.

Der sichere Nachweis, daß der Starrkrampf tatsächlich von einer bestimmten Wunde und nicht von einer anderen Körperstelle ausgegangen ist, läßt sich nur durch die bakteriologische Untersuchung des Wundsekrets (zahlreiche notenförmige Tetanusbazillen mit endständiger Spore) und durch die Überimpfung von Eiter oder infizierten Gewebsteilen auf Versuchsmäuse liefern (Schreckhaftigkeit, steile Schwanzhaltung, typische Robbenstellung, Rückenkrümmung, Lähmung der Nachhand, Tod meist nach 2 bis 4 Tagen, zuweilen schon nach 24 Stunden). Die forensische Erfahrung lehrt, daß dieser Nachweis sehr wohl geführt werden kann, und daß namentlich Impfungen auf Mäuse auch in der tierärztlichen Praxis ausführbar sind. Ohne Impfung ist der ätiologische Zusammenhang des Starrkrampfs mit einer vorhandenen Wunde (Huf, Schweif usw.) nicht einwandfrei darzutun. Aus der gleichzeitigen Feststellung des Starrkrampfs und einer Wunde allein darf nicht einmal mit Wahrscheinlichkeit ein kausaler Zusammenhang zwischen beiden gefolgert werden. Denn eine pathogene Infektion von Wunden durch Starrkrampferreger erfolgt erfahrungsgemäß nur ganz ausnahmsweise. Im Jahre 1910 kamen beispielsweise in der preußischen Armee bei 11 000 Verletzungen (8500 Wunden, 1600 Nageltritte, 900 Kronentritte) nur 60 Fälle von Starrkrampf bei Pferden vor. Im Jahre 1911 erkrankten bei 12 000 Verletzungen (darunter 2300 Nageltritte!) nur 68 Pferde an Starrkrampf; im Jahre 1912 kamen auf 9500 Verletzungen und 1700 Nageltritte nur 70 Pferde mit Starrkrampf. Hiernach kam auf etwa 500 Verletzungen 1 Fall von Starrkrampf. Bei einem derartigen Verhältnis (1 : 500) kann von einer „Wahrscheinlichkeit" sicher nicht gesprochen werden. Lediglich die für die richterliche Entscheidung übrigens belanglose „Möglichkeit" eines Kausalzusammenhangs muß zugegeben werden.

Ohne bakteriologische Untersuchung kann ein kausaler Zusammenhang zwischen Wunde und Starrkrampf mit Wahrscheinlichkeit nur unter zwei ganz bestimmten Voraussetzungen angenommen werden. Einmal muß ein kurzes Inkubationsstadium vorliegen, am besten nur das Minimalstadium, weil mit der Länge des Inkubationsstadiums die Möglichkeit einer anderweitigen Wundinfektion zunimmt und eine mehrwöchige Dauer der Inkubation nicht die Regel, sondern die Ausnahme bildet. Zweitens muß nach Lage des Falles das Vorhandensein anderer Wunden mit Wahrscheinlichkeit ausgeschlossen sein, da erfahrungsgemäß auch kleine, oberflächliche andere Wunden den Ausgangspunkt der Starrkrampfinfektion bilden können (Obergutachten des preußischen Landesveterinäramts in der Sitzung vom 10. Juni 1912).

Starrkrampf und Haftpflicht. Der Starrkrampf kann entweder im Anschluß an eine vom Tierarzt oder Empiriker im Auftrage des Klägers ausgeführte Operation oder nach einer Vernagelung durch den Beschlagschmied oder durch eine andere zufällige, aber vertretbare Verletzung (Gaststallungen) aufgetreten sein.

1. Schließt sich der Starrkrampf an eine vom Kläger (Besitzer des Pferdes) gewünschte Operation (Kastration, Kupieren des Schweifes usw.) an, so läßt sich in der Regel der Beweis nicht erbringen, daß der Operateur den Starrkrampf durch ein vertretbares Versehen (§§ 276 und 823 B. G. B.) verschuldet hat. Es läßt sich nämlich nicht beweisen, daß gleichzeitig mit dem Operieren durch die Schuld des Operateurs die Tetanusbazillen in die Wunde gelangt sind. Die Möglichkeit, daß die Wunde erst nach der Operation, speziell nach der Kastration, infiziert wurde, läßt sich nicht bestreiten. Der Einwand der mangelhaften Desinfektion bei der Ausführung der Operation ändert hieran nichts Die Wunde selbst, die mittelbare Krankheitsursache, ist aber auf Wunsch des Besitzers appliziert worden.

2. Wird ein Pferd durch die Schuld des Beschlagschmieds vernagelt (vgl. das Kapitel der vertretbaren Beschlagfehler) und schließt sich an diese beim Beschlagen durch Fahrlässigkeit hervorgerufene Verletzung nachgewiesenermaßen (vgl. S. 108) Starrkrampf an, so hat der Beschlagschmied durch ein vertretbares

Versehen (§§ 276 und 823 B.G.B.) die mittelbare Todesursache,
die Wunde, und damit auch die notwendige Bedingung
zum Zustandekommen der Todeskrankheit verschuldet.

3. Verletzt sich ein Pferd zufällig in einem Gaststall und
erkrankt im Anschluß an diese Verletzung an Starrkrampf, so ist
der Eigentümer des Stalles nach § 701 B. G. B. haftpflichtig für den Unfall und für ihre Folge, den Starrkrampf.

11. Epilepsie und Schwindel.

Epilepsie. Die Epilepsie hat in der älteren Währschaftsgesetzgebung als Hauptmangel eine große Rolle gespielt. Im
Bürgerlichen Gesetzbuch ist sie jedoch mit Recht nicht in die
Hauptmängelliste aufgenommen worden. Sie besitzt zwar alle
Kriterien eines verborgenen und erheblichen Mangels. Sie
kommt jedoch mit Ausnahme des Hundes bei den Haustieren,
speziell beim Pferd, so selten vor, daß sie forensisch keine praktische Bedeutung hat. In der preußischen Armee werden alljährlich
bei etwa 60000 kranken Dienstpferden nur etwa 2 bis 3 Fälle von
Epilepsie beobachtet!

Gegen die Aufnahme der Epilepsie unter die Hauptmängel
der Kaiserlichen Verordnung sprach ferner der Umstand, daß sich
bei der Unklarheit der Ätiologie eine Gewährfrist wissenschaftlich
nicht bestimmen läßt. Welche Veränderungen der Großhirnrinden-
zentren der Epilepsie zugrunde liegen, ist ganz unbekannt (Ge-
fäßkrampf? toxische Erregung der Nervenzellen? kortikale oder
medulläre Entstehung?). Die früher gültige Gewährfrist von 4 bis
6 Wochen beruhte auf der willkürlichen Annahme, daß die Epilepsie
mindestens einen Monat zu ihrer Entwicklung brauche. Wissenschaftliche Belege für diese Annahme fehlen vollständig. Im
Gegenteil haben die klinischen Erfahrungen bei der sog. traumatischen Epilepsie gelehrt, daß ein epileptischer Anfall sehr
schnell zustande kommen kann.

Sollte die Epilepsie ausnahmsweise einmal als Vertragsmangel
zu begutachten sein, so wäre die Erheblichkeit und Verborgenheit ohne weiteres zu bejahen. Eine Altersbestimmung
des Fehlers wäre jedoch bei der echten Epilepsie lediglich auf Grund von Zeugenaussagen möglich. Nur bei der
sog. symptomatischen oder falschen, durch pathologisch-anatomische
Veränderungen des Gehirns verursachten Epilepsie könnte vielleicht

durch die Sektion das Vorhandensein einer chronischen Gehirn-
erkrankung (Entzündung, Neubildung, Parasiten) als Ursache der
Epilepsie nachgewiesen werden.

Schwindel. Für die forensische Begutachtung des Schwindels
als Vertragsmangel gilt im allgemeinen dasselbe, wie für die
Epilepsie. Das Leiden ist erheblich und verborgen; das Alter
bzw. die Chronizität des Mangels läßt sich jedoch nicht auf wissenschaftlicher Grundlage, sondern nur auf Grund von Zeugenaussagen beurteilen. Wie bei der Epilepsie sind die eigentlichen
Ursachen des essentiellen, echten Schwindels unbekannt (Neurose
des Kleinhirns? Funktionsanomalie der Augenmuskeln infolge
Zirkulationsstörung in den Augenmuskelkernen?). Nur beim sekundären symptomatischen Schwindel könnten vielleicht durch den
Nachweis chronischer pathologischer Veränderungen im Gehirn, im
Herzen, in den Gefäßen oder in der Lunge Anhaltspunkte für die
Altersbestimmung gewonnen werden.

12. Innere Verblutung.

Zerreißung der Aorta. Die Zerreißung betrifft gewöhnlich den
Ursprung der Aorta in der Nähe der halbmondförmigen Klappen
und führt zu einer Verblutung in den Herzbeutel. Forensisch liegt
ein Vertragsmangel dann vor, wenn durch die Sektion eine chronische Erkrankung der Aorta als Ursache der Zerreißung
einwandfrei nachgewiesen wird (Endaortitis chronica deformans,
Atherose, Arteriosklerose, Aneurysma). Die Arteriosklerose bildet
dabei zwar die notwendige Bedingung für das Zustandekommen der
Zerreißung, nicht aber die direkte Ursache (ein Pferd mit chronischer Aortenerkrankung kann dienstfähig sein, ohne daß eine
Zerreißung erfolgt). Die nächste Veranlassung der Zerreißung
bildet vielmehr die gewöhnliche Arbeitsleistung, bei der als direkte
Ursache der Zerreißung eine physiologische Steigerung des Blut-
drucks eintritt. Im übrigen ist zu beachten, daß Aorta-
zerreißungen auch bei Pferden mit ganz gesunder Aorta
plötzlich infolge von körperlichen Anstrengungen eintreten können. In diesen allerdings seltenen Fällen von plötz-
lichem Tod läßt sich ein redhibitorischer Mangel nicht dartun.

Zerreißung von Herzaneurysmen. Partielle Herzaneurysmen
führen bei Pferden ebenfalls zuweilen durch Zerreißung plötzlichen
Tod herbei. Da sie in der Regel durch eine chronische interstitielle Entzündung des Herzfleisches (sog. schwielige

Myokarditis) verursacht werden, welche eine starke Verdünnung und leichte Zerreißbarkeit der Herzwand zur Folge hat, haben sie alle Eigenschaften eines Vertragsmangels. Lassen sich bei der Sektion deutlich narbige Schwielen, sowie starke Verdünnung der Herzwand nachweisen, so kann das Alter des Fehlers auf mindestens einen Monat berechnet werden.

Die tödliche Zerreißung von Gefäßaneurysmen (Aorta, Gekrösarterie, Bauchschlagader usw.) läßt sich in analoger Weise auf Grund der vorhandenen chronischen Arteriosklerose beurteilen.

Leberruptur. Im Gegensatz zur Zerreißung des Herzens und der Gefäße bildet die Leberruptur in der Regel keinen Vertragsmangel, da sie ähnlich wie die Zerreißung des Zwerchfells zu jeder Zeit plötzlich bei ganz gesunder Leber eintreten kann (mechanische Einwirkungen). Aber auch dann, wenn etwa bei der Sektion eine fettige oder amyloide Degeneration der Leber nachgewiesen würde, könnten diese Veränderungen doch nicht als die Ursache der tödlichen Zerreißung bezeichnet werden. Die Erfahrung lehrt, daß man bei der Sektion ganz gesunder Pferde häufig eine fettige und zuweilen auch eine amyloide Degeneration der Leber ohne Leberruptur findet. Die genannten Degenerationen führen also in der Regel nicht zum Tode, sie bilden nicht den Keim oder die Ursache der Zerreißung, sondern bedingen nur eine erhöhte Disposition. Die Ursache ist auch hier immer ein Trauma (Überanstrengung, Kontusion, Sturz usw.).

Nierenblutung. Dieselbe ist in der Regel traumatischer Natur und entsteht meist plötzlich, besitzt also nicht die Eigenschaften eines redhibitorischen Mangels. Nur ausnahmsweise liegt ein solcher vor, wenn z. B. die Zerreißung einer Nierenarterie durch die Einwanderung von Strongylus armatus (Endarteriitis chronica deformans mit Thrombenbildung) veranlaßt wurde.

B. Äußere Vertragsmängel des Pferdes.

I. Chronische Lahmheiten im allgemeinen.

Definition. Als „Lahmheit" bezeichnet man die durch krankhafte Prozesse in den Knochen, Gelenken, Sehnen, Sehnenscheiden, Muskeln, Nerven, in der Haut, Huflederhaut usw. verursachte Bewegungsstörung der Gliedmaßen. Diese Bewegungsstörung ist entweder durch schmerzhafte Entzündungen oder durch mechanische Hindernisse oder durch Lähmungen verursacht und äußert sich entweder beim Aufstützen des Schenkels (Stützbeinlahmheit) oder beim Vorführen desselben (Hangbeinlahmheit) oder bei beiden Bewegungsakten (gemischte Lahmheit). Forensische Bedeutung haben nur die chronischen Lahmheiten. Die akuten Lahmheiten können zu jeder Zeit und ganz schnell entstehen. Die schwierigste und wichtigste Aufgabe des gerichtlichen Sachverständigen bei der Beurteilung von Lahmheiten besteht darin, den Nachweis zu erbringen, daß eine alte, nicht eine frisch entstandene Lahmheit vorliegt. Die Lahmheit muß ferner den Charakter eines· verborgenen und erheblichen Mangels besitzen, wenn für „Lahmheit" oder für „Fehler" garantiert ist (§§ 459 und 460 B. G. B.). Anders liegt juristisch der Fall bei zugesicherten Eigenschaften (§ 463; vgl. S. 20).

Unregelmäßigkeiten in der Bewegung der Gliedmaßen, welche nicht durch krankhafte Prozesse bedingt werden, sind forensisch nicht als Lahmheit oder Fehler zu bezeichnen. Dies gilt besonders für die durch Gewohnheit, Temperament, Zügelführung und Beschirrung veranlaßten sog. „falschen" Lahmheiten, welche herkömmlich als „Zügellahmheit" oder „kurzer Tritt" bezeichnet werden. Auch Ermüdung darf mit Lahmheit nicht verwechselt werden.

Andererseits bilden gewisse in die Augen fallende Abnormitäten an den Gliedmaßen ohne Lahmheit keinen Vertragsmangel. Hierher gehören die sog. Schönheitsfehler (Gallen, Exostosen usw.), die abnormen Stellungen (zehenweite, bodenenge usw.), und Gangarten (z. B. das sog. Fuchteln oder Bügeln), sowie das sog. Struppiertsein (vgl. S. 115). Auch die als Spat und Schale bezeichneten Deformitäten am Sprunggelenk und Krongelenk besitzen nur dann die Eigenschaft eines Gewährmangels, wenn sie Lahmheit verursachen. Eine Spatexostose ohne Lahmheit ist kein erheblicher Fehler, weil die Gebrauchsfähigkeit dadurch nicht beeinträchtigt wird.

Untersuchung. Die forensische Begutachtung chronischer Lahmheiten setzt eine sorgfältige Untersuchung voraus. Zur einwandfreien Diagnosestellung sowohl, als zur richtigen Beurteilung des Alters und der Erheblichkeit der Lahmheit ist die Erhebung eines vollständigen, methodischen, objektiven Untersuchungsbefundes unerläßlich. Insbesondere müssen genaue Angaben über die Art, den Grad und den Sitz der Lahmheit, über das Verhalten der Lahmheit nach längerer Ruhe und Bewegung, sowie über die durch Inspektion, Palpation, Mensuration usw. nachweisbaren örtlichen Veränderungen gemacht werden. Eine große Bedeutung für den

forensischen Nachweis der Lahmheiten besitzen die diagnostischen Kokaïninjektionen, deren Vornahme in vielen
Fällen zur Sicherung der Diagnose unerläßlich ist. Dagegen kommt
gewissen älteren Untersuchungsmethoden (Spatprobe) keine spezielle
diagnostische Bedeutung zu. Zu beachten ist ferner die Möglichkeit
einer Verwechslung von Schmerzhaftigkeit mit physiologischen Knochen- und Sehnenreflexen. Hierher gehört
namentlich das reflektorische Zucken beim Beklopfen und Palpieren
des Hufes mit der Hufzange (Hufbeinreflex), beim Druck auf die
Vorderfläche des Fesselbeins (Fesselbeinreflex), auf die Innenfläche
des Metakarpus unterhalb des Karpalgelenks (Metakarpalreflex) und
auf die Beugesehnen, namentlich in der Mitte des Fesselbeinbeugers
(Beugesehnenreflex) und in der Gegend der Gleichbeine (Gleichbein-
reflex).*)

Altersbestimmung. Die Eigenschaft einer Lahmheit als veralteter, chronischer Mangel läßt sich, abgesehen von Zeugenaussagen, aus der Beschaffenheit der örtlichen pathologischen
Veränderungen beweisen. Wichtig ist zunächst das Fehlen
akuter entzündlicher Symptome (Schmerzhaftigkeit, höhere Temperatur). Positive Anhaltspunkte für die Altersbestimmung liefern
die Ausdehnung, Dicke und Konsistenz der örtlichen Entzündungsprodukte, sowie die eingetretene Vernarbung. Auch gewisse sekundäre Veränderungen können verwertet werden, so z. B. die beim
Streichen eintretende Schwielenbildung, die Form und Abnutzung
des Hufes beim Rehhuf, Stelzfuß und Spat. Dagegen wird die Bedeutung der Muskelatrophie für die Altersbeurteilung der Lahmheiten vielfach überschätzt. Allgemein gehaltenen Angaben, ,,daß
schon Muskelschwund eingetreten sei‘‘, ist überhaupt keine Bedeutung beizumessen, da nur eine rein subjektive Behauptung ohne
objektive Unterlage vorliegt. Aber auch dann, wenn ein Muskelschwund als erwiesen angenommen werden kann, ist bei der Beurteilung dieser Folgeerscheinung der Lahmheit (Inaktivitätsatrophie)
große Vorsicht geboten. Die chirurgische Erfahrung lehrt, daß
sich ein sichtbarer Schwund an der Kruppe oder an der
Schulter beim Pferde ziemlich rasch entwickeln kann.
Insbesondere wird die Atrophie um so früher sichtbar, je besser
der Ernährungszustand des Pferdes und je intensiver die Lahmheit
ist. Die von Gerlach (Gerichtliche Tierheilkunde 1872) auf-

---

*) Vgl. R. Schmidt (Wien), Sehnen- und Periostknochenreflexe beim Pferd.
Zeitschr. für Tierhlkd. 1907, S. 420.

gestellten Sätze haben auch heute noch ihre Gültigkeit. Danach kann schon nach wenigen Tagen die in den Weichteilen vorhandene, die Grundlage der normalen Rundung bildende, parenchymatöse Flüssigkeit in wahrnehmbarer Weise schwinden. Das Fettgewebe zeigt bei sehr schmerzhaften Lahmheiten schon nach acht Tagen sichtbaren Schwund; bei fetten Tieren kann sich infolgedessen schon nach zwei bis drei Wochen eine auffällige Atrophie der Gliedmaßen ausbilden. Auch das Fleisch und das Zellgewebe wird bei muskulösen Tieren schon nach drei Wochen sichtbar atrophisch. Noch viel schneller erfolgt die Ausbildung des Muskelschwundes bei der degenerativen Muskelatrophie (parenchymatöse Myositis, Nervenlähmung); bei dieser Form der Muskelatrophie kann sich unter Umständen schon in einigen Tagen ein hochgradiger Muskelschwund entwickeln (Kruppe, Rücken).

Endlich ist darauf hinzuweisen, daß eine bei Pferden ähnlich wie beim Menschen häufig vorkommende morphologische Asymmetrie beider Körperhälften nicht mit Atrophie verwechselt werden darf. Dies gilt namentlich für die an den Knochen und Gelenken (Sprunggelenk), sowie am Hufe nicht selten beobachtete ganz belanglose Asymmetrie. Ausführliches hierüber findet sich in der Dissertation von Heuß: Maß- und Gewichtsbestimmungen über die morphologische Asymmetrie der Extremitätenknochen des Pferdes. Paderborn 1898.

Struppiertsein. Als Struppiertsein, Struppiertheit, Steifheit oder Verbrauchtsein bezeichnet man den Zustand der naturgemäßen Abnutzung der Pferde infolge zu langer oder zu angestrengter Dienstleistung. Sie ist gewöhnlich an beiden Vorderbeinen zu finden und äußert sich in steiler Fesselstellung, Kniehängigkeit, Zittern und Schwäche in den Beinen, Verdickung und Verkürzung von Sehnen, Sehnenscheiden, und Bändern an der Hinterfläche des Metakarpus und am Fesselgelenk, sowie in einem steifen, kurzen, gebundenen Gang, besonders auf Pflaster ("Pflastermüdigkeit"). Eine auffallende Lahmheit besteht häufig nicht; struppierte Pferde verrichten vielmehr ihren Dienst oft noch lange Zeit, ohne zu lahmen. Dagegen wird die Dienstfähigkeit zum Reit- und Wagendienst je nach dem Grade des Struppiertseins mehr oder weniger herabgesetzt (der Zuchtwert wird jedoch nicht vermindert, weil sich die Struppiertheit auf die Nachkommen nicht vererbt). Im übrigen ist die Struppiertheit ein offensichtlicher, auch für den Laien bei der zum Zweck des Kaufhandels üblichen Besichtigung bei einiger Aufmerksamkeit erkennbarer, in die Augen fallender Fehler, somit kein redhibitorischer Mangel.

Vorbiegigkeit. Mit dem Namen Vorbiegigkeit, Kniehängigkeit, Losigkeit, loses Knie usw. wird eine Winkelbildung im Karpalgelenk bezeichnet, welche je nach den Ursachen forensisch verschieden zu beurteilen ist. Man hat insbesondere die erworbene und die angeborene Vorbiegigkeit zu unterscheiden. 1. Die erworbene Vorbiegigkeit ist gleichbedeutend mit Struppiertsein. Sie ist die Folge von Überanstrengung und besteht in einer krankhaften und unheilbaren Kontraktur von Muskeln, Sehnen und Bändern (vgl. S. 115). Das Fesselgelenk ist dabei steil gestellt und selbst überneigend: gleichzeitig besteht Schwäche und zuweilen sogar Zittern im Knie („wackliges" Knie). 2. Die angeborene Vorbiegigkeit ist lediglich ein Schönheitsfehler, welcher die Gebrauchsfähigkeit in keiner Weise beeinträchtigt (Rasseneigentümlichkeit z. B. bei manchen Ostpreußen). Die Pferde haben einen sicheren, elastischen Gang und sind sehr leistungsfähig, weil die Winkelbildung im Karpalgelenke durch weiche, stark gewinkelte Fessel kompensiert wird.

2. Die sog. chronische Hufgelenkslahmheit.

Begriff. Als chronische Hufgelenkslahmheit, chronische Hufgelenksentzündung, Strahlbeinlahmheit, Fußrollenentzündung, Podotrochlitis chronica, bezeichnet man eine schleichende deformierende Entzündung in der Umgebung der Hufrolle. Sie ist anatomisch charakterisiert durch Zerfaserung und Verwachsung der Hufbeinbeugesehne, Knorpelusur, Osteoporose und Exostosen am Strahlbein, sowie Verdickung und Verwachsung der Bursa podotrochlearis.

Untersuchung. Die einwandfreie klinische Feststellung der chronischen Hufgelenkslahmheit ist eine der schwierigsten Aufgaben des forensischen Sachverständigen und erfordert eine sehr eingehende, methodische Untersuchung des Hufes. In vielen Fällen läßt sich klinisch überhaupt nur eine Wahrscheinlichkeitsdiagnose stellen, da die tiefe und verborgene Lage der Hufrolle eine direkte Untersuchung ausschließt und die Krankheit kein einziges pathognostisches Symptom besitzt (die Verkleinerung des Hufes ist durchaus keine charakteristische Erscheinung). Die chronische Podotrochlitis läßt sich namentlich nicht immer mit Sicherheit von der akuten Podotrochlitis sowie von der chronischen Podarthritis (Hufgelenkschale) unterscheiden, bei welcher ebenfalls eine Atrophie des Hufes eintreten kann. In allen Zweifelsfällen empfiehlt es sich daher, pro foro nicht die spezielle Diagnose „chronische Hufgelenkslahmheit", sondern die allgemeine Diagnose „chronische Huflahmheit" zu stellen. Diese wissenschaftlich begründete Diagnose reicht gewöhnlich für forensische Zwecke aus. Mit Sicherheit läßt sich das Vorhandensein der chronischen Hufgelenkslahmheit wie bei der Tuberkulose meist nur auf Grund einer Sektion nachweisen.

Im allgemeinen kommen für den klinischen Nachweis der chronischen Hufgelenkslahmheit die nachstehenden Punkte in Betracht:

1. Schmerzhaftigkeit bei forcierter Dorsalflexion des Hufes;

2. Schmerzhaftigkeit bei Daumendruck in der Ballengrube;

3. Schmerzhaftigkeit bei Druck mit der Hufzange auf die Mitte des Strahls und die Trachtengegend;

4. Schmerzhaftigkeit beim Stehen auf schiefer Ebene (Keilprobe);

5. Verstärkung der Lahmheit nach dem Aufschlagen eines geschlossenen Eisens;

6. Verschwinden der Lahmheit nach einer Kokaïninjektion;

7. Verkleinerung des ganzen Hufes und Zwanghuf;

8. Meist schleichende Entwicklung der Lahmheit;

9. Fehlende Pulsation der Schienbeinarterie;

10. Sonstiger negativer Befund am Schenkel.

Beurteilung. Die chronische Hufgelenkslahmheit ist gewöhnlich ein unheilbares Leiden, welches die Brauchbarkeit und den Wert der Pferde immer erheblich herabsetzt und sogar häufig bis zum bloßen Schlachtwert vermindert. Auch die Verborgenheit des Mangels ist im allgemeinen zu bejahen, da sich die Lahmheit meist in schleichender, unmerklicher Weise entwickelt und außerdem bei vielen temperamentvollen Pferden während des Vorführens überhaupt nicht sichtbar wird. Auch zeigen sich in der Regel am Hufe keine für den Laien erkennbare Veränderungen. Der Nachweis des Fehlers ist vielmehr sogar für den Sachverständigen mitunter sehr umständlich.

Schwierig ist dagegen die Altersbestimmung der Lahmheit. Das Vorhandensein eines Zwangshufs beweist für sich nichts, da Zwanghuf sehr häufig ohne Podotrochlitis vorkommt. Ein Urteil über die Dauer der Lahmheit läßt sich höchstens aus dem Grade der Verkleinerung des ganzen Hufes gewinnen. Liegt eine mit der chronischen Hufgelenkslahmheit im Zusammenhang stehende deutliche Atrophie des ganzen Hufes vor, dann kann das Alter der Lahmheit immerhin auf mindestens vier bis sechs Wochen berechnet werden. Aus dem Vorhandensein einer ausgesprochenen Lahmheit allein läßt sich eine längere Dauer des Leidens deshalb nicht ableiten, weil erfahrungsgemäß die Lahmheit auch schnell entstehen, ja sogar plötzlich einsetzen kann. Am zuverlässigsten wird das Alter der Lahmheit durch Zeugenaussagen nachgewiesen.

Chronische deformierende Podarthritis. Die chronische deformierende Entzündung des eigentlichen Hufgelenks, die sog. Hufgelenkschale, tritt wie die Krongelenkschale (vgl. diese) teils in artikulärer, teils in periartikulärer Form auf. Ihre klinischen Erscheinungen sind wenig ausgeprägt. Häufig läßt sich klinisch nur die allgemeine Diagnose „chronische Huflahmheit" stellen. Die Lahmheit entwickelt sich sowohl allmählich als plötzlich. Charakteristisch für die chronische Podarthritis ist die zuweilen nachweisbare Knochenauftreibung an der Hufbeinkappe in der Mitte der Krone (sog. tiefe Schale) und die Schmerzhaftigkeit beim Rotieren des Hufgelenks. Wie bei Podotrochlitis entwickelt sich ferner auch bei der Podarthritis mit der Zeit eine Atrophie des ganzen Hufes; nach der Kokaïninjektion verschwindet die Lahmheit gleichfalls, sofern keine mechanische Behinderung im Hufgelenk durch die Osteophytbildung und Ankylosierung eingetreten ist. Im übrigen ist der Untersuchungsbefund auch hier negativ. Die chronische Podarthritis läßt sich daher häufig nicht mit Sicherheit von der chronischen Podotrochlitis klinisch unterscheiden. Forensisch sind beide gleich zu beurteilen (Erheblichkeit, Verborgensein, Altersbestimmung).

3. Die chronische Hufrehe.

Begriff und Ursachen. Die chronische Hufrehe stellt eine aseptische produktive Entzündung der Huflederhaut dar, welche sich meist aus der akuten Rehe, zuweilen aber auch von vornherein als chronische, schleichende Rehe entwickelt.

Die akute Rehe oder der Verschlag wird in erster Linie verursacht durch traumatische Einwirkungen auf die Huflederhaut (sog. traumatische Rehe). Die wichtigsten Veranlassungen sind Überanstrengung auf hartem Boden mit Quetschung, Prellung und Zerrung der Huflederhaut, langes Stehen im Stall, in Eisenbahnwagen und Schiffen (Stallrehe, Belastungsrehe) sowie frischer Beschlag. Eine andere Ursache der akuten Rehe ist die Fütterung (sog. Futterrehe) mit schwer verdaulichem Futter, namentlich mit Gerste und Roggen (Kolik). Die Pathogenese dieser Reheform ist dunkel. Zuweilen wirken auch beide Ursachen, Trauma und Überfütterung, gleichzeitig ein. Die Futterrehe als ausschließliche Ursache der Hufrehe zu bezeichnen und den Begriff der Rehe auf innere Einwirkungen zu beschränken, ist unstatthaft.

Die chronische Rehe entwickelt sich gewöhnlich aus der akuten. Für die gerichtliche Tierheilkunde wichtig ist die Tatsache, daß die chronische Rehe zuweilen auch ohne vorausgegangene akute Rehe von vornherein als chronische, schleichende Rehe einsetzt (chronische Rehe im engeren Sinn).

Untersuchung. Die chronische Rehe ist einerseits durch den sog. Rehhuf, andererseits durch chronische, rezidivierende Lahmheit charakterisiert. Die Diagnose des Rehhufes stützt sich auf den Nachweis eigenartiger Formveränderungen des Hufes, welche teils durch die Überproduktion von Horn, teils durch die Senkung des Hufbeins bedingt sind. Pathognostische Bedeutung haben namentlich:

1. Ringe in der Hornwand mit divergierendem Verlauf;
2. die Verbreiterung der weißen Linie;
3. die Vorwölbung der Sohle nach unten (Vollhuf);
4. die knollige Verdickung der Zehenspitze (Knollhuf);
5. die Einsenkung der Krone;
6. die Einknickung der Zehenwand unter der Krone;
7. die steile Stellung und die Höhe der Trachten.

In der Regel sind mehrere dieser Symptome gleichzeitig vorhanden. Die Ringbildung genügt für sich allein nicht zum Nachweis des Rehhufes. Es gibt vielmehr zahlreiche andere, von der Hufrehe ganz unabhängige und häufig ganz unerhebliche Ringe, teils physiologische, parallel mit der Hufkrone verlaufende (sog. Futterringe, Weideringe, Trächtigkeitsringe und Haarwechselringe), teils pathologische, auf einen Teil der Hornwand beschränkte, sog. partielle Ringe (umschriebene Pododermatitis, Steingallen, Strahlfäule, chronische Entzündung des Fleischsaums, Entzündung der Fleischkrone, Verlagerung der Kronenpapillen bei abnormer Brechung der Fußachse, Kronenzwang, Vollhuf, Platthuf usw.).

Beurteilung. Die chronische Rehe ist ein erheblicher Mangel, weil sie meist unheilbar bzw. nur durch eine sehr eingreifende Operation nach 6 bis 9 Monaten heilbar ist und eine chronische, rezidivierende Lahmheit zur Folge hat, wodurch die Gebrauchsfähigkeit namentlich auf hartem Boden mehr oder weniger herabgesetzt wird. In hochgradigen Rehefällen haben die Pferde nur noch Schlachtwert.

Die chronische Rehe besitzt ferner die Eigenschaft eines verborgenen Mangels, weil die damit behafteten Pferde nicht zu jeder Zeit, sondern häufig nur vorübergehend, namentlich nach stärkeren Anstrengungen, lahmen. Dazu kommt, daß bei der chronischen Rehe im engeren Sinne die Lahmheit sich so schleichend entwickelt, daß sie im Anfangsstadium der Krankheit leicht übersehen werden kann. Außerdem sind die charakteristischen Formveränderungen des Hufes (Ringe, Knolle) durch Abfeilen zu beseitigen, auch werden sie zum Teil durch das Hufeisen verdeckt (Sohle, weiße Linie), so daß sie beim Kauf nicht zu erkennen sind.

Für die Altersbestimmung der chronischen Rehe sind außer den Zeugenaussagen die Formveränderungen des Hufes maßgebend. Speziell die Ringbildung ermöglicht ein bestimmtes Urteil über das Alter der Rehe. Die Untersuchungen über das Wachstum des Hufhorns haben dargetan, daß die Hornwand an der Zehe etwa um 1 cm im Monat herunterwächst. Bis das Horn von der Krone bis zum Tragrand vollständig heruntergewachsen ist, sind daher durchschnittlich notwendig

> an der Zehe . . . . . . 9—12 Monate
> an den Seitenwänden . . 7— 8 „
> an den Trachten . . . . 4— 6 „

Wenn diese Zahlen auch vorwiegend für den gesunden Huf gelten und je nach den äußeren Umständen im Einzelfalle differieren, so läßt sich aus ihnen doch wenigstens annähernd das Alter der Reheringe und damit des Krankheitsprozesses der Rehe berechnen. Ähnlich, aber noch langsamer, erfolgt das Wachstum der Hornwand beim Rind.

Flachhuf. Als Flachhuf oder Platthuf bezeichnet man einen Huf, dessen Sohle nicht nach oben gewölbt, sondern abgeflacht ist, so daß sie mit dem Tragrand des Hufes in eine Linie zu liegen kommt (beim Rehhuf ist die Sohle vorgewölbt). Der Flachhuf kommt bei manchen Pferderassen als normale Hufform vor (weiter Huf mit flacher Sohle) und ist entweder angeboren (schwere Pferderassen) oder durch langen Weideaufenthalt erworben (Marschpferde). Auch bei den großen oldenburgischen Pferden findet man deshalb nicht selten, namentlich an den Vorderfüßen Flachhufe, welche an und für sich die Leistungsfähigkeit der Pferde in keiner Weise beeinträchtigen.

Im Gegensatz zu diesen gewissermaßen physiologischen Flachhufen kommen seltene Fälle von Flachhufen vor, welche aus einer Erkrankung der inneren, von der Hufkapsel eingeschlossenen Teile des Hufes hervorgegangen sind. Diese pathologischen Flachhufe unterscheiden sich von den physiologischen dadurch, daß sie zu wiederholt auftretenden Lahmheiten Veranlassung geben, welche die Brauchbarkeit der Pferde mehr oder weniger beeinträchtigen. Namentlich nach großen Touren im Trab auf harten Straßen entstehen infolge der verminderten Widerstandsfähigkeit der pathologischen Flachhufe Quetschungsentzündungen der Huflederhaut mit Lahmheit, insbesondere dann, wenn die Trachten schwach, eingezogen und zwanghufartig nach innen verbogen sind. Solche Pferde sind zu größeren Leistungen untauglich und daher nicht „fehlerfrei".

4. Chronische Steingallen.

Begriff. Als Steingallen bezeichnet man Blutungen im Eckstrebenwinkel (Sohle, Wand, Eckstrebe), welche durch Quetschung und Zerrung der Huflederhaut im Anschluß an fehlerhafte Hufe, abnorme Stellungen oder unrichtigen Beschlag verursacht werden. Je nachdem die Blutung ohne oder mit Infektion verläuft, unterscheidet man aseptische (nichteitrige, trockene) und eitrige (nässende) Steingallen. Je nach dem Verlauf teilt man sie in akute und chronische (habituelle) Steingallen ein. Lahmheit kann vorhanden sein oder fehlen.

In forensischer Beziehung kommen als Vertragsmangel nur chronische (habituelle) Steingallen und auch diese nur dann in Betracht, wenn sie Lahmheit veranlassen. Chronische Steingallen ohne Lahmheit sind unerhebliche Fehler. Dasselbe gilt für akute Blutungen mit oder ohne Lahmheit, welche namentlich nach einem unzweckmäßigen Beschlag vorkommen und durch Regulierung des Beschlags meist leicht zu beseitigen sind.

Erheblichkeit. Die mit Lahmheit verbundenen chronischen aseptischen, sog. habituellen Steingallen sind deshalb erhebliche Mängel, weil sie sich durch einen passenden Beschlag nicht beseitigen lassen und weil auch in der Regel die ihnen zugrunde liegenden Ursachen nicht zu beseitigen sind, sondern fortwirken und fortgesetzt durch Quetschung und Zerrung der Huflederhaut Blutungen und damit eine Lahmheit veranlassen. Diese nicht zu beseitigenden Ursachen sind fehlerhafte Hufe und abnorme Stellungen. Unter den fehlerhaften Hufen ist besonders häufig der Zwanghuf die mittelbare Ursache der habituellen Steingallen; außerdem kommen schwache, niedere, umgewickelte und untergeschobene Trachten, trockenes und sprödes Hufhorn, krumme und schiefe Hufe, Vollhufe und Flachhufe als ursächliche Momente in Betracht. Solche durch fehlerhafte Hufform veranlaßte Steingallen vermindern den Wert der Pferde unter Umständen um die Hälfte. Von abnormen Stellungen begünstigt namentlich die zehenweite und zehenenge Stellung das Zustandekommen von Quetschungen, Zerrungen und Blutungen der Huflederhaut. Weil diese Stellungen zum Teil durch den Beschlag zu verbessern sind, ist die Wertverminderung eine geringere.

Die eiterigen Steingallen sind besonders ungünstig zu beurteilen, weil sie schwer zu heilen sind und oft zu schlimmen Komplikationen führen (Hufknorpelfistel, Nekrose der Huflederhaut, der Hufbeinbeugesehne und der Aufhängebänder).

Altersbestimmung. Bei der akuten, frisch entstandenen Steingalle ist die sichtbare Außenschicht des Sohlenhorns im Eckstrebenwinkel noch ungefärbt, weil sich die Hornsohle in allen ihren

Schichten nur sehr langsam mit dem extravasierten Blute imbibiert. Die blaurote oder gelbe Verfärbung des Außenhorns beweist daher ein Alter von mindestens 14 Tagen. Für ein höheres Alter der Steingallen sprechen ferner die an der Trachtenwand infolge der chronischen entzündlichen Reizung auftretenden Ringe und andere Produkte einer chronischen hyperplastischen Entzündung der Huflederhaut (Wülste, Säulen). Schwieriger ist die Beurteilung der eiterigen Steingallen; hierbei ist zu beachten, daß sich sowohl Eiterung als Gewebsnekrose schon in wenigen Tagen ausbilden kann.

Verborgensein. Da die Gegend der Eckstreben häufig durch das Hufeisen bedeckt ist und somit die Beschaffenheit des Horns im Sohlenwinkel nur nach Abnahme des Eisens und nach Verdünnung des Horns festgestellt werden kann, da außerdem die Lahmheit zeitweise verschwindet, sind die Steingallen im allgemeinen als ein verborgener Fehler zu betrachten, welcher beim Kauf leicht übersehen werden kann. Meist findet ihre Entdeckung erst auf der Beschlagbrücke oder bei der tierärztlichen Untersuchung statt.

5. Die Hornspalten.

Begriff und Ursachen. Als Hornspalten bezeichnet man Zusammenhangstrennungen der Hornwand in der Richtung der Hornfasern (Zehenwand, Seitenwand, Trachtenwand, Eckstreben). Man unterscheidet Kronrandspalten, Tragrandspalten und durchgehende Hornspalten, außerdem oberflächliche und durchdringende Hornspalten. Die unmittelbaren Ursachen der Zusammenhangstrennung sind Traumen: Erschütterung, Prellung, Quetschung, Zerrung und Dehnung der Hornwand in raschen Gangarten, auf hartem Boden und nach Kronentritten. Prädisponierend wirken abnorme Hornbeschaffenheit, namentlich Zwanghuf, schiefer Huf, eingezogene Trachten, trockenes und sprödes Horn, ferner fehlerhafte Stellungen und unzweckmäßiger Beschlag.

Erheblichkeit. Die forensische Beurteilung der Hornspalten nach § 459 B. G. B. ist im Einzelfall sehr verschieden. Sie richtet sich hauptsächlich nach dem Vorhandensein oder Nichtvorhandensein von Lahmheit, nach dem Sitz oder der Tiefe des Spalts, nach der Beschaffenheit des Hufes und nach dem Kaufpreis. Im allgemeinen kommen die nachfolgenden Gesichtspunkte in Betracht:

1. Alle mit Lahmheiten verbundenen Hornspalten sind erhebliche Mängel, weil sie die Brauchbarkeit der Pferde mehr oder weniger vermindern und schwer heilbar sind. Besonders ungünstig zu beurteilen sind Kronrandspalten an der Seiten- und Trachtenwand sowie durchgehende Zehenspalten. Sehr erheblich sind ferner alle durch Zwanghuf und andere Hufanomalien indirekt veranlaßten Hornspalten.

2. Hornspalten ohne Lahmheit sind bei gewöhnlichen Arbeitspferden unerheblich. Besonders Tragrandspalten und alle oberflächlichen Hornspalten bedingen in der Regel keine Lahmheit und verschwinden mit der Zeit durch Nachwachsen des Hufhorns. Eine ganz unerhebliche Erscheinung bilden ferner bei allen Pferden die sog. Windrisse (Luftrisse, Weiderisse). Dieselben stellen keine Zusammenhangstrennung der Hornfasern, sondern nur eine oberflächliche, rinnenartige Vertiefung in der Glasurschicht dar und finden sich nicht selten an allen vier Hufen, namentlich bei Pferden, die von der Weide kommen und zum ersten Male aufgestellt und beschlagen werden. Von Laien werden diese Windrisse häufig irrtümlicherweise für Hornspalten gehalten.

3. Hornspalten sind auch ohne Lahmheit als erhebliche Fehler zu begutachten bei teuren Pferden (Reitpferden, edlen Wagenpferden, schweren Arbeitspferden), wenn es sich um Kronrandspalten handelt, welche durch eine abnorme Beschaffenheit des Hufes, namentlich Zwanghuf, oder durch eine fehlerhafte Stellung veranlaßt sind. Derartige Spalten lassen sich auch durch einen sachgemäßen Beschlag und bei ordnungsmäßiger Pflege der Hufe nicht sicher beseitigen. Außerdem kann bei forciertem Gebrauche (schnelle Gangarten auf hartem Boden) jederzeit ein Weiterspalten nach der Tiefe und dadurch Lahmheit hinzutreten.

Altersbestimmung. Hornspalten können sehr schnell in großer Ausdehnung und Tiefe entstehen. Als Gewährfehler kommen nur ältere, nicht frisch entstandene Hornspalten in Betracht. Für die Altersbestimmung der Hornspalten ist nicht etwa der Sitz, die Länge oder Tiefe, sondern im wesentlichen nur die Beschaffenheit der Rißstelle und ihrer Umgebung maßgebend. Bei ganz frischen durchdringenden Hornspalten findet man in der Tiefe des Spaltes Blut. Bei alten Hornspalten läßt sich in der Tiefe Narbenhorn nachweisen. Eiternde Hornspalten können frisch oder alt

sein; jedenfalls kann sich eine Eiterung der Huflederhaut schon
nach 2 bis 3 Tagen entwickeln. Bei Kronrandspalten dient ferner
die Art des Herunterwachsens zur Altersbestimmung. Findet
man namentlich einen in der Mitte der Seitenwand oder Trachtenwand gelegenen, nach oben und unten abgeschlossenen, weder den
Kronrand noch den Tragrand erreichenden Spalt, so liegt eine
alte, heruntergewachsene Kronrandspalte vor, deren Verschluß von
oben durch neugebildetes, von der Krone herabwachsendes Horn
erfolgt ist. Nach der Länge dieses neugebildeten Horns läßt sich
ähnlich wie bei den Ringen des Rehhufs das Alter der Hornspalte
bemessen (vgl. S. 120). Bei Kronrandspalten, die im Anschluß
an Kronentritte entstanden sind, dient außerdem die Beschaffenheit der Krone als Anhaltspunkt für die Altersbestimmung (frische,
granulierende, vernarbte Wunden).

Verborgenheit. In den meisten Fällen bilden die Hornspalten
keinen in die Augen fallenden Fehler. Kleinere Spalten sind oft
durch Schmutz oder Hufsalben verdeckt. Namentlich an der Innenseite der Vorderhufe, dem Lieblingssitze der Hornspalten, bleiben
die Hornspalten häufig bei der im Pferdehandel üblichen Besichtigung
der Hufe unentdeckt, insbesondere dann, wenn die Pferde nicht
lahmgehen.

6. Die lose und die hohle Wand.

Die lose Wand. Als lose oder getrennte Wand wird die
Trennung der Hornwand von der Hornsohle in der weißen Linie
bezeichnet. Man findet sie besonders häufig bei den weiten Hufen
der kaltblütigen Pferde. Die lose Wand stellt in den meisten
Fällen einen unerheblichen Zustand ohne Lahmheit dar, der sich
durch einen zweckmäßigen Beschlag beseitigen läßt. Lautet daher
der Sondervertrag nach § 492 B. G. B. auf „Garantie für alle
Fehler", so liegt im Sinne des hier in Betracht kommenden
§ 459 gewöhnlich kein erheblicher Mangel und mithin kein Grund
zur Wandelung vor, wenn bei dem Pferd eine lose Wand gefunden
wird. Im einzelnen ist die lose Wand pro foro nach folgenden
Gesichtspunkten zu begutachten:

1. Oberflächliche und wenig umfangreiche Trennungen
ohne Lahmheit sind bei allen Pferden unerheblich.

2. Selbst umfangreiche Trennungen ohne Lahmheit sind
bei solchen Pferden unerheblich, die nur im Schritt und auf weichem

Boden zu arbeiten haben (Ackerpferde), wofern sie die Befestigung
der Hufeisen nicht verhindern.

3. Tiefe und umfangreiche Trennungen mit Lahmheit
(Entzündung der Huflederhaut) sind bei allen Pferden erheblich.

4. Umfangreiche, in großer Ausdehnung über die Sohlen-
peripherie sich erstreckende, breite und tiefe Trennungen ohne
Lahmheit sind bei Reit- und Wagenpferden, welche in schneller
Gangart und auf hartem Boden gebraucht werden, erheblich, weil
sie unter Umständen zu Lahmheit Veranlassung geben und die
Befestigung der Hufeisen erschweren.

Wird dagegen bei einem unter ausdrücklicher Zusicherung
der „Gesundheit und Fehlerfreiheit" verkauften Pferde lose
Wand ohne Lahmheit nach Art der Fälle 1 und 2 festgestellt, so
kommt juristisch die Frage der Erheblichkeit oder Unerheblichkeit
nicht in Betracht (vgl. S. 20); die bloße Feststellung der losen
Wand als solche genügt vielmehr zur Wandelung, weil die zugesicherte Eigenschaft der „Fehlerfreiheit" nicht erfüllt ist (§ 463).

Das Alter der losen Wand ist nach ihrer Ausdehnung
(Länge, Tiefe, Breite), nach der Beschaffenheit des Horns in der
weißen Linie (bröckliges Narbenhorn), sowie nach den Spuren einer
vorausgegangenen Behandlung (Ausfüllung mit Werg, Teer usw.)
zu berechnen. Da die lose Wand nur nach Abnahme des Hufeisens sichtbar wird, ist sie als verborgen, beim Kaufe nicht in
die Augen fallend zu bezeichnen.

Die hohle Wand. Man versteht darunter eine Trennung der
Hornwand selbst, d. h. eine Trennung der äußeren und mittleren
Hornschicht von der Blättchenschicht. Die Ursachen sind teils in
plötzlichen traumatischen Einwirkungen (Erschütterung, Nageldruck),
teils in Entzündung der Huflederhaut (seröse, hämorrhagische,
eiterige) zu suchen. Die hohle Wand ist forensisch ähnlich zu
beurteilen, wie die lose Wand. Wenig umfangreiche, nicht
mit Lahmheit verbundene hohle Wände bilden keinen
erheblichen Mangel. Erheblich ist die hohle Wand nur dann,
wenn sie mit Lahmheit verbunden ist (Pododermatitis, geschwürige
hohle Wand) oder wenn sie so umfangreich ist, daß die Befestigung
des Hufeisens schwierig oder unmöglich ist. Das Alter der
hohlen Wand wird nach den örtlichen Veränderungen berechnet
(frische oder chronische Entzündung, Narbenhorn). Bei der tiefen,
unsichtbaren Lage der hohlen Wand ist sie in jedem Fall als
verborgen zu bezeichnen.

7. Der Zwanghuf.

Begriff des Trachtenzwangs. Im Gegensatz zum angeborenen engen Hufe, der bei warmblütigen Pferden, namentlich beim Vollblut, häufig vorkommt und an sich keinen Fehler darstellt, bezeichnet man als Zwanghuf, Zwang enger Hufe oder Trachtenzwang eine fehlerhafte, erworbene Verengerung der Trachten mit Atrophie des Strahls und Kompression der Huflederhaut, welche sich in Lahmgehen und abnormer Empfindlichkeit der Trachtenwand äußert, zu Steingallen, Hornspalten und Hufknorpelverknöcherung prädisponiert und deshalb eine mehr oder weniger erhebliche Gebrauchsstörung bedingt.

Untersuchung. Je nachdem nur eine oder beide Trachten verengt sind, unterscheidet man den halben (einseitigen, medianen) und den ganzen (beiderseitigen, bilateralen) Zwanghuf. Bei der Aufnahme des Untersuchungsbefundes ist eine genaue Messung der Durchmesserverhältnisse des betreffenden Hufes und die Vergleichung mit den gesunden Teilen nötig; außerdem sind Angaben über die Beschaffenheit des Strahls, über das Resultat der Zangenuntersuchung und über den Gang des Pferdes unerläßlich. Ist neben einem Zwanghuf gleichzeitig eine Lahmheit vorhanden, so muß durch eine eingehende Untersuchung des ganzen Schenkels, eventuell durch eine Kokain- oder Alypininjektion dargetan werden, daß die Lahmheit ausschließlich nur durch den Zwanghuf und nicht etwa durch eine andere Krankheitsursache bedingt wird.

Beurteilung. Jeder mit Lahmheit verbundene Zwanghuf ist als ein erheblicher Fehler zu bezeichnen. Die Lahmheit kann dabei entweder eine ausgesprochene Stützbeinlahmheit sein oder sich nur in einem unsicheren, blöden, klammen Gang äußern; sie kann ferner zeitweise geringer werden oder vorübergehend ganz verschwinden. Aber auch ein Zwanghuf ohne nachweisbare Lahmheit ist bei Pferden, welche höher im Preise stehen (Luxuswagenpferde, Reitpferde, Offizierpferde), oder auf hartem Boden gehen müssen, als ein den Wert und die Gebrauchsfähigkeit wesentlich vermindernder Fehler zu begutachten, namentlich dann, wenn die Trachten nicht gut entwickelt sind, die Trachtenwände nicht gestreckt verlaufen und die Beschaffenheit des Horns zu wünschen übrig läßt. In solchen Fällen tritt erfahrungsgemäß bei anstrengendem Dienst häufig Lahmheit auf, auch entwickeln sich andere, die Brauchbarkeit beeinträchtigende Krankheitszustände am Hufe (Steingallen, Hornspalten usw.). Dies gilt auch für den halben Zwanghuf (Zwang halbeng-halbweiter Hufe). Die Kennzeichen und die Bedeutung des Zwanghufes sind den Laien nicht allgemein bekannt. Der Zwanghuf ist daher meist als ein verborgener Mangel zu bezeichnen. Auch ist die durch den Zwanghuf veranlaßte Lahmheit oft nur gering und daher leicht zu übersehen, namentlich wenn gleichzeitig an beiden Vorderhufen Zwanghuf besteht. Es kommt hinzu, daß die Lahmheit nicht unter allen Umständen gleich stark hervortritt, sondern auf weichem Boden oft undeutlich wird oder selbst ganz verschwindet. Auch läßt sich die Lahmheit durch einen geeigneten Beschlag vermindern und vorübergehend ganz beseitigen.

. Die Entwicklung eines Trachtenzwanghufs beansprucht immer längere Zeit; in 8 bis 14 Tagen kann sich ein Zwanghuf nicht ausbilden.

Kronenzwang. Als Kronenzwang oder Zwang weiter Hufe bezeichnet man eine mit Lahmheit verbundene sanduhrförmige Einziehung der Trachtenwand unter der Krone. Die Erheblichkeit des Fehlers ist nicht so bedeutend, wie beim Trachtenzwang, weil die Lahmheit mit dem Herunterwachsen der eingeschnürten Stelle der Hornwand oft nach einigen Monaten von selbst verschwindet und sich auch durch einen rationellen Beschlag günstig beeinflussen läßt. Auch bei der Altersbestimmung ist zu beachten, daß der Kronenzwang sich schon nach einigen Wochen, also wesentlich schneller als der Trachtenzwang, entwickeln kann. Wie der Trachtenzwang bildet er gewöhnlich einen verborgenen Mangel.

Sohlenzwang. Derselbe besteht in einer krallenförmigen Einbiegung der Zehenwand am Tragrand der Hinterhufe und hat forensisch wenig Bedeutung.

8. Die Hufknorpelverknöcherung.

Beurteilung. Die Hufknorpelverknöcherung ist das Produkt einer chronischen, traumatischen Entzündung (primäre Ostitis rarefaciens des Hufbeinastes, sekundäre ossifizierende Chondritis), welche durch die fortgesetzte Erschütterung und Zerrung des Hufknorpels bei ungünstigen statischen Verhältnissen hervorgerufen wird. Sie findet sich häufig bei schweren Zugpferden an den äußeren Knorpeln (bodenenge Stellung), nicht selten aber auch bei Reit- und Wagenpferden und dann vorwiegend innen (zehenweite Stellung). Bei den weiten Hufen der schweren Pferde bedingt die Hufknorpelverknöcherung in der Regel keine Lahmheit und ist daher für gewöhnlich kein erheblicher Mangel. Bei Reitpferden dagegen und leichteren Wagenpferden kann die Hufknorpelverknöcherung eine erhebliche und chronische

Lahmheit bedingen und dann den Charakter eines Vertragsmangels annehmen. Die Lahmheit wird meist durch eine Entzündung der Seiten- und Trachtenwand bedingt (Kompression durch den vergrößerten Hufknorpel bei engen Hufen) und tritt besonders auf hartem Boden und in schnellen Gangarten stärker hervor. Die Wertverminderung richtet sich nach dem Grade der Lahmheit und nach der sonstigen Beschaffenheit des Hufes. Der Fehler ist für den Laien nicht in die Augen fallend und mindestens einige Wochen alt.

9. Die Hufknorpelfistel.

Beurteilung. Die Hufknorpelfistel besteht in einer durch Knorpelnekrose unterhaltenen Eiterfistel. Sie entwickelt sich im Anschluß an eiternde Steingallen, durchdringende Hornspalten, Kronentritte, Nageltritte und Brandmauke. Wenn auch in vielen älteren Fällen Lahmheit fehlt, so bildet die Hufknorpelfistel doch in jedem Einzelfalle einen sehr erheblichen Mangel, weil sie sich gewöhnlich ohne eine eingreifende und kostspielige Operation (mindestens vierwöchentliche Heilungsdauer) nicht sicher beseitigen läßt. Die Hufknorpelfistel besitzt außerdem in der Regel den Charakter eines verborgenen Mangels, weil die Pferde oft nicht lahmen und die Fistel von Laien leicht übersehen oder in ihrer Bedeutung nicht erkannt wird. Nicht selten ist sie überhaupt nur durch eine eingehende sachverständige Untersuchung nachweisbar (Mündung der Fistel im Sohlenwinkel). Um einen alten, mindestens einige Wochen bestehenden Fehler handelt es sich dann, wenn keine Lahmheit mehr besteht, die örtlichen Erscheinungen einer akuten Entzündung fehlen und sich an der Krone oder am Horn chronische entzündliche Neubildungen nachweisen lassen (Sklerose, Narben, 1 cm pro Monat herunterwachsende Ringbildung, Verdickung des Horns). Der Nachweis der Nekrose allein ist für die Altersbestimmung unwesentlich. Die Knorpelnekrose kann nämlich erfahrungsgemäß ziemlich schnell (in einigen Tagen) zustande kommen. Man hüte sich endlich vor Verwechslung der Hufknorpelfistel mit gewöhnlichen eiternden Wunden, welche sich nach Kronentritten schon in zwei bis drei Tagen entwickeln können.

10. Der Hufkrebs.

Beurteilung. Die als Hufkrebs bezeichnete papillomartige Wucherung der Huflederhaut (Strahl, Sohle, Wand, Eckstrebe)

bildet eine wahrscheinlich infektiöse bösartige Neubildung und
ist daher in jedem Falle und bei noch so geringer Ausdehnung als
ein erheblicher Fehler zu bezeichnen. Die Erfahrung hat
gelehrt, daß bei ausgebreitetem Hufkrebs eine Heilung
in der Regel ausgeschlossen ist. Sogar bei der Beschränkung
des Leidens auf den Strahl (Strahlkrebs) bleibt die Prognose
immer zweifelhaft, weil nach scheinbar erfolgter Heilung Rückfälle
eintreten können. Außerdem beansprucht die Heilung in jedem
Falle eine sehr langwierige und kostspielige Behandlung. Der
Wert vieler Pferde steht daher gar nicht im Verhältnis zu den
Kosten der Behandlung. Viele mit Hufkrebs behaftete Pferde besitzen überhaupt nur Schlachtwert. Im übrigen hat man sich bei
der Diagnose „Hufkrebs" oder „Strahlkrebs" vor Verwechslungen
mit anderen, weniger oder gar nicht erheblichen Krankheitszuständen
zu hüten. Als solche sind zu nennen: Strahlfäule, eitrige Pododermatitis am Strahl (Strahlgeschwür), Phlegmone des Strahl-
polsters, Vorfall der Huflederhaut (Granulom). Sehr selten kommen
endlich Karzinome und Sarkome am Strahl und Ballen vor; dieselben
sind allerdings auch erhebliche, vom Strahlkrebs jedoch verschiedene
Neubildungen.

Da die Pferde beim Hufkrebs häufig nicht lahmen, da ferner
die Anfänge des Leidens unter Umständen sogar für den Sachverständigen schwer zu erkennen sind, weil außerdem der Hufkrebs nur am aufgehobenen Fuße sichtbar ist und selbst hierbei
noch in vielen Fällen durch den Beschlag verdeckt wird, so muß
der Hufkrebs im allgemeinen als ein verborgener, für den Laien
nicht augenfälliger Fehler bezeichnet werden.

Bei der Altersbestimmung ist Vorsicht geboten, da die
Schnelligkeit des Wachstums im Einzelfall sehr verschieden ist.
In den meisten Fällen allerdings entwickelt sich der Hufkrebs
ziemlich langsam, beginnt gewöhnlich am Strahl schleichend und
greift erst nach Wochen allmählich auf die Sohle und Wand über.
Ausgedehnte, blumenkohlartige Wucherungen, diffuse Unterminierung
der Sohle und Hornwand, sowie überhaupt ausgeprägte Deformation
des Hufes weisen jedenfalls auf wochenlanges Bestehen des
Leidens hin.

Hornsäule. Die in der Tiefe der Hornwand gelegene, in der weißen
Linie sichtbare säulenartige oder trichterförmige Wucherung von
Horn ist meist das Produkt einer umschriebenen, chronischen, hyperplastischen Entzündung der Huflederhaut und bildet gewöhnlich eine
sekundäre Erscheinung anderer chronischer Hufkrankheiten (Pododermatitis)

in der Umgebung von Hornspalten und nach Kronentritten, chronisches
Hufgeschwür, hohle und lose Wand, Vernagelung). Die mit Lahmheit
verbundene Hornsäule stellt in allen Fällen einen Gewährmangel dar (erheblich, verborgen, alt). Dagegen kann die seltener
vorkommende, nicht entzündliche Form der Hornsäule (Keratom) als ein
erheblicher Mangel nicht bezeichnet werden, weil sie an sich Lahmheit in
der Regel nicht veranlaßt.

11. Der Spat.

Begriff und Ursachen. Als Spat bezeichnet man in der
Chirurgie eine chronische Entzündung an der Innenfläche des
Sprunggelenks (Osteo-Arthritis), welche gewöhnlich die beiden
schifförmigen Beine (Os centrale und Os tarsale III), das
pyramidenförmige Bein (Os tarsale I und II), das Schienbein
und Griffelbein (Metatarsus) betrifft. In der Regel beginnt der
Prozeß im Knochen (primäre Ostitis rarefaciens) und geht von
hier über einesteils auf das Gelenk (Arthritis deformans), andern-
teils auf das Periost (Periostitis ossificans, Spatexostose).

Die Ursachen der chronischen Osteo-Arthritis sind traumatischer
Natur; sie bestehen in der fortgesetzten Quetschung und Zusammen-
pressung der kleinen Sprunggelenksknochen bei Überanstrengung
der Pferde. Prädisponierend wirken fehlerhafte Stellungen, ungünstige anatomische Einrichtung des Sprunggelenks, unzweckmäßiger Beschlag, lebhaftes Temperament und Jugend. Die Entwicklung des Krankheitsprozesses erfolgt meist schleichend.
Forensisch wichtig ist jedoch die Tatsache, daß sich die Spatlahmheit auch plötzlich nach vorausgegangenen Distorsionen des
Sprunggelenks (Fehltritt) entwickeln kann. In vielen Fällen verschwindet diese Spatlahmheit mit der Zeit von selbst infolge von
Heilungsvorgängen in den erkrankten Knochen und Gelenken
(kondensierende Ostitis, Ankylosenbildung), so daß nur die Spatexostose bleibt.

Als Vertragsmangel kommt der Spat nur dann in
Betracht, wenn er mit Lahmheit verbunden ist.

Untersuchung. Die forensische Diagnose des Spats gründet
sich auf das gleichzeitige Vorhandensein von Spatexostose und
Spatlahmheit.

1. Die Spatexostose ist durch ihren Sitz in der Gegend
der schifförmigen Beine, die umschriebene Form, die knochenharte
Konsistenz und die Schmerzlosigkeit bei Palpation charakterisiert.
Sie kann unter Umständen verwechselt werden mit einem scharf

abgesetzten Sprunggelenk, mit einer Galle, mit Phlegmone und mit akuter Arthritis.

2. Die Spatlahmheit hat an sich nichts Pathognostisches. Aus der Art der Lahmheit allein läßt sich die Spatlahmheit nicht diagnostizieren. Speziell die sog. Spatprobe (Beugeprobe) beweist für sich allein das Vorhandensein von Spat nicht, da diese Probe auch bei mehreren anderen Krankheitszuständen positiv ausfällt (Gonitis, Coxitis usw.). Desgleichen kommt die beim Spat oft nachweisbare Verminderung der Lahmheit bei der Bewegung ebensogut bei andern Leiden vor. Ein Zusammenhang einer derartigen Lahmheit mit der Spatexostose darf nur dann angenommen werden, wenn die exakte Untersuchung des ganzen übrigen Schenkels ein negatives Resultat ergibt. Es muß aus dem Untersuchungsbefunde insbesondere sicher hervorgehen, daß die Lahmheit nicht durch eine andere, chronische oder akute Krankheit bedingt ist. Um pro foro den Zusammenhang der Lahmheit mit der Spatexostose einwandfrei darzutun, ist in allen Zweifelsfällen die Vornahme einer diagnostischen Kokaïninjektion (Peroneus und Tibialis) unerläßlich.

Auf Grund von Zeugenaussagen kann der Beweis nicht erbracht werden, daß die bei einem Pferde beobachtete Lahmheit tatsächlich Spatlahmheit war; hierzu bedarf es vielmehr einer sehr gründlichen und methodischen sachverständigen Untersuchung.

Beurteilung. Die Erheblichkeit der Spatlahmheit ergibt sich aus der Tatsache, daß die Lahmheit sogar bei entsprechender Behandlung nicht mit Sicherheit, sondern nur in etwa der Hälfte der Fälle und erst nach längerer Zeit geheilt werden kann. Damit erledigt sich auch die Frage der Heilbarkeit; diese Frage läßt sich im Einzelfall nicht bestimmt, sondern nur im allgemeinen im obigen Sinne beantworten. Die Wertverminderung ist bei allen spatlahmen Pferden beträchtlich. Besonders erheblich ist der Fehler bei Reitpferden, Luxuswagenpferden und schweren Zugpferden, ferner bei starker Lahmheit, ausgedehnter Exostosenbildung, fehlerhafter Stellung und schwachem Sprunggelenk.

Das Alter der Spatlahmheit läßt sich nur aus der Beschaffenheit der Spatexostose einigermaßen sicher beurteilen. Der sog. unsichtbare Spat entzieht sich daher einer objektiven Beurteilung. Bei der Altersbestimmung kommen die Größe und Konsistenz der Exostose, sowie das Fehlen akuter Entzündungserscheinungen (höhere Temperatur, Schmerzhaftigkeit) in Betracht. Da die Ossifikation bei Periostitis erfahrungsgemäß oft rascher eintritt, als man gemeinhin annimmt (man vergleiche auch die Schnelligkeit der Callusbildung bei Knochenbrüchen), so hat man sich vor einer Überschätzung des Alters von Exostosen im allgemeinen zu hüten. Man nehme aus diesem Grunde die Minimalziffer lieber zu niedrig als zu hoch. Jedenfalls braucht eine deutlich sichtbare, d. h. etwa haselnußgroße, harte, schmerzlose, nicht höher temperierte Exostose zu ihrer Entwicklung mindestens vierzehn Tage. Diese Minimalfrist gilt namentlich auch für diejenigen Fälle von Spat, in welchen die Periostitis sich nicht, wie gewöhnlich, allmählich und sekundär von innen heraus (primäre Ostitis), sondern ausnahmsweise plötzlich nach äußeren Insulten entwickelt hat (Distorsion, Quetschung). Aus der Muskelatrophie allein läßt sich das Alter des Spats ebensowenig sicher bestimmen (vgl. S. 114), wie aus dem Charakter der Lahmheit, welche zwar meist chronisch, zuweilen aber auch akut einsetzt.

Die Spatlahmheit besitzt endlich dann den Charakter eines verborgenen Mangels, wenn die Spatexostose sehr klein ist oder ganz fehlt (sog. unsichtbarer Spat), und wenn die Lahmheit zeitweise verschwindet. Ist jedoch die Knochenauftreibung deutlich ausgebildet oder besteht anhaltende Lahmheit, dann ist der Fehler auch für den Laien, namentlich aber für Pferdehändler, in die Augen fallend.

Hasenhacke. Die mit dem Namen Hasenhacke oder Kurbe bezeichneten, ätiologisch sehr verschiedenartigen Krankheitszustände an der Hinterfläche des Sprunggelenks (Knochenhasenhacke, Sehnenhasenhacke, angeborene Hasenhacke) bilden oftmals keinen redhibitorischen Mangel, weil sie vielfach auch für den Laien sichtbar sind und häufig keinerlei Lahmheit verursachen. Die angeborene Hasenhacke (sog. verletzte Linie infolge starker Entwicklung des lateralen Griffelbeins) bildet überhaupt keinen Fehler. Auch die Knochenhasenhacke und Sehnenhasenhacke besitzen nur dann den Charakter eines Gewährmangels, wenn sie Lahmheit veranlassen und für den Laien bei gewöhnlicher Aufmerksamkeit nicht augenfällig sind. Die Knochenhasenhacke ist entweder eine spatartige Osteo-Arthritis der hinteren und unteren Sprunggelenksknochen mit Exostosenbildung und dann forensisch wie der Spat zu beurteilen oder sie stellt eine Entzündung des hinteren langen Bandes mit fibröser Verdickung und Osteophytbildung der benachbarten Knochen dar, deren Alter je nach der Beschaffenheit der Entzündungsprodukte zu beurteilen ist. Die Lahmheit kann hierbei unter Umständen schnell entstehen. Die Sehnenhasenhacke ist als eine Entzündung der Hufbeinbeugesehne (Tendinitis des Unterstützungsbandes) oder deren Sehnenscheide (Tendovaginitis) aufzufassen und forensisch wie die Sehnenentzündungen im allgemeinen zu beurteilen (akute - chronische Entzündungserscheinungen). Die Lahmheit entsteht hierbei gewöhnlich plötzlich; häufig geht die akute Entzündung in die chronische über. Vgl. im übrigen das Kapitel über Sehnenentzündung.

12. Die Schale.

Begriff und Ursachen. Als Schale bezeichnet man eine chronische, mit Exostosenbildung verlaufende Entzündung am Krongelenk. Man unterscheidet die artikuläre und die periartikuläre Schale. Bei der artikulären Schale handelt es sich um eine chronische deformierende Gelenkentzündung mit Knorpelusur, rarefizierender Ostitis, innerer Ankylosierung und Exostosenbildung. Die periartikuläre Schale besteht in einer Periarthritis mit ossifizierender Periostitis an den Ansatzstellen des Kapselbandes und der Seitenbänder. Häufig besteht gleichzeitig artikuläre und periartikuläre Schale. Nach der Lokalisation der sichtbaren Exostosen unterscheidet man eine laterale, bilaterale usw. (partielle) und eine zirkuläre Schale (Ringbein).

Die Ursachen der Schale sind sehr verschieden. In der Mehrzahl der Fälle entwickelt sich die Schale allmählich als chronische Belastungsostitis des. Fesselbeins und Kronbeins nach fortgesetzter Überanstrengung der Pferde. In anderen Fällen geht die Schale aus einer akuten Distorsion des Krongelenks hervor oder sie entsteht aus Frakturen, Fissuren und Kronentritten (traumatische Schale). Seltener, jedoch einwandfrei nachgewiesen, ist die rachitische Schale. Wahrscheinlich kann sich endlich die Schale auch vereinzelt nach Gelenkrheumatismus entwickeln (rheumatische Schale). Neben diesen eigentlichen Ursachen kommen als prädisponierende Momente in Betracht: abnorme Stellungen, schwache Gelenke, fehlerhaftes Beschneiden des Hufes und unzweckmäßiger Beschlag.

Die Schale-Exostose kann mit oder ohne Lahmheit bestehen. In forensischer Beziehung bildet die Schale nur dann einen Vertragsmangel, wenn sie mit Lahmheit verbunden ist.

Untersuchung. Bei der Diagnose der Schale handelt es sich wie beim Spat einerseits um den Nachweis der Exostosenbildung, andererseits um die Feststellung einer durch die Schale bedingten Lahmheit.

1. Die Knochenauftreibung befindet sich in der Umgebung des Krongelenks als harte und schmerzlose, nicht verschiebbare, umschriebene Anschwellung, welche entweder ring-

förmig um das ganze Krongelenk verläuft (Ringbein) oder eine
flache Auftreibung an der Vorderseite des Gelenkes bildet
(eigentliche Schale) oder lateral bzw. bilateral gelegen und auf
die Ansatzstellen des inneren und äußeren Seitenbandes beschränkt
ist. Diese Veränderungen sind im Untersuchungsbefund genau zu
beschreiben (Inspektion, Palpation, Messung).

2. Die Lahmheit kann sich bei der Schale je nach den
Ursachen allmählich oder plötzlich entwickeln. Sie äußert sich
gewöhnlich als eine Stützbeinlahmheit, welche im Anfang der Bewegung zunimmt, jedoch für die Schale durchaus nicht charakteristisch ist. Der Zusammenhang der Lahmheit mit der
Knochenauftreibung am Krongelenk muß in jedem Falle
einwandfrei dargetan werden. Hierzu dient der Nachweis
von Schmerzhaftigkeit beim passiven Rotieren des Krongelenks,
sowie der negative sonstige Untersuchungsbefund. In allen zweifelhaften Fällen muß zur Sicherung der Diagnose pro foro eine
diagnostische Kokaïn- oder Alypininjektion vorgenommen
werden. Überhaupt ist bei der Diagnose Schale große Vorsicht
geboten, da erfahrungsgemäß bei vielen Pferden starke Knochenauftreibungen am Krongelenk ohne Lahmheit vorkommen.

Beurteilung. Die mit Lahmheit verbundene Schale ist immer
ein erheblicher Mangel, mag es sich um eine artikuläre oder
periartikuläre Schale handeln. Besonders erheblich ist die artikuläre Schale, weil sie in der Regel unheilbar ist; Pferde mit dieser
Form der Schale besitzen unter Umständen nur noch Schlachtwert.
Die periartikuläre Schale ist zwar häufig heilbar und daher weniger
erheblich als die artikuläre; immerhin dauert die Lahmheit auch
bei dieser Form der Schale oft längere Zeit und ist bei ungünstiger
Beinstellung nicht immer mit Sicherheit zu heilen. Die Möglichkeit
der operativen Beseitigung der Lahmheit durch den **Nervenschnitt**
kommt für die forensische Beurteilung der Schale nicht in Berechnung, da die neurotomierten Pferde von der Lahmheit nicht
dauernd befreit, sondern nur für eine beschränkte Zeit wieder
brauchbar gemacht sind.

Das Alter der Schale kann ohne Zeugenaussagen weder aus
der Art der Lahmheit, noch aus der etwa vorhandenen Muskelatrophie beurteilt werden. Maßgebend ist lediglich die Beschaffenheit der Exostose. Da sich die Schale erfahrungsgemäß nicht immer
chronisch, sondern zuweilen auch im Anschluß an akute Traumen
(Distorsionen, Kronentritte) entwickelt, ist bei der Altersbestimmung

der Knochenauftreibung, namentlich bei der periartikulären Schale, ganz besondere Vorsicht geboten. Aus diesem Grunde empfiehlt es sich wie beim Spat, die Minimalfrist nicht zu lang zu berechnen. Eine deutlich sichtbare, knochenharte und schmerzlose Exostose kann sich bei der periartikulären Schale sehr wohl in drei bis vier Wochen, dagegen im allgemeinen nicht in vierzehn Tagen entwickeln.

Schwache Knochenauftreibungen, sowie geringe Lahmheit können bei der Schale leicht übersehen werden, auch können Knochenauftreibungen im Anfangsstadium der Krankheit ganz fehlen (sog. unsichtbare Schale); in diesen Fällen bildet die Schale einen verborgenen Mangel. Umfangreiche Exostosenbildung am Krongelenk, sowie ausgesprochene Lahmheit können jedoch auch von Laien bei der im Pferdehandel üblichen Aufmerksamkeit sehr wohl entdeckt werden.

Leist. Als Leist im engeren Sinne bezeichnet man gewöhnlich eine höckerige, beulenartige oder leistenförmige Exostose an der Ansatzstelle des Hufknorpelfesselbeinbandes in der Mitte des Fesselbeins. Noch viel häufiger als bei der Schale fehlt beim Leist die Lahmheit. Bei 60 bis 70 Proz. aller älteren Pferde findet man leistartige Exostosen ohne Lahmheit. Als Vertragsmangel kommt der Leist nur dann in Betracht, wenn er eine unheilbare oder länger dauernde Lahmheit veranlaßt. Dies ist z. B. der Fall, wenn der Ossifikationsprozeß vom Fesselbein auf die Sehnenscheide des Hufbeinbeugers übergreift und eine bleibende Kontraktur im Fesselgelenk herbeiführt. Eine vorübergehende, nur mehrere Tage oder einige Wochen andauernde Lahmheit, wie sie zuweilen im Anfang der Entwicklung der Exostose beobachtet wird (lokale Schmerzhaftigkeit, negativer sonstiger Untersuchungsbefund), kann als ein sehr erheblicher Mangel nicht bezeichnet werden. Die Wertverminderung ist hierbei in jedem Einzelfalle je nach der Zahl der Tage und Wochen, während deren das Pferd gelahmt hat, zu beurteilen. Besondere Vorsicht ist bei der Altersbestimmung des Leistes geboten. Schmerzlose und hart anzufühlende Knochenauftreibungen am Fesselbein lassen sich mit Sicherheit über 14 Tage nicht zurückdatieren. Die Lahmheit selbst kann schnell entstehen.

I3. Die Überbeine am Metakarpus.

Ursachen und Formen. Die am Metakarpus der Pferde außerordentlich häufig vorkommenden Überbeine (bei 75 Proz. aller erwachsenen Pferde) treten in verschiedenen Formen auf. Dabei handelt es sich gewöhnlich nicht um traumatische, durch äußere Verletzungen entstandene Überbeine, sondern um sogenannte spontane, durch innere Ursachen (statischen Druck und Zug) veranlaßte Exostosen. Diese spontanen Überbeine haben je nach ihrem

Sitz verschiedene Bedeutung. Man hat genauer zu unterscheiden die seitlichen oder intermetakarpalen, die hinteren oder post-metakarpalen und die tiefen metakarpalen Überbeine.

a) Die seitlichen oder intermetakarpalen Überbeine bilden die häufigste Form der Überbeine am Metakarpus. Sie stellen bohnen- bis walnußgroße, längliche Exostosen dar, die meist an der Innenfläche im oberen Drittel zwischen Metakarpus und medialem Griffelbein sitzen und sich aus einer primären Ent-zündung und Verknöcherung des Zwischenknochenbandes*) entwickeln, das durch statischen Druck und Zug fortgesetzt gereizt wird. Prädisponierend wirken hierbei abnorme Stellungen der Vordergliedmaßen (französische Stellung), kurze innere Trachten und fehlerhafter Beschlag. Vom Zwischenknochenband breitet sich die Entzündung auf das benachbarte Periost aus. Die seitlichen Überbeine entwickeln sich in der Mehrzahl der Fälle ohne Lahm-heit und bedingen auch späterhin meist keine Lahmheit. Sie bilden daher für gewöhnlich keinen erheblichen Mangel, sondern nur unter Umständen einen Schönheitsfehler. Nur wenn der Entzündungsprozeß auf das Karpalgelenk übergeht, oder wenn ausnahmsweise im Anfang der Erkrankung Lahmheit auftritt, liegt ein Vertragsmangel vor. Im übrigen darf eine am Vorder-bein bestehende Lahmheit nicht ohne weiteres auf ein gleichzeitig vorhandenes Überbein bezogen werden. Da die Überbeine viel häufiger ohne Lahmheit als mit Lahmheit bestehen und erfahrungs-gemäß namentlich die Schulterlahmheit oft mit Überbeinen ver-wechselt wird, muß in allen forensischen Fällen der kausale Zu-sammenhang zwischen Überbein und Lahmheit einwandfrei nach-gewiesen sein (örtliche Schmerzhaftigkeit, negativer sonstiger Unter-suchungsbefund, diagnostische Kokaïninjektion).

b) Die hinteren oder postmetakarpalen Überbeine sitzen auf der hinteren Kante des Griffelbeins 4—12 cm unterhalb des Karpalgelenks. Man weist sie am besten am aufgehobenen, im Karpalgelenk abgebeugten Fuß durch Fingerpalpation nach. Sie sind das Produkt einer Periostitis des Griffelbeins (statische Zugwirkung), welche sich nach unten und innen verbreitet, wobei die Exostose oftmals mit dem Fesselbeinbeuger verwächst, und denselben sogar durchwächst. Infolgedessen erzeugen die hinteren Überbeine häufig eine chronische unheilbare Lahmheit.

---

*) Oelkers, Die Überbeine am Metakarpus der Pferde. Monatshefte für prakt. Tierhlkde., Bd. XVIII, 1907, S. 337.

c) Das tiefe metakarpale Überbein liegt an der Hinterfläche des Metakarpus, unmittelbar unter der Insertion des
Fesselbeinbeugers. Die entzündlichen Verknöcherungsprozesse
beginnen an der Anheftungsstelle des Fesselbeinbeugers und verbreiten sich von hier seitwärts und abwärts. Wegen ihrer verborgenen Lage sind die tiefen Überbeine klinisch sehr schwer oder
gar nicht nachzuweisen (Palpation der Innenseite des Griffelbein-
kopfes am aufgehobenen Fuß). Sie verursachen meist eine chronische
unheilbare Lahmheit (Entzündung des Fesselbeinbeugers).

Beurteilung. Die Erheblichkeit der durch Überbeine am
Metakarpus veranlaßten Lahmheit ist verschieden zu beurteilen, je
nachdem es sich um hintere oder seitliche Überbeine handelt. Die
durch die hinteren und tiefen Überbeine bedingte Lahmheit ist
immer sehr erheblich, weil sie chronisch und nicht selten unheilbar
ist. Auch die gleichzeitig mit einer chronischen deformierenden
Arthritis des Karpalgelenks komplizierten seitlichen Überbeine sind
erheblicher Natur. Dagegen ist die Lahmheit bei den gewöhnlichen
seitlichen Überbeinen meist nur vorübergehend und im allgemeinen
leicht heilbar (häufig verschwindet sie sogar ohne Behandlung in
einigen Wochen von selbst). In diesen Fällen ist der Fehler viel
weniger erheblich. Die Wertverminderung ist von Fall zu Fall je
nach der Dauer der Lahmheit zu berechnen.

Überbeine ohne Lahmheit sind in der Regel klein und bilden
daher weder einen redhibitorischen Mangel, noch für gewöhnlich
einen Schönheitsfehler. Vereinzelt beobachtet man ausnahmsweise
ein progressives, geschwulstartiges Wachstum der Exostose, so daß
dieselbe als Schönheitsfehler den Kaufwert teurer Luxuspferde vermindert; eine derartige umfangreiche Knochenwucherung ist nur
durch eine eingreifende Operation (Abmeißeln) zu beseitigen. In
einem solchen Fall kann ausnahmsweise auch ein Überbein ohne
Lahmheit als Schönheitsfehler bei einem wertvollen Pferde einen
erheblichen Mangel darstellen, vorausgesetzt, daß es zur Zeit des
Kaufes nicht schon so entwickelt war, daß es als augenfällig bezeichnet werden mußte.

Bei der Altersbestimmung des Überbeins hat man sich
zunächst vor dem Irrtum zu hüten, eine etwa vorhandene französische Stellung der Vordergliedmaßen als den „Keim" des Überbeins zu bezeichnen. Die französische Stellung kann nicht als das
Entwicklungsstadium („Keim") des Überbeins bezeichnet werden;
sie bildet vielmehr nur eine indirekte, prädisponierende Ursache,

welche lediglich eine Besonderheit im Bau des Pferdes, jedoch keinen „kränklichen Zustand" im Sinne des früheren preußischen allgemeinen Landrechts darstellt. Die französische Stellung hat in sehr vielen Fällen die Ausbildung eines Überbeins nicht zur Folge; sie ist außerdem für jedermann augenfällig. Der Beurteilung des Alters eines Überbeins kann nur die Beschaffenheit der Exostose zugrunde gelegt werden; die Lahmheit kann schnell entstehen und ist daher zur Altersbestimmung nicht zu benützen. Man darf indessen das Alter der Exostose nicht überschätzen. Die Verhältnisse liegen hier ganz ähnlich wie beim Spat, bei der Schale und beim Leist. Im Verlauf von drei bis vier Wochen kann sich erfahrungsgemäß eine harte, schmerzlose und umschriebene Exostose sehr wohl ausbilden. Ein derartiges Überbein läßt sich daher im allgemeinen nicht über 14 Tage zurückdatieren.*)

Kleine Überbeine sind als verborgene, dem Laien nicht in die Augen fallende Fehler namentlich dann zu bezeichnen, wenn die Lahmheit gering ist oder zeitweise fehlt. Alle größeren Exostosen am Metakarpus sind jedoch auch für Laien sichtbar.

Chronische deformierende Entzündung des Karpalgelenks. Dieselbe bildet einen dem Spat und der Schale analogen Krankheitszustand und ist daher forensisch ähnlich zu beurteilen. Die Entwicklung erfolgt bald chronisch, bald akut. Bei schleichender Entstehung handelt es sich wie beim Spat um eine Belastungsostitis der kleinen Karpalknochen, namentlich an der inneren Seite (Quetschung durch Druck von oben) infolge fortgesetzter Überanstrengung (schwere Arbeitspferde, Droschkenpferde) und forcierte Aktion des Gelenks (hohe Aktion bei Trabern). Prädisponierend wirken dabei schlechte Schenkelstellung und mangelhafte Einrichtung der Vorderfußwurzel. Auch durch das Übergreifen chronischer Entzündungsprozesse in der Nachbarschaft (Überbeine am Metakarpus) kann eine chronische Arthritis des Karpalgelenks entstehen. Akute Veranlassungen sind Distorsionen, Quetschungen und akute Entzündungen des Gelenks, Verletzungen, Frakturen und eitrige Phlegmonen in der Nachbarschaft. Anatomisch liegt nach Krüger (Berl. Arch. 1906) wie bei der Schale entweder eine chronische deformierende Arthritis (artikuläre Form), oder eine Periarthritis (periartikuläre Form) oder eine Arthroperiarthritis (kombinierte Form) vor. Die wichtigsten Erscheinungen sind eine entweder allmählich (chronische Entwicklung) oder schnell entstehende Lahmheit sowie später eine knochenharte Anschwellung des ganzen Gelenks, besonders an der Innen- und Vorderseite, welche bei passiven Bewegungen des Gelenks schmerzhaft ist und die freie Beweglichkeit desselben hemmt (vorbiegige Stellung). Die Lahmheit ist meist unheilbar und daher in jedem Fall erheblich (Gelenkverdickungen ohne

---

*) Leblanc (Journ. de Lyon 1906, Nov.) sah bei einem Pferde in 14 Tagen eine 7—8 cm lange, harte, schmerzlose, nicht vermehrt warme Knochenverdickung am Metakarpus auftreten.

Lahmheit bilden dagegen keinen erheblichen Mangel). Da die Lahmheit ferner bei längerer Ruhe vorübergehend zurückgehen kann, besitzt sie im allgemeinen den Charakter eines verborgenen Mangels. Das Alter des Krankheitszustandes kann, wenn Zeugenaussagen fehlen, nicht nach der Lahmheit, sondern lediglich nach der Beschaffenheit der Exostosenbildung beurteilt werden. Da sich die Arthritis des Karpalgelenks unter Umständen im Anschluß an eine Distorsion oder Quetschung schnell entwickelt und bei einer traumatischen Periostitis Exostosen bald auftreten können, hat man sich davor zu hüten, das Alter der Knochenauftreibungen zu überschätzen. Eine deutlich sichtbare, knochenharte und schmerzlose Exostose am Karpalgelenk kann sich sehr wohl in 3—4 Wochen, dagegen im allgemeinen nicht in 14 Tagen entwickeln.

14. Die chronische deformierende Gonitis.

Begriff und Ursachen. Die chronische deformierende Gonitis stellt, analog dem Spat, eine chronische Osteo-Arthritis des Kniegelenks dar, welche gewöhnlich mit einer primären rarefizierenden Ostitis im medialen Gelenkende der Tibia und des Femur beginnt und sekundär zu Usurierung und Zerfaserung des Gelenkknorpels, zu bindegewebiger Verdickung der Gelenkkapsel und zu Exostosenbildung am Gelenkrande führt. Sie kommt namentlich bei schweren Arbeitspferden und Omnibuspferden vor und entwickelt sich meist allmählich als chronische Belastungsostitis; sie kann jedoch auch im Anschluß an akute Distorsionen und akute Goniten entstehen. Prädisponierend wirken fehlerhafte Stellungen der Gliedmaßen.

In der Regel veranlaßt die chronische deformierende Gonitis Lahmheit. Unter Umständen können jedoch auch Gelenksdeformationen ohne Lahmheit bestehen. Forensisch kommt nur die mit Lahmheit verbundene, chronische deformierende Gonitis als Vertragsmangel in Betracht.

Untersuchung. Die Erscheinungen der chronischen deformierenden Gonitis sind in der Praxis nicht so allgemein bekannt, wie die des Spats und der Schale. Die Krankheit wird häufig übersehen oder verkannt und mit Spat verwechselt. Der Nachweis des Fehlers erfordert daher eine sehr sorgfältige Untersuchung. Man hat einerseits die Auftreibungen am Gelenk, andrerseits die Lahmheit zu berücksichtigen.

1. Die Deformation des Kniegelenks ist namentlich an der Innenfläche der Tibia klinisch nachzuweisen. Man fühlt dort, handlang einwärts von der Kniescheibe und handbreit unter der

Kniescheibe, eine umschriebene, taubenei- bis hühnereigroße, schmerzlose, harte Auftreibung des Knochens, über welcher die Haut ver-
schiebbar ist. In schweren Fällen ist das ganze Kniegelenk un-
förmlich verdickt und hart anzufühlen. Häufig sind beide Knie-
gelenke erkrankt. Die Kniescheibenmuskeln sind atrophisch.

2. Die meist allmählich, zuweilen aber auch schnell auftretende Lahmheit hat für die chronische deformierende Gonitis
nichts Charakteristisches. Wie manche andere Lahmheiten, tritt
sie im allgemeinen nach angestrengtem Gebrauch stärker hervor,
während sie sich nach längerer Ruhe vermindert. Durch starkes
Abbeugen des Kniegelenks (Beugeprobe) wird die Lahmheit wie
beim Spat vorübergehend gesteigert. Im Stande der Ruhe halten
die Pferde häufig den Schenkel im Kniegelenk mäßig abgebeugt.
Wichtiger für die Diagnose ist die Schmerzhaftigkeit des Kniegelenks bei passiven Bewegungen desselben (Beugen und
Adduzieren). Viele mit Gonitis behaftete Pferde legen sich nicht,
namentlich bei gleichzeitiger Erkrankung beider Gelenke.

Beurteilung. Die mit Lahmheit verbundene chronische Gonitis
ist immer ein sehr erheblicher Mangel, noch erheblicher in der
Regel als der Spat, weil das Leiden meistens unheilbar ist und
sogar durch Abmagerung und Erschöpfung infolge des anhaltenden
Stehens zum Tode führen kann. In vielen Fällen besitzen die mit
Gonitis behafteten Pferde nur Schlachtwert. Besonders erheblich
ist die beiderseitige Gonitis.

Eine Altersbestimmung des Leidens ist nur auf Grund der
am Gelenk nachweisbaren Veränderungen möglich. Diese Deforma-
tionen sind ähnlich wie beim Spat zu beurteilen. Kleine,
taubeneigroße, harte und schmerzlose Auftreibungen an
der Innenfläche der Tibia brauchen zu ihrer Entwicklung
eine Frist von mindestens vierzehn Tagen. Bei umfang-
reicherer Knochenneubildung und bei allgemeiner Gelenksverdickung
ist die Dauer des Leidens entsprechend höher zu berechnen. Aus
der Lahmheit allein läßt sich, von Zeugenaussagen abgesehen, das
Alter nicht beurteilen, weil bei der durch akute Distorsionen veranlaßten chronischen Gonitis die Lahmheit schnell einzusetzen
pflegt. Ebenso kann sich die Muskelatrophie der Kniescheiben-
strecker bei starker Lahmheit schnell entwickeln.

Wegen der verborgenen Lage der medianen Exostose und in
Anbetracht der bei beiderseitiger Gonitis oft wenig ausgeprägten

und zuweilen vorübergehend sogar verschwindenden Lahmheit ist der Fehler häufig als verborgen zu bezeichnen.

Habituelle Luxation der Kniescheibe. Im Gegensatz zur stationären, durch traumatische Insulte veranlaßten Kniescheibenverrenkung entsteht die habituelle (momentane, rezidivierende) Luxation der Kniescheibe nach oben gewöhnlich spontan ohne nachweisbare besondere Ursachen; seltener entwickelt sie sich aus der stationären. Die habituelle Luxation der Kniescheibe bildet zwar im allgemeinen einen erheblichen und verborgenen Mangel. Der Nachweis eines längeren Bestehens des Fehlers läßt sich jedoch in der Regel ohne Zeugenaussagen nicht führen, weil auch in veralteten Fällen am Kniegelenk meist keine chronische Veränderungen nachweisbar sind, auf Grund deren, ähnlich wie bei der chronischen Gonitis, das Alter des Leidens beurteilt werden könnte, und weil außerdem die habituelle Kniescheibenverrenkung ebenso plötzlich entstehen kann wie die stationäre. Andererseits läßt sich das Fehlen akuter Entzündungserscheinungen am Kniegelenk nicht als Beweis für ein längeres Bestehen des Fehlers heranziehen, weil auch bei ganz frisch entstandenen Luxationen der Kniescheibe Erscheinungen einer akuten Entzündung erfahrungsgemäß häufig fehlen. Die sog. Luxation der Kniescheibe stellt nämlich keine Luxation im eigentlichen Sinne mit Zerreißung, Blutung und Entzündung der Gelenkkapsel und Bänder, sondern nur eine Dislokation der Kniescheibe innerhalb der Gelenkkapsel dar.

15. Die chronische Schulterlahmheit.

Begriff. Der Begriff „chronische Schulterlahmheit" umfaßt sehr verschiedenartige Krankheitszustände. Als Gewährmangel kommt am häufigsten die chronische deformierende Omarthritis in Betracht. Außerdem kann es sich um eine chronische Bursitis intertubercularis, sowie um chronischen Muskelrheumatismus handeln. Ausnahmsweise liegt der chronischen Schulterlahmheit eine Thrombose der Achselarterie zugrunde (vgl. S. 149).

Im nachfolgenden soll nur die chronische deformierende Omarthritis als wichtigste Form der chronischen Schulterlahmheit besprochen werden. Die Bursitis chronica intertubercularis, welche durch eine Schwellung in der Gegend des Biceps und durch Schmerzhaftigkeit beim Rückwärtsziehen der Schulter gekennzeichnet wird, ist forensisch ähnlich zu beurteilen, da sie ebenfalls eine chronische deformierende Entzündung darstellt, indem sie sich anatomisch durch Verdickung der Bursa, Usuren am Gelenkknorpel, Zerfaserung, Verknöcherung und Verwachsung der Sehne des Biceps, sowie durch Exostosenbildung am Humerus äußert. Der chronische Muskelrheumatismus kommt als Gewährmangel weniger in Betracht, weil er meist schnell entsteht und seine Feststellung sehr unsicher ist. Überhaupt empfiehlt es sich

dann, wenn eine Spezialdiagnose zweifelhaft oder unmöglich ist, pro foro nur die allgemeine Diagnose „chronische Schulterlahmheit" zu stellen.

Die chronische deformierende Omarthritis. Sie ist als eine
der chronischen Gonitis analoge Osteoarthritis des Schulter-
gelenks aufzufassen, welche vorwiegend die innere Hälfte und die
Randpartie des Gelenks betrifft, meist mit entzündlicher Osteoporose in den Gelenkenden beginnt und einerseits zu Erweichung,
Zerfaserung und Usurierung der Gelenkknorpel, andrerseits zu
Verdickung der Gelenkkapsel und zu Exostosenbildung am
Gelenkrand führt, wodurch eine Deformation des ganzen Gelenks
bedingt wird. Die chronische Omarthritis entwickelt sich meist
aus einer akuten Distorsion der Entzündung des Gelenks nach
Fehltritten, Ausgleiten, Stürzen usw. mit schnell entstehender
Lahmheit. Sie kann sich jedoch auch allmählich, von vornherein
schleichend ausbilden infolge fortgesetzter Erschütterung der
Gelenkenden bei schneller Gangart auf hartem Boden. Klinisch
ist die chronische deformierende Omarthritis durch eine gemischte
Lahmheit, Schmerzhaftigkeit bei passiven Bewegungen des Schulter-
gelenks, häufig auch durch eine harte, schmerzlose Verdickung des
ganzen Gelenks bei sonst negativem Untersuchungsbefund (Kokaïninjektion) charakterisiert.

Die forensische Beurteilung ist so ziemlich dieselbe, wie
bei der chronischen Gonitis (vgl. S. 140). Das Leiden ist häufig
unheilbar und daher im allgemeinen erheblich. Die Lahmheit
kann sich allmählich entwickeln und nach längerer Ruhe vorübergehend so bessern, daß der Fehler verborgen bleibt. Das Alter
der Omarthritis kann klinisch nur nach dem Grade der Exostosenbildung beurteilt werden. Fehlt eine nachweisbare Verdickung des
Gelenks, so läßt sich das Alter der Lahmheit nur auf Grund von
Zeugenaussagen bestimmen, weil die Lahmheit als solche sich
ganz plötzlich entwickeln kann.

16. Der Hahnentritt.

Begriff und Ursachen. Der Hahnentritt oder Zuckfuß der
Pferde ist als eine Ataxie aufzufassen, welche in einem plötzlichen
und abnorm starken Abbeugen und zuckenden Hochheben eines
oder beider Hinterbeine besteht. Man unterscheidet einen echten
(wahren, idiopathischen) und einen falschen (symptomatischen)

Hahnentritt. Der falsche Hahnentritt kommt als bloße Begleiterscheinung anderer chirurgischer Krankheiten (Spat, Luxation der
Kniescheibe usw.) forensisch meist nicht in Betracht. Dagegen bildet
der echte Hahnentritt unter Umständen einen Gewährmangel.

Die Ursachen des echten, idiopathischen Hahnentritts lassen
sich gewöhnlich nicht nachweisen. Wahrscheinlich handelt es sich
meist um ein Nervenleiden (spinale Ataxie, periphere Neuritis,
Lähmung des Peroneus oder Ischiadicus?). Die herkömmliche Annahme, wonach der Hahnentritt durch eine Verkürzung von Faszien,
Muskeln oder Sehnen verursacht werden soll (Schenkelfaszie, Tensor
fasciae latae, Sehne des seitlichen Zehenstreckers), ist durch nichts
erwiesen. Da sich mithin die Ursachen des Hahnentritts im Einzelfall nicht sicher feststellen lassen, ist bei der forensischen Begutachtung dieses Fehlers Vorsicht und Zurückhaltung geboten.

Beurteilung. Der Hahnentritt ist in den höheren Graden gewöhnlich für den Laien ein in die Augen fallender Fehler und dann
also kein Gewährsmangel. Die niederen Grade des Hahnentritts
können jedoch selbst einem aufmerksamen Nichtsachverständigen
unbemerkt bleiben. Dies ist auch der Fall, wenn nur im Schritt
Hahnentritt vorliegt und das Pferd beim Kauf im Trab vorgeführt
wird. Unter diesen Umständen muß der Fehler als verborgen
bezeichnet werden.

Die Erheblichkeit des Hahnentritts ist im Einzelfalle sehr
verschieden zu beurteilen. Bei allen teuren Luxuspferden
liegt in jedem Falle ein erheblicher Schönheitsfehler vor,
welcher den Kaufwert der Pferde oft über die Hälfte vermindert. Auch der Gebrauchswert vieler Pferde wird durch
die höheren Grade des Hahnentritts erheblich herabgesetzt, weil
durch die fortgesetzte zwecklose und übermäßige Muskelkontraktion
die Leistungsfähigkeit beeinträchtigt wird. Es ist auch die Möglichkeit nicht ausgeschlossen, daß bei sehr hochgradigem Zuckfuß
das Pferd einmal umfällt und sich dabei schwer verletzt. Außerdem ist der Hahnentritt in vielen Fällen unheilbar und auch durch
eine Operation nicht immer zu beseitigen. In geringen Graden
und bei billigen Arbeitspferden stellt jedoch der Hahnentritt meist keinen erheblichen Mangel dar. Dies gilt
namentlich auch für diejenige Form des Hahnentritts, welche sich
nicht während der Arbeit, sondern nur im Stalle zeigt, wenn die
Pferde zum Herumtreten veranlaßt werden (sog. Streukrampf oder
Krampfigkeit).

Besondere Vorsicht ist endlich bei der Altersbeurteilung des Hahnentritts geboten. Ein längeres Bestehen des Fehlers läßt sich nur auf Grund von Zeugenaussagen annehmen. Die Behauptung, daß der Hahnentritt sich regelmäßig langsam ausbilde und bei gesicherter Diagnose auf mindestens 10—15 (!) Tage zurückzudatieren sei, ist durchaus willkürlich und durch nichts begründet. Die wissenschaftliche Erfahrung lehrt im Gegenteil, daß sich der Hahnentritt jederzeit und aus verschiedenen Ursachen schnell entwickeln kann.

Hohe Aktion. Mit dem Hahnentritt nicht zu verwechseln ist die sog. hohe Aktion, eine eigenartige physiologische Gangart, bei der alle vier Hufe mindestens bis zur Höhe des Fesselgelenks des Nebenfußes und höher gehoben werden. Diese Form des Ganges gilt sogar als elegant, wenn alle Gelenke dabei mitwirken. Jedenfalls vermindert sie den Gebrauchswert und die Reellität des Pferdes nicht; außerdem ist sie für jedermann sichtbar.

17. Die chronische Kreuzschwäche.

Begriff und Ursachen. Als Kreuzschwäche oder Kreuzlähme bezeichnet man eine unvollständige Lähmung der Nachhand (Parese), welche sich in einem unsicheren, schwankenden und taumelnden Gang mit unregelmäßigem Heben und Vorführen der Hinterbeine äußert und durch die allerverschiedensten Ursachen veranlaßt sein kann. Meist liegen der Kreuzschwäche Rückenmarkskrankheiten zugrunde (Meningitis und Myelitis spinalis, Blutungen, Erschütterungen, Verletzungen, Neubildungen, Infektionskrankheiten, Vergiftungen); seltener sind Erkrankungen der peripheren Nerven (Polyneuritis bei Beschälseuche). In zweiter Linie kommen Muskelkrankheiten (Hämoglobinämie, Myositis, Muskelzerreißung), sowie Krankheiten der Knochen und Gelenke in Betracht (Fissuren und Frakturen der Wirbel und des Beckens, Distorsionen der Wirbelgelenke). Eine besondere Form der Kreuzschwäche bildet die meist durch Thrombose der Becken- und Schenkelarterie verursachte intermittierende Lahmheit (vgl. S. 147).

Die Kreuzschwäche kann akut oder chronisch auftreten. Nur die chronische Kreuzschwäche bildet einen Gewährmangel.

Beurteilung. Die forensische Beurteilung der Kreuzschwäche ist in jedem Einzelfalle verschieden. Nur die Frage der Erheblichkeit kann im allgemeinen bejaht werden, da die meisten Fälle von Kreuzschwäche, namentlich die durch Rückenmarksleiden bedingten, unheilbar sind und die Brauchbarkeit der Pferde mehr

oder weniger erheblich vermindern oder ganz aufheben, so daß die
Pferde häufig nur noch Schlachtwert besitzen. Im übrigen muß
vor allem durch eine eingehende und sachgemäße Untersuchung
einwandfrei nachgewiesen sein, daß bei dem streitigen Pferde
tatsächlich eine Parese der Nachhand vorliegt. Die Erfahrung
lehrt, daß von Laien irrtümlicherweise häufig allgemeine Mattigkeit, sowie gewisse individuelle Eigenarten des Ganges und Körper-
baues, wie sie besonders kaltblütigen Pferden eigentümlich sind
(schlecht geschlossene Flanken, kuhhessige und faßbeinige Stellung,
abschüssige Kruppe), mit Kreuzschwäche verwechselt werden.

Da die Kreuzschwäche sich aus sehr verschiedenen Ursachen
jederzeit ganz schnell, ja sogar plötzlich entwickeln kann, ist
bei der Altersbestimmung große Vorsicht geboten. Eine sichere
Entscheidung über die Dauer der Lahmheit ist meist nur auf Grund
von Zeugenaussagen möglich. Auch durch die Sektion läßt
sich die Chronicität nur im Falle des Vorhandenseins chronischer
anatomischer Veränderungen, z. B. von Neubildungen im Rückenmark, dartun; häufig fehlen indessen nachweisbare makroskopisch-
anatomische Veränderungen. Das, etwaige Vorhandensein von
Muskelatrophie (nicht selten fehlt sie überhaupt) bietet für die
Altersbestimmung der Kreuzschwäche wenig sichere Anhaltspunkte,
da sich ein Muskelschwund erfahrungsgemäß ziemlich schnell entwickeln kann (vgl. S. 114). Ebensowenig ist auf den Nachweis
alter Streichverletzungen Gewicht zu legen, da sich auch Pferde
streichen, welche nicht an Kreuzschwäche leiden.

Die Frage der Offensichtlichkeit oder Verborgenheit des
Mangels ist je nach dem Grade der Parese verschieden zu beurteilen.
Die höheren Grade der Kreuzschwäche sind beim Vorführen der
Pferde auch für Laien bei ordnungsmäßiger Besichtigung erkennbar.
Geringe Grade des Leidens können dagegen dem Laien sehr wohl
entgehen. Eine für den Laien gewöhnlich nicht erkennbare Form
des Fehlers bildet die intermittierende Kreuzschwäche; vgl. das
folgende Kapitel über intermittierende Lahmheit.

Hämoglobinämie. Die rheumatische Hämoglobinämie des
Pferdes kommt als Vertragsmangel ebensowenig in Betracht, wie der Rheu-
matismus, weil sie sich nach dem Kauf zu jeder Zeit schnell entwickeln
kann. Sie entsteht der tierärztlichen Erfahrung gemäß in den meisten
Fällen unter dem Einfluß einer Erkältung, wenn Pferde mehrere Tage bei
anhaltend starker Fütterung untätig im Stall gestanden haben und hierauf
wieder zur Arbeit verwendet werden (also gewöhnlich durch die Schuld
des Käufers). Nur dann, wenn schon innerhalb der ersten Viertelstunde
nach der Übernahme die Lähmung eintritt, kann unter Umständen der

„Keim“, d. h. die bedingende Ursache der Krankheit, bis vor die Übernahme zurückdatiert werden, wenn nämlich nachgewiesen werden kann,
daß das Pferd beim Verkäufer durch dessen Verschulden mehrere Tage
untätig bei voller Futterration im Stall gestanden hat. Die seltenere
infektiöse Form der Hämoglobinämie des Pferdes ist ätiologisch noch
zu wenig aufgeklärt, als daß sie sich forensisch sicher beurteilen ließe (bei
der infektiösen Hämoglobinurie der Rinder ist dies auf Grund der Entwicklungsgeschichte des Piroplasma bigeminum eher möglich).

Hammelschwanz. Als Hammelschwanz bezeichnet man die Lähmung
des Schweifes. Sie kann sich aus verschiedenen Ursachen akut oder
chronisch entwickeln und kommt u. a. als eine Begleiterscheinung der
spinalen Kreuzschwäche vor. Eine besondere Form des Hammelschwanzes
bildet die mit Lähmung des Afters, Mastdarms und der Blase (Sphincteren-
lähmung) kombinierte Schweiflähmung, welche durch eine chronische
interstitielle Entzündung der Cauda equina veranlaßt wird (Dexler).
Diese kombinierte Schweiflähmung entwickelt sich in der Regel allmählich
aus unbekannten Ursachen und stellt einen verborgenen, unheilbaren, erheblichen, wenn auch nicht lebensgefährlichen Mangel dar, welcher den Wert
besserer Pferde immer wesentlich vermindert.

18. Das intermittierende Hinken.

Begriff. Als intermittierendes Hinken oder intermittierende Lahmheit bezeichnet man eine gewöhnlich nur bei
längerer Bewegung auftretende und nach kurzem Ausruhen jedes-
mal wieder verschwindende Lahmheit eines oder beider Hinterbeine (seltener einer Vordergliedmaße), welche sich teils als Hangbeinlahmheit durch Nachschleppen des Schenkels und Anschlagen
an dem anderen Hinterbein, teils als Stützbeinlahmheit durch Über-
knicken und Zusammenbrechen beim Belasten, teils durch eine
gemischte Lahmheit äußert.

Bei einseitigem Auftreten der intermittierenden Lahmheit
bleiben die Pferde meist stehen, unfähig, weiter zu gehen; bei
beiderseitiger Lahmheit legen sie sich nieder oder brechen im
Hinterteil gelähmt zusammen. Gleichzeitig zeigen sie Schweißausbruch, Dyspnoe, Herzklopfen, Zittern und große Angst; die
Pulsation der peripheren Arterien (A. metatarsea dorsalis lateralis.
A. digitalis) ist unterdrückt oder fehlt, die Temperatur des lahmen
Beins ist vermindert. Haben sich die Pferde einige Zeit aus-
geruht, so erheben sie sich wieder und die Lahmheit ist verschwunden. Durch forcierte Bewegung läßt sich die charakteristische
Lahmheit zu jeder Zeit künstlich herbeiführen. Örtliche Veränderungen an den Gliedmaßen fehlen (negativer Befund).

Ursachen. Das intermittierende Hinken wird durch eine vorübergehende, lähmungsartige Schwäche der Muskulatur der Hinter-

gliedmaßen bedingt, welche durch eine lokale Hemmung der arteriellen Blutzufuhr hervorgerufen wird. Gewöhnlich liegt dem intermittierenden Hinken eine chronische deformierende Arterienentzündung (Arteriosklerose) mit Thrombosenbildung zugrunde. Die Lahmheit kann daher wissenschaftlich wie beim Menschen als „Dysbasia intermittens angiosclerotica" bezeichnet werden. In sehr seltenen Fällen wird die Lahmheit nicht durch eine chronische deformierende Arteriitis (Obturationsstenose), sondern durch angeborene Aortenstenose oder komprimierende Neubildungen (Sarkom) in der Nähe der großen Gefäße verursacht (Kompressionsstenose).

Die Arteriosklerose hat in der Regel an der Teilungsstelle der Aorta (Thrombose der Becken- und Schenkelarterie), seltener in den distalen Arterien des Unterschenkels und Fußes (Knickehlarterie, untere Schenkelarterien, Schienbein- und Fesselarterien) ihren Sitz. Sehr selten ist die Thrombose der Achselarterie. Die Thrombose der Schenkel- und Beckenarterie entsteht teils durch zentripetales Fortschreiten der distalen, peripheren Thrombenbildung in den Unterschenkel- und Fußarterien, teils durch eine lokale Endarteriitis an der Teilungsstelle der Aorta, teils entwickelt sie sich im Anschluß an verschleppte Emboli aus der vorderen Gekrösarterie (Aneurysma) oder aus dem Herzen (Endocarditis).

Die Thrombose der distalen Arterien wird durch örtliche Arteriosklerose, vielleicht auch durch Emboli bedingt. Die Ursachen der Arteriosklerose beim Pferd sind nicht sicher bekannt.

Untersuchung. Durch den intermittierenden Charakter einer einseitigen oder beiderseitigen Lahmheit wird im allgemeinen nur die Annahme des Vorhandenseins einer Arterienstenose gerechtfertigt. Der genaue Sitz und die Natur dieser Arterienverengerung lassen sich klinisch nicht immer sicher diagnostizieren. Insbesondere bleibt die Frage oft unaufgeklärt, ob eine Thrombose einer Becken- oder Schenkelarterie oder eine distale Arteriosklerose vorliegt.

Das Vorhandensein einer Thrombose der Becken- und Schenkelarterien als Ursache der intermittierenden Lahmheit läßt sich in vorgeschrittenen Fällen durch eine rektale Untersuchung meist ziemlich sicher beweisen. Die Vornahme der rektalen Untersuchung darf daher in keinem Falle unterlassen werden. An der Teilungsstelle der Aorta fühlt man die Schenkelarterie (Arteria iliaca externa bzw. femoralis) oder die Beckenarterie (A. hypogastrica) oder beide Arterien auf einer bzw. auf beiden Seiten verdickt, hart und ohne Pulsation oder schwächer pulsierend. Der Nachweis einer distalen Thrombose ist dagegen klinisch nicht zu führen, weil die peripheren Arterienäste infolge ihrer verborgenen Lage nicht palpierbar sind. Das Vorhandensein einer peripheren Arteriosklerose läßt sich bei negativem Rektalbefunde lediglich auf dem Wege des Ausschlusses vermuten. Eine sichere Entscheidung ist in diesem Falle allein durch die Sektion zu erzielen. Für die durch Aortenstenose hervorgerufene intermittierende Lahmheit gibt es überhaupt keine klinischen Anhaltspunkte. Hieraus folgt, daß trotz negativem Rektalbefunde chronisches intermittierendes Hinken vorliegen kann. Die Regel allerdings ist, daß man vom Mastdarm aus eine palpirbare Stenose an der Teilungsstelle der Aorta findet.

Beurteilung. Die dem intermittierenden Hinken zugrunde liegenden chronischen Gefäßdeformitäten sind in der Regel unheilbar. Da das Leiden ferner die Gebrauchsfähigkeit der Pferde häufig vollkommen aufhebt, so ist der Fehler als sehr erheblich zu begutachten. Es kann auch keinem Zweifel unterliegen, daß der Fehler verborgen ist, weil die Lahmheit in der Ruhe und bei dem im Pferdehandel üblichen Vorführen der Pferde nicht sichtbar und daher nicht bloß für den Laien, sondern auch für den Sachverständigen nicht erkennbar ist.

Schwieriger ist dagegen das Alter der intermittierenden Lahmheit zu beurteilen, wofern Zeugenaussagen nicht vorhanden sind. Nur dann, wenn sich rektal eine deutliche Verhärtung der Arterienwand mit verminderter oder fehlender Pulsation nachweisen läßt, kann schon auf Grund des klinischen Befundes begutachtet werden, daß das Leiden nicht frisch entstanden ist. Bei negativem Rektalbefunde läßt sich dagegen ein bestimmtes Gutachten über die Dauer der Lahmheit nicht abgeben. Es kann nur im allgemeinen begutachtet werden, daß wahrscheinlich ein älteres Leiden vorliegt, weil das intermittierende Hinken erfahrungsgemäß in der Regel durch chronische Gefäßkrankheiten verursacht wird. Dies gilt namentlich für die Fälle, in welchen die Lahmheit sehr ausgeprägt ist. Nur ausnahmsweise kommt es vor, daß durch mechanische Insulte, intravenöse Injektionen usw. eine Pfropfbildung in der Becken- oder Schenkelarterie schnell entsteht, wie ich dies in einem Falle beobachtet habe (Collargol-Injektion). Auch das etwaige Vorhandensein von schwieligen Hautverdickungen am Fessel- und

Schienbein des gesunden Schenkels, welche durch das häufige Anschlagen des gelähmten Beines bedingt werden, kann den Verdacht
auf ein längeres Bestehen des Leidens unterstützen.

In allen Zweifelsfällen empfiehlt sich indessen zur sicheren
Feststellung des Alters der Gefäßveränderungen und der Thrombenbildung die Tötung und Sektion der lahmen Pferde. Werden
bei der Sektion deutlich die charakteristischen Veränderungen der
chronischen deformierenden Arteriitis (Atheromatose, Sklerose, Verkalkung) mit hellen, derben, organisierten Thromben im Innern der
Gefäße nachgewiesen, so kann es keinem Zweifel unterliegen, daß
das Leiden zum mindesten vier Wochen alt ist. Verkalkte Thromben
sind jedenfalls Monate alt. Die Thrombenbildung geht nämlich bei
der chronischen Endarteriitis großer Gefäßstämme sehr langsam
vor sich, noch viel langsamer, als bei der Thrombose in gesunden,
kleinen Gefäßen. Die chirurgischen Versuche bei der Blutstillung
und Ligatur haben gezeigt, daß schon bei kleinen Arterien drei bis
fünf Wochen vergehen, bis das Lumen der unterbundenen Gefäße
durch einen organisierten Thrombus verschlossen wird.

Thrombose der Achselarterie. Die sehr seltene Thrombose der Achsel-
und Armarterie (A. axillaris und brachialis) wird ähnlich wie die Thrombose
der Becken- und Schenkelarterie gewöhnlich durch örtliche Arteriosklerose,
seltener durch Emboli vom Herzen her veranlaßt (Endocarditis). Sie ist
bei sonst negativem Untersuchungsbefund durch eine intermittierende
Schulterlahmheit mit ähnlichen Symptomen, wie bei der Thrombose
der Hintergliedmaßen-Arterien gekennzeichnet (Hangbeinlahmheit, Stützbeinlahmheit, Dyspnoe, Schweißausbruch, Herzklopfen, fehlende Pulsation
der Schienbeinarterie usw.). Die forensische Beurteilung ist im allgemeinen
dieselbe, wie bei der intermittierenden Lahmheit der Hinterbeine.

19. Die chronischen Sehnenentzündungen.

Begriff und Ursachen. Die Entzündung der Sehnen, Tendinitis, entsteht gewöhnlich akut als traumatische, aseptische, reak-
tive Entzündung nach fibrillären, faszikulären und partiellen
Sehnenzerreißungen, welche durch eine plötzliche Überdehnung
der Sehne entstanden sind. In ganz frischen Fällen findet sich
zwischen den eingerissenen Sehnenfasern Blut oder blutig-seröse
Infiltration. Im weiteren Verlauf kommt es sehr bald zu einer
zelligen Infiltration der Rißstelle, an welche sich dann eine entzündliche Neubildung von Blutgefäßen und Bindegewebe anschließt.
An dieser schon in den nächsten Tagen beginnenden Neubildung
beteiligen sich vor allem das Tendilemm, d. h. das interfaszikuläre

Bindegewebe, außerdem das Paratendineum und die benachbarte
Sehnenscheide. Die Mitbeteiligung der zerrissenen Sehnenfasern
ist gering. Das neugebildete Keim- oder Granulationsgewebe ist
zunächst gefäßreich und weich; mit der Zeit wird es unter Zunahme
des Bindegewebes derber (Tendinitis fibrosa). Schließlich ver-
wandelt es sich in hartes, zum Teil sogar in verknorpeltes und
verknöchertes Narbengewebe, welches als Sehnennarbe, Sehnen-
knoten oder Sehnenkallus (Sclerosis tendinum) bezeichnet wird.
Außerdem kann infolge der Vernarbung eine Verkürzung der Sehne
mit tendogener Kontraktur (Stelzfuß), sowie eine Verwachsung
mit der Nachbarschaft eintreten. Die Ursachen dieser primären
Sehnenentzündungen sind meist Überdehnungen infolge forcierter
Anstrengungen, seltener Quetschungen; prädisponierend wirken
schwache Sehnen, abnorme Fesselstellungen, sowie fehlerhafter
Beschlag.

Außer diesen primären, akut einsetzenden und später häufig
chronisch werdenden Tendiniten gibt es von vornherein chronisch
verlaufende, sekundäre Sehnenentzündungen, welche sich im Anschluß an chronische fibröse Sehnenscheidenentzündungen
(verhärtete Sehnenscheidengallen) in der Weise entwickeln, daß die
chronische Entzündung der Sehnenscheide sekundär eine Ernährungs-
störung der benachbarten Sehnenfasern mit Schwund und oberflächlicher Zerfaserung derselben herbeiführt, welche die Entstehung
partieller Sehnenzerreißungen begünstigt. Für die gerichtliche Tierheilkunde von besonderer Bedeutung ist der Umstand, daß bei
diesen durch chronische Sehnenscheidenentzündungen veranlaßten
partiellen Sehnenzerreißungen eine reparatorische Entzündung mit
Ausgleich des Defekts, also eine Selbstheilung nicht zustande
kommt. Vgl. die Untersuchungen über die partiellen Sehnenzerreißungen beim Pferd von Hausmann (Monatshefte für prakt.
Tierheilk. 1905, S. 385).

Als Gewährmängel kommen nur ältere Sehnenentzündungen und auch diese gewöhnlich nur dann in Betracht, wenn sie Lahmheit verursachen.

, **Untersuchung.** In forensischer Beziehung haben die nachstehenden chronischen Sehnenentzündungen und Sehnenscheidenentzündungen besondere praktische Bedeutung.

1. Die chronische Entzündung des *Fesselbeinbeugers* am
Vorderbein ist speziell bei Reitpferden die häufigste Form der
Tendinitis (sog. Niederbrechen). Sie besteht in einer faszikulären

oder partiellen Zerreißung eines oder beider Schenkel des oberen
Gleichbeinbandes mit anschließender chronischer, fibröser Tendinitis, welche sich in knotenförmiger, derber, mäßig schmerzhafter
Verdickung, steiler Fesselstellung und Lahmheit äußert und am
besten am aufgehobenen Fuße durch Fingerpalpation nachweisbar
ist. Zuweilen führt sie auch zur Ausbildung der sog. Gleichbeinlähme, bei welcher außer knotiger Verdickung, Verhärtung
und Verkürzung der Gleichbeinbänder Usurierung, Zerfaserung,
Exostosenbildung und selbst Frakturierung der Gleichbeine, sowie
Zerfaserung der Hufbeinbeugesehne an der Gleitfläche eintreten.
Die Gleichbeinlähme äußert sich klinisch in einer derben, schmerzhaften Schwellung der hinteren Partie des Fesselgelenks und in
einer chronischen, häufig rezidivierenden Stützbeinlahmheit; hierzu
kommen steile Fesselstellung und schließlich die Ausbildung eines
Stelzfußes. Häufig entsteht ferner sekundär eine chronische fibröse
Tendovaginitis.

2. Die chronische Entzündung der *Hufbeinbeugesehne* unterhalb des Karpalgelenks betrifft in der Regel das sog. Unter-
stützungsband und äußert sich, in einer derben, diffusen oder
knotigen, auf Druck schmerzhaften Anschwellung im oberen Drittel
der Sehne (sog. Sehnenklapp). Sie führt besonders häufig zur
Verkürzung der Sehne (Sehnenstelzfuß) mit nachfolgenden Formveränderungen des Hufes (Bockhuf) und bedingt eine chronische,
oft rezidierende Lahmheit. Zuweilen ist sie mit chronischer
fibröser Tendovaginitis kombiniert.

3. Die chronische Entzündung der *Kronbeinbeugesehne* an
der Hinterfläche des Metakarpus äußert sich in einer sichtbaren,
meist in der Mitte der Sehne gelegenen, derben, knotigen, schmerzhaften Anschwellung (sog. Wade) mit oder ohne Lahmheit.

4. Die chronische fibröse *Tendovaginitis* der Sehnenscheide
des Kron- und Hufbeinbeugers oberhalb des hinteren Fesselgelenks und am Sprunggelenk ist meist mit sekundärer, partieller Sehnenzerreißung verbunden, welche sich indessen klinisch
schwer nachweisen läßt. Sie äußert sich in derber, zum Teil
fluktuierender, diffuser, mäßig schmerzhafter Anschwellung im Gebiet
der genannten Sehnenscheiden und in einer chronischen, meist unheilbaren Lahmheit.

Bei allen diesen Sehnenentzündungen muß außerdem durch eine
sehr eingehende Untersuchung des Schenkels (negativer sonstiger
Befund) und in allen Zweifelsfällen durch eine diagnostische

Kokaininjektion einwandfrei dargetan sein, daß die Lahmheit tatsächlich durch die chronische Tendinitis bzw. Tendovaginitis und nicht etwa durch eine andere Ursache hervorgerufen wird.

Beurteilung. Die akuten Sehnenentzündungen heilen häufig vollständig. Auch manche chronische Sehnenentzündungen können geheilt werden. Andrerseits sind die chronischen Tendiniten und Tendovaginiten oft schwer oder gar nicht heilbar. Sie bilden daher im allgemeinen erhebliche Mängel, welche die Gebrauchsfähigkeit der Pferde wesentlich vermindern und unter Umständen ganz aufheben. Besonders ungünstig zu beurteilen ist die chronische Gleichbeinlähme und die mit partieller Sehnenruptur verlaufende chronische fibröse Tendovaginitis.

Eine Eigentümlichkeit mancher chronischer Sehnenentzündungen besteht darin, daß die Lahmheit nach vorübergehender Besserung oder Heilung rezidiviert. Diese Rezidive sind dadurch bedingt, daß sich an den Sehnen und Sehnenscheiden im Verlauf der chronischen Entzündung bleibende pathologische Veränderungen ausbilden, welche die normale Elastizität und Widerstandsfähigkeit der Sehnen schwächen und vermindern, so daß schon beim gewöhnlichen, ordnungsmäßigen Gebrauch der Pferde von Zeit zu Zeit wiederum partielle Einrisse der Sehnenfasern mit neuer Entzündung und Lahmheit auftreten. Im übrigen ist nicht jeder wiederholte Fall von Sehnenentzündung als Rezidiv aufzufassen. Wenn z. B. bei einem Pferd innerhalb eines Jahres zweimal ein und dieselbe Sehne infolge von Überanstrengung oder nach einem Fehltritt einreißt und dann die Erscheinungen einer Entzündung zeigt, so kann nicht von einem Rezidiv auf Grund chronischer Sehnenentzündung bzw. von einem Vertragsmangel gesprochen werden, sondern es liegt eine neue akute Sehnenentzündung und Lahmheit vor, welche mit der ersten in keinem ursächlichen Zusammenhange steht. Der Beweis dafür, daß die später aufgetretene Sehnenentzündung ein Rezidiv, d. h. eine Folgeerscheinung einer älteren Tendinitis bildet, läßt sich nur erbringen, wenn der Zusammenhang unzweifelhaft dargetan wird (Kontinuität, Nachweis chronischer Veränderungen, Fehlen besonderer Veranlassungen).

Chronische Sehnenverdickungen und Sehnenscheidengallen ohne Lahmheit sind im allgemeinen als erhebliche Fehler nicht zu begutachten. Die auf dem Wege der aseptischen reparatorischen Entzündung entstandene bleibende Verdickung der

Sehne bildet wie der Knochenkallus nach Frakturen ein Produkt der Naturheilung, das nicht an sich, sondern nur in Verbindung mit einer chronischen Entzündung als fehlerhaft bezeichnet werden darf. Es kommt hinzu, daß diese Verdickungen häufig auch für den Laien erkennbar sind.

Der nach abgeheilten Sehnenentzündungen sich entwickelnde Stelzfuß ist zwar auch ohne Lahmheit ein erheblicher Mangel, weil er die Gebrauchsfähigkeit der Pferde namentlich bei anstrengenden Dienstleistungen in jedem Falle herabsetzt. Den Charakter eines Gewährmangels besitzt indessen der Stelzfuß ebensowenig wie das sog. Struppiertsein, weil die steife Stellung der Gliedmaßen auch für den Laien sichtbar und in ihrer Bedeutung für jedermann erkennbar ist.

Die Veränderungen, welche die chronischen Sehnenentzündungen an den Sehnen herbeiführen, sind häufig offensichtlich. Nicht selten sind sie jedoch so gering, daß sie von einem Laien leicht übersehen werden können. In diesem Falle liegt ein verborgener Mangel vor. Dies gilt namentlich für die wenig umfangreichen Verdickungen der tiefgelegenen Sehnen (Fesselbeinbeuger, Hufbeinbeugesehne), welche nur durch eine sachverständige Untersuchung nachweisbar sind. Auch die Lahmheit ist bei manchen chronischen Sehnenentzündungen nur gering oder vorübergehend fehlend, so daß sie leicht übersehen werden kann. Starke Lahmheit sowie umfangreiche Schwellungen an den oberflächlich gelegenen Sehnen und Sehnenscheiden sind dagegen auch für Laien sichtbar (Sehnenscheidengallen, Wade).

Am schwierigsten ist das Alter der Sehnenentzündungen zu beurteilen. Die Lahmheit kann bei Sehnen- und Sehnenscheidenentzündungen sehr schnell, ja sogar plötzlich eintreten. Aus der Lahmheit für sich allein läßt sich daher das Alter einer Tendinitis nicht beurteilen. Auch eine umfangreiche entzündliche Schwellung im Bereiche der kranken Sehnenpartie kann schon im Verlauf eines Tages eintreten. Von Wichtigkeit für die Altersbestimmung sind dagegen die Konsistenz der Sehnenschwellung sowie das Fehlen akuter entzündlicher Erscheinungen (höhere Temperatur, starke Schmerzhaftigkeit und Lahmheit). Je derber und gleichzeitig je weniger schmerzhaft sich die geschwollene Sehne anfühlt, um so höher ist das Alter des Entzündungsprozesses zu taxieren. Hierbei ist indessen zu beachten, daß die Untersuchung der Hufbeinbeugesehne, namentlich die Palpation des sog. Unter-

stützungsbandes derselben unterhalb des Karpal- und Tarsalgelenks,
am aufgehobenen Fuß vorgenommen werden muß. Andernfalls
kann durch die Palpation der darüber gelegenen normalen, derben
und schmerzlosen Kronbeinbeugesehne die Beurteilung der Konsistenz und Schmerzhaftigkeit der darunter gelegenen Hufbeinbeugesehne namentlich am Hinterfuß („Sehnenhasenhacke") insofern
beeinflußt werden, als eine in Wirklichkeit akute, weiche und
schmerzhafte Anschwellung der Hufbeinbeugesehne für eine chronische, derbe und schmerzlose Entzündung gehalten wird.   Im
übrigen darf man das Alter einer fibrösen Tendinitis (Sehnenkallus)
ebensowenig überschätzen, wie das Alter der ossifizierenden
Periostitis (Knochenkallus). Derbe Sehnenschwellungen können
sich erfahrungsgemäß schon nach 8—14 Tagen entwickeln.
Etwas längere Zeit braucht das Zustandekommen eines Sehnen-
stelzfußes.   Auch hier ist vor Überschätzung zu warnen, da die
tendogenen Kontrakturen oft schneller entstehen, als gemeinhin
angenommen wird. Dagegen weist das gleichzeitige Bestehen eines
deutlichen Bockhufes immer auf eine monatelange Dauer des
Stelzfußes bzw. der chronischen Tendinitis hin.

Sehnenscheidenentzündung nach Brustseuche. Die im Gefolge der
Brustseuche als Nachkrankheit zuweilen auftretende sog. Sehnenentzündung
stellt gewöhnlich eine metastatische Sehnenscheidenentzündung (Tendovaginitis serofibrinosa) dar, welche sich teils schnell, teils allmählich entwickelt und mitunter eine chronische Lahmheit im Gefolge hat.   Am
häufigsten wird die gemeinschaftliche Sehnenscheide des Kron- und Hufbeinbeugers über den Fesselgelenken betroffen. Derartige metastatische
Sehnenscheidenentzündungen sind auch bei akutem Auftreten
bis zum Beginn der Brustseuche zurückzudatieren, da sie mit der
Brustseucheinfektion („Keim" der Krankheit) in ursächlichem Zusammenhange stehen. Gleiches gilt für die Sehnenscheidenentzündungen bei der
Fohlenlähme.

20. Das Streichen und Greifen.

Streichen. Das Streichen der Pferde ist die Folge einer ab-
normalen Bewegung der Hinterbeine, seltener der Vorderbeine, wobei
sich die Pferde mit der Innenseite der Zehenwand des einen Fußes
Hautverletzungen am andern, nebenstehenden Bein zufügen. Diese
Verletzungen bestehen gewöhnlich in oberflächlichen Scheuerwunden
und Quetschungen der Haut an der Innenfläche des Fessels und
Mittelfußes, aus denen sich mit der Zeit schwielige Verdickungen
der Haut mit Sklerose der Unterhaut entwickeln (sog. Streichballen).
Diese oberflächlichen Hautverletzungen bilden ferner zuweilen den

Ausgangspunkt von Wundinfektionskrankheiten (Phlegmone, Ein-
schuß, Botryomykom).

Die forensische Beurteilung des Streichens ist je nach den
Ursachen verschieden. Ein erheblicher Mangel liegt dann vor,
wenn das Streichen infolge von Anomalien der Schenkelstellung
oder des Ganges andauernd stattfindet und sich nicht beseitigen
läßt. Auch wenn das Streichen ein Symptom von Kreuzschwäche
oder intermittierendem Hinken darstellt, ist es von erheblicher Bedeutung. Das durch abnorme Schenkelstellung veranlaßte Streichen
bildet immer einen veralteten Mangel; für ein längeres Bestehen
des Streichens sprechen ferner die chronischen Verdickungen der
gestrichenen Hautstelle. Da das Streichen leicht übersehen werden
kann, bildet es im allgemeinen auch einen verborgenen Fehler.

Ein unerheblicher Mangel liegt dagegen vor, wenn sich
Pferde nur zeitweise streichen. Vorübergehendes Streichen beobachtet man namentlich bei schlaffen, jugendlichen Pferden, wenn
sie eingefahren werden. Auch durch unzweckmäßigen Beschlag
kann vorübergehend Streichen hervorgerufen werden. Viele Pferde
mit regelrechtem Bau der Gliedmaßen streichen sich ferner, wenn
sie auf unebenen Boden gehen oder zu ungewohnten Dienstleistungen
verwendet werden, außerdem wenn sie durch Überanstrengung ermüdet oder durch Krankheit geschwächt sind. Werden namentlich
Kutschpferde eine Zeitlang als Zugpferde verwendet, so gewöhnen
sie sich mitunter durch den Gebrauch im Lastwagen eine nach-
lässige Haltung und einen plumpen Gang an, so daß sie sich leicht
streichen, wenn im Kutschdienst wieder ein leichter flotter Gang
von ihnen verlangt wird.

Greifen. Das Greifen oder Einhauen äußert sich gewöhnlich
darin, daß die Pferde mit dem Hintereisen an das Vordereisen bzw.
an den Vorderhuf derselben Seite anschlagen und sich hierbei unter
Umständen die Ballen des Vorderhufes, zuweilen auch die Haut in
der Fesselbeuge und an der Hinterfläche der Beugesehnen verletzen;
seltener sind Verletzungen der Krone des greifenden Hinterhufes.
Die Beurteilung des Fehlers richtet sich nach dem Grade des
Greifens. In allen geringen Graden ist das Greifen ein unerheblicher Mangel, welcher die Brauchbarkeit der Pferde nicht beeinträchtigt. Ein zeitweises Zusammenschlagen der Hinter- und
Vordereisen im schnellen Trab kommt als belanglose Erscheinung
bei vielen guten und leistungsfähigen Pferden, namentlich auch
bei russischen Trabern im Wettfahren vor. Das Greifen ist da-

gegen ein erheblicher Mangel, wenn es die Sicherheit des Ganges beeinträchtigt, wenn es Verletzungen der Ballen der Vorderhufe oder der Kronen der Hinterhufe veranlaßt, wenn es eine starke Abnützung der Hornwand bedingt, oder wenn es anhaltend und in so hohem Grade besteht, daß fortgesetzt beim Traben ein lautes, klappendes Geräusch entsteht, das sich durch den Beschlag nicht beseitigen läßt.

21. Zahnalter und Zahnfehler.

I. Das Zahnalter.

Allgemeines. Die richtige Beurteilung des Alters ist beim Pferd von großer Bedeutung, weil bei jeder forensischen Untersuchung im Signalement das Alter genau angegeben werden muß, und weil zuweilen beim Verkauf der Pferde ein bestimmtes Alter zugesichert wird (zugesicherte Eigenschaft).

Die Bestimmung des Alters geschieht beim Pferd gewöhnlich schätzungsweise nach den Zähnen (sog. Zahnalter). Eine genaue Altersbestimmung ist nur bei Vollblutpferden und in Gestüten (Geburtsregister, Nationale, Pedigree) oder auf Grund von Zeugenaussagen möglich. Die Berechnung des Zahnalters erfolgt nach Durchschnittszahlen, welche sich aus der physiologischen Reihenfolge des Zahndurchbruchs, des Zahnwechsels und der Abnützung der Ersatzzähne im Schneidezahngebiß ergeben. Gewöhnlich wird das Zahnalter in folgender Weise tabellarisch dargestellt:

A. Milchzahngebiß.

Neugeborene Fohlen . Die Milchzangen sind da (oder erscheinen nach 8—14 Tagen).

2.—4. Woche . . . Die Milchmittelzähne brechen durch (zuweilen nach 4—8 Wochen).

5.—9. Monat. . . . Die Milcheckzähne brechen durch.

1. Jahr . . . . . . Alle Milchzähne sind vorhanden (mit Kunden).

2. Jahr . . . . . . Die Kunden in den Milchzähnen sind geschwunden.

B. Ersatzzahngebiß.

$2^1/_2$ Jahr ($2^1/_4$—3) . . Die Ersatzzangen brechen durch.

$3^1/_2$ Jahr ($3^1/_2$—4) . . Die Ersatzmittelzähne brechen durch.

$4^1/_2$ Jahr ($4^1/_4$—5) . . Die Ersatzeckzähne brechen durch.

4.—5. Jahr ($3^1/_2$—5) . Die Ersatzhakenzähne brechen durch.

C. Kundenperiode.

6. Jahr . . . . . . In den unteren Zangen verschwinden
die Kunden.

7. Jahr . . . . . . In den unteren Mittelzähnen verschwinden die Kunden.

8. Jahr . . . . . . In den unteren Eckzähnen verschwinden
die Kunden.

9. Jahr . . . . . . In den oberen Zangen verschwinden
die Kunden.

10. Jahr . . . . . In den oberen Mittelzähnen verschwinden die Kunden.

11. Jahr . . . . . In den oberen Eckzähnen verschwinden
die Kunden.

D. Periode der Reibflächen.

6.—12. Jahr . . . Querovale Reibfläche.

12.—15. Jahr . . . Runde Reibfläche.

15.—18. Jahr . . . Dreieckige Reibfläche.

18.—x. Jahr . . . . Verkehrtovale Reibfläche.

Das durchschnittliche Lebensalter eines Pferdes beträgt 10
bis 15 Jahre (einzelne Pferde werden über 30 und selbst 40 Jahre
alt). Das durchschnittliche Dienstalter beträgt etwa zehn Jahre.
Die größte Leistungsfähigkeit besitzen Pferde im Alter von fünf
bis zehn Jahren. Den größten Wert besitzt das Pferd im Alter von
fünf bis sechs Jahren. Vom zehnten Lebensjahre ab vermindert
sich der Wert alljährlich um ein Fünftel bis ein Zehntel; diese ganz
allgemein gehaltenen Zahlen modifizieren sich übrigens im Einzelfall je nach der individuellen Leistungsfähigkeit, ferner nach dem
Gesundheits- und Ernährungszustande, nach der Abnützung oder
Unversehrtheit der Sehnen, Gelenke und Knochen.

Bei Vollblutpferden wird herkömmlich bei der Altersangabe
das Geburtsjahr nicht mitgerechnet. Ein „sechsjähriges" Vollblut-
pferd ist also in Wirklichkeit sieben Jahre alt. Remonten sind
Pferde im Alter von drei bis fünf Jahren; sie werden gewöhnlich
im Alter von drei bis vier Jahren angekauft, kommen in die
Remontedepots, wo sie ein Jahr bleiben, und werden dann den
Regimentern zugeteilt.

Beurteilung des Zahnalters. Da nur der Durchbruch und
der Wechsel der Zähne in relativ gleichmäßiger Reihenfolge stattfinden, so ist nur bis zum Alter von fünf Jahren eine annähernd

richtige Abschätzung des Alters nach den Zähnen möglich. Im
übrigen lehrt die Erfahrung vielfach, daß speziell beim Zahnwechsel
je nach der Rasse, Fütterung und Haltung Differenzen von ein viertel
bis ein Jahr und darüber vorkommen können (vgl. die Tabelle).
Auch durch das Ausziehen der Milchzähne wird der Zahnwechsel
zuweilen um ein halbes bis ein Jahr beschleunigt.

Vom sechsten Jahr ab wird die Altersbestimmung
unsicher. Das Verschwinden der Kunden (sog. „Kennungen“,
d. h. Schmelzeinstülpungen) wird durch die Abnützung der Zähne
bedingt. Die Schnelligkeit oder Langsamkeit dieser Abnützung hängt
aber von sehr verschiedenen Umständen ab (Rasse, Fütterung, Individualität, Form und Stellung der Zähne). Es kommt erfahrungsgemäß gar nicht selten vor, daß Pferde nach den Kunden ihrer
Schneidezähne ein bis zwei Jahre älter erscheinen, als sie in Wirklichkeit sind, und umgekehrt. Ein sechsjähriges Pferd kann z B.
sehr wohl alle Kunden im Unterkiefer verloren haben. Umgekehrt
kann ein achtjähriges Pferd noch Kunden in den Mittel- und Eckzähnen besitzen. Die forensische Beurteilung des „Zahnalters“ erfordert daher von der Kundenperiode ab große Vorsicht. Es empfiehlt
sich, das Gutachten dahin zu formulieren, daß das Pferd „ca. achtjährig“ oder „sieben- bis achtjährig“ oder „nach den Zähnen achtjährig“ ist. Noch unsicherer ist die Altersschätzung nach der Form
der Reibfläche, nach dem Einbiß und nach der Streckung der
Zähne im Unterkiefer. Auf Grund der Reibfläche (rund, dreieckig,
verkehrtoval) läßt sich nur begutachten, daß das Pferd „12—15-
jährig“, „15—18jährig“, „über 18jährig“ ist. Großen Schwankungen
unterliegt ferner das Auftreten des Einbisses. Der erste Einbiß kann
im siebenten, achten oder neunten, der zweite im elften bis vierzehnten Jahr erscheinen. Die starke Streckung der Unterkieferzähne
spricht nur im allgemeinen für höheres Alter.

Bei der Feststellung des Alters muß endlich auch die Länge
der Schneidezähne berücksichtigt werden. Es kommt häufig vor, daß
die Schneidezähne namentlich im Unterkiefer abnorm schnell ab-
genutzt sind (geringe Festigkeit, Art der Ernährung, Karpfengebiß usw.). Dann verschwinden die Kunden viel früher und die
Form der Reibfläche verändert sich schneller. Derartige Pferde erscheinen daher bei oberflächlicher Untersuchung einige Jahre älter,
als sie in Wirklichkeit sind. In solchen Fällen muß man für je
2—3 mm Abnutzung ein Jahr von dem nach den sonstigen Merkmalen festgesetzten Alter abrechnen. Die normale Länge der

Schneidezähne ist je nach der Größe, Rasse und Konstitution der einzelnen Pferde sehr verschieden; bei großen Pferden z. B. von grober Konstitution sind die Zangen 2,2—2,5 cm lang, die Mittelzähne 1,8—2,0 cm und die Eckzähne 1,6—1,7 cm.

Daß die üblichen Zahnaltertabellen nicht für jedes einzelne Pferd stimmen, ist besonders in Gestüten, wo das Alter der Pferde nach dem Tage der Geburt genau notiert wird, längst bekannt. Auch die Erfahrungen beim Militär weisen auf die Unzuverlässigkeit namentlich der Kundentabellen hin. Heinze (Zeitschr. f. Vet. 1899, Nr. 7) hat 700 Pferde eines Husarenregiments untersucht, deren Alter aus den Remontelisten genau bekannt war. Unter 68 fünfjährigen Remonten markierten 19 als sechsjährig, 1 als siebenjährig, 8 als vierjährig; unter 79 sechsjährigen Pferden markierten 6 als siebenjährig, 3 als achtjährig; unter 47 siebenjährigen Pferden markierten 5 als achtjährig, 1 als sechsjährig; unter 67 achtjährigen Pferden markierten 7 als neunjährig, 1 als sechsjährig; unter 65 neunjährigen Pferden markierten 1 als sechsjährig, 4 als achtjährig. Ähnliche Resultate erhielt Prölß (ibid. 1903, S. 161). 3 fünfjährige Remonten markierten als sechs- bis siebenjährig, 1 siebenjähriges Pferd als fünfjährig, 3 achtjährige Pferde als sechsjährig, 1 neunjähriges als sechsjährig usw. von Müller (Beiträge zur Lehre vom Zahnalter des Pferdes, Leipzig 1908) untersuchte 200 Dienstpferde eines Artillerieregiments; unter 88 im 5.—8. Lebensjahre stehenden Pferden erwies sich bei 52 Proz. die Altersschätzung nach dem Kunden unrichtig, bei 76 im 9.—11. Jahre stehenden sogar bei 60 Proz., insbesondere erschienen 5—6jährige Pferde nach den Kunden des Unterkiefers häufig um ein Jahr zu alt, während 9—11jährige Pferde sehr oft nach den Kunden des Oberkiefers um einige Jahre zu jung geschätzt wurden. Ohm (Zeitschr. f. Vet. 1908 S. 363) fand, daß von den 553 untersuchten Pferden eines Kürassierregiments 207 nach dem Gebiß ein anderes Alter erkennen ließen, indem sie teils älter, teils jünger erschienen. Auch große Unregelmäßigkeiten im Zahnwechsel werden namentlich bei schweren Pferderassen beobachtet. Vennerholm (Operationslehre 1907) hat wiederholt 4jährige schwere Ardennerpferde gesehen, die noch keinen einzigen Ersatzschneidezahn besaßen, sondern noch alle Milchzähne hatten, also ein Alter von 2 Jahren markierten.

II. Die Zahnfehler.

Allgemeine Beurteilung. Nicht alle Zahnanomalien besitzen die Eigenschaften eines Gewährmangels, weil nicht alle erheblicher Natur sind. Erheblich ist ein Zahnfehler nur dann, wenn er die Futteraufnahme beeinträchtigt, und wenn er nicht leicht durch eine einfache Operation zu beseitigen ist. Solche erhebliche Zahnfehler sind das Scherengebiß, zum Teil auch das Treppengebiß und die Hakenbildung am letzten Backzahn, ferner die Zahnkaries, Alveolarperiostitis und Zahnfistel. Dagegen bildet die häufigste Zahnanomalie, das kantige Gebiß (die sog. Schieferzähne), selbst dann keinen erheblichen

Mangel, wenn es die Futteraufnahme stört, weil es sehr leicht und einfach durch das Abraspeln der Zahnspitzen zu beseitigen ist.

Die in gerichtlicher Beziehung wichtigsten Krankheiten der Backzähne (Scherengebiß, Treppengebiß, Karies, Alveolarperiostitis, Zahnfistel) sind im allgemeinen als verborgene Fehler zu begutachten, weil beim Pferdekauf eine Besichtigung der Backzähne nicht üblich ist und der Nachweis der genannten Anomalien eine sehr sorgfältige und sachverständige Untersuchung voraussetzt. Auch treten die durch die Zahnfehler verursachten Störungen der Futteraufnahme bei den Pferden nur während des Fressens hervor.

Das Alter der Zahnfehler ist nach den Veränderungen am Zahn und an der Zahnalveole zu beurteilen. Starke Abreibungen einer ganzen Zahnreihe oder einzelner Zähne (Scherengebiß, Treppengebiß) entwickeln sich erfahrungsgemäß immer nur sehr langsam im Verlauf von Wochen und Monaten. Auch die Einschmelzung des Zahnes bei der Karies geht gewöhnlich sehr langsam vor sich. Schneller können sich unter Umständen die eitrige Alveolarperiostitis und die Zahnfistel entwickeln (komplizierte Frakturen); in der Mehrzahl der Fälle haben aber auch diese Krankheitszustände eine sehr langsame Entwicklung. Für eine längere Dauer der Zahnkrankheiten spricht zuweilen auch die durch die fortgesetzte Störung des Kauens veranlaßte hochgradige Abmagerung. Angeborene Zahnanomalien kommen an den Schneidezähnen vor als sog. Hechtgebiß und Karpfengebiß (Brachygnathia superior und inferior). Diese Brachygnathie ist indessen bei erwachsenen Pferden in der Regel unerheblich und auch in die Augen fallend; dagegen wird bei Fohlen (Weidegang) die Futteraufnahme dadurch erheblich beeinträchtigt.

Scherengebiß. Die als Scherengebiß bezeichnete abnorme, schiefe Reibfläche der Backzahnreihen ist meist einseitig und wird durch einseitiges, ohne Malbewegung erfolgendes Kauen auf dem betreffenden Kieferaste veranlaßt (schmerzhafte Krankheiten der Zähne, des Kiefers oder des Gelenks). Zuweilen kommt auch ein doppelseitiges Scherengebiß vor (enge Stellung und abnorme Weichheit der Unterkieferzähne). Im Gegensatz zum physiologischen Scherengebiß, welches bei vielen gesunden Pferden vorkommt und in einem geringen Grade von schräger Abreibung der Zähne ohne jede Störung der Futteraufnahme besteht, bilden die höhergradigen Scherengebisse mit ausgesprochenen Kaustörungen einen sehr erheblichen Mangel. Sie sind schwer oder gar nicht heilbar und führen unter Umständen eine so hochgradige Abmagerung und Entkräftung herbei, daß die Pferde nicht einmal mehr den vollen Schlachtwert besitzen.

Treppengebiß. Die unregelmäßige, treppenförmige Richtung der Backzahnreihe ist durch eine ungleichmäßige Abreibung und Länge der Zähne bedingt, welche durch abnorme Weichheit, Erkrankung oder das Fehlen einzelner Zähne hervorgerufen wird. Ist das Treppengebiß mit deutlicher Kaustörung verbunden, und läßt es sich nicht leicht durch eine einfache Operation (Abmeißeln) beseitigen, so liegt ein erheblicher Mangel vor. Dies gilt auch für die zuweilen am letzten Backzahn auftretende, mit erheblicher Beeinträchtigung der Futteraufnahme verbundene Hakenbildung, welche mitunter sehr schwer oder gar nicht zu beseitigen ist.

Zahnkaries. Der als Karies bezeichnete, fortschreitende trockene Zerfall des Zahnes (Schmelz, Dentin, Zement) ist durch Verfärbung, Gruben- und Höhlenbildung am Zahn, durch den sog. kariösen Geruch in der Maulhöhle und durch Schmerzhaftigkeit beim Kauen (Aussetzen, Priemen) gekennzeichnet. Die Zahnkaries bildet einen sehr erheblichen, verborgenen und in jedem Falle mindestens einige Wochen alten Mangel, welcher sich nur durch eine schwierige und umständliche Operation (Zahnextraktion) und nicht in jedem Falle mit Sicherheit (abgebrochene Krone) beseitigen läßt.

Alveolarperiostitis (Peridentitis). Die eitrige Entzündung der Beinhaut des Zahnfaches entsteht meist als Folgekrankheit der Zahnkaries durch Fortleitung des Entzündungsprozesses von der Zahnpulpa (eitrige Pulpitis) in die Alveole. Man findet daher gewöhnlich neben den Symptomen der Alveolarperiostitis (Lockerung und Ausfallen der Zähne, Knochenauftreibung an der Außenseite der Alveole) die Erscheinungen der Zahnkaries. Das Leiden stellt einen sehr erheblichen Mangel dar, welcher schwer oder gar nicht heilbar ist und häufig schlimme Komplikationen im Gefolge hat. Als solche sind zu nennen: das Empyem der Kieferhöhle, die Nekrose der Nasenmuscheln sowie ausgedehnte brandige Entzündung der Kieferknochen, namentlich des Unterkiefers in der Gegend der Masseteren. Die nach Zahnkaries entstehenden Fälle von Alveolarperiostitis sind immer sehr alt. Dagegen können sich eitrige Entzündungen des Alveolarperiosts im Anschluß an komplizierte Frakturen des Zahnfachrandes ziemlich schnell entwickeln; hierbei fehlen die kariösen Veränderungen am Zahn.

Zahnfistel. Sie entsteht gewöhnlich nach vorausgegangener eitriger Alveolarperiostitis und Zahnkaries infolge umschriebener Knochennekrose und Durchbruch des Eiters. Da die Zahnfistel in der Regel durch eine bloße Zahnextraktion nicht heilbar ist, sondern ihre Heilung außerdem die Beseitigung der nekrotischen Knochenteile durch Sequestrotomie vorausgesetzt, ist die Zahnfistel ein ganz erheblicher Mangel. In manchen Fällen ist sie überhaupt unheilbar (Empyem der Kieferhöhle, Muschelnekrose, ausgedehnte Kiefernekrose). Die Zahnfistel ist ferner in der Regel ein sehr altes und außerdem ein verborgenes Leiden, weil die Eiterung meist sehr gering und in ihrer Bedeutung für den Laien nicht erkennbar ist. Seltener entwickeln sich Zahnfisteln nach einigen Wochen aus komplizierten Kieferfrakturen; sie sind auch dann erheblich und häufig verborgen.

Die echten Zahnfisteln werden nicht selten mit Knochenfisteln am Ober- und Unterkiefer verwechselt, welche nach komplizierten Frakturen ohne Mitbeteiligung des Zahnes und der Zahnalveole zurückbleiben (sog. falsche Zahnfisteln). Diesen Knochenfisteln kommt zwar nicht die große Bedeutung der echten Zahnfisteln zu, weil sie eine Störung der Futteraufnahme in der Regel nicht bedingen. Immerhin bilden auch diese Knochenfisteln erhebliche und in ihrer Natur für den Laien nicht erkennbare Fehler, welche nur durch eine eingreifende und umständliche, auch nicht ganz ungefährliche Operation heilbar sind (Abwerfen, Sequestrotomie). Das Alter der meist mehrere Wochen alten Knochenfisteln ist nach den Veränderungen des Knochens in der Umgebung der Fistel zu beurteilen.

Vernarbte Zungenverletzungen. Durch das Gebiß, zuweilen auch durch andere Ursachen, entstehen nicht selten Verletzungen der Zunge, nach deren Abheilung vernarbte Querrisse am Körper oder an der Spitze der Zunge zurückbleiben. Diese Narben und Defekte beeinträchtigen in der Regel weder die Futter- und Wasseraufnahme, noch die Ernährung, noch die Verwendung der Pferde zu den üblichen Dienstverrichtungen und sind daher gewöhnlich als erhebliche Fehler nicht zu begutachten.

22. Der graue Star.

Begriff und Formen. Der graue Star (Katarakt) besteht in einer Trübung der Kristallinse, welche gewöhnlich die Folge von Verfettung, Verkalkung, Cholestearineinlagerung, Erweichung und Schrumpfung, Trennung, Vakuolenbildung, Spaltbildung und Zerfall der Linsenfasern, seltener einer entzündlichen Wucherung der Kapsel und des Linsenepithels bildet. Man unterscheidet je nach der Ursache den symptomatischen (Cataracta symptomatica), traumatischen (C. traumatica) und angeborenen grauen Star (C. congenita). Der Altersstar (C. senilis) und der Zuckerstar (C. diabetica) kommt beim Pferd in der Regel nicht vor. Die häufigste Form des grauen Stars beim Pferde bildet die durch die Mondblindheit veranlaßte Cataracta symptomatica. In sehr vielen Fällen ist daher der graue Star beim Pferde forensisch als Mondblindheit, mithin als Hauptmangel zu begutachten (vgl. S. 68). Außer der Cataracta symptomatica gibt es jedoch auch Fälle von grauem Star, welche zwar keinen Hauptmangel, jedoch unter Umständen einen Vertragsmangel bilden. Dies gilt für den traumatischen und den angeborenen grauen Star.

Traumatischer Star. Derselbe wird durch Erschütterungen und Lageveränderungen der Linse nach Schlägen, Stößen und Anrennen (Zerrung und Zerreißung des Aufhängebandes der Linse), durch perforierende Verletzungen sowie durch Fremdkörper hervorgerufen und ist ziemlich selten. Abweichend von den übrigen, meist langsam entstehenden Starformen kann sich der traumatische Star schnell, unter Umständen schon nach ein bis zwei Tagen entwickeln. Auch können sich im Gegensatz zu allen übrigen Katarakten die traumatischen Trübungen zum Teil wieder zurückbilden. Es ist daher bezüglich der Altersbestimmung und der Beurteilung der Erheblichkeit Vorsicht geboten.

Angeborener Star. Die Cataracta congenita kommt bei Pferden nicht gerade selten vor. Sie ist durch das Auftreten einzelner, kleiner, umschriebener Starpunkte von scharfer Begrenzung und charakteristischer Form gekennzeichnet (Bläschen, Kreise, Achter, Ypsilon, Leier, Stern). Von dem symptomatischen grauen Star unterscheidet sich der angeborene ferner durch das Fehlen iritischer Residuen (Pigment, Synechie, gezackter Pupillarrand). Vereinzelt ist der angeborene graue Star fötal durch Vererbung nach einem Anfall von Mondblindheit beim Muttertier entstanden. Diese sehr seltenen Fälle von angeborener Cataracta symptomatica sind forensisch als Mondblindheit aufzufassen; ihren iritischen und zyklitischen Ursprung verraten sie durch Pigmentauflagerung auf der Linse, Synechienbildung und meist unregelmäßige Form.

Der angeborene graue Star ist zwar immer veraltet und bei
seiner Kleinheit (Starpunkte) in der Regel auch verborgen. Seine
Erheblichkeit als Gewährmangel im Sinne des § 459 B. G. B.
ist jedoch je nach dem Kaufpreise und der Nutzung der Pferde
verschieden zu beurteilen. Bei allen nicht sehr hoch im Preise
stehenden Pferden bildet ein angeborener Starpunkt keinen erheblichen Mangel, weil er im Gegensatz zur symptomatischen
Katarakt nie größer wird und die Gebrauchsfähigkeit der Pferde
nicht vermindert. Dies gilt namentlich auch für Remonten. Bei
allen Luxuspferden jedoch, sowie bei Zuchtpferden bilden auch
kleine Starpunkte, bei welchen sich objektiv Sehstörungen nicht
nachweisen lassen, dann einen erheblichen Fehler, wenn sie sich
im Bereiche der Pupille befinden, weil sie unter Umständen doch
das Sehvermögen beeinträchtigen (Scheuen) und möglicherweise
vererblich sind.

Liegt eine zugesicherte Eigenschaft nach § 463 B. G. B.
vor („gute Augen", „gesunde Augen", „Gesundheit", „Fehlerfreiheit"), so kommt die Frage der Erheblichkeit oder Unerheblichkeit des grauen Stars ·bzw. eines Starpunktes juristisch nicht
in Betracht; die bloße Feststellung eines Starpunktes genügt dann
zur Wandelung, weil die ausdrücklich zugesicherte Eigenschaft nicht
erfüllt ist (vgl. S. 20).

Schwarzer Star. Der in den älteren Währschaftsgesetzen als Hauptmangel verzeichnete sog. schwarze Star oder die Schönblindheit
(Amaurose) bildet eine Sammelbezeichnung für eine große Anzahl ätiologisch ganz verschiedener Lähmungszustände der Netzhaut, des
Sehnerven und des Sehzentrums, bei welchen die Pupille abnorm erweitert und reaktionslos erscheint, und welche in forensischer Beziehung
ganz verschieden zu beurteilen sind. In den meisten Fällen ist der
schwarze Star eine Folgeerscheinung innerer Augenentzündungen, namentlich der Mondblindheit (entzündliche
Atrophie der Papille, Ablösung der Netzhaut) und dann als
Hauptmangel im Sinne der Kaiserlichen Verordnung aufzufassen (vgl. S. 68). Am Auge lassen sich gewöhnlich hierbei auch noch
andere Residuen der Mondblindheit nachweisen. Seltener sind traumatische, akute Veränderungen innerhalb oder außerhalb des Bulbus die
Ursache der Lähmung; als solche sind zu nennen Netzhautblutung, Anämie
der Netzhaut nach starken Blutverlusten (Kastration), Blutung und
Phlegmone in der Orbita, Zerrung des Sehnerven, Neuritis retrobulbaris,
Blutungen im Sehzentrum. In diesen Fällen kann die Lähmung des Sehvermögens ausnahmsweise schnell entstehen und wohl auch wieder verschwinden (Blutung oder Erschütterung der Netzhaut). Eine im Verlauf
der Amaurose eintretende Atrophie der Papille entwickelt sich zwar
nicht innerhalb kurzer Zeit. Das Alter der Papillenatrophie wird jedoch
mitunter ähnlich wie das der Muskelatrophie überschätzt. Erfahrungs-

gemäß kann sich ein deutlicher Schwund der Papillargefäße schon nach einigen Wochen (nicht erst nach Monaten) entwickeln. Endlich gibt es vereinzelte Fälle von angeborenem schwarzem Star, bei denen die gleichzeitig vorhandene Verkleinerung des Bulbus zur Altersbestimmung dienen kann.

23. Der Kryptorchismus.

Begriff und Ursachen. Als Klopfhengste und Spitzhengste, Urhengste oder Kryptorchiden bezeichnet man Hengste, bei welchen einer oder beide Hoden „verborgen" sind, indem sie entweder in der Bauchhöhle (abdominaler Kryptorchismus) oder im Leistenkanal (inguinaler Kryptorchismus) zurückgeblieben sind. Derartige Pferde erwecken durch das Fehlen der Hoden im Hodensack den Anschein kastrierter Pferde (Wallachen).

Die Ursachen des namentlich bei kaltblütigen Pferden nicht seltenen Kryptorchismus lassen sich im Einzelfalle nicht feststellen. Im allgemeinen sind es angeborene Entwicklungsanomalien verschiedener Art, welche das normale Herabsteigen der Hoden (Descensus testiculorum) von der Lendengegend in den Hodensack verhindern. Als solche sind besonders zu nennen: Schwäche oder Fehlen des Hunterschen Leitbandes, Fehlen des Scheidenfortsatzes, abnorme Lagerung, Größe und Verwachsung der Hoden, zu kurzer Samenstrang und zu kurzes Hodengekröse. Beim abdominalen Kryptorchismus liegt der meist verkümmerte Hoden in der Bauchhöhle, gewöhnlich in der Nähe des inneren Leistenrings, und es fehlt ein Scheidenfortsatz. Beim inguinalen Kryptorchismus liegt der Hoden im Leistenkanal; der Scheidenfortsatz ist häufig unvollständig entwickelt.

Untersuchung. Die Entscheidung der Frage, ob ein Pferd Wallach bzw. kastriert oder Klopfhengst ist, gehört zu den schwierigsten Aufgaben des gerichtlichen Sachverständigen. Sie setzt beim Gutachter das Vertrautsein mit den einschlägigen Untersuchungsmethoden und womöglich eigene chirurgische und operative Erfahrung voraus. Der positive Nachweis des Kryptorchismus und die bestimmte Verneinung einer vorausgegangenen Kastration sind nur möglich, wenn die verlagerten Hoden manuell gefühlt werden. Der Äußerung von Geschlechtstrieb kommt für sich allein keine entscheidende Bedeutung zu, weil erfahrungsgemäß zuweilen auch Wallache eine ausgesprochene Hengstnatur an den Tag legen, welche wahrscheinlich auf eine kompensatorische Tätigkeit der akzessorischen Geschlechtsdrüsen (Nebenhoden, Prostata, Samen-

blasen, Cowpersche Drüse) zurückzuführen ist.*) Noch viel weniger
beweiskräftig ist das Vorhandensein einer Kastrationsnarbe.
Die Erfahrung lehrt vielfach, daß von Empirikern bei Klopfhengsten
eine Kastration nur versucht, die Operation jedoch auf das Ein-
schneiden der Haut beschränkt und dann als erfolglos aufgegeben
wird. Aus diesem Grunde sind auch die Aussagen von Zeugen,
welche die stattgefundene „Kastration" bekunden, vorsichtig zu
behandeln. Andererseits kann das Fehlen einer nachweisbaren
Kastrationsnarbe oder das Vorhandensein nur einer Narbe nicht
beweisen, daß das Pferd unkastriert oder nur einseitig kastriert
ist. Bei sehr jungen Hengsten, bei aseptischer Operation und
rascher Wundheilung bleibt oft kaum die Spur einer Narbe
zurück; auch können beide Hoden durch eine Hautwunde entfernt
worden sein.

Der klinische Nachweis des Vorhandenseins von Kryptorchismus wird durch die äußere (inguinale) und innere (rektale) bzw.
durch eine kombinierte (äußere und innere) Untersuchung geliefert. Die äußere Untersuchung stellt das Vorhandensein eines
inguinalen Kryptorchismus in der Weise fest, daß man die zu-
gespitzte Hand möglichst weit nach oben in den Leistenraum
hinaufführt, wo man dann oft den Hoden als rundlichen, platten
Körper fühlt. (Man verwechsle indessen den Hoden nicht mit dem
Nebenhoden, der zuweilen bei einer unvollständigen Kastration
zurückbleibt und die Veranlassung zum Fortbestehen des Geschlechts-
triebs bildet.) Unter Umständen ist es indessen unmöglich, auf diese
Weise zu entscheiden, ob inguinaler oder abdominaler Kryptorchismus vorliegt, da junge, einjährige Hengste zuweilen aktiv
den Hoden aus dem Leistenkanal in die Bauchhöhle zurückziehen.
Der abdominale Kryptorchismus kann mit Sicherheit nur durch die
rektale Untersuchung festgestellt werden. Indem man mit der
flachen Hand die Gegend des inneren Leistenrings abtastet, fühlt
sich der Hoden als ein schlaffes, plattes, wohl begrenztes, sehr
leicht verschiebbares, seine Form immer beibehaltendes, bei Druck
mitunter empfindliches Gebilde bzw. wie ein Säckchen an, das mit
Quecksilber gefüllt ist.

---

*) Daß ein gewisser Grad von Geschlechtssinn sich ganz unabhängig von den
Hoden entwickelt und forterhält, ist von Steinbach experimentell bei männlichen
Versuchstieren bewiesen worden. Männliche Ratten zeigten nämlich selbst noch
ein halbes Jahr nach der Kastration unverändertes Begattungsvermögen; die geschlechtliche Reizung blieb sogar noch länger bestehen. Vgl. Disselhorst, Die
akzessorischen Geschlechtsdrüsen der Wirbeltiere. Wiesbaden 1897.

Der negative Ausfall der rektalen oder inguinalen Untersuchung kann dagegen für sich allein als ein sicherer Beweis des
Nichtvorhandenseins von Kryptorchismus nicht erachtet werden.
Nicht bei allen Klopfhengsten läßt sich der verborgene
Hoden durch die Palpation handgreiflich nachweisen. Sehr
kleine Hoden (haselnuß- bis walnußgroße) entziehen sich zuweilen
auch der sorgfältigsten Untersuchung. Wird in solchen diagnostisch
zweifelhaften Fällen eine bestimmte Entscheidung darüber verlangt,
ob Kryptorchismus vorliegt oder nicht, so bleibt zur Aufklärung
des Falles nur die Operation, und wenn auch diese resultatlos verläuft, nur die Sektion des Pferdes übrig.

Beurteilung. Der Begriff Kryptorchismus schließt den Charakter
eines verborgenen Mangels ohne weiteres ein. Auch kann über
das Alter ein Zweifel nicht bestehen, da es sich um eine angeborene Anomalie handelt.*) In dieser Beziehung ist übrigens er-
wähnenswert, daß das Fehlen der Hoden im Hodensack bei Fohlen
im ersten Jahr nicht immer gleichbedeutend mit Kryptorchismus
ist, da erfahrungsgemäß bei manchen Fohlen der Descensus
testiculorum schon unter normalen Verhältnissen erst mehrere
Monate nach der Geburt stattfindet. Sogar bei manchen Klopfhengsten steigen die Hoden noch im zweiten Jahre aus der Bauchhöhle in den Hodensack herunter. Nach dem zweiten Jahre pflegen
allerdings die Hoden in der Bauchhöhle oder im Leistenkanal zu
verbleiben.

Die Erheblichkeit des Kryptorchismus ist im Einzelfall verschieden zu beurteilen. Liegt eine zugesicherte Eigenschaft
vor (§ 463), d. h. erweist sich ein unter ausdrücklicher Zusicherung
als „Wallach“ verkauftes Pferd bei der Untersuchung als Klopfhengst, so ist der Kryptorchismus unter allen Umständen ein redhibitorischer Mangel. Bei Gewährleistung für bestimmte oder
für alle Fehler dagegen (§ 459) ist der Kryptorchismus nur dann
ein erheblicher Mangel, wenn er die Gebrauchsfähigkeit des
Pferdes beeinträchtigt. Die Diensttauglichkeit eines Pferdes
kann durch seine Eigenschaft als Klopfhengst nach zwei Richtungen
hin gestört werden. Bei vielen Klopfhengsten bedingt das Vorhandensein eines retinierten Hodens geschlechtliche Erregungen, welche die Benutzung und Pflege der Pferde, nament-

---

*) Nach den Ankaufsbedingungen der preußischen Remonte-Inspektion bildet
der Kryptorchismus einen Gewährmangel mit 28 tägiger Gewährfrist.

lich in der Nähe von Stuten, erschwert. Manche Klopfhengste haben ferner ein bösartiges Temperament, das sich in Beißen und Schlagen äußert. Andererseits gibt es viele Klopfhengste, welche fromm und Stuten gegenüber nicht aufgeregt sind. In solchen Fällen liegt speziell bei gewöhnlichen Arbeitspferden ein erheblicher Mangel nicht vor.

Eine gesonderte Beurteilung erfordern die zur Zucht bestimmten Pferde. Wenn ein ausdrücklich als „Deckhengst" gekauftes Pferd sich als Kryptorchide erweist, so ist dies gewöhnlich als ein erheblicher Mangel aufzufassen, weil doppelseitige Kryptorchiden in der Regel unfruchtbar sind, und bei Monorchiden trotz zuweilen vorhandener Zeugungsfähigkeit die Gefahr der Vererbung des Kryptorchismus nicht auszuschließen ist. Trotzdem kann in der Regel von einem redhibitorischen Mangel nicht gesprochen werden, weil bei einem Deckhengst das Fehlen eines oder beider Hoden meist offensichtlich ist, bzw. bei der im Handel mit Deckhengsten üblichen Aufmerksamkeit auch einem Laien auffallen muß.

Zuchtfehler bei Hengsten. Der wichtigste Zuchtfehler des Hengstes ist die Impotenz (Zeugungs- und Begattungsimpotenz). Die Zeugungsimpotenz (Impotentia generandi) wird durch Kryptorchismus (vgl. S. 165), Aplasie und Atrophie der Hoden, Hodentumoren, Aspermie und Azoospermie, abnorm verminderten oder übermäßig gesteigerten Geschlechtstrieb usw. bedingt. Ursachen der Begattungsimpotenz (Impotentia coeundi) sind Rückenmarks- und Gehirnkrankheiten, Krankheiten des Penis (Lähmung, Neubildungen) und Schlauchs (Phimosis, Posthitis), das Aufspringen behindernde chronische Bewegungsstörungen (Kreuzschwäche, Gonitis, Spat usw.), sowie allgemeine Körperschwäche infolge chronischer Krankheiten. Von Infektionskrankheiten sind ferner als Zuchtfehler zu nennen die Brustseuche (Zeugungsschwäche und andere Nachkrankheiten) und Influenza (jahrelange Tenazität des Ansteckungsstoffes im Körper durchseuchter Hengste, sog. Dauerausscheider), die Beschälseuche und der Bläschenausschlag.

Als Erbfehler kommen endlich für Zuchthengste in Betracht: angeborene Fehler des Temperaments und Charakters (Stätigkeit, Bösartigkeit), Epilepsie, der idiopathische Dummkoller, die primäre Rekurrenslähmung (Kehlkopfpfeifen), angeborener grauer Star, Mondblindheit (sehr selten), Kryptorchismus und Hernien (Leistenbruch, Nabelbruch). Die übrigen in den Körordnungen aufgezählten „Erbfehler" (Spat, Schale, Hasenhacke, Überbeine, Kreuzschwäche usw.) halten einer wissenschaftlichen Prüfung nicht Stand.

Zuchtfehler bei Stuten. Den wichtigsten Vertragsmangel bei Zuchtstuten bildet die Sterilität. Sie wird gewöhnlich durch angeborene oder erworbene ältere Abnormitäten der Geschlechtsorgane verursacht. Die häufigsten angeborenen Ursachen der Sterilität sind: Fehlen, Verengung, Verwachsung und Lageveränderung der Scham, der Scheide, der Cervix, des Uterus, der Eileiter, Tuben und Ovarien (Hermaphrodismus), sowie abnorme Entwicklung des Hymens und der Klitoris. Erworbene ältere

Ursachen sind namentlich chronische Katarrhe der Scheide und der Gebärmutter sowie Neubildungen der Geschlechtsorgane. In anderen Fällen
handelt es sich um Abnormitäten der Brunst (Ausbleiben derselben,
Nymphomanie). Mitunter liegt auch ein inveterierter Temperamentsfehler
vor (Unlust zum Deckakt, Untugend, den Hengst nicht zuzulassen). Im
übrigen ist zu beachten, daß bekanntlich etwa 30 Proz. aller gedeckten
Stuten überhaupt güst bleiben und daß Unfruchtbarkeit bei Stuten
auch nach dem Kauf durch die Änderung der Lebensbedingungen
(Fütterung, Arbeit, zu späte Deckung usw.) schnell entstehen
kann. Zweijährige Stutfohlen schweren Schlages bleiben z. B. oft unfruchtbar, wenn sie nicht in diesem Alter bedeckt werden (Nathusius u. a.).

Seltener kommen infektiöse Geschlechtskrankheiten (seuchen-
hafter Abortus, Beschälseuche, Bläschenausschlag) als Zuchtfehler in Betracht. Der seuchenhafte Abortus kann durch sehr verschiedene
Ursachen zu jeder Zeit nach dem Kauf schnell eintreten; es muß daher
einwandfrei nachgewiesen werden, daß der Infektionserreger schon vor dem
Kauf in den Körper der Stute eingedrungen ist. Auch die sog. Fohlenlähme läßt sich nur ausnahmsweise auf einen älteren Fehler des Muttertieres dann zurückführen, wenn das Vorhandensein einer intrauterinen Infektion (Druse) zweifellos dargetan ist. In der Regel entwickelt sich die
als Fohlenlähme bezeichnete Pyämie und Septikämie als Wundinfektionskrankheit (Nabelinfektion) erst nach der Geburt; dabei kann sich erfahrungsgemäß bei den Fohlen schon innerhalb 24 Stunden eine pyämische Poly-
arthritis entwickeln. Dasselbe gilt für die Mondblindheit der Fohlen,
welche nur ausnahmsweise angeboren ist (intrauterine Infektion durch das
mondblinde Muttertier). — Zuchtfehler im weiteren Sinne sind endlich auch
die Erbfehler (vgl. S. 168).

24. Die Samenstrangfistel.

Begriff und Ursachen. Die Samenstrangfistel stellt einen
chronischen, eitrigen Entzündungsprozeß am Samenstrang und an
der gemeinschaftlichen Scheidenhaut dar, welcher mit Phlegmone,
Abszedierung, Induration, Nekrose und Fistelbildung verläuft
(Funiculitis und Vaginitis chronica suppurativa und fibroplastica)
und als Wundinfektionskrankheit aufzufassen ist. Die unmittelbare
Ursache der Wundinfektion (Keim der Krankheit) sind Eiterbakterien und Botryomycespilze, seltener Aktinomycespilze.
Die mittelbare Ursache sind Verletzungen in der Umgebung der
Samenstränge. Meist bildet die Kastrationswunde den Ausgangspunkt der Infektion. Dabei kann die Infektion der Kastrations-
wunde während der Operation oder später in jedem Stadium der
Wundheilung erfolgen. Außerdem kann sich eine Samenstrangfistel
bei Wallachen unabhängig von der Kastration zu jeder Zeit im
Anschluß an zufällige Verletzungen der Skrotalgegend entwickeln.

Neben der Infektion als unmittelbarer und neben der Verwundung als mittelbarer Ursache der Samenstrangfistel gibt es sog. prädisponierende Ursachen für das Zustandekommen der Samenstrangfistel. Dieselben beziehen sich auf die Ausführung der Kastration. Insbesondere wird die Entstehung einer Samenstrangfistel begünstigt durch zu kleine Kastrationswunden der Haut und Scheidenhaut (Einschnürung des Samenstrangs, Sekretverhaltung), durch zu niedriges Abdrehen, Abkluppen, Abschneiden und Abbinden des Samenstrangs (Zurückbleiben des Nebenhodens, Samenstrangvorfall), durch Zerrungen des Samenstrangs beim Kastrieren, durch mangelhaftes Zurückschieben des Samenstrangs nach dem Abkluppen (zu frühzeitige Verklebung), sowie durch ungenügende Reinlichkeit und Asepsis vor, während und nach der Operation. Im übrigen kann sich auch bei regelrechter und aseptischer Kastration durch eine spätere Infektion der Kastrationswunde, sowie infolge individueller Schwäche des Kremasters und dadurch bedingten Vorfall des Samenstrangs eine Samenstrangfistel entwickeln.

Zum Begriff Samenstrangfistel gehört vor allem die Chronicität der Entzündung. Eine eiternde Kastrationswunde wird erst dann zur Fistel, wenn sie überhaupt nicht abheilt. Ein Fistelgeschwür ist eine Wunde, die nicht heilen will. Hierbei ist indessen zu beachten, daß die Heilungsdauer der Kastrationswunden schon unter normalen Umständen sehr verschieden ist. Die Dauer der Heilung der Kastrationswunden hängt von sehr vielen äußeren und inneren Umständen ab. Solche sind namentlich die Kastrationsmethode (Emaskulatur, Abdrehen, Abbinden, Kluppen), die richtige oder fehlerhafte Ausführung der einzelnen Methoden, das frühere oder spätere Hinzutreten einer Infektion und die Art und Virulenz der Eitererreger, die rechtzeitige und zweckmäßige Behandlung der Kastrationswunde, die Konstitution (kräftige, schlechte), die Rasse (Kaltblüter, Warmblüter), das Alter, sowie gewisse individuelle Verhältnisse. Aus allen diesen Gründen kann sich die Heilung der Kastrationswunde unter Umständen sehr verzögern, schließlich aber doch Heilung eintreten. Die verzögerte Heilung ist nicht gleichbedeutend mit Samenstrangfistel. Die durchschnittliche Heilungsdauer der Kastrationswunde beträgt 4—6 Wochen. Nicht selten verzögert sich jedoch die Heilung aus verschiedenen Ursachen um mehrere Wochen, so daß man selbst 8—10 Wochen nach erfolgter Kastration noch nicht von einer „Samenstrangfistel"

sprechen kann. Ausnahmsweise tritt die definitive Heilung sogar
erst nach 3 Monaten ein. Diese Tatsachen sind bei der Diagnose
„Samenstrangfistel" wohl zu beachten.

Untersuchung. Dieselbe kann gewöhnlich am stehenden Pferd
vorgenommen werden. Man findet bei der Inspektion und Palpation
der Skrotalgegend rechts oder links oder beiderseitig eine trichter-
förmig eingezogene Fistelöffnung mit Eiterung und Fistelkanälen,
eine geschwulstartige, derbe, birn- oder flaschenförmige, taubenei-
bis mannskopfgroße Verdickung des Samenstrangs, sowie an dessen
unterem Ende Verwachsung der Haut mit dem verdickten Samenstrang. Lahmgehen fehlt häufig; das Allgemeinbefinden ist im Anfang nicht gestört. Im Eiter lassen sich mikroskopisch Eiterbakterien oder Botryomycespilze nachweisen. Die letzteren sind
zuweilen schon mit bloßem Auge als gelbweiße, sandkorngroße
Gebilde zu erkennen.

Beurteilung. Da die Samenstrangfistel häufig ohne Lahmheit
und ohne Störungen des Allgemeinbefindens verläuft und ganz ver-
steckt in der Leistengegend gelegen ist, wird sie erfahrungsgemäß
von den Laien gemeinhin übersehen. Sie bildet daher einen verborgenen Mangel und ist mit Sicherheit nur durch eine sorgfältige, sachverständige Untersuchung nachzuweisen.

Da die Samenstrangfistel ferner in der Regel nur durch eine
eingreifende und lebensgefährliche Operation heilbar, in manchen
Fällen sogar überhaupt unheilbar ist und da sie, sich selbst überlassen, später die Gebrauchsfähigkeit der Pferde wesentlich herabsetzt,
ist sie auch als ein in jedem Falle erheblicher Fehler zu bezeichnen.

Schwieriger ist die Frage der Altersbestimmung. Unrichtig
ist zunächst die vielverbreitete Auffassung, daß jede Samenstrangfistel bis auf den Zeitpunkt der Kastration zurückgeführt werden
müsse. Eine Samenstrangfistel kann überhaupt, wie schon hervorgehoben worden ist, ohne vorausgegangene Kastration entstehen.
Die Infektion der Kastrationswunde kann ferner ebensowohl 8 bis
14 Tage nach der Kastration, als während derselben eingetreten sein.
Der genauere Zeitpunkt der Infektion läßt sich daher niemals sicher
bestimmen. Das Alter einer Samenstrangfistel läßt sich lediglich
nach dem Umfang und der Konsistenz der bindegewebigen
Neubildung am Samenstrang schätzen. Eine faustgroße, sehnen-
harte und dabei schmerzlose Samenstranggeschwulst z. B. kann
sich erfahrungsgemäß in 14 Tagen nicht ausbilden. Besondere
Vorsicht ist bei der Taxierung der sog. Champignons geboten.

Diese weichen, granulomartigen, außerhalb der Kastrationswunde gelegenen Wucherungen können sich, wie alle gefäßreichen Granulationen, ziemlich schnell entwickeln. Daß endlich der Nachweis einer eiternden Wunde in den ersten zwei Monaten nach der Kastration nicht unter allen Umständen das Vorhandensein einer „Samenstrangfistel" bedeutet, ist bereits früher ausgeführt worden.

Harnsteine. Den Harnsteinen kommen, wenn sie Störungen im Harnabsatz nachweislich veranlassen, alle Eigenschaften eines redhibitorischen Mangels zu (erheblich, verborgen, alt). Schwierigkeiten bietet nur die Altersbestimmung, weil, wie bei den Darmsteinen, Erfahrungen über das Wachstum fehlen. Das Alter läßt sich nur nach der Größe der Steine einigermaßen und in der Weise beurteilen, daß z. B. ein kastaniengroßer Stein sich nicht in einigen Tagen oder Wochen entwickeln kann. Daß bei der Altersschätzung der Harnsteine übrigens Vorsicht geboten ist, und daß nicht etwa schon kleine, erbsengroße Steine mehrere Wochen zu ihrer Entwicklung brauchen, wie zuweilen angenommen wird, geht aus den Untersuchungen von Ebstein und Nicolaier über experimentelle Erzeugung der Harnsteine (1891) hervor. Danach ergaben Fütterungsversuche mit Oxamid bei verschiedenen Tieren (Hunden, Pferden, Katzen, Kaninchen, Ratten, Mäusen), daß Harnsteine in relativ kurzer Zeit ziemlich groß werden können. In 18 Tagen entstanden bei Hunden erbsengroße Konkremente in der Harnblase, sowie ein 2 cm langes und 7 mm breites Konkrement im Nierenbecken. In 21 Tagen bildeten sich mehrere erbsengroße Steine im Nierenbecken, in 23 Tagen ein erbsengroßes Konkrement im Nierenbecken und ein nicht ganz erbsengroßer Stein im Harnleiter, in 27 Tagen ein 1,3 cm langes und 0,3 cm breites Konkrement im Nierenbecken, in 33 Tagen ein 1,7 cm langer und 1 cm breiter Stein im Nierenbecken. Bei einem Versuchspferde entstanden nach 18 Tagen zwei hanfkorngroße Steine.

Hosenpisser. Die Eigentümlichkeit mancher Wallache und Hengste, beim Urinieren nicht auszuschachten, sondern den Harn in den Schlauch zu entleeren, wird als Hosenpissen bezeichnet. Die Auffassung, als ob das Hosenpissen immer nur auf einer unerheblichen Angewohnheit beruhe, ist nicht zutreffend. Vielfach liegt dem Hosenpissen eine chronische Entzündung der Innenfläche des Schlauches mit Stenosenbildung zugrunde, welche das Ausschachten des Penis verhindert. Es empfiehlt sich daher eine genaue örtliche Untersuchung. Wird hierbei eine chronische ulzerierende und stenosierende Entzündung im Innern des Schlauches als Ursache des Hosenpissens nachgewiesen (Posthitis chronica, Sklerose, Phimose), so liegt ein erheblicher Mangel vor, weil der Krankheitszustand erfahrungsgemäß schwer oder gar nicht heilbar ist und unter Umständen sogar durch Retention und Zersetzung des Harns eine tödliche Zystitis und Pyelitis herbeiführen kann. Bei Luxuspferden kommt noch das ästhetische Moment, bei Zuchthengsten die Beeinträchtigung oder das Unvermögen der Begattung hinzu.

25. Die Geschwülste.

Allgemeines. Beim Pferde kommen als klinisch nachweisbare Geschwülste am häufigsten vor Sarkome, Botryomykome, Karzinome und Fibrome. Diese vier Geschwulstarten bilden drei Viertel aller Neubildungen beim Pferde. In zweiter Linie sind die Lipome, Adenofibrome, Myxome und Aktinomykome zu nennen. Der Hufkrebs und die Hornsäule sind an anderer Stelle gewürdigt worden (S. 129). Jede der genannten Geschwulstarten kann bei Sonderverträgen (Garantie für Gesundheit und Fehlerfreiheit) unter Umständen die Eigenschaften eines Vertragsmangels besitzen. Im allgemeinen sind hierbei die nachstehenden Gesichtspunkte maßgebend.

Erheblichkeit. Die Erheblichkeit einer Geschwulst ist teils durch die Art, teils durch den Sitz und die Größe der Neubildung bedingt.

1. Die sog. bösartigen Geschwülste sind dadurch charakterisiert, daß sie rasch und unaufhaltsam wachsen, geschwürig zerfallen, Metastasen bilden und häufig inoperabel sind. Bösartig und daher erheblich sind speziell die Karzinome, Botryomykome und Aktinomykome. Auch die Sarkome sind im allgemeinen als bösartig und erheblich zu bezeichnen; eine Ausnahme hiervon macht nur ein Teil der Melanosarkome.

2. Auch die sog. gutartigen Geschwülste (Fibrome, Lipome, Myxome, Papillome usw.) können zuweilen durch ihren Sitz und ihre Größe eine erhebliche Beeinträchtigung der Gesundheit und Gebrauchsfähigkeit verursachen. Beispiele hierfür sind: die Myxome, Fibrome und Adenofibrome der Nasenhöhle und des Kehlkopfes (Atemstörungen), die Mastdarmpolypen und subperitonealen Gekröslipome (Kolik), die Papillome der Blase (Harnbeschwerden), die Hyperplasie der Traubenkörner (Sehstörungen), die Fibrome und Osteome der Schädelhöhle und Wirbelsäule (Lähmung), die kavernösen Angiome der Nasenscheidewand (chronisches Nasenbluten), die Neurome an den Gliedmaßen (Lahmheit), die Fibrome am Schweifansatz (Nichtdulden des Schweifriemens). Wenn diese, die Gebrauchsfähigkeit störenden Neubildungen nicht durch eine einfache Operation schnell und sicher zu beseitigen sind, so liegt auch hier ein erheblicher Mangel vor.

Altersbestimmung. Der Beurteilung des Alters einer Geschwulst können die Größe und Konsistenz derselben sowie der Nachweis von Metastasen und regressiven Veränderungen zugrunde gelegt werden. Da manche Geschwülste, so z. B. die kleinzelligen Rundzellensarkome und gewisse Formen der Botryomykome (Champignons), sehr schnell wachsen, so ist bezüglich der Größe Vorsicht geboten. Wichtiger für die Altersbestimmung ist die Konsistenz der Tumoren; eine sehr derbe Beschaffenheit der

Geschwülste spricht im allgemeinen für ein längeres Bestehen. Besondere Bedeutung für die Beurteilung des Alters besitzen die als regressive Metamorphose bezeichneten Veränderungen, namentlich der Nachweis von Verkäsung, Verkalkung, Verknorpelung, Verknöcherung, Verhornung, zystöser Erweichung und Pigmentbildung. Bei den bösartigen Neubildungen können ferner das Auftreten von Metastasenbildung in den Lymphdrüsen sowie das Vorhandensein allgemeiner Ernährungsstörungen (Kachexie) als Beweis für ein längeres Bestehen der Geschwülste dienen.

Unsichtbarkeit. Die im Innern des Körpers, namentlich in der Bauchhöhle, Brusthöhle, Schädelhöhle, Nasenhöhle, Kieferhöhle und Stirnhöhle, im Kehlkopf, im Schlund und in der Luftröhre, in der Orbita, im Wirbelkanal, im Mastdarm und in der Scheide gelegenen Neubildungen sind selbstverständlich als verborgene Mängel zu betrachten. Dasselbe gilt für alle in der Tiefe der Muskeln und Knochen gelegenen Tumoren. Aber auch die an der Oberfläche gelegenen Geschwülste sind zuweilen infolge ihrer versteckten Lage (Schlauch, Penis, Schweifansatz, Scham) oder wegen ihrer Kleinheit leicht zu übersehen. Andere Geschwülste sind zwar offensichtlich, ihr bösartiger Charakter ist jedoch für den Laien nicht erkennbar. Zur sicheren Spezialdiagnose der Geschwülste ist sogar für den Sachverständigen eine mikroskopische Untersuchung meist unentbehrlich.

Melanosarkome. Die besonders bei Schimmeln häufig vorkommenden Melanosarkome nehmen eine Mittelstellung zwischen gutartigen und bösartigen Geschwülsten ein. Ein Teil der Melanosarkome ist ähnlich wie die Karzinome sehr bösartig, indem sie rasch wachsen, Metastasen bilden, ulzerieren, verjauchen, anhaltende Blutungen veranlassen und dadurch eine allgemeine Anämie und Kachexie herbeiführen. Diesen malignen Charakter besitzen namentlich die pigmentierten weichen Rundzellen- und Alveolarsarkome. Andererseits gibt es gutartige, derbe, pigmentierte Spindelzellen- und Fibrosarkome, welche sogar trotz Metastasenbildung und Generalisierung keinerlei Störungen des Allgemeinbefindens veranlassen. Budnowski (Zeitschr. f. Vet. 1903) fand z. B. bei zwölf Prozent sämtlicher Pferde des 1. Leibhusarenregiments erbsen- bis haselnußgroße Melanome (das Regiment hat nur Schimmel). Die an sich gutartigen Melanosarkome können jedoch wie alle Neubildungen durch ihren Sitz und ihre Größe die Gebrauchsfähigkeit der Pferde erheblich beeinträchtigen (Mastdarm, After, Parotis, Gekröse, Wirbelsäule). Dabei lassen sie sich entweder gar nicht oder nur durch eine eingreifende Operation beseitigen.

Die Beurteilung der übrigen Einzeltumoren erfolgt nach den Grundsätzen der Chirurgie und Pathologie. Eine Monographie über die Neubildungen der Nasenhöhle und der Nasennebenhöhlen des Pferdes hat Kärnbach (Berlin 1909) geschrieben. Eine literarische Studie über die forensische Beurteilung der wichtigsten Einzelgeschwülste des Pferdes hat Neuhaus veröffentlicht (Deutsche Tierärztl. Wochenschr. 1904).

Die Gewährmängel der Rinder.

I. Die Hauptmängel der Rinder.

Die Tuberkulose.

Kaiserliche Verordnung. § 1. Für den Verkauf von *Nutz-* und *Zuchttieren* gilt als Hauptmangel bei Rindvieh: „tuberkulöse Erkrankung, sofern infolge dieser Erkrankung eine allgemeine Beeinträchtigung des Nährzustandes des Tieres herbeigeführt ist, mit einer Gewährfrist von 14 Tagen."

§ 2. Für den Verkauf von *Schlachttieren* gilt als Hauptmangel bei Rindvieh: „tuberkulöse Erkrankung, sofern infolge dieser Erkrankung mehr als die Hälfte des Schlachtgewichts nicht oder nur unter Beschränkung als Nahrungsmittel für Menschen geeignet ist, mit einer Gewährfrist von 14 Tagen."

A. Die Tuberkulose des Rindes im allgemeinen.

Ursachen. Die Tuberkulose oder Perlsucht des Rindes, in älteren Währschaftsgesetzen wohl auch als Lungensucht, Drüsenkrankheit, Franzosenkrankheit usw. bezeichnet, wird durch das Eindringen der Tuberkelbazillen in den Tierkörper veranlaßt. Die Tuberkelbazillen, die Ursache oder der Keim der Tuberkulose, dringen teils durch die Atmungsorgane (Inhalationstuberkulose), teils durch den Verdauungsapparat (Fütterungstuberkulose) in den Körper ein. Bei Kälbern gibt es außerdem eine angeborene Tuberkulose. Seltener bildet die Haut oder das Euter den primären Infektionsherd.

Neben den Tuberkelbazillen, der direkten und eigentlichen Krankheitsursache, wirken verschiedene prädisponierende Umstände als indirekte, das Eindringen der Bazillen begünstigende Ursachen mit. Als solche kommen namentlich Stallaufenthalt, vorausgehende katarrhalische Affektionen der Respirationsschleimhaut, Schwächung der Konstitution durch gehaltloses Futter, zahlreiche Geburten, starke Milchproduktion und Inzucht, wahrscheinlich auch eine vererbte Anlage in Betracht. Im übrigen können die Tuberkelbazillen durch ganz intakte Schleimhäute in den Körper eindringen.

In Deutschland sind durchschnittlich 20—25 Prozent
aller erwachsenen Rinder tuberkulös. Bei Kühen beträgt
der Prozentsatz im Durchschnitt sogar 30 Prozent. Viel seltener
ist die Tuberkulose der Kälber (0,1—0,2 Prozent in Preußen).

Anatomischer Befund. Die charakteristischen anatomischen
Veränderungen der Tuberkulose beginnen gewöhnlich mit der Entwicklung eines sog. Tuberkels, d. h. eines lokalen Entzündungs-
herdes in Form eines etwa hirsekorngroßen (miliaren), grauen
Knötchens. Dieses Knötchen entsteht als Reaktion auf den eingedrungenen Tuberkelbazillus durch eine Wucherung der fixen Ge-
webszellen, durch die Bildung von epitheloiden und mehrkernigen
sog. Riesenzellen, sowie durch die Auswanderung weißer Blut-
körperchen in die Umgebung (örtliche Leukozytose, Rundzellen,
Granulationsgewebe). Die einzelnen Tuberkel sind gefäßlos; sie
entwickeln sich daher langsam und sind nicht lange lebensfähig
(Verkäsung, Verkalkung).

Die Tuberkulose der einzelnen Organe betrifft in erster Linie
die Lunge, die Serosen (Brustfell, Bauchfell) und die Lymphdrüsen. In zweiter Linie· erkranken die Baucheingeweide (Leber,
Milz, Nieren, Uterus, Darm usw.), das Euter, das Gehirn und
Rückenmark (Wirbelsäule) sowie die Bewegungsorgane (Muskeln,
Knochen, Gelenke, Sehnenscheiden). Der tuberkulöse Prozeß beschränkt sich entweder auf eines dieser Organe oder es erkranken
mehrere Organe oder es besteht eine allgemeine, durch den großen
Blutkreislauf vermittelte Erkrankung des ganzen Körpers (genera-
lisierte Tuberkulose).

Die Lungentuberkulose ist teils eine käsige Pneumonie
mit käsigen Herden und eitrigen Kavernen, welche von neu-
gebildetem Bindegewebe umgeben sind, teils eine Miliartuberkulose,
bei der sich zahlreiche hirsekorngroße, frische, verkäste oder verkalkte Knötchen oder größere konglomerierte Knoten entwickeln.
Daneben besteht regelmäßig eine tuberkulöse Schwellung und Vergrößerung der bronchialen Lymphdrüsen, sowie häufig chronische
Bronchitis und Peribronchitis mit ihren Folgezuständen.

Die Serosentuberkulose beginnt mit der Bildung kleinster,
etwa grießkorngroßer, grauer, durchscheinender Knötchen auf dem
Brustfell und Bauchfell, welche in vaskularisiertem Bindegewebe
eingelagert sind und zu größeren Perlknoten heranwachsen, die teils
bindegewebig indurieren, teils verkäsen und verkalken und durch
Zusammenlagerung eigenartige, oft sehr massige Gebilde dar-

stellen (Zotten, Warzen, Trauben, Maulbeerform, blumenkohlartige
Gewächse usw.). Gleichzeitig sind die Mediastinaldrüsen vergrößert, verhärtet oder verkäst und von Tuberkeln durchsetzt.

Die Lymphdrüsentuberkulose betrifft die Bronchialdrüsen,
Mediastinaldrüsen, Mesenterialdrüsen, Kehlgangsdrüsen, Parotis-
drüsen, die oberen, mittleren und unteren Halslymphdrüsen, die
Bug-, Achsel- und Ellenbogendrüsen, die Leisten-, Scham-, Knie-
falten- und Kniekehldrüsen, die äußeren Darmbeindrüsen, die Lumbal-
drüsen, die Drüsen der Leber, Milz, Nieren usw. Diese Drüsen
sind oft enorm vergrößert und von frischen, verkästen oder verkalkten Tuberkeln durchsetzt.

Klinischer Befund. Das Krankheitsbild der Rindertuberkulose
ist je nach der Lokalisation sehr verschieden. Gewöhnlich erfolgt die Entwicklung langsam und schleichend, so daß
sich die ersten Anfänge der Tuberkulose der klinischen Beobachtung entziehen. Diese Tatsache ist für die gerichtliche Tierheilkunde von großer Bedeutung. Seltener wird eine schnelle Entwicklung der Tuberkulose beobachtet. Die Dauer der Krankheit
selbst beträgt meist viele Monate und selbst mehrere Jahre. In
klinischer Beziehung wichtig sind namentlich die Lungentuberkulose und die Eutertuberkulose. Das Krankheitsbild der
Serosentuberkulose (Perlsucht im engeren Sinne), Gehirntuberkulose,
Uterustuberkulose und generalisierten Tuberkulose ist weniger
ausgeprägt.

1. Bei der Lungentuberkulose beobachtet man als klinische
Erscheinungen: Husten, Abmagerung und Anämie, Harthäutigkeit,
unregelmäßiges Fieber, Atembeschwerde, chronische Verdauungsstörungen sowie Verminderung und Aufhören der Milchsekretion.
Die physikalische Untersuchung der Lunge ergibt bei größerem
Umfang und oberflächlicher Lagerung der tuberkulösen Veränderungen
umschriebene Dämpfung bei der Perkussion, trockene und feuchte
Rasselgeräusche, abgeschwächtes oder ganz fehlendes Atmungsgeräusch bei der Auskultation. Zuweilen läßt sich auch eine Vergrößerung äußerer Lymphdrüsen nachweisen.

2. Die Eutertuberkulose äußert sich in einer schmerzlosen,
derben, knotigen, ständig zunehmenden, an der Oberfläche später
höckrigen Schwellung meist eines Hinterviertels. Die Euterlymph-
drüsen (supramammäre Drüsen) sind ebenfalls knotig geschwollen.
In der anscheinend normalen Milch lassen sich bei vorgeschrittener

Eutertuberkulose regelmäßig Tuberkelbazillen durch die Impfung nachweisen.

Die Symptome der Perlsucht sind inkonstant und unsicher. Der Nährzustand ist oft lange Zeit hindurch gut („fette Franzosen"). Bei der Pleuratuberkulose lassen sich bisweilen ausgedehnte Dämpfung, vereinzelt wohl auch Reibungsgeräusche nachweisen. Die Tuberkulose des Bauchfells ist manchmal mit Stiersucht verbunden; mitunter lassen sich auch die Perlknoten durch Palpation von außen (Pansengegend, Hungergrube) sowie durch rektale Untersuchung nachweisen. Die Gehirntuberkulose bedingt teils die Erscheinungen einer akuten Gehirnentzündung (akute miliare Basilarmeningitis), teils Herdsymptome. Die Uterustuberkulose äußert sich durch bazillenhaltigen Scheidenausfluß, Abortus und Unfruchtbarkeit; sie ist zuweilen auch rektal nachweisbar.

Diagnose. Zur Feststellung der Tuberkulose werden benützt: der klinische Befund, die anatomischen Veränderungen bei der Schlachtung, die bakteriologische Untersuchung (mikroskopischer Nachweis der Tuberkelbazillen und Impfung) und das Tuberkulin.

1. Der klinische Befund (physikalische Untersuchung) reicht für sich allein zum forensischen Nachweis der Tuberkulose in der Regel nicht aus. Die Tuberkulose ist bei den lebenden Rindern mit Sicherheit klinisch meist nicht festzustellen, weil in der Regel innere Organe erkrankt sind, und weil in diesen Organen häufig auch andere, nichttuberkulöse Erkrankungen vorkommen, deren Erscheinungen mit denen der Tuberkulose übereinstimmen. Dies gilt namentlich bezüglich der Lungentuberkulose für den Husten, die Rasselgeräusche, das unterdrückte und fehlende Atmungsgeräusch, die Dämpfung des Perkussionsschalls, den trüben Blick, das rauhe Haar und die Abmagerung. Die Lungentuberkulose läßt sich im Leben einwandfrei meist nur durch den Nachweis der Tuberkelbazillen, nicht aber auf Grund der klinischen Untersuchung feststellen. Auch die Eutertuberkulose hat mit anderen Euterkrankheiten (Mastitis, Aktinomykose) mancherlei Ähnlichkeit; ihre sichere Feststellung ist in der Regel nur durch eine bakteriologische Untersuchung (Impfung des Bodensatzes der Milch auf Meerschweinchen) möglich. Die Zahl der mit offener, äußerlich erkennbarer Tuberkulose behafteten Rinder beträgt überhaupt nur etwa 2—3 Prozent aller erwachsenen Rinder, mithin nur

10 Prozent aller tuberkulösen Rinder.*) Die Zahl der
Rinder mit offener Tuberkulose (2—3 Prozent) verhält sich nämlich
zu der Zahl der überhaupt tuberkulösen Rinder (20—25 Prozent)
wie 1 : 10, d. h. nur 10 Prozent der tuberkulösen Rinder
leiden an offener Tuberkulose. Nur bei hochgradiger Tuberkulose der Lungen und des Euters läßt sich unter Umständen
schon durch die klinische Untersuchung ein Symptomenkomplex
feststellen, aus dem man die Tuberkulose forensisch diagnostizieren
kann; besteht in solchen Fällen eine krankhafte Abmagerung, die
nicht auf andere Ursachen zurückzuführen ist, so kann im Sinne
des § 482 B. G. B. als erwiesen erachtet werden, daß die Tuberkulose sich am lebenden Tiere „zeigt". In der Regel ist aber
zur einwandfreien Konstatierung der Tuberkulose als
Hauptmangel oder Gewährmangel die Schlachtung der
Tiere notwendig.

2. Die anatomische Diagnose der Tuberkulose ist im Gegensatz zur klinischen meist leicht und sicher. Der charakteristische
makroskopische Befund, namentlich der Nachweis von frischen,
verkästen oder verkalkten Tuberkeln oder von käsigen Herden in
den einzelnen Organen mit gleichzeitiger Lymphdrüsenerkrankung
reicht gewöhnlich bei geschlachteten Tieren zur sicheren Feststellung der Tuberkulose aus.**) Auch in differential-diagnostischer
Beziehung (Aktinomykose, verkäste Echinokokken und Zystizerken,
verkalkte Pentastomen, Lungenseuche usw.) besteht in der Regel
keine besondere Schwierigkeit. In Zweifelsfällen kann die Diagnose
meist durch den Nachweis der Tuberkelbazillen gesichert werden.

3. Der bakteriologische Nachweis der Tuberkulose ist bei
Lebzeiten der tuberkulösen Rinder in der Mehrzahl der
Fälle nicht durchführbar, weil bazillenhaltige Ausscheidungen
häufig fehlen. Nur etwa 10 Prozent aller tuberkulösen
Rinder zeigen die sog. offene, d. h. mit Ausscheidung von
Tuberkelbazillen verlaufende Form der Tuberkulose. Bei
der Serosentuberkulose sind Bazillen während des Lebens überhaupt

---

*) von Ostertag, Die Bekämpfung der Tuberkulose des Rindes. Berlin
1913. Verlag von R. Schoetz.
**) Im Deutschen Reichsanzeiger vom 5. Juni 1899, in welchem die
Motive zur Kaiserl. Verordnung, betr. die Hauptmängel, veröffentlicht wurden, heißt
es: „Für den Nachweis der Tuberkulose gelten die allgemeinen Grundsätze des
Prozeßrechtes. Es ist also das unmittelbare Auffinden von Tuberkelbazillen nicht erforderlich, es genügt vielmehr, mit anderen Hilfsmitteln der
Wissenschaft in sicherer Weise festzustellen, daß die Erkrankung durch Tuberkelbazillen hervorgerufen ist."

nicht nachzuweisen. Nur bei den sog. offenen Formen der Tuberkulose, insbesondere in solchen Fällen von Lungentuberkulose, bei denen ein bazillenhaltiger Auswurf vorhanden ist (Husten lassen, Eingehen mit der Hand in den Schlundkopf, Rachenlöffel, Luftröhrentrokar, Schleimfänger, Drahtstück mit Tupfer, Hohlnadel und Hühnerfeder) oder wenn die Tuberkulose äußere Organe (Euter, Lymphdrüsen) ergriffen hat, läßt sich die Tuberkulose intra vitam bakteriologisch feststellen. Es ist ferner zu beachten, daß in der forensischen Praxis die bakteriologische Untersuchung nicht allgemein durchführbar ist, weil sie besondere Einrichtungen voraussetzt, die nicht jedem praktischen Tierarzt zur Verfügung stehen. Hierzu kommt, daß der Nachweis der Tuberkelbazillen für sich allein zur Feststellung des Hauptmangels der Tuberkulose im Sinne des § 1 der Kaiserl. Verordnung nicht ausreicht. Die Tuberkulose, insbesondere die Lungentuberkulose, stellt für sich allein ohne krankhafte Abmagerung keinen Hauptmangel dar. Erfahrungsgemäß scheiden Rinder zuweilen schon im Anfangsstadium der Lungentuberkulose Tuberkelbazillen aus, ohne abgemagert zu sein. Die Impfung kann außerdem deshalb als Diagnostikum meist nicht in Betracht kommen, weil die vierzehntägige Gewährfrist gewöhnlich nicht ausreicht, um das Resultat der Impfung abzuwarten. Bei der gewöhnlichen intraperitonealen Impfung von Meerschweinchen sind 3—4 Wochen zur Stellung der Diagnose nötig; selbst bei den sog. Schnelldiagnosen (intramuskuläre und intramammäre Injektion, subkutane Injektion mit Lymphdrüsenquetschung) sind 8—14 Tage zur Erzielung charakteristischer Veränderungen nötig. Die bakteriologische Prüfung der Milch, des Kotes und des Auswurfs durch Ausstrichpräparate ist unsicher (säurefeste Pseudo- und Paratuberkelbazillen, negativer Befund trotz vorhandener Tuberkulose).

4. Das Tuberkulin ist forensisch als Diagnostikum nicht zu gebrauchen, weil es kein sicheres Erkennungsmittel für die Tuberkulose bildet. Die Summe der Fehldiagnosen bei der gewöhnlichen subkutanen Injektion beträgt in Deutschland durchschnittlich 13 Prozent und übersteigt sogar zuweilen diese Zahl noch. Es kommt hinzu, daß das Tuberkulin auch ganz geringfügige tuberkulöse Veränderungen anzeigt, die nicht zur Abmagerung führen, auch den Gebrauch und die Nutzung vielfach gar nicht beeinträchtigen, während es umgekehrt bei vorgeschrittener Tuberkulose mitunter versagt. Ähnliches gilt für die Tuberkulin-Augenprobe

und -Hautprobe (Ophthalmo- und Cutanreaktion). Ein sicheres Resultat wird somit nur durch die Schlachtung erzielt.

Husten beim Rind. Der Husten bildet für sich allein keinen Beweis für das Vorhandensein von Tuberkulose. Der Husten ist bei Rindern nicht einmal immer als ein Symptom einer bestimmten Krankheit zu deuten. Man hört vielmehr nicht selten Rinder husten, bei denen nach der Schlachtung nicht die geringsten Veränderungen an den Atmungsorganen nachzuweisen sind. Selbst der chronische Husten, der durch chronische Katarrhe des Kehlkopfs oder der Luftröhre bedingt wird, bildet oftmals eine unerhebliche, die wirtschaftliche Nutzung der Tiere nicht beeinträchtigende Erscheinung. Es kommt hinzu, daß der Husten jederzeit aus verschiedenen Ursachen schnell entstehen kann.

B. Die Tuberkulose als Hauptmangel für Nutz- und Zuchttiere.

Kaiserliche Verordnung. § 1. Für den Verkauf von Nutz- und Zuchttieren gilt als Hauptmangel: II. bei Rindvieh: „tuberkulöse Erkrankung, sofern infolge dieser Erkrankung eine allgemeine Beeinträchtigung des Nährzustandes des Tieres herbeigeführt ist."

Die Tuberkulose als Hauptmangel im allgemeinen. Die Kaiserliche Verordnung unterscheidet zwischen dem Verkauf von Nutz- und Zuchttieren (§ 1) und zwischen dem Verkauf von Schlachttieren (§ 2). Es ist daher in jedem Falle vor der Begutachtung sorgfältig zu prüfen, unter welcher Voraussetzung, ob nach § 1 oder nach § 2, der Kauf abgeschlossen worden ist. Alle Rinder, welche nicht zur alsbaldigen Schlachtung, sondern zur Nutzung (Milchkühe, Masttiere, Zugochsen) oder zur Zucht (Zuchtkühe, Bullen) angekauft sind, fallen unter den § 1 der Kaiserlichen Verordnung.

Weder im § 1 noch im § 2 der Kaiserlichen Verordnung ist das Wort Tuberkulose gewählt, sondern beidemal die Bezeichnung „tuberkulöse Erkrankung". Damit kommt zum Ausdruck, daß nicht, wie bei den übrigen Hauptmängeln, die Tuberkulose an sich, also nicht jeder einzelne Fall von Tuberkulose, einen Hauptmangel darstellt, sondern daß ein erheblicher und vorgeschrittener Grad von Tuberkulose vorliegen muß, welcher bereits eine allgemeine Erkrankung des ganzen Körpers herbeigeführt hat.

Der Begriff der Tuberkulose nach § 1. Durch den Zusatz im § 1: „sofern infolge dieser Erkrankung eine allgemeine Beeinträchtigung des Nährzustandes des Tieres herbeigeführt ist", wird der Begriff der tuberkulösen Erkrankung bei Nutz- und Zuchttieren noch mehr beschränkt. „Allgemeine Beeinträchtigung des Nährzustandes" bedeutet krankhafte Abmagerung oder

Schwindsucht. Nach § 1 gelten somit nur diejenigen Fälle
von Tuberkulose als Hauptmangel, welche als tuberkulöse
Schwindsucht charakterisiert sind. Eine tuberkulöse Schwindsucht ist z. B. bei der Lungentuberkulose vorhanden, wenn die
letztere eine hochgradige Abmagerung im Gefolge hat (Lungenschwindsucht, Lungenphthise). Lungentuberkulose für sich allein,
ohne Schwindsucht, ist kein Hauptmangel im Sinne der Kaiserlichen Verordnung.

Die krankhafte Abmagerung darf nicht mit dem bei vielen
Tieren vorhandenen physiologischen Nährzustand verwechselt werden,
welcher gewöhnlich als Magerkeit bezeichnet wird und hauptsächlich sich in einem Mangel an Fettgewebe äußert. Die „Magerkeit" stellt einen ganz naturgemäßen Nährzustand dar, der nicht
durch Krankheit, sondern durch gewöhnliche Verhältnisse bedingt
wird (Art der Fütterung, starke Milchproduktion, vorausgegangene
Geburten, Arbeit, Jugend usw.).

Zu beachten ist endlich, daß eine krankhafte Abmagerung
beim Rind außer durch Tuberkulose durch zahlreiche andere akute
und chronische Krankheiten verursacht sein kann. Es muß daher
in jedem Falle einwandfrei und innerhalb der Gewährfrist dargetan werden, daß die bestehende krankhafte Abmagerung
nicht durch andere Krankheiten, sondern ausschließlich
nur durch die Tuberkulose verursacht wird. Dieser Nachweis
ist allerdings sehr schwierig und in der Regel nur durch die
Schlachtung und eine genaue Sektion zu erbringen. Eine Miß-
achtung dieser allgemein anerkannten Regel kann für den betreffenden Sachverständigen zu einem sehr peinlichen Ausgang eines
durch sein unrichtiges Gutachten veranlaßten ungemein langwierigen
und kostspieligen Prozesses führen, wenn die Obduktion schließlich
keine Tuberkulose ergibt. Einen derartigen Fall hat z. B. Sauer
mitgeteilt (Woch. f. Tierhlkde. 1907).

Forensischer und veterinärpolizeilicher Begriff der Tuberkulose.
Der Begriff des Hauptmangels Tuberkulose nach § 1 der Kaiserl.
Verordnung ist ein wesentlich anderer, als der veterinärpolizeiliche Begriff der Tuberkulose nach § 10 des Viehseuchengesetzes.
Durch das Viehseuchengesetz werden lediglich die offenen,
d. h. mit Ausscheidung von Tuberkelbazillen verlaufenden Formen
als anzeigepflichtig erklärt und als gefährlich bekämpft („äußerlich
erkennbare Tuberkulose des Rindviehs, sofern sie sich in der Lunge

in vorgeschrittenem Zustande befindet oder Euter, Gebärmutter oder
Darm ergriffen hat"). Die Ausscheidung von Tuberkelbazillen ist
dagegen für den Begriff der Tuberkulose als Hauptmangel nicht
maßgebend, sondern lediglich die gleichzeitig vorhandene und durch
die Tuberkulose verursachte Abmagerung. Beide Begriffe sind
nach dem Inkrafttreten des Viehseuchengesetzes mehrfach miteinander verwechselt worden.*)

Diagnose der Tuberkulose am lebenden Tier. Wie schon im
Eingang (S. 178) ausgeführt wurde, läßt sich der Hauptmangel der
Tuberkulose bei lebenden Tieren durch die klinische Untersuchung
in der Regel nicht sicher und einwandfrei feststellen, sondern nur
mit Wahrscheinlichkeit vermuten. Auch das Tuberkulin kommt als
zuverlässiges Diagnostikum nicht in Betracht (vgl. S. 180). Zu
bakteriologischen Untersuchungen fehlt in der Mehrzahl der Fälle
das Material und meist auch die Zeit, in der forensischen Praxis
außerdem häufig die Einrichtung. Das Vorhandensein der Tuberkulose bei Nutz- und Zuchttieren läßt sich daher in der
Regel nur durch die Schlachtung sicher erweisen. Es
empfiehlt sich somit in allen Fällen, in welchen auf Grund der
klinischen Untersuchung der Verdacht der Tuberkulose vorliegt, das
Tier innerhalb der Gewährfrist von 14 Tagen schlachten
und obduzieren zu lassen, worauf alsbald die Anzeige des Hauptmangels an den Verkäufer zu erfolgen hat. Nach § 487 B. G. B.
kann die Wandelung auch verlangt werden, wenn das Tier bereits
geschlachtet ist.

C. Die Tuberkulose als Hauptmangel für Schlachttiere.

Kaiserl. Verordnung. § 2. Für den Verkauf solcher Tiere, die
alsbald geschlachtet werden sollen und bestimmt sind, als Nahrungsmittel
für Menschen zu dienen (Schlachttiere), gilt als Hauptmangel: II. bei Rindvieh: „tuberkulöse Erkrankung, sofern infolge dieser Erkrankung mehr als
die Hälfte des Schlachtgewichts nicht oder nur unter Beschränkungen als Nahrungsmittel für Menschen geeignet ist."

**Die Bestimmungen des Reichsfleischbeschaugesetzes vom 3. Juni
1900 bezüglich der Tuberkulose.** Für die im § 2 der Kaiserl. Verordnung aufgestellte Definition des Begriffes „Tuberkulose als Haupt-

---

*) Der Deutsche Veterinärrat hat es in seiner 13. Plenarversammlung in
Eisenach (1912) für angezeigt erklärt, den Begriff des Hauptmangels der Tuberkulose nach § 1 der Kaiserl. Verordnung mit dem veterinärpolizeilichen Begriff der Tuberkulose nach § 10 des Viehseuchengesetzes in Übereinstimmung zu
bringen.

mangel bei Schlachttieren" sind die Ausführungsbestimmungen
zum Fleischbeschaugesetz von Bedeutung. In den §§ 33—40
dieser Ausführungsbestimmungen sind bezüglich der Genußtauglichkeit des Fleisches tuberkulöser Tiere die nachstehenden Grundsätze
einheitlich für das ganze Deutsche Reich vorgeschrieben. Die Ausführungsbestimmungen zum Fleischbeschaugesetz unterscheiden drei
Arten von beanstandetem Fleisch bei der Tuberkulose:

　　1. das untaugliche,
　　2. das bedingt taugliche,
　　3. das taugliche, jedoch minderwertige.

　1. Als **untauglich** zum Genusse für Menschen sind anzusehen:
　　　nach § 33: der ganze Tierkörper, wenn das Tier infolge der
　　　　Tuberkulose hochgradig abgemagert ist;
　　　nach § 34: der ganze Tierkörper, ausgenommen das Fett,
　　　　wenn Tuberkulose ohne hochgradige Abmagerung besteht, jedoch
　　　　Erscheinungen einer frischen Blutinfektion vorhanden sind
　　　　und diese sich nicht auf die Eingeweide und das Euter be-
　　　　schränken;
　　　nach § 35: nur die veränderten Fleischteile, wenn die Fälle
　　　　der §§ 33 und 34 nicht vorliegen. Ein Organ ist auch dann als
　　　　tuberkulös anzusehen, wenn nur die zugehörigen Lymphdrüsen
　　　　tuberkulöse Veränderungen aufweisen; das gleiche gilt von Fleisch-
　　　　stücken, sofern sie sich nicht bei genauer Untersuchung als frei
　　　　von Tuberkulose erweisen.

　2. Als **bedingt tauglich** sind anzusehen:
　　　nach § 37: I. der ganze Tierkörper, mit Ausnahme der nach
　　　　§ 35 etwa als untauglich zu erachtenden Teile, wenn Tuberkulose
　　　　festgestellt worden ist, die nicht auf ein Organ beschränkt ist,
　　　　sofern hochgradige Abmagerung nicht vorliegt und entweder
　　　　a) ausgedehnte Erweichungsherde vorhanden sind, oder
　　　　b) Erscheinungen einer frischen Blutinfektion vorliegen, jedoch
　　　　　nur in den Eingeweiden oder im Euter;
　　　II. das ganze Fleischviertel, in welchem eine tuberkulös ver-
　　　　änderte Lymphdrüse sich befindet, sofern es nicht nach § 35 als
　　　　untauglich anzusehen ist;
　　III. das Fett im Falle des § 34;
　　　nach § 38 ist das als bedingt tauglich erkannte Fleisch zum Ge-
　　　　nusse für Menschen brauchbar gemacht: 1. das Fleisch
　　　　und Fett durch Kochen oder Dämpfen bei Tuberkulose in den
　　　　Fällen des § 37 I und II, 2. das Fett durch Ausschmelzen im
　　　　Falle des § 34.

　3. Als **tauglich** zum Genusse für Menschen ist anzusehen:
　　　nach § 40: alles übrige Fleisch, welches einen Anlaß zur Be-
　　　　anstandung auf Grund der Bestimmungen in den §§ 33—37 nicht
　　　　gibt. Jedoch ist das taugliche Fleisch als in seinem Nahrungs-
　　　　und Genußwert erheblich herabgesetzt (d. h. **minderwertig**)
　　　　zu erklären, wenn festgestellt ist:

Tuberkulose, die nicht auf ein Organ beschränkt ist, wenn
die Krankheit an den veränderten Teilen eine große Ausdehnung erlangt hat, jedoch hochgradige Abmagerung nicht
vorliegt, ausgedehnte Erweichungsherde nicht vorhanden sind
und Erscheinungen einer frischen Blutinfektion fehlen.

**Der Begriff der Kaiserlichen Verordnung „nur unter Beschränkung
als Nahrungsmittel für Menschen geeignet".** Der im § 2 der Kaiserlichen Verordnung aufgestellte Begriff, „nur unter Beschränkungen als Nahrungsmittel für Menschen geeignet", sollte
nach der Absicht des Gesetzgebers alles untaugliche, alles
bedingt taugliche und alles minderwertige Fleisch umfassen.
Dies ergibt sich ganz bestimmt aus den Motiven des Bundesrats,
welche im Reichsanzeiger (5. Juni 1899) zur Kaiserlichen Verordnung
veröffentlicht worden sind. Dort heißt es nämlich wörtlich: „Eine
Beschränkung im Sinne dieser Vorschrift ist namentlich dann
gegeben, wenn es besonderer Sicherungsmaßregeln, z. B. des Abkochens bedarf, um das Fleisch zum Genusse verwendbar zu machen,
oder wenn es zwar solcher Maßregeln nicht bedarf, das Fleisch
aber gleichwohl seiner Beschaffenheit wegen auf die Freibank verwiesen wird."

Nach dem Erlaß der Kaiserlichen Verordnung ist inzwischen
das Reichsfleischbeschaugesetz in Kraft getreten, welches in
seinen Ausführungsbestimmungen drei Arten von beanstandetem
Fleisch unterscheidet: das untaugliche, das bedingt taugliche,
d. h. durch Kochen oder Dämpfen brauchbar gemachte, und das
minderwertige, d. h. an sich taugliche, aber in seinem Nahrungs-
und Genußwert erheblich herabgesetzte. Das minderwertige Fleisch
ist vom gesundheitspolizeilichen Standpunkt aus keinerlei Beschränkung des Genusses unterworfen; das Gesetz bestimmt ausdrücklich, daß es zum menschlichen Genusse ohne weiteres, also
ohne vorausgegangenes Kochen tauglich ist. Weil das minderwertige Fleisch jedoch in seinem Nahrungs- und Genußwert erheblich herabgesetzt ist, unterliegt der Verkauf desselben verkehrspolizeilichen Beschränkungen in der Weise, daß das
minderwertige Fleisch nur auf der Freibank verkauft werden darf
(meist nur in Stücken von 2—3 kg). Die Beanstandung des
Fleisches tuberkulöser Tiere wegen Minderwertigkeit (§ 40) ist
lediglich wegen eines wirtschaftlichen Mangels, nicht aber aus
hygienischen, gesundheitspolizeilichen Bedenken erfolgt (in den
Motiven zum Reichsfleischbeschaugesetz ist ausdrücklich bemerkt, daß
das minderwertige Fleisch „keine gesundheitlichen Gefahren bietet").

Nun ist von den Gerichten der Begriff, „als Nahrungsmittel
nur unter Beschränkungen für Menschen geeignet", bald vom
gesundheitspolizeilichen, bald vom verkehrspolizeilichen Gesichts-
punkt aus interpretiert worden. Die einen Gerichte (Gießen, Essen,
Viersen) haben im Sinne des Gesetzgebers auch das minderwertige,
seiner Beschaffenheit wegen auf die Freibank verwiesene Fleisch
dem Begriff des Hauptmangels subsumiert. Dagegen haben andere
Gerichte (Düsseldorf, Magdeburg, Cleve) im Sinne des Reichsfleischbeschaugesetzes die Auffassung vertreten, wonach die Worte „nur
unter Beschränkungen als Nahrungsmittel geeignet" sich lediglich
auf das bedingt taugliche, nur nach vorausgegangenem Kochen ge-
nießbare Fleisch beziehen und dadurch den Begriff des Hauptmangels ganz erheblich eingeschränkt. Die Rechtsunsicherheit in
diesem Punkte ist sogar so groß geworden, daß dieselben Gerichte,
nämlich das Landgericht Düsseldorf und Cöln, zu verschiedenen
Zeiten beide Auffassungen vertreten haben. Bei dieser verworrenen
Rechtslage ist eine klarere Fassung der Definition des Hauptmangels
Tuberkulose bei Schlachttieren wünschenswert. Entweder müßte
im § 2 der Kaiserlichen Verordnung das Wort „geeignet" durch
das Wort „verwertbar" ersetzt werden, oder der Schlußsatz des § 2
der Kaiserlichen Verordnung müßte lauten: „Tuberkulöse Erkrankung, sofern infolge dieser Erkrankung mehr als die Hälfte des
Schlachtgewichts untauglich, bedingt tauglich oder erheblich im Nahrungs- und Genußwerte herabgesetzt ist."*)

Der Begriff „Schlachtgewicht" und „Schlachttiere". Als Schlachtgewicht gelten die vier Viertel ohne Eingeweide, Kopf, Füße, Haut, Blut
und Euter. Als Schlachttier ist im Gegensatz zum Nutztier und Zuchttier ein zum Zweck der alsbaldigen Schlachtung gekauftes Tier zu verstehen. Ob das Fleisch nach der Schlachtung als Nahrungsmittel für den
Menschen geeignet befunden wird oder nicht, ist für den Begriff „Schlachttier" unwesentlich, da derselbe eine Gewähr für Genießbarkeit des Fleisches
nicht in sich schließt. Der Verkauf eines Schlachttieres bedeutet nicht
die Zusicherung einer bestimmten Eigenschaft im Sinne des § 459 B. G. B.,
wie früher unrichtig angenommen wurde. Der Verkäufer von „Schlachttieren" hat vielmehr nach § 481 B. G. B. lediglich die in der Hauptmängelliste aufgezählten Hauptmängel, bei Schlachttieren also nur die
Tuberkulose zu vertreten. Will ein Käufer von Schlachttieren außer der
gesetzlichen Garantie für die Hauptmängel eine Gewährleistung auch für
andere Mängel erwirken, so muß dies durch einen besonderen Vertrag geschehen (§ 492).

---

*) Der Deutsche Veterinärrat hat in seiner 13. Plenarversammlung in
Eisenach (1912) folgende Änderung der Definition des Hauptmangels der Tuberkulose nach § 2 der Kaiserlichen Verordnung befürwortet: „Tuberkulose, sofern
dadurch mindestens ein Fleischviertel zum menschlichen Genuß untauglich
oder im Nahrungs- und Genußwert erheblich herabgesetzt ist."

D. Die Tuberkulose als Vertragsmangel.

Vertragsformen. Neben und statt der gesetzlichen Garantie im Sinne der Kaiserlichen Verordnung für den „Hauptmangel" Tuberkulose können nach § 492 B. G. B. Sonderverträge zwischen den Parteien mit verschiedenem Inhalt abgeschlossen werden. Es kann speziell garantiert werden für alle erheblichen Mängel, oder es kann die Gesundheit und Fehlerfreiheit zugesichert werden, es kann ferner durch Vertrag bestimmt werden, daß ein Tier nicht tuberkulös ist, und endlich daß ein Tier nicht auf Tuberkulin reagiert.

Wird ganz allgemein für die „Gesundheit" oder für „Fehlerfreiheit" eines Tieres gewährleistet, so ist der Käufer in jedem Fall von Tuberkulose, auch wenn nur ein ganz unerheblicher Grad derselben vorliegt, zur Wandelung berechtigt. In beiden Fällen handelt es sich nämlich um eine zugesicherte Eigenschaft nach § 463 B. G. B., bei der es im Gegensatz zur Gewährleistung für bestimmte Fehler (§ 459) auf die Erheblichkeit oder Unerheblichkeit des Mangels grundsätzlich nicht ankommt; vgl. auch S. 20. Ein Sondervertrag dahin, daß ein Rind „nicht tuberkulös" ist, bezieht sich ebenfalls ganz unabhängig vom Grade auf das Nichtvorhandensein von Tuberkulose überhaupt. Dagegen braucht ein Tier in Wirklichkeit nicht tuberkulosefrei zu sein, das lediglich unter Garantie dafür verkauft wurde, daß es „auf Tuberkulin nicht reagiere". Bei dieser Art des Sondervertrages kommt es nur darauf an, daß ein Rind nach der Tuberkulinprobe keine positive, typische Tuberkulinreaktion aufweist. Daß es trotz des negativen Ausfalls der Tuberkulinprobe dennoch tuberkulös sein kann (wofür nicht garantiert wurde), ist gelegentlich der Erörterung über den zweifelhaften diagnostischen Wert des Tuberkulins S. 180 dargelegt worden.

Im nachstehenden soll die Frage der Erheblichkeit der Tuberkulose (Garantie für erhebliche Mängel), sowie ihre Altersbestimmung eingehender besprochen werden. Auch die Frage der Heilbarkeit (§ 71 des Reichsviehseuchengesetzes) ist kurz zu berühren. Daß die Tuberkulose in der Regel einen verborgenen Mangel darstellt, unterliegt wohl keinem Zweifel; ist doch ihre sichere Feststellung während des Lebens selbst für den tierärztlichen Sachverständigen schwierig und oft unmöglich.

Erheblichkeit der Tuberkulose. Die Entscheidung der Frage, ob die Tuberkulose im Einzelfalle einen erheblichen Mangel darstellt oder nicht, hängt einerseits von dem Gebrauchszweck (Schlachtvieh, Nutzvieh, Zuchtvieh) ab, andrerseits von dem Grade der Ausbreitung und von der Lokalisation der Tuberkulose.

1. Bei *Schlachttieren,* also bei solchen Rindern, welche zum Zweck der alsbaldigen Abschlachtung verkauft werden, bildet die Tuberkulose in zahlreichen Fällen einen ganz unerheblichen Fehler. Dies gilt für alle diejenigen Schlachttiere, bei denen die Tuberkulose auf ein Organ beschränkt und wenig ausgedehnt ist, und bei denen Abmagerung, Erscheinungen einer frischen Blutinfektion und ausgedehnte Erweichungsherde fehlen. In allen diesen Fällen bildet eine derartige, rein lokale Tuberkulose (z. B. ein walnußgroßer, verkäster Herd in der Lunge) einen unerheblichen, zufälligen Schlachtbefund. Das Fleisch ist mit einziger Ausnahme der tuberkulösen Teile (der Lunge) zum Genusse für den Menschen tauglich und muß als vollwertig ohne jede Beschränkung dem freien Verkehr überlassen werden (§ 35 des Reichsfleischbeschaugesetzes). Der geringfügige Minderwert besteht lediglich in dem Werte des entfernten tuberkulösen Organs.

Auch wenn die Tuberkulose nicht auf ein Organ beschränkt ist, sondern mehrere Organe gleichzeitig erkrankt sind, liegt ein unerheblicher Fehler dann vor, wenn die Ausdehnung der Tuberkulose in den betroffenen Organen gering ist (z. B. geringe Perlsucht des Brustfells und ein verkalkter Knoten in einer Gekrösdrüse), und wenn Abmagerung, frische Blutinfektion und Erweichungsherde fehlen. Auch in einem solchen Fall ist das Fleisch als tauglich und vollwertig ohne Einschränkung dem freien Verkehr zu überlassen. Der geringe Minderwert bemißt sich nach dem Werte der entfernten Teile (Brustfell mit Lunge und zugehörigen Lymphdrüsen, Darm und Gekrösdrüsen; Gesamtwert höchstens 3 Mark).

Ein erheblicher Grad von Tuberkulose liegt dagegen bei allen denjenigen Schlachttieren vor, bei welchen nach den Ausführungsbestimmungen des Reichsfleischbeschaugesetzes vom 3. Juli 1902 der ganze Tierkörper oder größere Teile des Fleisches untauglich (§§ 33 und 34), bedingt tauglich (§ 37) oder minderwertig (§ 40) sind.

2. Bei *Nutztieren* (Milchkühen, Arbeitstieren, Masttieren) sind wie beim Schlachtvieh alle niederen Grade der Tuberkulose eben-

falls unerheblich. weil sie die Tauglichkeit zum gewöhnlichen
Gebrauch als Nutztiere nicht wesentlich vermindern. Eine Ausnahme hiervon machen nur die vorgeschrittene Lungentuberkulose, die Eutertuberkulose, die Uterustuberkulose und
die Darmtuberkulose (sog. offene Formen der Tuberkulose), welche
in jedem Fall erhebliche Fehler einer Milchkuh darstellen. Diese
offenen Formen der Tuberkulose sind daher auch als anzeigepflichtig
in das neue Reichs-Viehseuchengesetz aufgenommen worden (§ 10,
Nr. 12). Auch die übrigens sehr seltene, an den Gliedmaßen (Gelenke, Sehnenscheiden, Drüsen) auftretende und mit Lahmheit verbundene Tuberkulose ist namentlich bei Arbeitstieren als ein erheblicher Mangel zu begutachten. Außerdem sind alle mit Abmagerung
verbundenen Fälle von Lungentuberkulose erheblicher Natur
(§ 1 der Kaiserlichen Verordnung, betreffend die Hauptmängel; § 10
des Reichs-Viehseuchengesetzes).

3. Bei *Zuchttieren* (Färsen, Kühen, Bullen) sind im Gegensatz
zu den Schlachttieren und Nutztieren auch die geringen Grade
der Tuberkulose in jedem Falle als erheblicher Fehler zu
beurteilen, weil die Tuberkulose übertragbar und vererblich ist.
Schon der positive Ausfall der Tuberkulinprobe bei sonst völlig
negativem Untersuchungsbefund gilt bei Zuchttieren allgemein als
ein erheblicher Mangel.

Unheilbarkeit der Tuberkulose. Nach § 71 des Reichsviehseuchengesetzes kann die Entschädigung für Tiere versagt
werden, „welche mit einer ihrer Art oder dem Grade nach unheilbaren und unbedingt tödlichen Krankheit behaftet waren, es
sei denn, daß diese Krankheit bestanden hat u. a. in Tuberkulose". Vom wissenschaftlichen Standpunkt ist die Frage der
Unheilbarkeit im allgemeinen zu bejahen (nur bei einmaliger Einverleibung kleiner Mengen von Tuberkelbazillen hat man experimentell Heilung nach 30—60 Tagen beobachtet).*) Die Frage nach
dem unbedingt tödlichen Charakter der Tuberkulose ist im allgemeinen
zu verneinen bzw. je nach dem Einzelfall verschieden zu beurteilen.
Die leichten Fälle von Tuberkulose verlaufen in der Regel nicht
tödlich. Man findet erfahrungsgemäß sehr häufig bei Schlachttieren
als zufälligen Befund lokale, zum Stillstand gekommene, verkalkte,
tuberkulöse Herde. Rinder mit derartiger lokalisierter Tuberkulose
können viele Jahre am Leben bleiben und ihrem Besitzer in der

---

*) Calmette und Guérin, Annal. de l'institut Pasteur 1906.

Wirtschaft durch ihre Leistungen unbeschränkten Nutzen gewähren. Dagegen sind vorgeschrittene Grade der Tuberkulose in der Regel als unbedingt tödlich zu bezeichnen.

Altersbestimmung der Tuberkulose. Für die Beurteilung des Alters der Tuberkulose gibt es, ähnlich wie bei den Geschwülsten, verschiedene Anhaltspunkte. Solche sind namentlich die Größe, Ausdehnung und Konsistenz der tuberkulösen Produkte, die Stärke der Bindegewebsneubildung in ihrer Umgebung, das Vorhandensein regressiver Veränderungen (Verkäsung, Verkalkung), sowie der allgemeine Nährzustand.

In den meisten Fällen entwickelt sich die Tuberkulose beim Rind sehr langsam. Über die Dauer des Inkubationsstadiums bei der natürlichen Infektion ist nichts Sicheres bekannt. Nach Impfversuchen soll es 19—48 Tage (Nocard und Rossignol) bzw. 8—51 Tage (Mc Fadyean) bzw. 25—30 Tage (Calmette und Guérin) bzw. 12—14 Tage (Kossel, Weber und Heuß) betragen. Dabei ist die Dauer je nach der Impfmethode sehr verschieden; bei intravenöser Injektion betrug sie 6—9 Tage, nach Inhalation 10—14 Tage (Titze).*) Als feststehend kann betrachtet werden, daß bei der natürlichen Infektion vom Eindringen der Tuberkelbazillen bis zur Entwicklung anatomisch überhaupt sichtbarer tuberkulöser Veränderungen mindestens einige Wochen vergehen. Nach obigen Versuchen traten die ersten eben sichtbaren Tuberkel frühestens 25 Tage (nach intravenöser Impfung frühestens 12 Tage) nach der Infektion auf. Die Erweichung und Verkäsung der entwickelten Tuberkel kann bei dem Fehlen von Blutgefäßen im Tuberkel schneller erfolgen; Mc Fadyean fand z. B. schon nach 30 Tagen verkäste Tuberkel. Dagegen ist die Verkalkung eines Tuberkels immer ein Beweis von sehr langem, mindestens 50tägigem Bestehen der Tuberkulose. Nach obigen Versuchen trat die Verkalkung erst nach 60—70 Tagen auf. Bezüglich der Größe der tuberkulösen Herde haben die Experimentaluntersuchungen ergeben, daß stecknadelkopfgroße embolische Tuberkel 3—4 Wochen, hanfkorngroße 5—6 Wochen, walnußgroße, 3—5 cm dicke Pleuraknoten

---

*) Nocard und Rossignol, Die Inkubationsdauer und das Alter der Läsionen der Rindertuberkulose. Revue vét. 1900. Mc Fadyean, Zur Inkubationsdauer der Rindertuberkulose. Journ. of comp. Pathol. 1901. Kossel, Weber und Heuß, Die Tuberkulose des Menschen und der Tiere. Titze, Die Altersbeurteilung tuberkulöser Veränderungen. Arb. d. K. Gesundheitsamts 1913.

75 Tage zur Entwicklung brauchten. Danach läßt sich das Alter annähernd berechnen. Ein besonders hohes Alter kommt in der Regel den Fällen von Tuberkulose zu, welche bereits zu einer allgemeinen Beeinträchtigung des Nährzustandes geführt haben. Jedenfalls braucht ein im Sinne der Gewährleistung erheblicher Fall von Tuberkulose mindestens eine Zeit von sechs Wochen zu seiner Entwicklung. Die Tuberkulose kann daher in der Regel, wenn sie innerhalb der sechswöchentlichen Klagefrist konstatiert wird, bis vor die Zeit der Übergabe zurückdatiert werden.

Lungenseuche. Außer der Tuberkulose gilt beim Rind als Hauptmangel bei Nutz- und Zuchttieren nach § 1 der Kaiserlichen Verordnung die Lungenseuche mit einer Gewährfrist von 28 Tagen. Bei ihrem seltenen Vorkommen hat die Lungenseuche als Hauptmangel ebensowenig Bedeutung als der Rotz (vgl. S. 36). Im Jahre 1902 wurden im ganzen Deutschen Reiche nur 85 Fälle, im Jahre 1903 nur 12 Fälle, im Jahre 1905 nur 1 Fall von Lungenseuche festgestellt. Im Jahre 1909 erkrankten nur 3 Tiere. In den Jahren 1904, 1906, 1910—1913 war die Lungenseuche erloschen.

II. Die Vertragsmängel der Rinder.

I. Die traumatische Gastritis und Perikarditis.

Ursachen. Die durch innere Fremdkörper hervorgerufene Verletzung und Entzündung der Haube, des Zwerchfells, Herzens und anderer innerer Organe bildet wegen ihrer Häufigkeit und Erheblichkeit einen der wichtigsten Vertragsmängel des Rindes. Als spitze Fremdkörper, welche mit dem Futter aufgenommen werden, sind namentlich zu nennen Nadeln (Nähnadeln, Stricknadeln, Stecknadeln, Haarnadeln, Stopfnadeln, Schusternadeln), Drahtstücke und Nägel. Der gewöhnliche Sitz dieser Fremdkörper ist die Haube, deren Kleinheit, netzartige Innenfläche und intensive Kontraktionen das Eindringen von Fremdkörpern begünstigen. Da die Haube ferner unmittelbar am Zwerchfell und nur wenige Zentimeter vom Herzbeutel entfernt liegt, erklärt sich das häufige Miterkranken dieser Organe.

Symptome. Die Erscheinungen der traumatischen Magen-Zwerchfellentzündung sind nicht charakteristisch. Sie bestehen meist in chronischen, remittierenden und periodisch wiederkehrenden Verdauungsstörungen ohne erkennbare Ursache, welche allen angewandten Mitteln trotzen (Indigestion, chronische Tympanitis, Kolikanfälle, Stöhnen nach dem Fressen, Verstopfung, Abmagerung). Die

Palpation der Haube von außen, links vom Schaufelknorpel an der
unteren Bauchwand, sowie die Perkussion der Insertionsstelle des
Zwerchfells ist zuweilen schmerzhaft. Nach Geburten und Transporten verschlimmert sich manchmal der Zustand auffallend schnell.

Charakteristischer sind die Symptome der traumatischen
Herzbeutelentzündung. Die Erkrankung des Herzbeutels und
Herzens äußert sich in erhöhter Pulsfrequenz, anfangs pochendem,
tumultuarischem, später unfühlbarem Herzschlag, Vergrößerung der
Herzdämpfung, Auftreten eines tympanitischen Tons in der Herz-
gegend (Gase im Herzbeutel), sowie in hörbaren und bisweilen auch
fühlbaren perikardialen Geräuschen, welche teils trockene (Knarren,
Knirschen, Schaben, Streifen), teils Flüssigkeitsgeräusche sind
(Plätschern, Klatschen, Glucksen, Rasseln, Schwappen). An diese
Herzsymptome schließen sich dann Stauung, starke Füllung und
Pulsation der Jugularvenen (Venenpuls), wassersüchtige An-
schwellungen am Hals und Triel, sowie Atemstörungen infolge
Stauungshyperämie der Lungen und Glottisödem an. — Von
sonstigen Komplikationen sind zu nennen: traumatische Peri-
tonitis, Pleuritis und Pneumonie, abszedierende Phleg-
monen an der Brust- und Bauchwand, sowie Pyämie und
Septikämie (selten).

Der Verlauf der traumatischen Gastritis und Perikarditis ist
meist schleichend und in der Regel tödlich; die Gesamtdauer
der Krankheit beträgt gewöhnlich viele Wochen und selbst mehrere
Monate. Zwischen der Aufnahme des Fremdkörpers (Krankheitsursache, Keim der Krankheit) und dem Auftreten der ersten Krankheitserscheinungen liegt bald ein kurzer, bald ein längerer Zeitraum (Tage, Wochen), welcher sich gewöhnlich nicht berechnen
läßt. Auch zwischen dem ersten, gastrischen Stadium der Krankheit und dem zweiten, dem kardialen Stadium liegt je nach der
Beschaffenheit des Fremdkörpers und anderen Umständen eine sehr
verschieden lange Zeit (Wochen, Monate). Die Krankheit kann
sich ferner auf die Entzündung der Haube und des Zwerchfells
beschränken. Vereinzelt kann auch Heilung eintreten, wenn der
Fremdkörper in die Haube zurückwandert oder nach außen durch-
bricht. Ausnahmsweise erfolgt der Tod sehr schnell durch Perforation des Herzens und Verblutung in den Herzbeutel.

Anatomischer Befund. An der Haube findet man je nach
dem Alter des Krankheitsprozesses verschiedene Veränderungen.
Ihre Wand ist in der Umgebung der Perforationsstelle entzündlich

verändert, oft schwielig verdickt und durch eine akute fibrinöse bzw. eine chronische granulöse und fibröse umschriebene Bauchfellentzündung mit dem Zwerchfell verklebt bzw. strang- oder plattenförmig verwachsen. In der Gegend der Verwachsungsstelle trifft man häufig abgekapselte Abszesse, sowie Kanäle mit eitrig jauchigem Inhalt, mit oder ohne Fremdkörper, welche von dicken, schwieligen, an der Innenfläche grauschwarz verfärbten Bindegewebsmassen umgeben sind. In andern Fällen findet man Verklebung und Verwachsung der Haube mit der Leber, des Pansens mit der Bauchwand, Abszesse in der Leber und Milz, in der Brustwand und Bauchwand, diffuse fibrinöse, eitrige oder jauchige Peritonitis, Pyämie mit Metastasenbildung, seltener Septikämie und Hydrämie.

Am Herzbeutel bestehen die Erscheinungen einer akuten oder chronischen, exsudativen oder trockenen Entzündung: serofibrinöse, eitrig-jauchige, adhäsive Perikarditis bzw. Hydroperikardium, Pneumoperikardium, Zottenherz, Verwachsung des Herzbeutels mit dem Herzen, starke Ausdehnung und fibröse Verdickung des Herzbeutels. Das im Herzbeutel enthaltene Exsudat ist mitunter sehr massenhaft; seine Menge kann 10 bis 15 Liter betragen. Die chronische hyperplastische und adhäsive Perikarditis äußert sich in bindegewebigen, zottigen, drusigen und warzenähnlichen Auflagerungen auf dem Herzen (Zottenherz), in schwartenartigen Verdickungen des Epikardiums, in der Bildung fibröser Platten und Stränge zwischen Herzbeutel und Herz, in der zuweilen vollständigen Verwachsung des Herzbeutels mit dem Herzen (Obliteration des Herzbeutels), sowie in starker bindegewebiger Verdickung des Herzbeutels, welche selbst mehrere Zentimeter im Durchmesser betragen kann. Außerdem findet man Verwachsung des Herzbeutels mit dem Zwerchfell, Abszesse im Herzen selbst, sowie pleuritische und pneumonische Prozesse.

Beurteilung. Die traumatische Magen-, Zwerchfell-, Herzbeutelentzündung besitzt alle Kriterien eines Gewährmangels: Verborgenheit, Erheblichkeit und langsame Ausbildung.

1. Als verborgener Fehler ist sie deshalb zu bezeichnen, weil der Fremdkörper unsichtbar ist und die Erscheinungen im Anfang der Krankheit nicht in die Augen fallen, so daß sie vom Besitzer leicht übersehen werden können. Dies wird durch die Erfahrungen bei der Schlachtung bestätigt, wonach häufig Fremdkörper

in den inneren Körperorganen bei Rindern angetroffen werden, ohne
daß dem Eigentümer vorher Krankheitserscheinungen aufgefallen
sind. Selbst für den Sachverständigen ist die sichere Feststellung
des ersten, gastrischen Stadiums der Krankheit in der Regel ohne
Schlachtung nicht möglich, da man charakteristische Erscheinungen
für das Vorhandensein einer Entzündung der Haube oder des
Zwerchfells gewöhnlich vermißt. Dagegen ist das Vorhandensein
einer Perikarditis aus den pathognostischen Herzsymptomen im
allgemeinen für den Sachverständigen ohne Schwierigkeit zu
diagnostizieren.

2. Die Erheblichkeit der durch Fremdkörper in inneren
Organen hervorgerufenen Erkrankung ist je nach der Ausdehnung
und dem Grade des Leidens, sowie je nach dem Gebrauchszweck
der Tiere verschieden zu beurteilen.

Bei Schlachttieren, d. h. bei Tieren, welche ausdrücklich
zum Zwecke der alsbaldigen Schlachtung gekauft sind, richten sich
die Beurteilung der Erheblichkeit und die Berechnung des etwaigen
Minderwertes nach den Ausführungsbestimmungen zum Reichsfleischbeschaugesetz (§§ 33.—40). Unerheblich ist der Fehler
in den zahlreichen Fällen, wenn abgekapselte Eiter- oder
Jaucheherde ohne Störung des Allgemeinbefindens und
ohne Anzeichen von Blutvergiftung vorliegen. In allen
diesen Fällen sind nur die veränderten Teile als untauglich zum
Genusse für Menschen anzusehen (§ 35, Nr. 8), während das
Fleisch ohne jede Beschränkung als tauglich und vollwertig in den
freien Verkehr zuzulassen ist. Dies gilt namentlich für umschriebene
Verwachsungen, abgekapselte Abszesse und Fistelkanäle an der
Haube, am Zwerchfell und an anderen Bauchorganen. Beim Vor-
handensein einer traumatischen Perikarditis liegt dagegen häufig ein erheblicher Mangel vor. Das Fleisch ist
zwar auch dann der Regel nach nicht untauglich zum Genusse für
Menschen, sondern es kann meistens als menschliches Nahrungsmittel ungekocht in den Verkehr gegeben werden, weil bei der
traumatischen Perikarditis die Erscheinungen einer allgemeinen
Blutinfektion gewöhnlich fehlen. Aber das an sich taugliche
Fleisch ist bei der traumatischen Perikarditis oft in seinem
Nahrungs- und Genußwert erheblich herabgesetzt, also minderwertig, weil es infolge der bestehenden Zirkulationsstörungen
nicht immer vollkommen ausblutet (§ 40, Nr. 6). Als vollständig
untauglich zum Genusse für Menschen ist das Fleisch bei der

traumatischen Perikarditis nur dann anzusehen, wenn ausnahmsweise eitrige oder jauchige Blutvergiftung (Pyämie, Septikämie), hochgradige allgemeine Wassersucht (Hydrämie) oder vollständige Abmagerung infolge der Perikarditis vorliegen sollte (§ 33 Nr. 7, 13 und 17).

Anders ist die Erheblichkeit bei Nutztieren und Zuchttieren zu beurteilen. Hier bildet schon die traumatische Gastritis in der Regel einen erheblichen Mangel, weil die Krankheit im allgemeinen unheilbar ist und die Gebrauchsfähigkeit der Tiere früher oder später beeinträchtigt. Wenn auch abgekapselte Fremdkörper und Abszesse in der Nähe der Haube oft längere Zeit hindurch keine sichtbaren Krankheitserscheinungen hervorrufen, so veranlassen sie doch erfahrungsgemäß später sehr häufig chronische Verdauungsstörungen, auch kann jederzeit eine Perforation des Herzbeutels oder ein tödlicher Durchbruch nach der Bauchhöhle eintreten. Mit der ausnahmsweisen Möglichkeit einer Selbstheilung kann nicht gerechnet werden. Die traumatische Perikarditis ist in jedem Falle als ein tödliches Leiden zu betrachten. Bei der traumatischen Gastritis sowohl, als namentlich bei der traumatischen Perikarditis ist daher die möglichst frühzeitige Schlachtung der Tiere angezeigt, um wenigstens das Fleisch noch verwerten zu können.

3. Das Alter der traumatischen Magen-, Zwerchfell-, Herzbeutelentzündung läßt sich mit einiger Sicherheit nur auf Grund der bei der Sektion nachgewiesenen anatomischen Veränderungen beurteilen. Die Krankheitserscheinungen allein bieten zu wenig Anhaltspunkte, da eine bestimmte Diagnose überhaupt erst im zweiten, kardialen Stadium möglich ist. Aus diesem Grunde darf auch etwaigen Zeugenaussagen nicht allzuviel Gewicht beigelegt werden. Der Zeitpunkt, wann der Fremdkörper, die Krankheitsursache, aufgenommen wurde, also der eigentliche Beginn der Krankheit, läßt sich überhaupt nicht bestimmen, da der Fremdkörper unter Umständen längere Zeit in den Vormägen verweilen kann, ohne Krankheitserscheinungen hervorzurufen.

Für die Altersbestimmung am wichtigsten ist die Beschaffenheit und Masse des neugebildeten Bindegewebes an der Verwachsungsstelle zwischen Haube und Zwerchfell, die Dicke und Konsistenz der Kanalwandungen, der Abszeßkapseln, sowie der Umfang der perikarditischen Wucherungen. Eine fibrinöse, eitrige oder jauchige Peritonitis

13*

und Perikarditis, sowie eine bloße Verklebung der Haube mit dem Zwerchfell kann sich schon in einigen Tagen entwickeln. Dagegen braucht eine feste, sehnige, nur mit dem Messer lösbare, bindegewebige Verwachsung der Haube mit dem Zwerchfell oder eine harte, schwielige, mehrere Zentimeter dicke Kanalwandung mindestens sechs Wochen zu ihrer Ausbildung. Eine vollständige Verwachsung des Herzbeutels mit dem Herzen oder eine mehrere Zentimeter starke bindegewebige Verdickung des Herzbeutels ist auf mindestens zwei Monate zurückzudatieren. Etwas schneller kann die Abkapselung von Abszessen vor sich gehen (unter Umständen schon in drei Wochen); maßgebend für die Berechnung des Alters sind die Dicke und Konsistenz der Wandungen. Die Beschaffenheit des Fremdkörpers läßt sich in der Regel für die Altersbestimmung nicht verwerten.

Schwierig ist endlich mitunter die Entscheidung der Frage, ob eine vorhandene tödliche Bauchfellentzündung durch die traumatische Gastritis bzw. durch den Fremdkörper veranlaßt worden ist. Ein ursächlicher Zusammenhang zwischen der tödlichen Bauchfellentzündung und dem Fremdkörper ist nur dann anzunehmen, wenn sich nachweisen läßt, daß die Bauchfellentzündung ihren Ausgang von den traumatischen Veränderungen an der Haube oder am Zwerchfell (Abszesse) genommen hat, und wenn andere Ursachen der Bauchfellentzündung mit Sicherheit auszuschließen sind. Dies gilt namentlich für puerperale Gebärmutterentzündungen, an welche sich häufig eine tödliche Peritonitis (Perimetritis) anschließt. Bei Kühen empfiehlt es sich daher in jedem Falle, festzustellen, ob der Peritonitis eine Geburt vorausgegangen ist. Nicht selten findet man bei tödlicher puerperaler Peritonitis als zufälligen Befund gleichzeitig die Veränderungen einer traumatischen Magen- und Zwerchfellentzündung (abgekapselte Abszesse).

2. Der chronische oder habituelle Scheidenvorfall.

Begriff und Ursachen. Der sog. Vorfall der Scheide besteht in einer Verlagerung der Scheidenwand nach außen. Man unterscheidet einen unvollständigen und vollständigen Scheidenvorfall. Der unvollständige Scheidenvorfall äußert sich darin, daß nur ein kleiner Teil der Scheidenwand, nämlich die obere und seitliche, in Form einer rundlichen bis apfelgroßen, blasenähnlichen, rötlichen Geschwulst zwischen den Schamlippen in der Schamspalte sichtbar

wird, aber nicht aus der Schamspalte hervorragt (Inversion).
Dieser unvollständige Scheidenvorfall verschwindet in der Regel
beim Aufstehen der Kühe und tritt daher gewöhnlich nur am
liegenden Tiere in die Erscheinung. Der vollständige Scheidenvorfall ist früher unzutreffenderweise als „unvollständiger Gebärmuttervorfall" oder als „Tragsack- und Scheidenvorfall" bezeichnet
worden, weil dabei gleichzeitig die nicht umgestülpte Gebärmutter
nach hinten gedrängt wird, so daß der Muttermund außerhalb der
Scham sichtbar wird. Er besteht in einer Umstülpung der Scheide
nach außen (Invagination und Prolaps) und äußert sich in Form
einer 1—2 faustgroßen bis über kopfgroßen Geschwulst, welche
außerhalb der Schamspalte liegt („vorlegen") und an welcher häufig
der äußere Muttermund und die Harnröhrenöffnung sichtbar sind.
Der vollständige Scheidenvorfall verschwindet beim Aufstehen der
Kühe meist nicht von selbst.

Die Ursachen des Scheidenvorfalls sind verschieden. Eine
Einstülpung oder Umstülpung der Scheide ist im allgemeinen nur
möglich, wenn das die Scheide und den Uterus umschließende und
im Becken befestigende Bindegewebe erschlafft, gedehnt oder gerissen ist. In der Regel kommt eine solche Erschlaffung, Dehnung
und Zerreißung des Beckenbindegewebes nur entweder während
der Trächtigkeit oder beim Gebären zustande. Ausnahmsweise
tritt sie auch bei nicht trächtigen Tieren ein.

a) Bei tragenden Kühen entwickelt sich der Vorfall gewöhnlich allmählich in den beiden letzten Monaten der Trächtigkeit. Die Ursache ist einerseits in der zunehmenden Erschlaffung
des Beckenbindegewebes während des letzten Stadiums der
Trächtigkeit und in schlaffer Allgemeinkonstitution und erschlaffender
Fütterung, andrerseits in der abschüssigen Lage des Hinterteils
und der starken Ausdehnung des Uterus vom siebenten Monat ab
zu suchen. Der trächtige Uterus drückt bei abschüssiger Lage
des Hinterteils die Scheide nach hinten, weil ihre Verbindung mit
dem Becken infolge Erschlaffung und seröser Durchtränkung des
Beckenbindegewebes gelockert ist. Nach dem Aufstehen geht mit
dem Uterus auch die Scheide wieder nach vorn. Die Lockerung
der Scheidenbefestigung am Becken und damit die Neigung zu
neuen Vorfällen bleiben auch nach erfolgter Geburt bestehen. Aus
diesem Grunde stellt sich gewöhnlich der Scheidenvorfall in der
nächsten Trächtigkeitsperiode wieder ein (chronischer, habitueller Scheidenvorfall).

b) Bei hochtragenden Kühen kann sich ein Scheidenvorfall unter Umständen auch schnell, im Verlauf weniger Stunden, entwickeln, wenn durch anstrengende Transporte, Erkältung, akutes Aufblähen usw. falsche Wehen hervorgerufen werden.

c) Unmittelbar nach der Geburt kommt mitunter bei Kühen ein Scheidenvorfall (oder Gebärmuttervorfall) sehr schnell zustande bei Schwergeburten und roher Hilfeleistung.

d) Bei nicht trächtigen Kühen wird der Scheidenvorfall selten beobachtet. Er ist auf die Zeit der letzten Trächtigkeitsperiode bzw. auf die letzte Geburt dann zurückzuführen, wenn ein frischer, auf traumatischem Wege entstandener Vorfall mit Sicherheit ausgeschlossen werden kann. Daß auch bei nichtträchtigen Kühen und bei Färsen akute Scheidenvorfälle jederzeit schnell eintreten können, lehrt u. a. ein von Gutbrod (Woch. f. Tierh. 1905, S. 535) beobachteter Fall, wonach bei einer noch nicht belegten, $1\frac{1}{2}$jährigen Kalbin (Färse) ein Scheidenvorfall im Anschluß an die Behandlung des Scheidenkatarrhs mit Bazillolkapseln eingetreten war.

Erheblichkeit. Die Bedeutung des Scheidenvorfalls als Gewährmangel ist sehr verschieden beurteilt worden. In Süddeutschland hat man dem Scheidenvorfall früher eine so erhebliche und allgemeine Bedeutung beigelegt, daß man ihn als gesetzlichen Hauptmangel aufstellte (ältere Währschaftsgesetze in Bayern, Württemberg, Baden, Hessen und Sachsen-Meiningen). In Norddeutschland dagegen hat man dem Scheidenvorfall im allgemeinen keine besondere Bedeutung beigemessen; aus diesem Grunde ist er auch nicht in die Hauptmängelliste der Kaiserlichen Verordnung aufgenommen worden. Nach F. Günther (Geburtshilfe 1830) ist der Scheidenvorfall „in der Regel von keiner großen Bedeutung". Nach Gerlach (Gerichtl. Tierheilkunde 1872) ist er „ein in ökonomischer Beziehung zu unwesentliches Leiden, um als Gewährmangel aufgeführt zu werden". Nach Dieckerhoff (Berl. Tierärztl. Wochenschr. 1890; Gerichtl. Tierheilkunde 1899) ist der Scheidenvorfall „in der großen Mehrzahl der Fälle ein vorübergehender Schönheitsfehler bzw. eine unbedeutende Abnormität, welche die wirtschaftliche Verwertung der Tiere nicht beeinträchtigt".

Im Einzelfall ist der Scheidenvorfall je nach dem Wortlaut des Vertrags, nach dem Grade des Mangels und nach dem Gebrauchszweck und dem Wert des Tieres verschieden zu beurteilen.

Ist auf Grund des § 492 B. G. B. beim Verkauf einer Kuh für „Gesundheit" garantiert worden, so liegt eine zugesicherte Eigenschaft im Sinne des § 463 vor. Wird also bei dieser Kuh ein Scheidenvorfall festgestellt, so besitzt das Tier die zugesicherte Eigenschaft nicht. Es liegt vielmehr ein Mangel vor, weil eine mit einem Scheidenvorfall behaftete Kuh nicht als gesund bezeichnet werden kann. Bei Zusicherung von „Fehlerfreiheit" liegt der Fall ebenso, weil auch hier eine Eigenschaft zugesichert wird. Dagegen kommen bei der „Garantie für alle Fehler" nach § 459 nur erhebliche Mängel, also nicht die unerheblichen Grade des Scheidenvorfalls in Betracht. In dieser Beziehung ist folgendes zu beachten:

1. Der unvollständige Scheidenvorfall ist bei gewöhnlichen Milchkühen und Mastkühen, überhaupt bei allen Nutztieren, welche keinen besonders hohen Kaufwert besitzen, in der Regel ein unerheblicher Mangel, weil weder der Gesundheitszustand, noch die Milchergiebigkeit, noch die Mastfähigkeit der Kühe durch den unvollständigen Scheidenvorfall beeinträchtigt wird. Bei wertvollen Zuchtkühen und veredelten Viehrassen jedoch, bei welchen vom Käufer auch auf das Freisein von Schönheitsfehlern Wert gelegt wird, vermindert auch der unvollständige Scheidenvorfall den Kaufwert erheblich.

2. Der vollständige Scheidenvorfall ist schon bei gewöhnlichen Nutztieren, namentlich aber bei Zuchttieren und bei Milchkühen veredelter Rassen als ein erheblicher Mangel zu begutachten. Er verschwindet beim Aufstehen und nach der Geburt oft nicht wieder von selbst und wird häufig bei wiederkehrender Trächtigkeit größer. In diesen Fällen handelt es sich um ein unheilbares Leiden. Ferner können entzündliche Veränderungen an der vorgefallenen Schleimhaut eintreten. Der vollständige Scheidenvorfall kann außerdem unter Umständen ein Geburtshindernis (bei nicht trächtigen Kühen ein Begattungshindernis) bilden. Endlich kommt hinzu der schlechte Eindruck auf den Beschauer.

Altersbestimmung. Das Alter eines Scheidenvorfalls ist je nach den Ursachen verschieden zu beurteilen. Liegt, wie gewöhnlich, ein Scheidenvorfall bei trächtigen Kühen im siebenten oder achten Trächtigkeitsmonat ohne nachweisbare äußere Veranlassung vor, so kann sich der Vorfall nicht plötzlich entwickelt haben, er ist vielmehr allmählich im Verlauf einiger Wochen entstanden. Jedenfalls ist seine Entwicklung auf mindestens acht

Tage zurückzudatieren. Diese Ziffer entspricht der Gewährfrist der älteren Währschaftsgesetze.

Ist dagegen dem Auftreten des Scheidenvorfalls bei einer hochträchtigen Kuh nachweisbar ein anstrengender Transport oder eine andere äußere Einwirkung vorangegangen, welche geeignet ist, falsche Wehen zu erzeugen, so kann der Fehler nicht als habituell oder chronisch begutachtet und nicht auf eine längere Zeit zurückdatiert werden, weil mit der Wahrscheinlichkeit zu rechnen ist, daß er sich im Anschluß an die genannten äußeren Einwirkungen schnell entwickelt hat. Nur dann, wenn der anstrengende Transport vor der Übergabe stattgefunden hat, läßt sich die Entstehung des Vorfalls bis vor die Übergabe zurückdatieren.

Der nach Geburten auftretende Scheidenvorfall entsteht ebenfalls schnell und besitzt daher nicht den Charakter eines redhibitorischen Mangels.

Bei nicht trächtigen Kühen kann endlich angenommen werden, daß die Entwicklung des Vorfalls schon zur Zeit der letzten Trächtigkeitsperiode oder der letzten Geburt stattgefunden hat, wenn sich frische, auf traumatischem Wege entstandene Vorfälle mit Sicherheit ausschließen lassen (Behandlung des chronischen ansteckenden Scheidenkatarrhs mit reizenden Arzneimitteln usw.). Die letztgenannten Fälle sind jedoch selten. In der Regel entwickelt sich ein Scheidenvorfall beim Rind nur entweder im Zusammenhang mit der Trächtigkeit oder im Anschluß an eine Schwergeburt.

Unsichtbarkeit. Der habituelle Scheidenvorfall ist als ein verborgener Mangel deshalb zu bezeichnen, weil namentlich der unvollständige Vorfall nicht zu jeder Zeit, insbesondere nicht im Stehen der Kühe sichtbar ist und sein Vorhandensein daher dem Käufer leicht entgehen kann. Auch von Zeugen kann das Vorhandensein des Mangels vor der Übergabe leicht und selbst Monate hindurch übersehen werden.

3. Das Zurückbleiben der Nachgeburt.

Begriff und Ursachen. Der Abgang der Nachgeburt (Eihäute, Fruchthüllen, Secundinae) oder die sog. Reinigung erfolgt bei Kühen gewöhnlich innerhalb vier bis sechs Stunden nach der Geburt. Ist die Nachgeburt im Verlaufe eines Tages, also 24 Stunden nach der Geburt, nicht oder nicht vollständig abgegangen, so spricht man von einem Zurückbleiben der Nachgeburt. Die zum Teil losgelösten Eihäute hängen dann entweder aus der Scham heraus, oder man findet sie bei der manuellen Untersuchung ganz oder teilweise noch im Uterus. Die zurückgebliebene Nachgeburt beginnt nach drei bis fünf Tagen zu faulen, worauf sich ein übelriechender Scheidenausfluß einstellt, mit welchem die zersetzten Eihautreste meist im Verlauf von 8—14 Tagen entleert werden.

Das Zurückbleiben der Nachgeburt wird bei Kühen häufig beobachtet. Die Ursachen sind in der Regel in einer mangelhaften Kontraktion des Uterus zu suchen, welche durch schlaffe Konstitution, Abortus und Frühgeburt, Zwillingsgeburten usw. veranlaßt wird.*) Seltener ist die zu frühzeitige Schließung des Muttermundes oder eine Verwachsung der fötalen und mütterlichen Plazenten die Ursache der Retention.

Beurteilung. Wird für „alle Fehler" oder für „erhebliche Mängel" im Sinne des § 459 B. G. B. garantiert, so kann das Zurückbleiben der Nachgeburt nicht allgemein als ein redhibitorischer Mangel begutachtet werden. Die Erfahrung lehrt vielfach, daß das bloße Zurückbleiben und Faulen der Nachgeburt das Allgemeinbefinden der Kühe gar nicht beeinträchtigt. Bei andern Kühen beobachtet man als Folge der zurückgebliebenen Nachgeburt nur einen vorübergehenden Rückgang der Milchergiebigkeit und Ernährung mit rascher Erholung nach dem Ausstoßen der Eihäute; auch in diesen Fällen liegt ein erheblicher Mangel nicht vor. Nur wenn durch das Zurückbleiben und Faulen der Eihäute nachweisbar erhebliche Nachteile verursacht worden sind, kann von einem erheblichen Mangel gesprochen werden. Eine solche nachteilige Folge der Retentio secundinarum kann unter Umständen die Entwicklung eines Gebärmutterkatarrhs oder einer Gebärmutterentzündung sein. In dieser Beziehung ist indessen bei der Begutachtung große Vorsicht geboten. Eine katarrhalische und septische Metritis kommt aus sehr verschiedenen Ursachen bekanntlich auch bei Kühen vor, bei denen die Nachgeburt rechtzeitig und vollständig abgegangen ist. Es muß daher in jedem Falle einwandfrei dargetan werden, daß die Metritis nur durch das Zurückbleiben der Nachgeburt und nicht durch andere Ursachen veranlaßt sein kann. Dieser Nachweis ist

---

*) Nach Pomayer (Das Zurückhalten der Nachgeburt, 1908) soll eine entzündliche Hyperämie der mütterlichen Kotyledonen im erschlafften Uterus die fötalen Zotten einklemmen und dadurch die Ablösung der Nachgeburt verhindern.

häufig schwer oder gar nicht zu erbringen. Wenn namentlich bald nach der Geburt anstrengende Transporte oder Erkältungen auf die Kühe eingewirkt haben, oder wenn eine Schwergeburt oder eine Infektion bei der Geburt vorausgegangen ist, darf eine später auftretende Metritis nicht auf das Zurückbleiben und Faulen der Nachgeburt als Ursache bezogen werden.

Wird dagegen durch einen besonderen Vertrag die „Reinheit" einer Kuh zugesichert, liegt also eine zugesicherte Eigenschaft nach § 463 B. G. B. vor, so genügt der Nachweis, daß die Nachgeburt nicht rechtzeitig und nicht vollständig abgegangen ist, um den Vertrag rückgängig zu machen. Bei der Untersuchung des Streitobjekts und bei der Würdigung von Zeugenaussagen ist zu beachten, daß der sog. Reinigungsfluß (Lochien) nicht mit dem Abgang fauliger Nachgeburtsreste verwechselt werden darf. Die Physiologie der Geburt lehrt, daß mit dem Abgang der Nachgeburt die Reinigung der Gebärmutter im wissenschaftlichen Sinne nicht beendet ist, sondern daß sich ein Rückbildungsprozeß des ganzen Organs anschließt. Verläuft dieser Involutionsprozeß des Uterus regelmäßig, so verkleinern sich allmählich die Uteruskarunkeln und die physiologische Ausscheidung der Lochien sistiert nach etwa acht Tagen. Treten jedoch in dieser Rückbildungsperiode Störungen ein, wie dies nicht selten bei verspätetem Abgang der Eihäute, nach Schwergeburten sowie nach Retention der Lochien im Anschluß an Transporte nach dem Gebären beobachtet wird, so werden die Karunkeln erfahrungsgemäß oft im Zusammenhang abgestoßen und dann mitunter von Laien (Zeugen) für zurückgehaltene Eihautreste gehalten („rötliche oder rotgelbe, fleischige oder fleischartige, hühnerei-, gänseei- bis faustgroße Massen"). Diese abgestoßenen Karunkeln unterscheiden sich von Eihautresten unter anderem durch das Fehlen des üblen Geruchs; sie stellen ferner nicht Teile der Nachgeburt dar, sondern sie gehören der Gebärmutter an. Ihre Abstoßung erfolgt, ohne daß schwere pathologische Veränderungen im Uterus bestehen; das Allgemeinbefinden der Kühe ist dabei meist nicht gestört.

Altersbestimmung der abgestorbenen Frucht. Die Fäulnis des im Mutterleibe abgestorbenen Fötus geht sehr rasch vor sich. Schon 24 Stunden nach dem Tode des Kalbes kann die Fäulnis so vorgeschritten sein, daß die Haare mit der Hand leicht abstreifbar sind und Emphysembildung besteht. In weiteren 24 Stunden können die Kälber schon völlig emphysematös aufgedunsen, die Haare ausgegangen und die

Klauen abgegangen sein. — Bezüglich der Altersbestimmung der lebenden Früchte vergleiche die Lehrbücher der Geburtshilfe. Das Absterben der Früchte im letzten Stadium der Trächtigkeit und im Anfang der Geburt erfolgt aus verschiedenen Ursachen. Bei Handelskühen geben nicht selten übermäßige körperliche Anstrengungen, Krankheiten der Muttertiere, zu schwache oder fehlende Wehen dazu Veranlassung; in anderen Fällen lassen sich die Ursachen nicht feststellen.

Wassersucht der Frucht und der Eihäute. Die Beurteilung des Alters der Wassersucht hängt von der Natur der veranlassenden Ursachen ab. Je nach den verschiedenen Ursachen kann sich die Wassersucht schnell oder langsam entwickeln. Eine sehr langsame Entwicklung findet bei Wassersucht des Muttertieres sowie bei Mißbildungen und Organkrankheiten des Fötus statt (Herz-, Lungen-, Leber-, Nierenkrankheiten). Die Wassersucht kann sich dagegen ziemlich schnell entwickeln bei Zirkulationsstörungen im Bereich der Eihäute, namentlich bei Verdrehungen der Nabelschnur (die dem Geburtshelfer leicht entgehen können) oder einzelner Eihautpartien. Im letztern Fall kann sich eine Frucht- und Eihautwassersucht im Verlaufe eines Monats sehr wohl entwickeln (Gutachten des Landesveterinäramts 1914).

Nachweis früherer Trächtigkeit. Abgesehen von der Frage des Frischmilchendseins (vgl. S. 213) hat die Unterscheidung des jungfräulichen vom trächtig gewesen Uterus in der forensischen Tierheilkunde wenig praktische Bedeutung. Nach Sußdorf (Karlsruher Naturforscherversammlung 1911) ist diese Unterscheidung nicht immer leicht. Wichtig sind die Gewichts- und Größenunterschiede, die stärkere Entwicklung des Perimetriums, besonders der Gefäße, die tieferen Längsfurchen und die schmäleren, größeren, an der Kuppe leicht eingezogenen Karunkel des gravid gewesen Uterus.

4. Die puerperalen Gebärmutterentzündungen.

Ursachen und Erheblichkeit. Im Anschluß an die Geburt kommen bei Kühen zwei Formen der Gebärmutterentzündung vor: die akute septische Gebärmutterentzündung (Puerperalfieber, Septicaemia puerperalis) und der chronische Gebärmutterkatarrh (Endometritis catarrhalis).

1. Die *septische Gebärmutterentzündung* ist als eine Wundinfektionskrankheit aufzufassen, welche durch das Eindringen septischer Bakterien hervorgerufen wird (Streptokokken, Staphylokokken, Kolonbazillen). Den Ausgangspunkt bilden Verletzungen der Uterus- und Scheidenschleimhaut. Die Infektion kann von außen (Geburtshelfer, Stallgeräte, Streu, Nachbartiere usw.) oder von innen (faule Nachgeburt) erfolgen. Die anatomischen Veränderungen bestehen gewöhnlich in geschwürigen Substanzverlusten, kruppösem Belag und Diphtherie der Uterus- und Scheidenschleimhaut (Kolpitis und Endometritis diphtherica), in übelriechendem, jauchigem Uterusinhalt, seröser Infiltration der Uterusmuskulatur

mit eitriger Thrombophlebitis (Metritis septica), Phlegmone des
Beckenbindegewebes (Parametritis), serofibrinöser, eitriger oder
jauchiger Bauchfellentzündung (Perimetritis), sowie den allgemeinen
Erscheinungen der Pyämie oder Septikämie. In perakut ver-
laufenden Fällen vermißt man örtliche Veränderungen in der
Scheide und im Uterus. Die Erscheinungen der septischen
Gebärmutterentzündung sind namentlich hohes Fieber, schmerzhaftes
Drängen auf die Geschlechtsorgane, übelriechender, mißfarbiger,
jaucheähnlicher Scheidenausfluß, Phlegmone der Vulva, entzündliche
Schwellung und Nekrose der Scheidenschleimhaut, starke Be-
nommenheit und Körperschwäche, vollständige Unterdrückung der
Futteraufnahme und Sistieren der Milchsekretion. Die septische
Gebärmutterentzündung ist immer ein sehr erhebliches
Leiden. Die Mehrzahl der kranken Kühe (50—70 Prozent) stirbt
nach drei- bis viertägiger Krankheitsdauer. Zuweilen entwickelt
sich ferner aus der akuten Gebärmutterentzündung ein chronischer
Gebärmutterkatarrh, eine chronische, eitrige Endometritis oder eine
chronische Pyämie mit Metastasenbildung und chronischem Siechtum.
Nur bei einer Minderzahl von Kühen tritt nach 8—14 Tagen Ge-
nesung ein.

2. Der *chronische Gebärmutterkatarrh* besteht in einer oberflächlichen Schleimhautentzündung des Uterus (Endometritis
catarrhalis). Er entwickelt sich entweder im Anschluß an das
Zurückbleiben und Faulen der Nachgeburt, oder infolge schädigender
äußerer Einflüsse (Transporte, Erkältung), oder als Nachkrankheit
der akuten septischen Gebärmutterentzündung. Sein Hauptsymptom
ist ein serös-schleimiger oder schleimig-eitriger Scheidenausfluß
(Fluor albus), welcher durch die Beimengung faulender Nachgeburtsreste mißfarbig und übelriechend wird. Das Allgemeinbefinden
wird in vielen Fällen nicht erheblich gestört; häufig verschwindet der Katarrh nach einigen Wochen, ohne einen nach-
teiligen Einfluß auf den Nährzustand und die Milchsekretion auszuüben. Andrerseits wird bei höheren Graden und längerer
Dauer des Gebärmutterkatarrhs die Gebrauchsfähigkeit
der Tiere erheblich beeinträchtigt. In solchen, oft von Fieber
begleiteten Fällen gehen die Ernährung und Milchsekretion bedeutend
zurück; auch wird die erneute Befruchtung verzögert oder verhindert. Die Erheblichkeit oder Unerheblichkeit des chronischen
Gebärmutterkatarrhs ist daher von Fall zu Fall verschieden zu
beurteilen.

Altersbestimmung. Nach der früheren Annahme sollten sich die puerperalen Gebärmutterkrankheiten nur innerhalb der ersten zwei bis vier Tage nach der Geburt entwickeln. Gerlach, der Begründer dieser Theorie, äußert sich in seiner Gerichtlichen Tierheilkunde (1872, S. 423ff.) folgendermaßen über die chronische Gebärmutterentzündung:

„Die Krankheit beginnt mit dem Kalben oder doch sehr bald, binnen 24 Stunden darauf, selten später, der Regel nach aber nicht mehr nach zwei Tagen. Unmittelbar nach dem Kalben ist die Disposition am größten, mit jeder Stunde nimmt sie ab, 24 Stunden nach dem Kalben ist sie schon viel geringer, nach 48 Stunden ist sie so ziemlich verschwunden, weshalb es denn auch als Regel festzuhalten ist, daß die chronische Gebärmutterentzündung innerhalb 48 Stunden nach dem Kalben entsteht. Hat die Kuh bei dem Verkäufer gekalbt, so ist die Gebärmutterentzündung bis zum Besitz des Verkäufers zurückzudatieren, wenn die Übernahme nicht bald nach dem Kalben, sondern erst nach zwei Tagen stattgefunden hat. Unter Umständen, namentlich nach einem weiten Transporte unter ungünstigen Witterungsverhältnissen, bei naßkalter, stürmischer Witterung kann auch noch am dritten und vierten Tage nach dem Kalben der Grund zur Gebärmutterentzündung gelegt werden, besonders bei Erstlingskühen und nach schweren Geburten."

Die Erfahrungen in der Praxis haben inzwischen mehrfach und einwandfrei ergeben (de Bruin u. a.), daß sich mit so apodiktischer Sicherheit die Gebärmutterentzündung auf die ersten vier Tage nach der Geburt nicht immer zurückdatieren läßt, sondern daß auch nach dem vierten Tage unter Umständen (Transporte, Erkältung) eine Entwicklung möglich ist. Ich habe mich demzufolge bereits früher (Kompendium der speziellen Chirurgie 1898) dahin ausgesprochen, daß die herkömmliche Annahme von der ausschließlich viertägigen Frist nicht für alle Fälle aufrechterhalten werden kann. Auch Dieckerhoff (Gerichtl. Tierheilkunde 1902) hat hierauf dieser Tatsache Rechnung getragen und zugegeben, „daß die Begrenzung des Krankheitsanfangs mit dem vierten Tage nach der Geburt nicht als ein mathematischer Lehrsatz anzusehen ist."

Die Möglichkeit, daß eine puerperale Gebärmutterentzündung sich auch noch nach dem vierten Tage entwickeln kann, läßt sich, abgesehen von der praktischen Erfahrung, auch wissenschaftlich begründen. Wenn sich der puerperale Uterus bei unregelmäßigem Verlauf der Geburt oder infolge Zurückbleibens der Nachgeburt nicht, wie es normaliter geschieht, innerhalb der ersten Tage nach der Geburt kontrahiert, wenn außerdem nach den ersten Tagen schädliche äußere Einflüsse auf den Uterus einwirken (anstrengende

Transporte, Erkältung), so kann sich auch noch nach dem vierten Tage eine Schleimhautentzündung in der Gebärmutter entwickeln. Sind z. B. die Eihautreste erst am sechsten Tage nach der Geburt abgegangen, ist mithin der Muttermund bis zu diesem Tage offen geblieben, ist außerdem das Tier an diesem Tage einem anstrengenden Fuß- oder Eisenbahntransport bei kalter Witterung ausgesetzt gewesen (Zeugenaussagen), so läßt sich doch die Möglichkeit nicht bestreiten, daß bei der bis dahin vollkommen gesunden Kuh (Zeugenaussagen) an diesem (sechsten) Tage der Keim einer Gebärmutterentzündung gelegt worden ist. Es kommt hinzu, daß tatsächlich der Gebärmuttermund nicht selten länger offen bleibt, als gemeinhin angenommen wird. de Bruin (Geburtshilfe beim Rind 1900) spricht sich hierüber folgendermaßen aus: „Nach vier bis fünf Tagen gelingt es nicht mehr, mit zwei Fingern in den Uterus einzudringen. Es kommt jedoch auch vor, daß nach dem Abgang der Nachgeburt der Uterus sich langsam und sehr wenig zusammenzieht (Inertio uteri). Da wegen der fehlenden Uteruskontraktionen das Collum uteri offensteht, so ist damit ein sehr günstiger Faktor vorhanden für die chemische Veränderung der Lochien" — und damit auch für eine Infektion von außen.

Die forensische Begutachtung über die Entstehungszeit einer puerperalen Gebärmutterentzündung kann mithin nach dem gegenwärtigen Stand der Wissenschaft und Erfahrung nur dahin lauten:

1. Die akute Gebärmutterentzündung und der chronische Gebärmutterkatarrh entwickeln sich sehr häufig im Verlaufe der ersten vier Tage nach der Geburt. Unter der Voraussetzung, daß ein regelmäßiger Verlauf der Geburt stattgefunden und daß nach der Geburt schädliche äußere Einflüsse (Transport, Erkältung) auf den puerperalen Uterus nicht eingewirkt haben, ist die Annahme berechtigt, daß die Entstehung der Krankheit auf die vier ersten Tage nach der Geburt zurückzudatieren ist.

2. Haben dagegen nach dem vierten Tage erwiesenermaßen Transporte oder andere schädliche Einwirkungen stattgefunden und ist das Tier während der ersten vier Tage nach der Geburt nachweislich gesund gewesen, so muß eine Entstehung der Gebärmutterentzündung nach dem vierten Tage angenommen werden.

Puerperale Verletzungen. Findet man bei der Sektion von Kühen, die an septischer Metritis gestorben sind, im Uterus oder in der Scheide Schleimhautverletzungen, die beim Geburtsakt entstanden sind, so ist die tödliche Krankheit namentlich dann auf diese Verletzungen, also auf die Geburt zurückzuführen, wenn gleichzeitig ein Zurückbleiben und Faulen der Nachgeburt stattgefunden hat. Sind jedoch Kühe mit puerperalen Verletzungen nach dem Abgang der Nachgeburt sofort auf Märkte getrieben oder mit der Eisenbahn transportiert worden und sodann an Gebärmutterentzündung gestorben, so ist mit Wahrscheinlichkeit anzunehmen. daß die tödliche Krankheit sich erst nach der Geburt auf dem Transport oder Marsch entwickelt hat. Während nämlich puerperale Verletzungen bei entsprechender Behandlung oft heilen, wenn die Kühe im Stall bleiben, begünstigt und bewirkt die Körperbewegung das Eindringen von Infektionsstoffen in die frischen Schleimhautwunden und die Ausbreitung der Krankheitsprozesse in den Geburtsorganen. Diese Gefahr ist um so größer, je früher nach dem Abkalben die Kühe transportiert werden und je umfangreicher die Schleimhautverletzungen sind.

Gebärparese. Über die Ursachen und die Pathogenese der Gebärparese ist zurzeit sicheres nicht bekannt. Auf bloße Theorien oder Hypothesen hin läßt sich ein Gutachten pro foro nicht begründen. Er läßt sich nur sagen, daß die Gebärparese gewöhnlich plötzlich bzw. schnell in die Erscheinung tritt, und daß eine sichere Zurückdatierung des Leidens nur bis zu dem Zeitpunkte möglich ist, in welchem die ersten Krankheitserscheinungen hervorgetreten sind. Die Gebärparese besitzt demnach nicht die Eigenschaften eines redhibitorischen Mangels.

5. Die Zusage der Trächtigkeit.

Vertragsformen. Die auf die Trächtigkeit bezüglichen, im Viehhandel gebräuchlichen Garantien sind nach dem Wortlaut verschieden. Man hat die nachfolgenden Vertragsformen zu unterscheiden:

1. die Zusicherung der Trächtigkeit;
2. die Zusicherung eines bestimmten Trächtigkeitstermins;
3. die Zusicherung des Kalbens innerhalb eines bestimmten Termins.

Die Zusicherung der Trächtigkeit. Nach übereinstimmender Rechtsprechung der Gerichte (Mainz, Tübingen, Nagold) bedeutet die Zusicherung der Trächtigkeit die Zusicherung einer Eigenschaft im Sinne der §§ 459 und 463 B. G. B., nicht die Setzung einer Verkaufsbedingung im Sinne des § 158 B. G. B. („bei bedingungsweisem Kauf tritt die von der Bedingung abhängig gemachte Wirkung erst mit dem Eintritt der Bedingung ein"). Eine Gewährfrist von neun Monaten (typische Trächtig- keitsdauer) gibt es somit nicht. Vielmehr besteht nur die sechswöchentliche Verjährungsfrist oder Klagefrist, welche vom Tage der Ablieferung ab gerechnet wird (nicht vom Ende der normalen Trächtigkeitsdauer). Der Käufer muß mithin innerhalb sechs Wochen nach dem Tage der Ablieferung Klage erheben, sonst ist sein Anspruch verjährt. Ist innerhalb dieser sechs Wochen eine Beweisführung nicht möglich, so muß der Käufer, um eine Verjährung zu unterbrechen, entweder den Antrag auf Beweisaufnahme zur Sicherung des Beweises stellen oder die Klage wegen Nichtvorhandenseins einer zugesicherten Eigenschaft erheben.

Die sichere Feststellung der Trächtigkeit ist beim Rind meist nur innerhalb der letzten drei bis vier Monate möglich (Durch- schnittsdauer neun Monate = 40 Wochen = 280 Tage). Für die forensische Diagnose allein entscheidend ist der palpatorische Nach- weis des Fötus von der rechten Bauchwand aus, das Fühlen und Sehen der Eigenbewegungen des Fötus und die rektale Unter- suchung. Weniger beweiskräftig ist die Umfangsvermehrung des Bauches, die Anschwellung des Euters und das Einfallen der Becken- bänder. Unsichere, auch bei nicht trächtigen Kühen beobachtete Merkmale sind ferner das sog. Uteringeräusch (Gefäßschwirren) und das Vorhandensein eines Schleimpfropfs in der Cervix.

Bei **Stuten** läßt sich durch die Rektaluntersuchung die Trächtigkeit oft schon vom sechsten bis siebenten Monat an, durch die äußere Unter- suchung (Palpation der linken Bauchwand) vom siebenten bis achten Monat ab sicher feststellen (Durchschnittsdauer 11 Monate). Im Gegen- satz zum Rind ist bei Stuten unter Umständen das Vorhandensein der Trächtigkeit als erheblicher Mangel zu begutachten, weil Stuten in den letzten Wochen der Trächtigkeit und in den ersten beiden Monaten nach dem Abfohlen nicht zum Reit- und Wagendienst gebraucht werden können. — Das Nichtvorhandensein der Trächtigkeit ist gewöhnlich intra vitam mit Sicherheit nicht festzustellen. — Ob die von Abderhalden (B. T. W. 1912) entdeckte *Serumdiagnose der Trächtigkeit* mittels der optischen Methode (das Blutserum trächtiger Tiere ändert infolge seines spezifischen Fermentgehalts bzw. Abbauvermögens mit Plazenta- pepton gemischt das Drehungsvermögen der Mischflüssigkeit im Pola- risationsapparat), sowie mittels des Dialysierverfahrens völlig zu- verlässig und für forensische Zwecke praktisch geeignet ist, erscheint fraglich. Schattke (Zeitschr. f. Vet. 1913) hat je 54 trächtige und nicht trächtige Rinder untersucht und glaubt, daß das Dialysierverfahren eine zuverlässige diagnostische Methode ist, wegen ihrer Schwierigkeit jedoch nur in besonderen Instituten ausgeführt werden kann. Auch Mießner (D. T. W. 1914), Rehbock (Berl. Arch. 1914) und Richter

(Zeit. f. Tiermed. 1913) haben über günstige Resultate bei Tieren berichtet, betonen jedoch, daß dem Verfahren keine ausschlaggebende Rolle zukommt, sondern daß nur eine Wahrscheinlichkeitsdiagnose gestellt werden kann.

Die Zusicherung eines bestimmten Trächtigkeitstermins. Die Verabredung lautet gewöhnlich dahin, daß die Kuh im so und so vielten Monat trächtig ist. Juristisch liegt der Fall genau so, wie bei der Zusicherung der Trächtigkeit im allgemeinen. Auch bei dieser Garantieform besteht keine der Trächtigkeitsdauer entsprechende Gewährfrist, sondern nur eine Verjährungsfrist von sechs Wochen, von der Übergabe der Kuh gerechnet.

Die Zusicherung des Kalbens innerhalb eines bestimmten Termins. Die Vereinbarung lautet entweder dahin, daß die Kuh nach so und so viel Wochen kalbt oder dahin, daß sie bis zu einem bestimmten Kalendertage kalbt. Die Ansichten in juristischen und tierärztlichen Kreisen über die Rechtsfolgen dieses Sondervertrags sind geteilt. Nach der Entscheidung des Landgerichts zu Mainz und nach der Auffassung mehrerer Autoren (Stölzle, Meisner, Hirsch-Nagel, Reuter-Sauer, Denzler, Hink) hat die ausbedungene Frist die Bedeutung einer Gewährfrist. Wenn z. B. die Verabredung dahin geht, daß die Kuh nach vier Wochen kalben soll, so ist damit eine vierwöchige Gewährfrist vereinbart, welche, wie bei den Hauptmängeln der Kaiserlichen Verordnung, mit dem Ablauf des Tages beginnt, an welchem die Gefahr auf den Käufer übergeht. Zu dieser Gewährfrist von vier Wochen tritt ferner die sechswöchige Klagefrist. Der Anspruch auf Wandelung oder Schadenersatz verjährt also nicht schon in sechs Wochen nach Ablieferung der Kuh, sondern erst in 4 + 6 = 10 Wochen. Kalbt die Kuh nicht innerhalb der ausbedungenen vier Wochen (oder bis zu dem versprochenen Termin), so hat der Käufer, wie bei allen Hauptmängeln, innerhalb der zweitägigen Anzeigefrist dem Verkäufer Anzeige zu erstatten (§ 485 B. G. B.) und innerhalb sechs Wochen nach dem Ablauf der Gewährfrist die Klage auf Wandelung oder Schadenersatz zu erheben (§ 490).

Einen anderen Standpunkt in der vorliegenden juristischen Frage vertreten Schneider, Krückmann und Malkmus. Danach enthält die Zusicherung, daß eine Kuh tragend ist und in vier Wochen kalbt, nicht die Zusicherung einer Eigenschaft und einer Gewährfrist für dieselbe, sondern zwei Zusicherungen, nämlich erstens, daß die Kuh tragend ist, und zweitens, daß sie in vier Wochen kalbt. Durch die Festsetzung des Endtermins der Trächtigkeit wird eine zweite Zusicherung hinzugefügt. Die Ansprüche aus der ersten Zusicherung (Trächtigkeit) verjähren in einer sechswöchigen, mit der Ablieferung des Tieres beginnenden Frist. Die Ansprüche aus der zweiten Zusicherung (Endtermin) verjähren in einer sechswöchigen, mit der Entstehung des Anspruchs beginnenden Frist. Die vierwöchige Frist würde danach keine Gewährfrist im Sinne des § 484 darstellen. Kalbt die Kuh nicht innerhalb vier Wochen, so ist die betreffende Zusicherung nicht in Erfüllung gegangen und es ist nach § 492 Anspruch auf Wandelung zu erheben. Ist die Kuh tragend, kalbt aber nicht in vier Wochen, so kann der Käufer nur die Wandelung verlangen, nicht aber Schadenersatz; ist die Kuh nicht tragend, so sind dagegen beide Klagen zulässig.

Angesichts dieser Kontroversen empfiehlt sich beim Abschluß von Sonderverträgen beim Viehhandel die größte Zurückhaltung in der Abgabe von Zusicherungen.

Literatur. Stölzle, Jurist. Wochenschr., 31. Jahrg, Seite 117; Viehkauf (Viehgewährschaft) nach dem B. G. B. 1914; Beiträge zur Erläuterung des Deutschen Rechts. 56. Jahrg., 1912; Meisner, Viehgewährschaft, 1908; Schneider. Rechtsregeln des Viehhandels; Hirsch-Nagel, Die Gewährleistung beim Viehhandel; Reuter-Sauer, Die Gewährleistung bei Viehveräußerungen; Krückmann, Anfechtung, Wandelung und Schadenersatz beim Viehkauf; Malkmus, Die Zusicherung der Trächtigkeit, Deutsche Tierärztl. Wochenschr. 1905, Nr. 2; Denzler, Die Zusicherung der Trächtigkeit nach dem B.G.B., Berl Tierärztl.Wochenschr 1905, Nr. 4; Hink, Wochenbl. des bad. landw. Vereins 1910, Nr. 19. Entscheidung des Landgerichts zu Mainz vom 27. Oktober 1900, des Landgerichts zu Tübingen vom 25. Oktober 1902, des Amtsgerichts zu Nagold vom 12. Mai 1903.

6. Die chronische Euterentzündung.

Ursachen und Formen. Die beim Rind vorkommenden Euterentzündungen sind gewöhnlich infektiösen Ursprungs. Die Infektionserreger, der eigentliche Keim der Krankheit, gelangen in das Euter teils von außen (galaktogen), teils vom Blute her (hämatogen). Unter den zahlreichen pathogenen Mikroorganismen besitzen die spezifischen Mastitisbakterien (Streptococcus agalactiae contagiosae, Bacterium phlegmasiae uberis, Bacillus pyogenes u. a.) besondere Bedeutung. Neben diesen eigentlichen Krankheitserregern wirken lediglich prädisponierend die früher als die Hauptursache der Euterentzündung angesehene Erkältung und das unvollständige Ausmelken der Milch, indem sie das Eindringen und die Vermehrung der Mastitisbakterien begünstigen; für sich allein, ohne Bakterien, vermögen dieselben eine Euterentzündung nicht zu erzeugen.

Die wissenschaftliche Tierheilkunde unterscheidet zahlreiche Formen der Euterentzündung, nämlich die parenchymatöse, katarrhalische, phlegmonöse, interstitielle, eitrige und brandige Mastitis. Für die forensische Tierheilkunde hat hauptsächlich die Unterscheidung einer akuten und einer chronischen Euterentzündung Bedeutung. Den Charakter eines Gewährmangels besitzt nur die chronische Euterentzündung.

Altersbestimmung. Eine Euterentzündung kann sich bei Kühen zu jeder Zeit und aus verschiedenen Ursachen sehr schnell entwickeln. Eine akute entzündliche Schwellung des Euters mit derber Konsistenz des Drüsengewebs, sowie eine auffallende Veränderung der Milch kann sich, wie alle akuten Entzündungen, schon innerhalb weniger (zwei bis drei) Stunden ausbilden. Besonders schnell geht die Entwicklung von Euterentzündungen in der Woche nach und vor dem Kalben vor sich; das physiologische Euterödem wirkt hierbei begünstigend. Aber auch während des Trockenstehens können Euterentzündungen bei Kühen zu jeder Zeit eintreten. Namentlich die Verengerung und Verwachsung eines Strichkanals kann auch während des Trockenstehens eintreten (Gerlach). Die Entzündungen zeigen dann allerdings meist von vornherein einen schleichenden Charakter. Bei der Begutachtung des Alters einer Euterentzündung vom klinischen Standpunkte aus ist daher große Vorsicht angezeigt; Zeugenaussagen sind häufig wichtiger. Die Abwesenheit akuter schmerzhafter Erscheinungen am Euter spricht im allgemeinen gegen das Vorhandensein einer frischen Euterentzündung. Im übrigen können auch bei frisch entstandenen Euterentzündungen örtliche Symptome von Schmerzhaftigkeit und Temperatursteigerung fehlen. Namentlich das Fehlen von Schmerzhaftigkeit bildet nicht in jedem Falle einen sicheren Beweis für das Vorhandensein einer chronischen Mastitis. Auch kommt es oft vor, daß die anfangs vorhandenen Symptome einer frischen Entzündung (Schmerzhaftigkeit und vermehrte Wärme) bei nicht hochgradiger Euterentzündung schon nach einigen Tagen wieder verschwinden. Ebensowenig ist das Auftreten derber Anschwellungen und Knoten im Euter ein untrügliches Kennzeichen für eine längere Dauer der Euterentzündung. Erfahrungsgemäß bilden sich derbe Knoten auch bei manchen Formen der akuten Mastitis ziemlich schnell, schon in einigen Stunden, aus. Wichtiger für die Altersbestimmung ist der Nachweis einer erheblichen Euteratrophie. Ist im Verlauf einer Euterentzündung ein völliger Schwund des erkrankten Euterviertels eingetreten, so muß die Entstehung des Fehlers auf mindestens einen Monat zurückdatiert werden. Einen weniger sichern Anhaltspunkt für die Beurteilung des Alters bildet das Vorhandensein derber Stränge in den Zitzen; schmerzlose.

14*

derbe Verdickungen der Zitzenschleimhaut mit Stenosierung des Zitzenkanals können sich erfahrungsgemäß unter Umständen wie andere produktive Entzündungen schon innerhalb 14 Tagen ausbilden.

In differential-diagnostischer Beziehung ist endlich zu beachten, daß zuweilen bei ganz gesunden Kühen die vorderen Euterviertel stärker und die Zitzen länger sind als die Hinterviertel, daß ferner das physiologische Euterödem zuweilen auf beiden Seiten in ungleicher Stärke auftritt. In beiden Fällen wird erfahrungsgemäß dieser normale Zustand mitunter mit einer Euterentzündung oder mit einer Euteratrophie verwechselt.

Erheblichkeit. Die Entzündung eines Euterviertels stellt in jedem Falle einen erheblichen Fehler dar, weil sie zum mindesten die Milchsekretion auf längere Zeit beeinträchtigt und häufig zur chronischen und unheilbaren Verödung des kranken Euterviertels führt (Dreistrichigkeit, Zweistrichigkeit). Der Minderwert berechnet sich nach dem Ausfall an Milch. Der Kaufwert einer frisch milchenden Kuh vermindert sich nach Dieckerhoff bei Verödung eines Vorderviertels um 10 Proz., bei Verödung eines Hinterviertels um 15 bis 20 Proz.

Verborgenheit. Die Frage, ob die Euterentzündung der Kühe ein verborgener oder ein in die Augen fallender Mangel ist, muß je nach dem Grade, der Art und der Dauer der Entzündung verschieden beurteilt werden. Akute Entzündungen mit erheblicher Schwellung der kranken Euterviertel sind im allgemeinen auch für den Laien sichtbar. Die augenfällig sichtbare Euteranschwellung kann jedoch schon nach einigen Tagen wieder verschwinden. Auch sind nicht alle akuten Euterentzündungen von auffälligen Entzündungserscheinungen und allgemeinen Gesundheitsstörungen begleitet. Andrerseits entwickeln sich manche Euterentzündungen von vornherein schleichend, ohne erhebliche Vergrößerung der betreffenden Euterviertel. Namentlich tiefgelegene Euterknoten sind oft nicht leicht fühlbar und können auch einem Sachverständigen dann entgehen, wenn das Euter vor der Untersuchung nicht ausgemolken wurde. Auf diese Weise erklären sich manche Widersprüche in den tatsächlichen Angaben der Sachverständigen (der positive Befund ist dabei wichtiger als der negative!). Häufig entsteht ferner die Euterentzündung kurze Zeit vor und nach dem Kalben, also zu einer Zeit, wo das Euter normalmäßig vergrößert ist und die Entzündungserscheinungen durch die physiologische Euterschwellung verdeckt werden. Endlich läßt sich die krankhafte Verkleinerung eines Euterviertels bei noch zum Teil vorhandener Milchsekretion dadurch verdecken, daß das Euterviertel nicht ausgemolken wird. In allen diesen Fällen ist die Euterentzündung als ein verborgener Fehler zu betrachten.

Euteratrophie. Das Vorhandensein einer krankhaften Euteratrophie wird erfahrungsgemäß zuweilen ohne ausreichenden Grund angenommen (Verwechslung bei relativ kleinem, normalem Euterviertel; ungleiches Auftreten des Euterödems auf beiden Seiten, so daß eine Euterhälfte kleiner erscheint). Der pathologische Zustand der Euteratrophie setzt immer entweder eine vorausgegangene Euterentzündung oder eine Verwachsung und Verengerung der Zitzen und Milchkanäle voraus. Beide Ursachen der Euteratrophie sind in der Regel unschwer nachzuweisen. Speziell die entzündlichen Prozesse im Euter sind gewöhnlich mit Verdichtung und Verhärtung des Gewebes verbunden, welche durch eine sorgfältige Untersuchung des Euters, namentlich bei gleichzeitig vorhandenem Schwunde, leicht nachweisbar sind. Außerdem zeigt die Milch bei einer durch Euterentzündung veranlaßten Euteratrophie meist eine abnorme Beschaffenheit, wenn überhaupt noch eine Sekretion in dem kranken Euterviertel stattfindet.

Im Gegensatz zur Euteratrophie ist die angeborene Kleinheit des Euters kein Gewährmangel, sondern eine angeborene Bildungsanomalie, die als auffällige Erscheinung von jedem Käufer leicht erkannt werden kann. Sie kommt bei Kühen ziemlich häufig an beiden vorderen Eutervierteln vor. Das angeboren kleine Euter liefert zum Unterschied von der Atrophie wenig, aber normale Milch, während bei der Euteratrophie keine Milch, sondern meist nur ein wässeriges, bläulichweiß gefärbtes, salzig schmeckendes Sekret abgesondert wird.

Hartmelken. Der sog. Hartmelkigkeit liegt entweder eine abnorme Spannung des Zitzenschließmuskels oder eine abnorme Enge des Strichkanals zugrunde. Der Fehler ist im ersteren Fall oft unerheblich, im letzteren dagegen in der Regel erheblich. Jedenfalls liegt ein erheblicher Mangel dann vor, wenn die Milch andauernd nur mit Schwierigkeit in dünnem Strahle entleert oder wenn das Melken überhaupt nicht vollständig bewirkt werden kann. Der Fehler ist alt, wenn eine angeborene Stenose vorliegt. Dagegen kann sich Hartmelken infolge entzündlicher und traumatischer Narbenstenosen des Strichkanals ziemlich schnell ausbilden (vgl. S. 212). Zuweilen wird endlich das Hartmelken durch Neubildungen im Strichkanal (Papillome usw.) bewirkt, die sich übrigens auch auf entzündlicher Basis, also ziemlich rasch, entwickeln können (Granulome).

7. Das Nichtfrischmilchendsein.

Der Begriff „frischmilchend". Als frisch, frischmilchend oder neumelkend („Kälberkuh") bezeichnet man im Handelsverkehr und in der gerichtlichen Tierheilkunde eine Kuh, welche nicht länger als vor drei bis vier Wochen gekalbt hat. Ist eine Kuh trotz ausdrücklicher Zusicherung nicht frischmilchend, d. h. sind seit dem Kalben mehr als vier Wochen verstrichen, so fehlt der Kuh eine zugesicherte Eigenschaft im Sinne des § 463 B. G. B.

Die Laktationsperiode der Milchkühe ist sowohl nach ihrer Dauer, als nach dem täglichen und gesamten Milchertrag im einzelnen Falle je nach Fütterung, Rasse, Alter, Haltung, Individuum usw. großen Schwankungen unterworfen. Die Dauer der Laktationsperiode wird im Durchschnitt auf 300 Tage berechnet. Nach dieser Zeit steht die Kuh bis zum nächsten Kalben „trocken". Den höchsten Milchertrag liefern die Kühe im ersten Monat bzw. in den ersten vier Wochen nach dem Kalben. Nach dem vierten Monat werden die Milchkühe im milchwirtschaftlichen Betrieb als altmilchend bezeichnet; die Milchmenge geht von da ab zurück. Der Rückgang in der Menge der gelieferten Milch geht häufig etwa so vor sich, daß eine Kuh im Anfang täglich 25 Liter, im zweiten und dritten Monat 16 bis 17 Liter, am Ende des fünften Monats dagegen nur noch 10 bis 11 Liter gibt, und daß dann vom sechsten Monat ab eine ganz allmähliche Abnahme bis zum völligen Versiegen folgt (Stohmann). Nach Fleischmann läßt sich für die einzelnen Phasen der Laktation folgendes Schema aufstellen:

1. Periode: vom   1.— 28. Tag durchschnittlich täglich   19 Liter
2. Periode: „   29.—104. „   „   „   11—12 „
3. Periode: „   105.—300. „   „   „   3— 5 „

Tagesdurchschnitt der 300 Tage   7— 8 Liter

Nachweis. Der sicherste Beweis dafür, daß eine Kuh frischmilchend ist, wird durch Zeugenaussagen geliefert (Tag oder Woche des Kalbens). Durch die sachverständige Untersuchung allein läßt sich in vielen Fällen nicht entscheiden, ob eine Kuh frischmilchend ist oder nicht. Objektiv nachweisbare Veränderungen an den Kühen als Anhaltspunkte für die Entscheidung der Frage sind überhaupt nur in der ersten Woche nach dem Kalben, häufig sogar nur innerhalb der ersten Tage nach dem Kalben vorhanden. In dieser Beziehung kommen in Betracht:

     1. die puerperalen Veränderungen an den äußeren Geschlechtsorganen und am Uterus;
     2. die Kolostralmilch;
     3. die Beschaffenheit des Euters.

1. Die *puerperalen* Veränderungen an den äußeren Geschlechtsorganen bestehen in Schwellung der Vulva und ihrer Umgebung, Verklebung der Schamhaare durch Sekret, frischer Verletzung, Quetschung und Entzündung der Scheidenschleimhaut als Folgen

der vorausgegangenen Geburt, puerperalem Scheidenausfluß
(Lochien, zuweilen auch zurückgebliebene Nachgeburtsreste),
sowie in der Öffnung des Muttermundes. Bei normalem Verlauf einer Geburt kann man am ersten und zweiten Tag nach der
Geburt mit der Hand noch durch den Muttermund in die Gebärmutter eindringen. Am dritten und vierten Tage kann man gewöhnlich noch mit zwei Fingern den Muttermund passieren. Vom
fünften Tage ab gelingt dies in der Regel nicht mehr, man kann
vielmehr von diesem Tage ab nur mit einem Finger in den
Muttermund eindringen. Nach etwa einer Woche ist der
innere Muttermund meist ganz verschlossen. Der äußere
Muttermund schließt sich später (nach Sommer ist er frühestens
nach 14 Tagen geschlossen, häufig jedoch noch nach 3—4 Wochen
für einen Finger passierbar). Bei unregelmäßigem Verlauf der Geburt
(Zurückbleiben der Eihäute, Uterusschwäche) bleibt der Uterus viel
länger offen.

Die puerperalen Veränderungen im Uterus selbst entziehen
sich während des Lebens der Feststellung. Sie können nur nach
dem Schlachten der Kühe auf Grund einer Sektion beurteilt werden.
Hierbei kommen namentlich in Betracht: die Größe des Uterus,
die Dicke seiner Wände und die regressiven Veränderungen an
den Kotyledonen oder Karunkeln. Im übrigen divergieren die
Angaben der Autoren über die Rückbildung des puerperalen Uterus,
weshalb die forensische Beurteilung etwas unsicher ist. Nach
de Bruin bildet sich die puerperale Uterusschleimhaut mit den
Kotyledonen (Karunkeln) in drei Wochen, nach Franck-Albrecht
in vier, selten in sechs Wochen in ihren ursprünglichen Zustand
zurück. Nach Gerlach haben die unmittelbar nach der Geburt
fast mannesfaustgroßen, gestielten Kotyledonen (Karunkeln) nach
zwei bis drei Wochen die Größe einer großen Haselnuß, nach
Dieckerhoff sollen sie in der vierten Woche haselnußgroß sein.
Neuere anatomische Untersuchungen von Hilty (Schweiz. Arch. 1908)
über die Involution der puerperalen Uterusschleimhaut des Rindes
haben ergeben, daß 14 Tage nach der Geburt die Kotyledonen
(Karunkeln) nicht mehr gestielt sind, sondern der Schleimhaut mit
breiter Basis aufsitzen. Der puerperale Karunkel zeigt ferner an
seiner Oberfläche im Gegensatz zum unverfärbten, weißen juvenilen
Karunkel stark hervortretende Karunkelnarben, welche aus Blut-
extravasaten stammen und daher anfangs rötlichgelb und marmoriert, später gelbbraun aussehen. Die mikroskopische Untersuchung

der puerperalen Uterusgefäße ergibt namentlich in der Ausdehnung
der puerperalen Karunkel Obliteration der Gefäße, welche in der
vierten Woche ihren Höhepunkt erreicht. Bei jungen, kräftigen
Kühen geht die Involution des Uterus schneller vor sich, als bei
alten und schwachen Tieren. Servatius (Diss. 1909) fand bei seinen
klinischen Untersuchungen über die Involution des Rinderuterus, daß
derselbe in der dritten bis vierten Woche nach der Geburt sich
wieder vollständig zurückgebildet hat (bei der rektalen Untersuchung findet die Gebärmutter in der hohlen Hand Platz). Die
Scheide und der Wurf haben um den 14. Tag nach der Geburt ihre
frühere Größe wieder erreicht. Die Lochien versiegen nach drei
bis vier Wochen. Krankheiten der puerperalen Gebärmutter sowie
schwer akute Allgemeinkrankheiten verzögern die Involution des
Uterus. Nach Sommer (Z. f. Tiermed. 1912) ist der Involutionsprozeß des normalen Rinderuterus spätestens sechs Wochen nach
dem Gebären beendet. Darnach dürfte die Rückbildung des
puerperalen Uterus bzw. der Kotyledonen in der Regel
schon nach drei bis vier Wochen, spätestens aber nach
sechs Wochen beendet sein.

2. Als *Kolostrummilch* bezeichnet man die nach dem Kalben
zuerst abgemolkene Milch. Dieselbe unterscheidet sich von der
gewöhnlichen Milch durch ihre gelbliche bis rötlich-gelbe Farbe.
ihre dicke, klebrige, zähe Konsistenz, das Erstarren beim Stehen,
sowie durch ihren reichen Gehalt an Kolostrumkörperchen und an
Eiweiß, welches beim Kochen gerinnt. Die Angaben über den
Zeitpunkt des Übergangs der Kolostrummilch in die gewöhnliche
Milch lauten verschieden. Nach Gerlach ist die Kolostrummilch
nach drei bis vier Tagen in wirkliche Milch übergegangen; sie ist
jedoch in Form eines rötlichen, Blutspuren enthaltenden Bodensatzes
gewöhnlich noch bis zum achten, in manchen Fällen sogar bis zum
vierzehnten und sechzehnten Tage nach dem Kalben noch nachweisbar. Nach Tereg pflegt die Milch älterer Kühe nach drei
Tagen beim Kochen keine Albuminflocken mehr abzuscheiden; bei
jüngeren Kühen tritt dagegen dieser Übergang vom Kolostrum zur
Milch meist erst nach sechs bis sieben Tagen, bei schlechten Milchkühen und Primiparen sogar erst nach vierzehn Tagen ein. Hiernach ist das Vorhandensein oder Nichtvorhandensein von
Kolostralmilch nicht für sich allein, sondern nur in Verbindung mit dem Nachweis oder Fehlen puerperaler Veränderungen forensisch von Bedeutung.

Auch über die Zeitdauer des Verbleibens der **Kolostrum-körperchen** in der Milch nach dem Kalben differieren die Angaben stark. Nach Gerlach findet man Kolostrumkörperchen in der Milch in spärlicher Menge bis zum zehnten und vierzehnten Tage. Nach Franck und Harms sollen sie dagegen schon am dritten Tage nach der Geburt verschwunden sein. Nach Tereg enthält die Kuhmilch noch in der späteren Laktationszeit ganz vereinzelte Kolostrumkörperchen. Nach Streckeisen kommen bei jeder Eutererkrankung Kolostrumkörperchen in der Milch vor, insbesondere sollen sie zur Zeit des Futterwechsels reichlich in der Milch enthalten sein. Weisflog*) hat gleichfalls Kolostrum in der Milch bei Euterkrankheiten nachgewiesen und keine Gesetzmäßigkeit im Auftreten der Kolostralkörperchen finden können. Nach ihm ist Kolostrum regelmäßig in den ersten 6—9 Tagen nach der Geburt reichlich, aber in abnehmender Menge vorhanden; im Maximum fand er es 21 Tage nach der Geburt. Er hat es ferner bereits vor der Geburt und im Verlaufe der Laktation (allerdings in geringer Zahl), bei zwei Kühen sogar ein halbes Jahr nach der Geburt angetroffen, so daß es also niemals völlig zu verschwinden scheint. Nach P. Schulz**) geht die Kolostrummilch in normale Milch über in der Zeit vom 3. bis 11. Tage nach dem Kalben. In der Milch dieser Kühe sind jedoch während der ganzen Laktationszeit vereinzelt Kolostrumkörper enthalten, namentlich bei Euterentzündungen jeder Art, bei Milchstauung in der Drüse, bei plötzlicher Verminderung der Milchsekretion im Verlaufe fieberhafter Allgemeinleiden sowie gegen Ende der Laktationszeit (Trockenstehen). Nach Anders (Berl. Arch. 1909) sollen Kolostrumkörperchen 4 bis 10 Tage vor und 2 bis 10 Tage nach der Geburt reichlich nachzuweisen sein; er fand sie ferner häufig auch bei altmilchenden Kühen sowie nach dem Futterwechsel, ferner regelmäßig bei euterkranken Kühen. Somit kann dem **mikroskopischen Befund von Kolostrumkörperchen in der Milch** an und für sich eine Bedeutung für die Frage des Frischmilchendseins nicht beigelegt werden.

3. Die in den ersten beiden Wochen nach dem Kalben am *Euter* gewöhnlich nachweisbaren Veränderungen bestehen in praller, strotzender Füllung, starker Spannung, ödematöser Schwellung und

---

*) Beobachtungen über die Kolostralmilch. Deutsche Tierärztl. Wochenschrift 1905, S. 193.

**) Mikroskopische Untersuchungen des Kolostrums der Kühe. Zeitschrift f. Fleisch- u. Milch-Hyg., 19. Band, 3./4. Heft.

intensiver Milchabsonderung. Die Dauer dieser Symptome der physiologischen Euterhyperämie hängt jedoch von sehr verschiedenen Umständen ab (Fütterung, Haltung, Alter, Konstitution, Krankheiten usw.). Eine Kuh kann daher auch bei welkem Euter frischmilchend sein. Die welke Beschaffenheit des Euters kann also für sich allein nicht immer als Beweis für das Nichtfrischmilchendsein dienen. Nur dann, wenn bei einer gesunden, in durchaus gutem Nährzustande befindlichen, reichlich gefütterten und sorgfältig gehaltenen Kuh von vornherein ein welkes Euter vorliegt, darf angenommen werden, daß die Kuh im forensischen Sinne nicht frischmilchend ist.

Die als Hilfsmittel für die Feststellung des Frischmilchendseins empfohlene*) Schardinger-Reaktion**) hat sich als Diagnostikum nicht bewährt.***) Ob sich die Serumdiagnose der Trächtigkeit und des Frischmilchendseins nach Abderhalden†) in der forensischen Praxis verwerten läßt, erscheint nach den bisherigen Untersuchungen fraglich (vgl. S. 208).

Sonstige besondere Zusicherungen bei Milchkühen. Außer dem Frischmilchendsein wird zuweilen vom Verkäufer zugesichert, daß die Kuh „eine gute (reelle) Milchkuh" sei oder daß sie „täglich so und so viel Milch gebe".

1. Die Eigenschaften einer **guten Milchkuh** bestehen darin, daß die Kuh ein gesundes Euter hat, sich gut melken läßt und bei angemessener Fütterung, Haltung und Verpflegung diejenige Durchschnittsmenge von guter Milch liefert, welche ihrer Rasse, ihrer Körperkonstitution, ihrem Alter und dem Laktationsstadium entspricht, in dem sie sich befindet. Äußere Kennzeichen einer guten Milchkuh sind bekanntlich: ein großes, gut entwickeltes Euter mit starken Milchadern, eine feine und weiche, leicht abhebbare Haut mit feiner Behaarung, sowie ein großer Milchspiegel. Bei der Untersuchung hat man vor allem zu beachten, daß auch bei einer guten Milchkuh die Milchsekretion jederzeit schnell und erheblich zurückgehen kann, wenn eine akute Euterentzündung oder eine akute innere Krankheit vorliegt. Das Nichtvorhandensein dieser Krankheitszustände muß also in erster Linie festgestellt werden. Sodann lehrt die Erfahrung, daß vielfach bei ganz gesunden, guten Milchkühen der Milchertrag rasch, schon in wenigen Stunden, zurückgeht, wenn anstrengende Transporte, veränderte Fütterungs- und Stallverhältnisse, abnorme Witterungseinflüsse, Diätfehler, psychische Erregungen (Entfernung des Kalbes, isolierte Aufstellung und Haltung von Kühen, die

---

*) Schern, Monatshefte f. prakt. Tierheilkunde XXI. Bd. 1910.
**) Der Milch frischmilchender Kühe soll die Fähigkeit der Entfärbung einer Formalin-Methylenblaumischung fehlen (Mangel eines bei altmilchenden Kühen angeblich vorhandenen entfärbenden Enzyms).
***) Reinhardt und Seibold, Monatshefte f. prakt. Tierheilkunde XXII. Bd. 1911, und Biochem. Zeitschr. 1911; Bauer und Sassenhagen, Berl. Tierärztl. Wochenschr. 1911; Gruber, Inaug.-Dissert. 1912.
†) Berl. Tierärztl. Wochenschr. 1912. Falk, ibid. 1913.

sonst mit andern zusammenstanden) usw. eingewirkt haben. Bei manchen guten Milchkühen geht die Milchergiebigkeit schon dadurch erheblich und rasch zurück, wenn sie von fremden Personen gemolken werden. In einzelnen Fällen läßt sich für den Rückgang der Milchsekretion bei frisch gekauften Kühen eine Ursache überhaupt nicht nachweisen. Wenn z. B. einerseits zahlreiche Zeugen übereinstimmend und eidlich bekunden, daß die streitige Kuh wochenlang bis zum Zeitpunkt der Übergabe die normale Menge Milch gegeben hat, und wenn andererseits zeugeneidlich feststeht, daß die Kuh vom ersten Tage der Einstellung beim Käufer erheblich weniger Milch geliefert hat, so müssen doch irgendwelche Verhältnisse nach der Übergabe eingewirkt haben, und es kann nicht als erwiesen angenommen werden, daß die Kuh zur Zeit der Übergabe keine gute Milchkuh gewesen ist.

2. Bei der **Zusage einer bestimmten Milchmenge** liegen die Verhältnisse ähnlich. Entspricht die Menge der gelieferten Milch der Zusicherung nicht, so muß zunächst untersucht werden, ob nicht nach der Übergabe die obenerwähnten Einwirkungen stattgefunden haben. Auch mit dem physiologischen Rückgang der Milchproduktion in den einzelnen Stadien der Laktation muß gerechnet werden. Bei der Untersuchung ist u. a. darauf zu achten, daß die Kuh täglich dreimal und von melkkundigen Personen gemolken wird.

8. Untugenden der Milchkühe.

Die Widersetzlichkeit beim Melken. Die Untugend der Milchkühe, daß sie sich nicht melken lassen, sondern schlagen oder „schmeißen", kann wie die Stätigkeit der Pferde verschiedene Ursachen haben. Als Gewährmangel kommt nur das gewohnheitsmäßige Schlagen beim Melken in Betracht. Dasselbe ist gewöhnlich der Ausdruck einer angeborenen Widerspenstigkeit oder Bösartigkeit und bildet einen erheblichen Mangel, weil das Melken nur durch Zwangsmittel oder mit Unterstützung einer zweiten Person oder überhaupt nicht ausgeführt werden kann. Auch die Eigenschaft eines verborgenen Mangels liegt häufig vor, weil manche Kühe die Widerspenstigkeit nicht bei jeder Gelegenheit äußern, sondern sich zu gewissen Zeiten und an manchen Orten leicht melken lassen. Man beobachtet erfahrungsgemäß nicht selten, daß Kühe sich in einem gewohnten Stall, in bekannter Umgebung und von bestimmten Personen leicht melken lassen, während sie nach der Überführung in ein anderes Gehöft und beim Melken durch fremde Personen sich widersetzen und gegen den Eimer ausschlagen. Beim Kauf einer Milchkuh wird aber allgemein vorausgesetzt, daß sie sich bei ordnungsmäßiger Behandlung in jedem Stalle und von jeder des Melkens kundigen Person melken läßt.

Das gewohnheitsmäßige Schlagen beim Melken darf nicht verwechselt werden mit der vorübergehenden und durch fehlerhafte Behandlung schnell entstandenen Widersetzlichkeit. Bei schmerzhaften Wunden und bei Entzündung der Striche zeigen sich naturgemäß Kühe während des Melkens empfindlich und widerspenstig. Manche Kühe sind ferner in der Zeit unmittelbar nach dem Gebären und nach der Entfernung des Kalbes vorübergehend schwierig zu melken, lassen sich aber das Melken bei ruhiger, sachgemäßer Behandlung bald gefallen. Endlich kann eine ungewöhnte, unvorsichtige, ungeeignete oder rohe Behandlung beim Melken schnell eine Widersetzlichkeit zur Folge haben, die bei andauernder falscher Behandlung sogar habituell werden kann. Diese Tatsachen sind bei der Untersuchung und Beurteilung schlagender Milchkühe wohl zu beachten. Eine gewohnheitsmäßige, inveterierte Untugend ist nur dann anzunehmen, wenn eine Kuh sofort nach dem Kauf oder nach dem Kalben ohne äußere Veranlassung bei gesundem Euter und bei ordnungsmäßigem Melken sich anhaltend widersetzlich zeigt.

Das Selbstaussaugen der Milch. Diese Untugend wird namentlich bei Kühen in der Zeit beobachtet, während der sie das Kalb bei sich haben, sowie unmittelbar nach der Entfernung des Kalbes. Der Fehler kann sich jedoch ziemlich schnell (z. B. in drei Tagen) entwickeln. Nur wenn sich das Selbstaussaugen (Selbstaussauten) der Milch schon am ersten Tage nach der Übergabe zeigt und wenn es mit einer gewissen Fertigkeit ausgeübt wird, kann mit Wahrscheinlichkeit angenommen werden, daß es schon vor der Übergabe bestanden hat. Meist läßt sich das Alter des Fehlers nur auf Grund von Zeugenaussagen sicher bestimmen. Das Selbstaussaugen besitzt ferner nur dann den Charakter eines Vertragsmangels, wenn die Kühe die Untugend andauernd ausüben und die Milchnutzung dadurch in erheblichem Maße beeinträchtigt wird. Manche Kühe zeigen in der Zeit nach der Entwöhnung des Kalbes den Fehler nur vorübergehend und lassen von dem Selbstaussaugen wieder ab, wenn sie eine Zeitlang durch kurzes Anbinden oder andere einfache Manipulationen an der Ausübung der Untugend verhindert werden. In diesen Fällen liegt ein erheblicher Mangel nicht vor. Ein solcher kann nur dann angenommen werden, wenn der Fehler unheilbar und habituell geworden ist und die Kühe trotz Anwendung aller Abwehrmittel die Milch mit Leidenschaft und in beträchtlicher Menge aussaugen. Die Wertverminde-

rung ist dann nach der Zahl der fehlenden Liter Milch zu bemessen.

Das Aufhalten der Milch. Als Aufhalten, Verhalten, Zurückhalten, Aufziehen, Nichtherablassen der Milch bezeichnet man die
Eigentümlichkeit sonst gesunder Milchkühe, daß bei ihnen ohne vorhandenes
mechanisches Hindernis zeitweise die Milch aus dem Euter gar nicht oder
nur zum Teil ausgemolken werden kann. Die frühere Ansicht, daß es
sich um eine willkürliche Unterbrechung der Milchentleerung oder um ein
aktives Hochziehen der Milch, also um eine Untugend handle, ist nach
neueren Untersuchungen von Nüesch*) nicht aufrecht zu erhalten. Es
handelt sich vielmehr um einen Reflexvorgang im vasomotorischen
Apparat des Euters, der durch zahlreiche äußere und innere Einwirkungen
bedingt werden kann. Solche Einwirkungen sind namentlich Erkältung,
Mißhandlung, Überanstrengung, Schmerz, Schreck, psychische Stimmungen,
Vorstellungen und Erregungen. Die genaueren Vorgänge sind nach N.
folgende. Bei der physiologischen Milchabsonderung hat man zwei Phasen
oder Perioden zu unterscheiden. Die erste Periode fällt in die Zwischen-
melkzeit: in ihr wird relativ wenig und fettarme Milch, höchstens die
Hälfte, gebildet. Diese Milch wird von den Milchgängen vorläufig aufgenommen und zurückbehalten und gelangt nur zum geringsten Teil bis
in die Milchzisterne oder in die Zitzen. Die zweite Periode wird durch
eine intensive Blutzufuhr eingeleitet, welche reflektorisch durch die Erregung vasomotorischer und sekretorischer Nerven verursacht wird. Als
auslösende Nervenreizmittel wirken vor allem das Melken und Saugen.
Beim Melken wird speziell durch das Anziehen der Zitzen die Hyperämie
und die Sekretion fettreicher Milch angeregt. Wird nun bei der
zweiten Periode die Erregung der vasomotorischen Nerven und
die gesteigerte Milchsekretion durch Erkältung, Schmerz,
Schreck, psychische Erregung usw. gehemmt oder aufgehoben,
so wird der normale Reflexvorgang im Euter unterbrochen, das
Euter schrumpft zusammen, der Milchzufluß zur Zisterne
sistiert und das Melken bleibt erfolglos.

Hiernach kann das Aufhalten der Milch sehr schnell entstehen. Der Fehler besitzt daher im allgemeinen nicht den Charakter
eines Gewährmangels. Höchstens dann, wenn eine gesunde Milchkuh
ohne nachweisbare äußere Veranlassung und gleich beim ersten Melken
sowie fortgesetzt die Milch in dem Grade „aufzieht", daß dadurch das
Melken erheblich verzögert oder unvollständig wird, liegt ein redhibitorischer
Mangel vor.

9. Die Milchfistel.

Begriff und Ursachen. Als Milchfistel bezeichnet man eine
abnorme, kleine, rundliche, glattrandige Öffnung der Haut am
Euter (Euterfistel) oder an den Strichen, namentlich am Grund derselben (Gangfistel), aus welcher sich die Milch teils kontinuierlich
und tropfenweise, teils nur beim Melken und spritzend entleert.

*) Über das Aufziehen der Milch bei der Kuh. Diss. Zürich 1904.

Die Ursachen sind gewöhnlich abgeheilte äußere Verletzungen, Euterabszesse und Euterfurunkulose; seltener ist die Milchfistel angeboren. Die durch Verletzungen usw. erworbenen Milchfisteln entwickeln sich meist während der Laktationsperiode; sie können sich übrigens auch während des Trockenstehens ausbilden.

Alter. Im Gegensatz zu den Verletzungen am Euter fehlen bei den Milchfisteln die Erscheinungen einer frischen Verwundung (Blut) oder Entzündung (Eiter, Schmerzhaftigkeit, Rötung, Schwellung). Die Milchfistel ist im Unterschied von frischen Wunden durch Vernarbungsprozesse gekennzeichnet (derber und schmerzloser Rand, Bindegewebs- und Epidermisneubildung), Wie sonst bei Verletzungen, so kann auch bei Euterwunden eine Vernarbung schon nach 14 Tagen eintreten. Aus einer Euterwunde kann sich mithin schon nach 14 Tagen eine Euterfistel entwickeln. Diese Tatsache ist zu beachten, weil das Alter einer Milchfistel erfahrungsgemäß meist überschätzt wird.

Erheblichkeit. Milchfisteln sind häufig unheilbar, jedenfalls schwer heilbar und auch deshalb erheblicher Natur, weil sie gewöhnlich einen großen Milchverlust bedingen, der im allgemeinen dem Ertrag des betreffenden Euterviertels entspricht. Die Wertminderung ist also ähnlich wie bei der Dreistrichigkeit zu beurteilen (S. 212).

Verborgensein. Wegen der Kleinheit und oft verborgenen Lage der Fistelöffnung, sowie wegen des Umstandes, daß während des Trockenstehens und unmittelbar nach dem Ausmelken ein sichtbares Ausfließen von Milch nicht stattfindet, muß die Milchfistel als ein nicht in die Augen fallender Fehler bezeichnet werden.

Milchfluß. Als Milchfluß, Auslaufen oder Ablaufen der Milch bezeichnet man das freiwillige Ablaufen der Milch infolge Schwäche oder Lähmung des Schließmuskels einer oder mehrerer Zitzen. Die Ursachen sind verschieden. Häufig entsteht das Leiden bei milchreichen Kühen 8—14 Tage nach dem Kalben, wenn sie nicht oder nicht häufig genug gemolken werden. Auch nach langen Transporten kann der Fehler entstehen, wenn das Ausmelken unterlassen wird oder widrige Witterungseinflüsse eingewirkt haben. Wie jede Lähmung, so kann auch die Lähmung des Zitzenschließmuskels schnell entstehen. Bei der Altersbestimmung ist daher Vorsicht geboten (Zeugenaussagen). Auch die Erheblichkeit ist im Einzelfall verschieden zu beurteilen. Zuweilen ist der Milchfluß nur vorübergehend und dann unerheblich. Wenn jedoch eine Kuh die Milch anhaltend ablaufen läßt, so ist der Fehler erheblich, weil er gewöhnlich unheilbar ist und einen bedeutenden Milchverlust verursacht.

10. Die Rinderfinne.

Vorkommen. Die Finne des Rindes, Cysticercus inermis, wegen des Fehlens des Hakenkranzes so benannt, bildet die ungeschlechtliche Vorstufe der Taenia saginata (inermis, mediocanellata) des Menschen. Seit der allgemeinen Einführung einer geregelten Fleischbeschau und Finnenschau ist die Rinderfinne nach der Tuberkulose die häufigste und wichtigste Krankheit der Schlachtrinder. Nach der Reichsstatistik sind in Deutschland zurzeit 0,3—0,4 Prozent aller geschlachteten, über 3 Monate alten Rinder mit Finnen behaftet. Auf 300 Rinder kommt somit gegenwärtig in Deutschland ein finniges. Der Prozentsatz der Schweinefinnen beträgt dagegen nur 0,01—0,02 Prozent. Die Rinderfinne kommt mithin 20—30mal häufiger vor als die Schweinefinne.

Die Lieblingsstellen der Rinderfinne sind die inneren und äußeren Kaumuskeln und das Herz; in zweiter Linie sind die Zunge, die Halsmuskeln, das Zwerchfell, die Zwischenrippen- und Brustmuskeln zu nennen. In der überwiegenden Mehrzahl der Fälle findet sich im ganzen Tierkörper nur eine einzige Finne (einfinniges Fleisch). Wird in der Mehrzahl der angelegten Muskelschnittflächen mehr als eine Finne gefunden, so bezeichnet man das Fleisch als starkfinnig. Einen Mittelgrad zwischen beiden Arten von Fleisch bildet das schwachfinnige.

Forensische Bedeutung. Von seiten der preußischen Schlachthoftierärzte*) ist darauf hingewiesen worden, daß die Rinderfinne bei der Häufigkeit ihres Vorkommens und der Strenge der reichsgesetzlichen Fleischbeschaubestimmungen den Käufer von Schlachttieren weit mehr schädigt, als die in die Hauptmängelliste aufgenommene Schweinefinne. Mit Recht wird daher die Aufnahme der Rinderfinne in die Hauptmängelliste der Kaiserlichen Verordnung befürwortet. Jedenfalls besitzt die Rinderfinne bei Schlachttieren alle Eigenschaften eines Gewährmangels, indem sie verborgen, erheblich und bezüglich des Alters leicht zu beurteilen ist. Über die beiden letzten Punkte ist folgendes zu bemerken:

---

*) Abänderung der Kaiserlichen Verordnung, betreffend die Hauptmängel und Gewährfristen beim Viehhandel. Bericht über die 3. allgemeine Versammlung des Vereins preußischer Schlachthoftierärzte am 9. und 10. Juli 1904. Berichterstatter: Klepp-Potsdam. Berl. Tierärztl. Wochenschr. 1904, Nr. 32 und 33.

1. Die Erheblichkeit der Rinderfinne ergibt sich aus ihrer Häufigkeit und den strengen Vorschriften des Fleischbeschaugesetzes. Nach den §§ 34—40 der Ausführungsbestimmungen zu diesem Gesetze werden drei Arten von finnigem Fleisch unterschieden:

a) Bei einfinnigen Rindern ist der ganze Tierkörper (mit einziger Ausnahme der Eingeweide) minderwertig, in seinem Nahrungs- und Genußwert erheblich herabgesetzt (§ 40, 2). Dies bedeutet die Verweisung auf die Freibank und damit einen Verlust von einem Drittel bis zur Hälfte des Schlachtwerts. Neuerdings ist eine Milderung dieser Bestimmung insofern eingetreten, daß einfinnige Rinder unter der Bedingung zum freien Verkehr zugelassen werden, wenn sie 21 Tage hindurch unzerstückelt im Kühlraum gehangen haben (vgl. unten).

b) Bei schwachfinnigen Rindern ist der ganze Tierkörper (mit Ausnahme der Eingeweide) als bedingt tauglich zu behandeln, d. h. nach vorausgegangenem Kochen, Dämpfen, Pökeln oder dreiwöchentlichem Durchkühlen auf die Freibank zu verweisen (§ 37, III, 4). Diese Maßregel bedeutet einen Verlust von mindestens zwei Dritteln des Schlachtwerts.

c) Bei starkfinnigen Rindern ist der ganze Tierkörper (mit Ausnahme der finnenfreien Eingeweide und des Fettes) untauglich zum Genusse für den Menschen (§ 34, 2).

2. Das Alter der Finnen ist je nach ihrer Größe (Stecknadelkopf- bis Erbsengröße) auf Grund zahlreicher Fütterungsversuche sicher festzustellen. Nach Hertwig ist die Rinderfinne

nach 4 Wochen (30 Tagen) 4 mm lang und 3,5 mm breit
„ 10 „ (70 „) 5 „ „ „ 4 „ „
„ 16 „ (120 „) 6 „ „ „ 4,5 „ „
„ 28 „ (200 „) 8 „ „ „ 5,5 „ „

Wie bei der Schweinefinne würde demnach eine Gewährfrist von 14 Tagen genügen.

Das Fehlen der Rinderfinne in der Kaiserlichen Verordnung erklärt sich durch den Umstand, daß dieser Parasit zur Zeit der Aufstellung des Entwurfes der Kaiserlichen Verordnung nur wenig bekannt war und daher nicht so häufig eine Beanstandung des Fleisches veranlaßte, wie heutzutage. Unter den gegenwärtigen Verhältnissen, nachdem infolge unserer besseren Kenntnisse und der einheitlichen Regelung der Fleischbeschau fast ein halbes Prozent aller geschlachteten Rinder mit Finnen behaftet gefunden wird, besitzt die Rinderfinne eine viel größere Bedeutung, als die unter die Hauptmängel aufgenommene Schweinefinne, welche zurzeit von untergeordneter Bedeutung ist, indem sie nur bei 0,02 Prozent der geschlachteten Schweine vorkommt. Dabei sind die fleischbeschaulichen Bestimmungen gegen die Rinderfinne sehr rigorös. Schon bei einfinnigen Rindern war früher der ganze Tierkörper (mit einziger Ausnahme der Eingeweide) als minderwertig, in seinem Nahrungs- und Genußwert erheblich herabgesetzt zu erklären, was die Verweisung auf die Freibank und damit einen Verlust von etwa einem Drittel des Schlachtwertes bedeutete. Wird die Schweinefinne als Hauptmangel beibehalten (bei ihrer Seltenheit wäre sie besser zu streichen), so müßte logischerweise auch die Rinderfinne Hauptmangel werden. In der strengen Behandlung des Fleisches finniger Rinder ist zwar eine Milderung eingetreten. Diese Milderung besteht darin, daß sogenannte einfinnige Rinder, nachdem sie unzerstückelt 21 Tage lang im Kühlraum gehangen oder eine 21 tägige Pökelung erfahren haben, zum freien Verkehr zugelassen werden. Trotzdem wird der Verlust beim 21 tägigen Kühlen und Pökeln immerhin noch auf etwa ein Viertel geschätzt.

II. Die Maul- und Klauenseuche.

Allgemeines. Die Maul- und Klauenseuche des Rindes kann nach verschiedener Richtung zum Gegenstand forensischer Begutachtung werden. Sie bildet zunächst einen Vertragsmangel, wenn für Gesundheit oder Fehlerfreiheit garantiert wird. Die dem tierärztlichen Sachverständigen vorgelegten Fragen beziehen sich dann auf die Art der Übertragung, auf die Länge des Inkubationsstadiums, auf das Alter der Krankheitserscheinungen und auf die Erheblichkeit des Leidens. Sodann finden auf Grund des § 74 des Reichsviehseuchengesetzes alljährlich zahlreiche Anklagen und Verurteilungen statt von Viehbesitzern und andern Personen wegen Verletzung der Anzeigepflicht (§§ 9 und 10). Dem Sachverständigen wird dann namentlich die Frage vorgelegt, ob die Maul- und Klauenseuche in dem betreffenden Fall für den Angeklagten erkennbar war oder nicht.

Ursache und Übertragung. Der Infektionserreger der Maul- und Klauenseuche ist zurzeit nicht bekannt. Die eingehenden wissenschaftlichen Untersuchungen der letzten Jahrzehnte haben lediglich ergeben, daß ein sehr kleiner, die gewöhnlichen Bakterienfilter passierender, sog. filtrierbarer Krankheitserreger vorliegt, der sich namentlich im Inhalte der Blasen und im Speichel, außerdem in der Milch, im Kot und im Harn vorfindet und fixer Natur ist. Eine Übertragung durch die Luft auf weitere Entfernungen ist nach neueren Untersuchungen ausgeschlossen. Diese Tatsache ist z. B. für die Entscheidung der Frage wichtig, ob sich Kühe dadurch mit Maul- und Klauenseuche infizieren können, daß sie in größerer Entfernung an kranken Tieren oder an geöffneten, verseuchten Eisenbahnwagen vorübergeführt werden; nach dem gegenwärtigen Stand der Wissenschaft ist diese Frage zu verneinen. Die Tenazität des Infektionsstoffes ist im allgemeinen gering; seine Virulenz erlischt unter anderem schon durch schwache Desinfektionsmittel. In der Milch wird der Ansteckungsstoff durch Erhitzen auf 85^0 schnell getötet. Die wichtigste Eintrittsstelle des Kontagiums in den Körper bildet der Digestionsapparat. Die Übertragung geschieht entweder direkt (Belecken, Saugen) oder indirekt durch zahlreiche Zwischenträger (Milch, Dünger, Klauenhorn, Weiden, Tränken, Viehmärkte, Gaststallungen, gesunde Virusträger, Viehhändler, Tiere usw.).

Inkubationsstadium. Nach außerordentlich zahlreichen Beobachtungen in der Praxis beträgt die Dauer des Inkubationsstadiums der Maul- und Klauenseuche beim Rind in der Regel drei bis sechs Tage. Ausnahmsweise beobachtet man nur eine Dauer von 24 bis 48 Stunden, so daß also die Frist von 24 Stunden als sehr seltene Minimalzeit anzusehen ist. Die Maximaldauer des Inkubationsstadiums beträgt 7 bis 14 Tage. Die starken Schwankungen der Inkubationsdauer erklären sich aus der wechselnden Virulenz und Menge des aufgenommenen Infektionsstoffes, aus dem verschiedenen Infektionsmodus (bei der Impfung beobachtet man in der Regel nur ein zwei- bis dreitägiges Inkubationsstadium), sowie aus individuellen Verhältnissen. Das Inkubationsstadium bildet das erste Stadium der Krankheit.

Symptome. Man hat die Erscheinungen der Maulseuche von denen der Klauenseuche zu unterscheiden. Die letztere schließt sich gewöhnlich der Maulseuche an, kann aber auch zuerst auftreten.

Die Maulseuche beginnt nach Ablauf des durchschnittlich drei- bis sechstägigen Inkubationsstadiums mit Störungen des Allgemeinbefindens (Fieber, verminderte Futteraufnahme und Milchsekretion, unterdrücktes Wiederkauen). Diese Periode der allgemeinen Symptome dauert beim gewöhnlichen Verlauf der Seuche ein bis zwei Tage, beim heftigen Auftreten der Krankheit dagegen nur etwa 24 Stunden. Das für die Maulseuche charakteristische Bläschenexanthem entwickelt sich gewöhnlich zwei Tage nach dem offensichtlichen Beginn der Krankheit (bei der bösartigen Form schon nach 24 Stunden) und äußert sich im Auftreten zahlreicher Bläschen, Blasen und Erosionen am Zahnfleisch des Oberkiefers, an der

Zunge, an der Backenschleimhaut und an den Lippen, sowie in starkem Speicheln und Schmatzen. Einzelne Aphthen können dabei schon innerhalb 1—2 Stunden entstehen. Die Vernarbung der Erosionen beginnt vom sechsten Tage der offensichtlichen Krankheit ab. Nach acht bis vierzehn Tagen ist bei der gewöhnlichen milden Form der Seuche der Krankheitsprozeß beendet. Mit dem Abheilen des Exanthems verschwinden allmählich die Störungen in der Ernährung und Milchsekretion, so daß eine dauernde Wertverminderung bei diesem regelmäßigen Verlauf nicht stattfindet.

Im Gegensatz hierzu besteht bei der bösartigen Form der Maul- und Klauenseuche eine viel schwerere Erkrankung, welche sich in hochgradiger Abmagerung, vollständigem Aufhören der Milch- sekretion, heftiger Euterentzündung, kruppöser Stomatitis, aphthöser Pharyngitis, intensiver Magen- und Darmerkrankung, Abortus usw. äußert. Nicht selten sind ferner plötzliche Todesfälle infolge von Herzlähmung und Erstickung.

Die Klauenseuche beginnt mit vermehrter Wärme, Rötung und Schwellung der Haut an der Krone der Klauen (Klauenspalte, Ballengegend). Nach ein bis zwei Tagen entstehen Bläschen und Blasen, welche platzen und Lahmheit verursachen. Bei regulärem Verlauf heilen die Blasen nach acht bis vierzehn Tagen vollständig ab. Bei der bösartigen Form der Klauenseuche beobachtet man dagegen schwere Entzündungsprozesse, welche die Heilung sehr verzögern und sogar einen tödlichen Ausgang nehmen können, nämlich Klauengeschwüre, Abszesse, Phlegmone, Panaritium, eitrige und nekrotisierende Pododermatitis, Loslösung des Horns, eitrige Arthritis des Klauengelenks, Knochennekrose, Ausschuhen, Septi- kämie und Pyämie.

Forensische Beurteilung. 1. Die Erheblichkeit der Maul- und Klauenseuche ist je nach der Gutartigkeit oder Bösartigkeit des Seuchenverlaufs, nach dem Nutzungszweck und nach der Zahl der erkrankten Rinder verschieden zu beurteilen. Die bösartige Form der Seuche bildet in jedem Falle ein sehr erhebliches, oft unheilbares und selbst tödliches Leiden. Aber auch die gutartige Form bedingt bei hochtragenden und frischmelkenden Kühen einen erheblichen Minderwert dadurch, daß die Milchsekretion während der Krankheit stark herabgesetzt und der Nährzustand verschlechtert wird. In landwirtschaftlichen Kreisen berechnet man den durch die Seuche verursachten Minderwert bei hoch- tragenden und frischmilchenden Kühen durchschnittlich

auf 50 Mark. Zu dieser Summe kommen noch die dem Viehbesitzer durch die veterinärpolizeilichen Maßregeln erwachsenden
Verluste, welche im Einzelfall verschieden zu berechnen sind. Von
landwirtschaftlicher Seite wurde der Gesamtverlust pro Stück Rind
durchschnittlich auf 95 Mark veranschlagt (Landwirtschaftliche Bei-
lage der „Post" vom 7. März 1894).

2. Die Bestimmung des Alters der einzelnen Fälle von Maul-
und Klauenseuche richtet sich nach dem Vorhandensein und der
Beschaffenheit der örtlichen Veränderungen in der Maulhöhle und
an den Klauen. Da das Inkubationsstadium in der Regel drei bis
sechs Tage, mindestens aber einen Tag beträgt, und die Entwicklung zahlreicher Blasen auf der Maulschleimhaut oder an den Klauen
in der Regel zwei weitere Tage, mindestens aber einen weiteren
Tag beansprucht (einzelne Aphthen können schon in 1—2 Stunden
entstehen), so ist bei frischen Blasen das Alter der Krankheit in der Regel auf fünf bis acht Tage, mindestens aber
auf zwei Tage zu berechnen. Das Vorhandensein narbiger
Veränderungen an den Schleimhauterosionen läßt in der Regel auf
ein Alter von acht bis zwölf Tagen, mindestens aber von sechs
Tagen schließen. Außerdem läßt sich das Alter der Krankheit
nach den an den Klauen vorliegenden Komplikationen berechnen;
ausgedehnte Löslösung von Hornteilen beweist z. B. immer eine
längere Dauer der Krankheit.

3. Die Sichtbarkeit der Maul- und Klauenseuche ist je nach
dem Stadium der Krankheit und der Art des Verlaufs verschieden
zu beurteilen. Im Inkubationsstadium (in der Regel drei bis
sechs Tage lang) ist die Maul- und Klauenseuche auch für den
Sachverständigen nicht erkennbar. Sie bildet daher jedenfalls
während dieser Zeit einen verborgenen, nicht in die Augen
fallenden Mangel. Dasselbe gilt für die erste Periode der eigentlichen Krankheit, wenn nur vereinzelte Tiere in leichter Form mit
allgemeinen, wenig charakteristischen Erscheinungen erkranken.
Dagegen bildet das Auftreten von Speicheln und Lahmgehen im
exanthematischen Stadium, namentlich bei gleichzeitiger Erkrankung
mehrerer Tiere, einen auch für Laien offensichtlichen Mangel.

Strafrechtliche Bedeutung der Maul- und Klauenseuche. Wegen Unterlassung der Seuchenanzeige werden sehr häufig Tierbesitzer, zuweilen auch
Tierärzte, auf Grund des § 328 Str. G. B. angeklagt und verurteilt. Dem
Sachverständigen wird dabei gewöhnlich die Frage vorgelegt, ob die Maul-
und Klauenseuche im vorliegenden Fall erkannt wurde oder erkannt werden
mußte. Bei Tierärzten kommt außerdem die Fahrlässigkeit bei der Diagnose-

stellung in Frage. Der Beantwortung dieser Fragen sind im allgemeinen die nachstehenden zwei Hauptsätze zugrunde zu legen: 1. Die charakteristischen Erscheinungen der Maul- und Klauenseuche (Blasen, Speicheln, Lahmen, seuchenhaftes Auftreten) können selbst von Laien bei einiger Aufmerksamkeit nicht übersehen werden; 2. Tierärzte können andere ähnliche Krankheiten der Rinder von der Maul- und Klauenseuche in der Regel leicht unterscheiden. Die Altersbestimmung der Blasen, Geschwüre und Narben ist schon S. 228 erörtert worden.

12. Die Aktinomykose.

Allgemeines. Die Aktinomykose ist zwar beim Rind eine viel seltenere Krankheit als die Tuberkulose. Sie besitzt jedoch in manchen Fällen alle Eigenschaften eines Vertragsmangels. Dies gilt namentlich für die klinischen Fälle von Aktinomykose der Zunge, des Unterkiefers, der Rachenhöhle und des Euters. Weniger wichtig ist dagegen die Aktinomykose bei Schlachttieren.

Die Ursache der Krankheit ist der Aktinomycespilz oder Strahlenpilz. Seine Aufnahme in den Tierkörper erfolgt gewöhnlich auf dem Wege des Digestionsapparates vermittelst pilzbesetzten Futters. Dieser Umstand erklärt die Tatsache, daß am häufigsten die in der Maul- und Rachenhöhle gelegenen Organe erkranken. Andere Eintrittsstellen sind die Haut, das Euter und die Lunge.

Die Veränderungen in der Zunge bestehen in knotigen Wucherungen und starker Bindegewebsneubildung (Sklerose, sog. Holzzunge). Die dadurch bedingte Verhärtung und Vergrößerung der Zunge verursacht Störungen der Futteraufnahme, Schlingbeschwerden, Abmagerung und Atemnot. Am Unterkiefer, zuweilen auch am Oberkiefer, äußert sich die Krankheit in Wucherungen des Zahnfleisches, Lockerung der Zähne und harter, schmerzloser Knochenauftreibung (Osteoporose, ossifizierende Periostitis); die Futteraufnahme und das Kauen sind erschwert, und es besteht oft starke Abmagerung. In der Rachenhöhle verursachen die pilzartigen, gestielten Aktinomykome Schlingbeschwerden und Atemnot. Die Aktinomykose des Euters führt zu knotiger Verhärtung oder diffuser, chronischer Entzündung mit Verminderung oder Sistierung der Milchsekretion in dem erkrankten Euterviertel. Generalisation findet bei der Aktinomykose im Gegensatz zur Tuberkulose selten statt.

Forensische Beurteilung. 1. Die Erheblichkeit der Zungen-, Kiefer-, Rachen- und Euteraktinomykose bei Nutz- und Zuchttieren ergibt sich aus den dadurch bedingten allgemeinen

Krankheitserscheinungen, namentlich aus der Störung der
Futteraufnahme, des Kauens und Abschlingens mit nachfolgender
Abmagerung, aus der Atemnot und aus der Abnahme der Milchergiebigkeit. Es kommt hinzu, daß die Krankheit vielfach unheilbar ist. Erfahrungsgemäß lassen sich sehr viele Fälle von
Aktinomykose weder auf operativem Wege, noch durch das angeblich spezifisch wirkende Jodkalium beseitigen. Als unheilbar
ist in der Regel die Kieferaktinomykose anzusehen. Aber auch
bei der Zungenaktinomykose und selbst bei kleineren, exstirpier-
baren Neubildungen der Maulschleimhaut, z. B. walnußgroßen
Lippenaktinomykomen, liegt gewöhnlich ein erheblicher Fehler deshalb vor, weil die Aktinomykose mit den Karzinomen und Sarkomen
zu den bösartigen Neubildungen gehört, bei denen trotz operativer
Entfernung Rezidive nicht ausgeschlossen sind. Auch kommen die
Kosten der Operation in Betracht.

Weniger Bedeutung hat dagegen die Aktinomykose bei
Schlachttieren, weil in der Regel nur einzelne Organe be-
troffen sind und eine Generalisation zu den Seltenheiten gehört.
Die Aktinomykose ist daher bei Schlachttieren in der Regel ein
unerheblicher Mangel. Nach § 35, 5 der Ausführungs-
Bestimmungen zum Reichsfleischbeschaugesetz sind nur die ver-
änderten Fleischteile als untauglich zum Genusse für
Menschen anzusehen.

2. Das Alter der aktinomykotischen Veränderungen ist im
allgemeinen nach der Größe und Konsistenz der Neubildungen zu
beurteilen. Die Aktinomykose ist durch ein sehr langsames
Wachstum und die Bildung chronischer Bindegewebswucherungen
oder kalter Abszesse charakterisiert. Eine derbe und umfangreiche
Vergrößerung der Zunge oder eine harte Auftreibung des Unterkiefers braucht zu ihrer Entwicklung mindestens mehrere Wochen.
Genauere Anhaltspunkte für die Altersbestimmung und das Wachstum der aktinomykotischen Neubildungen haben Impfversuche von
Jelenewsky (Russ. Vet.-Archiv 1901) ergeben. Danach entwickelte
sich nach der Schleimhautimpfung bei Kälbern nach drei Wochen
ein haselnußgroßer und nach einem Monat ein walnußgroßer Knoten;
die subkutane Impfung hatte nach einem Monat die Entwicklung
einer pflaumengroßen Neubildung zur Folge.

3. Abgesehen von den höheren Graden der Kieferaktinomykose
ist bei der verborgenen Lage der gewöhnlich erkrankten Organe
die Aktinomykose des Rindes als ein im allgemeinen verborgener

Fehler zu bezeichnen. Die Erkrankung der Zunge, des Schlundkopfes und des Euters läßt sich überhaupt nur durch eine sorgfältige sachverständige Untersuchung nachweisen. Sichtbare Störungen der Futteraufnahme usw. entwickeln sich immer erst nach längerem Bestehen der Krankheit. Aber auch bei äußerlich erkennbaren Anschwellungen, z. B. in der Parotisgegend, bleibt für den Laien die bösartige Natur der Abnormität gewöhnlich verborgen; sogar für den Sachverständigen ist ein sicherer Aufschluß über das Wesen der Tumoren nur durch das Mikroskop zu gewinnen.

Altersbestimmung beim Rind. Dieselbe ist schwieriger als beim Pferd (vgl. S. 156) und nur etwa vom zweiten bis vierten Jahr einigermaßen sicher. Die gewöhnliche Schätzung des Alters nach den Ringen der Hörner (sog. Kalberinge oder Trächtigkeitsringe) ist unsicher, da auch verschiedene andere Ringe an den Hörnern vorkommen (sog. Futterringe und Weideringe). Wichtiger ist die Altersbestimmung nach den Zähnen. Eine starke Abnutzung der Schneidezähne (sehr kurze Zähne, nur noch Wurzeln vorhanden) spricht im allgemeinen für ein höheres Alter (10—12 Jahre). Im Alter von 6—7 Jahren sind die Zähne zwar noch ziemlich lang, aber meist mehr oder weniger lose in die Zahnfächer eingefügt, auch beginnt an ihnen ein Hals sichtbar zu werden. Eine genaue Bestimmung des Alters bei älteren Rindern ist übrigens nicht immer möglich, weil die Abnützung der Schneidezähne je nach der Fütterung, Haltung und Rasse sehr verschieden schnell vor sich geht. Am besten läßt sich das Alter bei Kälbern bis zu 4 Wochen und bei Rindern von 1½—4 Jahren auf Grund des Zahnwechsels bestimmen. Das Zahnalter wird bei deutschen Rindern gewöhnlich nach folgender Tabelle berechnet:

Neugeborene Kälber .	Die 8 Milchschneidezähne sind schon bei der Geburt vorhanden oder treten spätestens 3—4 Wochen nach der Geburt hervor.
4. Woche—1½ Jahr . .	Die bis dahin vorhandenen Milchschneidezähne besitzen keinerlei Kennzeichen, die sich für die Altersbestimmung verwerten lassen.
1½ Jahr (1¼—2) . . .	Die Ersatzzangen brechen durch („Zweischaufler").
2½ Jahr (2—2½) . . .	Die inneren Ersatzmittelzähne brechen durch.
3. Jahr (3¼—3½) . . .	Die äußeren Ersatzmittelzähne brechen durch.
4. Jahr (4¼—4½) . . .	Die Ersatzeckzähne brechen durch.

Eine Altersbestimmung von Kälbern über 4 Wochen bis zu 1½ Jahren ist auf Grund der Zähne nicht möglich, da die Milchschneidezähne nach dem ersten Monat unverändert bleiben. Es kann nur das Gewicht als Unterscheidungsmerkmal benützt werden (bis zu 60 kg = unter 6 Wochen alt). Außerdem wird das Wachstum der Klauen zur Altersbestimmung der Kälber benützt. Infolge Austrocknung des ursprünglich weichen Klauenhorns, vielleicht auch infolge der Änderung in der Ernährung des Kalbes, entsteht nach der Geburt am Klauensaum ein Ring (Vertiefung),

der mit zunehmendem Alter allmählich herunterwächst. Aus der Entfernung dieses Ringes vom Saum der Klauen ist das Alter der
Kälber mit einiger Sicherheit zu schätzen. Bei einem sechs
Wochen alten Kalb ist der Ring am Zehenteil der Klauen etwa 1 bis
$1^1/_2$ cm von der Krone entfernt (das tägliche Wachstum beträgt $^1/_4 — ^1/_5$ mm).
Die Gerlachschen Angaben über die Hornbildung als Grundlage für die
Altersbestimmung sind nach Eggeling unzutreffend (Kälber von 3 Wochen
sollen an der Hornstelle eine harte Epidermisschwiele, von 6 Wochen einen
deutlichen Hornkern, von 8 Wochen eine Hornkuppe, von 3 Monaten eine
2—3 cm lange bewegliche Hornspitze haben). Nach Schultze (Diss. 1909)
beweist das Vorhandensein sämtlicher Milchschneidezähne, die das Zahnfleisch durchbrochen haben, daß das Kalb mindestens 8 Tage alt ist.
Nach Schwarz (Diss. Dresden 1912) ist ein Kalb, bei dem die Eckzähne
noch vom Zahnfleisch bedeckt sind oder sich im Durchbruch befinden,
höchstens 12 Tage alt. Ein Kalb, bei dem die Eckzähne die Höhe des
Schneidezahnrandes noch nicht erreicht haben, ist höchstens 50 Tage alt.
Ein Kalb, dessen Zahnfleisch noch Spuren einer Blaufärbung erkennen läßt,
ist höchstens 5 Tage alt. Die Retraktion des Zahnfleisches ist stets mit
30 Tagen beendet. Ein Kalb, bei dem der Mumifikationsprozeß des Nabels
noch nicht vollständig abgeschlossen ist, ist höchstens 7 Tage alt. Ein
Kalb, bei dem die Nabelwunde von jedem Schorfe und Schorfreste frei und
glatt vernarbt ist, ist mindestens 18 Tage alt. Ein Kalb, bei dem der
erste Klauenring nachgewiesen werden kann, ist mindestens 3 Tage und
nicht über 14 Tage alt.

Gewichtsverluste bei Rindern nach Transporten. Über die Richtigkeit
der Gewichtsfeststellung verkaufter Rinder vor und nach Fuß- und Eisenbahntransporten bzw. über den Einfluß des Transports und Futterwechsels
auf das Gewicht entstehen nicht selten Zweifel unter den Parteien. Bestimmte Regeln über diese Frage lassen sich nicht aufstellen, da der
Gewichtsverlust sehr verschieden ist, je nach der Körperbeschaffenheit, dem
Nährzustand und der Art der Fütterung vor dem Transport einerseits, der
Art der Verladung, der Pflege der Tiere auf dem Transport, der Art und
der Dauer des Transports andererseits. Tiere von guter, kräftiger Körperkonstitution, gemästete Rinder, mit Trockenfutter ernährte Rinder (Stalltiere) verlieren auf Transporten weniger an Gewicht, als schwache, schlecht
gebaute, dürftig oder mittelmäßig genährte, mit Grünfutter ernährte Tiere
(Weidetiere). Bei Grünfütterung (Weidetiere) ist der Gewichtsverlust mehr als doppelt so groß, wie bei Trockenfütterung
(Stalltiere). Lebhafte, unruhige Tiere verlieren mehr als ruhige, phleg-
matische. Auch bei enger Verladung, behindertem Niederlegen, fehlender
oder mangelhafter Fütterung und Tränkung, sowie großer Hitze ist der
Gewichtsverlust erheblich größer. Mastvieh kann so auf Eisenbahntransporten 5—8 Prozent des Körpergewichts im Durchschnitt,
im höchsten Fall 10 Prozent verlieren. Herter (Deutsch. Landw. Presse 1909)
hat die Gewichtsverluste der Schlachttiere von der Erzeugungs- bis zur
Verbrauchsstätte auf der 35. Berliner Mastviehausstellung ermittelt und
im Durchschnitt bei Rindern und Kälbern 5—6 Prozent, bei Schweinen
3—4 Prozent Transportverluste ermittelt. Nach Transporten von 100 bis
200 km betrug bei Rindern der Verlust 1—7 Prozent, nach Transporten
von 400 km 4—11 Prozent. Hochtragende und frischmilchende Kühe verlieren nach 30—36stündigem Eisenbahntransport 1—$1^1/_2$ Zentner Körpergewicht und darüber, wenn sie unterwegs kein Futter erhalten. Auch
schwächliche und dürftig genährte Rinder, welche direkt von einer Klee-

weide kommen und dann 2 Tage lang in dichtbeladenem Wagen transportiert werden, können 75 Kilo an Gewicht verlieren. (Durch das Abkalben verliert eine Kuh, je nach der Größe des Kalbes, 40—60 Kilo an
Körpergewicht.) Nach dem Transport gleichen sich die Gewichtsverluste
bei zweckmäßiger Fütterung und Pflege in der Regel nach einigen Wochen
wieder aus. Bei Futterwechsel erfolgt die Ausgleichung langsamer, weil
viele Rinder zunächst das Trockenfutter verschmähen.

Ausschuhen beim Rind. Das Ausschuhen (Exungulation) tritt beim
Rind nicht immer allmählich im Verlaufe der Rehe, der Maul- und Klauenseuche, sowie des Panaritiums, sondern zuweilen auch akut im Verlaufe
von 24 Stunden ein. Das Ausschuhen beweist mithin für sich allein nicht
eine längere Krankheitsdauer. Namentlich nach anstrengenden Fuß-
transporten auf hartem Boden tritt beim Rind das Ausschuhen viel
schneller und leichter ein, als beim Pferd. Bei hochträchtigen Kühen mit
langen Klauen, die das Gehen auf hartem, unebenem Boden nicht gewöhnt
sind, kann das Ausschuhen sogar schon nach einem Fußtransport von
wenigen Stunden eintreten. Infolge der hierbei einwirkenden Quetschung
der Fleischballen und Fleischsohle tritt besonders an den Innenklauen,
die die Hauptlast des Körpers zu tragen haben, sehr schnell eine Lockerung und schließlich eine vollständige Trennung der Hornschuhe von den
Klauen ein.

Zungenspielen. Das Zungenspielen bildet beim Rind nach Meyer-
straße (Deutsch. Tierärztl. Woch. 1910) einen sehr verbreiteten, meist
unheilbaren Mangel von erheblicher Bedeutung für die tierzüchterische
Praxis. Da das Zungenspielen nur bei gestrecktem Kopfe ausgeübt wird,
kommt als nachteilige Folge des Mangels bei jungen Rindern eine Ver-
biegung der Wirbelsäule (Lordose, Kyphose) durch das andauernde Durch-
biegen des Rückens zustande, so daß die Tiere häufig dadurch ihren
Zuchtwert einbüßen. Außerdem tritt bei hohen Graden des Mangels und
bei gleichzeitigem Luftabschlucken ein Rückgang im Nährzustand ein.
Bezüglich der Altersbestimmung ist zu beachten, daß die Tiere den Fehler
schon nach 14 Tagen gewandt lernen. Mit dem Koppen des Pferdes ist
das Zungenspielen des Rindes nicht identisch.

Nachweis der Kaltschlachtung. Als Kaltschlachtung oder Schein-
schlachtung bezeichnet man das Schlachten kranker Tiere nach dem
Tode im Gegensatz zur Schlachtung gesunder, lebender Tiere, bei
der der Tod durch Verblutung infolge Herzlähmung nach Durchschneidung
der großen Blutgefäße des Halses eintritt. Als Notschlachtung wird
die Schlachtung kranker, lebender Tiere bezeichnet. Die Beantwortung
der Frage: Kaltschlachtung oder Schlachtung im Leben? ist meist nicht
schwierig. Hierbei ist folgendes zu beachten:

1. Kennzeichen eines gesunden, lebend geschlachteten Tieres
sind die Blutleere der Muskulatur und aller inneren Organe (mit Ausnahme des Herzens, das bis zum Tode gearbeitet hat), weiße Unterhaut,
blutig infiltrierte Schlachtwunde.

2. Kennzeichen der Kaltschlachtung sind Blutüberfüllung
der Venen aller Körperteile, besonders der blutreichen Organe (Leber,
Nieren, Muskeln, Unterhaut), Senkung des Blutes (Hypostase) nach
dem Gesetz der Schwere infolge fehlender Herztätigkeit, mithin Blutstauung an den abhängigen Körperteilen sowie Blutarmut an den
höher gelegenen. Die Erscheinungen der Hypostase sind namentlich
an den paarigen Organen festzustellen, deren Blutgefäße miteinander in
Verbindung stehen (Lungen, Nieren), sowie an der Unterhaut an der

Liegestelle des Körpers. Die Schlachtwunde ist nicht blutig durch-
tränkt, sondern nur mit Blut bedeckt.

3. Schwierig ist dagegen unter Umständen die Unterscheidung einer
Kaltschlachtung von einer Notschlachtung kranker Tiere unmittelbar
vor dem Tode, wenn bereits die Lähmung der Herztätigkeit und die
Verlangsamung des Blutkreislaufes begonnen hat. Auch in diesen Fällen
findet man das Fleisch nach der Notschlachtung blutreich, besonders bei
Kälbern und Jungrindern, deren Muskulatur und Fett oft schon normaliter
verwaschen rot erscheint. Als unterscheidendes Merkmal bleibt in diesen
Fällen nur die für die Kaltschlachtung charakteristische Blutsenkung.
Fehlt die letztere, so kann möglicherweise auch ein wissenschaftlich und
technisch vorgebildeter Tierarzt eine Notschlachtung von einer Kaltschlachtung nicht unterscheiden (Gutachten des preuß. Landesveterinäramts 1914).

Die Gewährmängel der Schafe.

I. Die Hauptmängel der Schafe.

I. Die Räude.

Kaiserliche Verordnung. §. 1. Für den Verkauf von Nutz- und Zuchttieren gelten als Hauptmängel bei Schafen: Räude mit einer Gewährfrist von 14 Tagen.

Begriff und Bedeutung. Unter Räude hat man beim Schaf die Dermatokoptesräude zu verstehen. In diesem engeren Sinne wird der Begriff Räude beim Schaf auch im Reichsviehseuchengesetz (§§ 10 und 59) gebraucht. Die bei Schafen außerdem vorkommende Sarkoptesräude besitzt wegen ihrer Seltenheit und Unerheblichkeit nicht die Eigenschaften eines redhibitorischen Mangels. Dieser Charakter kommt dagegen der Dermatokoptesräude in hohem Maße zu. Ihre Erheblichkeit wird durch die Tatsache bewiesen, daß in den letzten 5 Jahren die durchschnittliche Stückzahl der gesamten verseuchten Schafbestände in Deutschland 50000 betrug. Hierzu kommt, daß die Räude schwer heilbar ist und durch den Verlust an Wolle, durch die Beeinträchtigung des Nährzustandes, nicht selten auch durch den Tod der räudigen Schafe große ökonomische Nachteile bedingt. Besonders stark verseucht sind von jeher die Regierungsbezirke Kassel, Braunschweig, Hannover, Osnabrück, Hildesheim, Stade, Minden, Oberhessen und Lüneburg.

Biologie der Räudemilben. Die Entwicklung und Lebensdauer der Räudemilben, die Art und Weise ihrer Übertragung auf gesunde Tiere und Herden, sowie die Frage des Inkubationsstadiums der Räude ist namentlich durch die Untersuchungen von Gerlach (Krätze und Räude 1857) klargelegt worden. Für die gerichtliche Tierheilkunde sind folgende Tatsachen von Wichtigkeit. Von der Begattung des Milbenweibchens bis zur Entwicklung einer geschlechts-

reifen neuen Generation vergehen etwa vierzehn Tage (aus
den 20 Eiern entwickeln sich nach etwa acht Tagen Larven). Bei
jeder Milbengeneration findet eine mindestens 15fache Vermehrung
statt. Auf diese Weise können von einem Milbenweibchen
in 90 Tagen 1½ Millionen Milben abstammen. Die Weibchen
sterben drei bis fünf Wochen nach dem Eierlegen, die Männchen
werden etwa sechs Wochen alt. In feuchter Luft sowie auf feuchtem
Dung bleiben die Milben noch sechs bis acht Wochen am Leben,
in leeren Ställen eine bis vier Wochen, in trockener Luft zwei bis
drei Wochen. Die Eier halten sich auf feuchter Unterlage zwei
bis vier Wochen, trocken dagegen nur vier bis sechs Tage. Bei
mäßiger Wärme (Sommer, warme Stallungen) vermehren sich die
Milben rascher als in der Kälte.

Die Übertragung der Räudemilben auf gesunde Schafe
geschieht direkt oder durch Zwischenträger. Die Inkubationsdauer, d. h. die Frist, welche vom Zeitpunkt der Übertragung
der Milben bis zum Auftreten einer sichtbaren Hautkrankheit vergeht, ist verschieden lang, je nachdem nur eine oder mehrere oder
sehr viele Milben übertragen werden. Sehr große Schwankungen
zeigt ferner die Entwicklung der Räude in einer ganzen Herde.

1. Wird nur eine Milbe auf ein Schaf übertragen, so ist
zunächst nach acht Tagen auf der Haut nichts Auffälliges zu bemerken. Nach 14 Tagen finden sich mehrere kleine Knötchen auf
einer etwa zehnpfennigstückgroßen kranken Hautstelle. Nach vier
Wochen ist die Stelle talergroß, nach sechs Wochen handgroß;
dabei ist die Haut verdickt und mit einer Borke bedeckt.

2. Werden mehrere Milben auf ein Schaf übertragen, z. B.
zehn Stück, so ist nach 16 Tagen die Räudestelle zwei, nach 32
vier Zoll groß; nach 38 Tagen ist ein großer Teil des Rückens mit
einer ziemlich dicken Borke bedeckt (Hertwig).

3. Werden täglich wiederholt viele Milben durch stark räudige
Schafe auf ein Schaf übertragen, so findet man schon nach acht
Tagen mehrfache bzw. vielfache Hautstellen erkrankt und die Räude
kann sich schon in 14 Tagen ziemlich verbreiten.

4. In einer Herde verbreitet sich die Räude im Anfang ge-
wöhnlich langsam, später dagegen schnell. Die Ausbreitung hängt
im übrigen von der Zahl der kranken Schafe, vom Grade der
Einzelerkrankung, von der Jahreszeit, vom Aufenthaltsort (Stall,
Weide) usw. ab. Eine kleine gesunde Schafherde wird durch die
Einstellung zahlreicher räudiger Tiere schon nach 8 bis 14 Tagen

stark verseucht. Dagegen vergehen viele Wochen, bis eine bis dahin gesunde große Schafherde durch ein einzelnes, schwach räudiges Schaf verseucht wird.

Diagnose. Die Dermatokoptesräude des Schafes hat ihren Sitz an den bewollten Körpergegenden: Kreuz, Rücken, Brustwandungen, Schultern und Hals. Die Hauterkrankung beginnt mit hirsekorngroßen, durch den Stich der Milben erzeugten Knötchen, welche zu größeren Räudeflecken konfluieren. Die Knötchen verwandeln sich in Bläschen und kleine Pusteln, welche eintrocknen und zusammen mit der starken Epidermisabschuppung und dem reichlich abgesonderten Fettschweiß gelbbraune Räudeborken von verschiedener Dichtigkeit und Stärke je nach dem Alter des Prozesses bilden. Daneben besteht starker Juckreiz, welcher sich in Kratzen, Reiben, Benagen usw. äußert und als sekundäre Veränderungen Ausfallen der Wolle, Dermatitis und artefizielles Ekzem im Gefolge hat. Bei größerer Ausbreitung des Räudeausschlags tritt Abmagerung ein; schwächliche Tiere gehen zuweilen an Kachexie zugrunde. Das Auftreten der beschriebenen Symptome bei mehreren Schafen einer Herde weist mit großer Wahrscheinlichkeit auf Räude hin. Zur forensischen Feststellung der Diagnose gehört jedoch der mikroskopische Nachweis der Dermatokoptesmilben. Dieser Nachweis ist bei der Größe und dem oberflächlichen Sitz der Milben leicht zu führen (0,5—0,8 mm große Milben mit langem, spitzem Kopf, langem, geradem, stechendem Kiefer, langen Beinen mit tulpen- oder trompetenförmigen Haftscheiben).

2. Die Wassersucht der Schafe.

Kaiserliche Verordnung: § 2. Für den Verkauf von Schlachttieren gilt als Hauptmangel bei Schafen: allgemeine Wassersucht mit einer Gewährfrist von 14 Tagen. Als allgemeine Wassersucht ist anzusehen der durch eine innere Erkrankung oder durch ungenügende Ernährung herbeigeführte wassersüchtige Zustand des Fleisches.

Begriff. Die „allgemeine Wassersucht" ist gleichbedeutend mit Hydrämie. Sie bildet nur bei Schlachttieren einen Hauptmangel (§ 2 der Kaiserlichen Verordnung). Als Ursachen der Wassersucht kommen nach der Definition der Kaiserlichen Verordnung in Betracht:

1. innere Erkrankungen;
2. ungenügende Ernährung.

Die häufigste Ursache bzw. die wichtigste innere Erkrankung ist die Leberegelkrankheit. Andere Krankheiten liegen der Wassersucht des Schafes seltener zugrunde (Magenwurmseuche. Lungenwurmseuche. Anämie).

Die anatomischen Kennzeichen der allgemeinen Wassersucht bei der Schlachtung sind: wäßrig infiltrierte, blasse, schlaffe Muskulatur, ödematöse Durchtränkung des Unterhautbindegewebes, Ansammlung von Transsudaten in der Bauchhöhle (Aszites), Brusthöhle (Hydrothorax) und im Herzbeutel (Hydroperikardium), dünnflüssiges, wäßriges Blut, sowie allgemeine Abmagerung.

Die Leberegelkrankheit als Hauptmangel. Zum Verständnis der forensischen Bedeutung der Leberegelkrankheit ist die Entwicklungsgeschichte der Leberegel wichtig. Die Leberegel, *Distomum hepaticum* und *lanceolatum* (Fasciola hepatica und F. lanceolata), sind blutsaugende Trematoden, die einen sehr komplizierten Entwicklungsgang haben. Ihre Eier gelangen mit dem Schafkot nach außen und verwandeln sich nach vier bis sechs Wochen bei genügender Feuchtigkeit und Wärme in Flimmerlarven, die sich in kleinen Schnecken (Limnaeus minutus) ansiedeln. In diesem Vorwirt entwickeln sich dann nach zwei bis vier Wochen die sog. Sporozysten (Keimschläuche) mit Keimzellen, aus denen sich zunächst die sog. Redien oder Cerkarienschläuche und später die geschwänzten Cerkarien bilden. Aus einem Distomenei stammen etwa 1000 Cerkarien ab, die sich an Gräsern anheften und einkapseln. Die Aufnahme der Cerkarien, der eigentlichen Distomenbrut, durch die Schafe erfolgt gewöhnlich im enzystierten Zustand mit dem Grünfutter, seltener mit dem Trockenfutter. Außerdem können sich die Schafe auch durch die Aufnahme von cerkarienhaltigem Wasser und von redienhaltigen Schnecken infizieren. In der Regel werden die Cerkarien durch das Weiden auf feuchten, sumpfigen Weiden und Wiesen aufgenommen. Die Schafe können sich jedoch ausnahmsweise auch im Stall durch Grünfutter, Trockenfutter und Wasser infizieren. Auch eine intrauterine Übertragung ist vereinzelt beobachtet worden.

Die Aufnahme der Cerkarien erfolgt am häufigsten im Sommer und Herbst. Nach den Beobachtungen von Schaper (Deutsche Zeitschr. f. Tiermed. 1889) ist jedoch wahrscheinlich, daß das ganze Jahr hindurch eine Aufnahme der Cerkarien stattfinden kann. Die Infektion kommt unter Umständen schon in ganz kurzer Zeit zustande, z. B. nach viertelstündigem Beweiden einer

stark verseuchten Wiese. Bei einem und demselben Schaf können
zu verschiedenen Zeiten wiederholte Invasionen vorkommen. Die
Einwanderung der Distomen in die Leber geschieht wahrscheinlich
vom Zwölffingerdarm aus durch die Gallengänge.

Die Auswanderung der Leberegel aus der Leber beginnt
von dem Zeitpunkt ihrer Geschlechtsreife ab, somit mehrere Wochen
bzw. einige Monate nach ihrer Einwanderung. Die Auswanderung
geht also frühestens im Herbst und Winter des Jahres vor sich,
in welchem die Parasitenkeime aufgenommen worden sind. Da
jedoch die Lebensdauer der Distomen ein Jahr und darüber beträgt,
so wandern sie nicht selten erst im Frühjahr des nächsten Jahres
und noch später aus.

Die durch die Distomen in der Leber hervorgerufenen Veränderungen bestehen in katarrhalischer Entzündung und Erweiterung der Gallengänge, bindegewebiger Verdickung und
Inkrustation ihrer Wandungen, Ansammlung von Leberegeln
(bis zu 1000) in den Gallengängen, in der Gallenblase und im
Leberparenchym (Lacunen), hypertrophischer Leberzirrhose,
Vergrößerung und Verfärbung der Leber, Perihepatitis usw.

Die Leberegelkrankheit bildet im Sinne der Kaiserlichen Verordnung nur dann einen Hauptmangel, wenn
sie zu allgemeiner Wassersucht geführt hat. Das bloße
Vorhandensein von Distomen oder pathologischen Veränderungen in der Leber genügt nicht zur Feststellung
des Hauptmangels.

Die Leberegelkrankheit als Vertragsmangel. Wird beim Kauf
von Schafen nach § 492 B. G. B. ausdrücklich für die „Leberegelkrankheit" oder für „Leberegelseuche", „Egelseuche", „Fäule",
„Leberfäule", „Anbruch", „Anbrüchigkeit" garantiert, so bezieht
sich die Gewährleistung nicht bloß auf Schlachttiere, sondern vor
allem auf Nutz- und Zuchttiere. Aber auch bei einem derartigen Sondervertrage kommen nach § 459 B. G. B. als Gewährmangel nur die erheblichen, d. h. mit einer allgemeinen Beeinträchtigung der Gesundheit (Anämie, Hydrämie, Abmagerung) verbundenen Fälle von Distomatose in Betracht. Das bloße Vorhandensein von Distomen in der Leber mit den gewöhnlichen
Folgezuständen in diesem Organ ohne Allgemeinerkrankung bildet
keinen Gewährmangel. Bei vielen geschlachteten Schafen
kommen vereinzelte Leberegel als zufälliger Befund vor.
In manchen Gegenden gibt es kaum ein Schaf, das frei von

Leberegeln ist. In allen diesen Fällen von lokaler Distomatose
kann man also forensisch nicht von einer Leberegelkrankheit,
sondern nur von einem „Parasitismus der Leberegel" oder von einem
„abnormen Zustand der Leber" sprechen. Nur dann, wenn eine
größere Anzahl von Leberegeln aufgenommen worden ist, wenn
ferner schwere anatomische Veränderungen in der Leber und im
Anschluß daran allgemeine Erkrankung nachgewiesen sind, liegt im
Sinne der Währschaftsgesetzgebung ein Vertragsmangel vor, weil das
Fleisch für den Menschen genußuntauglich ist (§§ 33, 13 und 17 der
Ausführungsbestimmungen zum Reichsfleischbeschaugesetz).

Da die Schafe gewöhnlich nicht einzeln, sondern in der Mehrzahl bzw. als Herde verkauft werden, kommt bei der Gewährleistung der § 469 B. G. B. in Betracht, wonach Wandelung nur
für die einzelnen kranken Schafe, nicht für die ganze Herde
verlangt werden kann, wofern die Schafe nicht als „zusammengehörend" verkauft worden sind. Die Beantwortung der Frage, ob
die ganze Herde als verseucht anzusehen ist, wenn ein
Teil der Schafe von der Leberegelkrankheit (bzw. Magenwurmkrankheit oder Lungenwurmkrankheit) befallen ist, hängt von der
Zahl der kranken Schafe, von dem Grade der Krankheit bei denselben, sowie von dem durch Zeugenaussagen geführten Nachweis
ab, daß die ganze Herde der Infektion ausgesetzt war. Aus dem
Nachweis der Leberegelkrankheit bei einzelnen Schafen läßt sich
eine Verseuchung der ganzen Herde nicht dartun. Nur wenn eine
größere Verbreitung der Seuche in einer Herde festgestellt und
wenn durch Zeugenaussagen erwiesen ist, daß alle Schafe der betreffenden Herde auf derselben Weide gehütet und unter gleichen
Verhältnissen gehalten worden sind, muß gefolgert werden, daß
sämtliche Schafe in gleicher Weise Gelegenheit hatten, die Wurmbrut aufzunehmen und zu erkranken.

In **diagnostischer** Beziehung ist zu bemerken, daß der
sichere Nachweis der Leberegelkrankheit in einer Schafherde gewöhnlich nur durch die Schlachtung und Sektion
eines Tieres möglich ist. Die klinischen Symptome haben
nichts Charakteristisches. Nach einem Inkubationsstadium (sog.
latentes Stadium) von einem bis zwei Monaten entwickeln sich lediglich die allgemeinen Erscheinungen der Anämie, Hydrämie und
Kachexie: blasse Haut und Schleimhäute, Mattigkeit, Abmagerung,
gastrische Störungen, Ödeme an den Augenlidern, an der Kehle
und am Bauch usw. Auch die Lokaluntersuchung der Leber ergibt

meist kein sicheres Resultat. Der mikroskopische Nachweis der ovalen, mit Deckel versehenen Distomeneier im Kot bietet den einzigen diagnostischen Anhaltspunkt.

Der redhibitorische Charakter der Leberegelkrankheit als erheblicher und verborgener Mangel kann nicht zweifelhaft sein. Die Erheblichkeit wird durch die schweren allgemeinen Gesundheitsstörungen, die Unheilbarkeit des Leidens und die Untauglichkeit des hydrämischen Fleisches zum menschlichen Genuß dargetan. Findet ausnahmsweise eine Heilung der Krankheit statt, so erfolgt dieselbe doch erst nach monatelangem Siechtum. Das Verborgensein des Mangels ergibt sich aus den Ausführungen über die Diagnose.

Schwierig ist dagegen zuweilen die **Altersbestimmung** der Leberegelkrankheit. Anhaltspunkte bieten: der Sektionsbefund, die klinischen Erscheinungen und die Entwicklungsgeschichte der Leberegel (Zeit der Einwanderung und Auswanderung). Starke Erweiterung und kalkige Inkrustation der Gallengänge, sowie erhebliche Bindegewebsneubildung und Atrophie der Leber (Leberzirrhose) beweisen eine mindestens mehrere Monate lange Dauer der Krankheit. In klinischer Hinsicht ist für die Altersbestimmung von Wichtigkeit, daß sichtbare Krankheitserscheinungen erst mehrere Wochen nach der Aufnahme der Parasiten nachzuweisen sind. Nach Gerlach beginnt das Stadium der Bleichsucht erst sechs bis zwölf Wochen, das Stadium der Abzehrung erst ein Vierteljahr nach der Aufnahme der Egelbrut. Ausnahmsweise, bei sehr starker Egelinvasion und bei schwächlichen und ganz jungen Tieren, kann die Leberegelkrankheit schon ein Vierteljahr nach der Einwanderung der Distomen tödlich verlaufen.

In entwicklungsgeschichtlicher Beziehung kommt für die Beurteilung des Alters der Leberegelkrankheit in Betracht, daß die Aufnahme der Leberegel meist im Sommer und Herbst stattfindet. Daß die Aufnahme indessen auch ausnahmsweise vor und nach dieser Zeit, wahrscheinlich das ganze Jahr über erfolgen kann, ist schon früher hervorgehoben worden. Der Beginn des Leidens bzw. die Aufnahme des Krankheitskeims läßt sich also nicht in jedem Falle und ohne weiteres auf den Sommer und Herbst zurückdatieren. Wenn jedoch durch Zeugenaussagen nachgewiesen ist, daß eine Schafherde im Sommer oder Herbst vor der Übergabe eine verseuchte Weide bezogen hat und wenn andrerseits feststeht, daß nach der Übergabe eine Aufnahme der Distomenbrut durch Verhüten usw.

nicht stattgefunden haben kann, so ist der Beginn der Krankheit auf die Zeit vor der Übergabe zurückzudatieren. Wichtig ist auch die aktenmäßige Tatsache, daß diejenigen Schafe gleichfalls später an Leberegelseuche erkrankt sind,[¹] welche von dem Verkäufer gleichzeitig nach andern Orten verkauft wurden. Umgekehrt schließt der Umstand, daß die anderweitig verkauften oder ein Teil der vom Kläger übernommenen Schafe später gesund bleiben, nicht aus, daß die Infektion der kranken Schafe trotzdem vor der Übergabe eingetreten ist. Denn in einer Schafherde, welche im Sommer oder Herbst vorübergehend auf einer verseuchten Weide gehütet wird, nehmen erfahrungsgemäß nicht alle Schafe die Leberegel auf. Bei einem andern Teil der Herde erfolgt ferner die Aufnahme der Egel in einer nicht so bedeutenden Zahl, daß eine erhebliche und augenfällige Allgemeinkrankheit der Schafe herbeigeführt wird. Dazu kommt, daß die im Sommer oder Herbst aufgenommenen Leberegel oft im Verlaufe der nächsten Monate wieder auswandern, so daß die betreffenden Schafe im Frühjahr frei von Egeln gefunden werden. Auch die spätere Fütterung und Haltung der Schafe ist von Einfluß auf die Entwicklung der Krankheit; gutgenährte Schafe überstehen die Invasion der Distomen leichter als schlechtgenährte.

Die Auswanderung der Leberegel beginnt frühestens drei Wochen nach ihrer Einwanderung. Beim Nachweis ausgewanderter oder geschlechtsreifer Leberegel (Eier im Kot) kann also die Infektion auf mindestens drei Wochen zurückdatiert werden. Im übrigen findet die Auswanderung sowohl im Herbst und Winter des Infektionsjahres, als auch im Frühjahr des nachfolgenden Jahres statt. Jedenfalls werden in den Monaten August bis Oktober in der Regel noch zahlreiche Egel bei der Schlachtung in der Leber angetroffen, wenn die Schafe im Sommer infiziert wurden. Findet man jedoch bei der Schlachtung im Herbst keine Egel, dagegen alle charakteristischen Veränderungen in der Leber (Inkrustation und Erweiterung der Gallengänge usw.), dann muß die Aufnahme der inzwischen ausgewanderten Distomen schon im Jahre vorher stattgefunden haben.

Leberegelseuche beim Rind. Beim Rind bildet die Distomatose der Leber keinen Hauptmangel und in der Regel auch keinen Vertragsmangel, weil sie im Gegensatz zum Schaf in der Regel nur eine unerhebliche lokale Abnormität darstellt. Selbst dann, wenn in der Leber durch die Distomen umfangreiche Veränderungen hervorgerufen worden sind, wird beim Rind das Allgemeinbefinden in der Regel nicht beeinträchtigt. Die Erfahrungen in Schlachthäusern lehren vielfach, daß beim Rind sogar mehr als die Hälfte des Leberparenchyms ohne Schaden für die Gesundheit atrophieren kann, weil die gesunde Leberhälfte kompensatorisch hypertrophiert und dadurch den Ausfall der atrophisch gewordenen Teile ersetzt. Die in der Literatur enthaltenen Angaben über tödlich verlaufende Fälle von Leberegelseuche beim Rind sind zweifelhaft. In der Regel bildet jedenfalls die Leberegelseuche nur einen zufälligen Schlachtbefund bei sonst ganz gesunden und wohlgenährten Rindern.

II. Die Vertragsmängel der Schafe.

1. Die Lungenwurmkrankheit.

Begriff. Die Lungenwurmkrankheit der Schafe stellt eine verminöse Bronchitis und Pneumonie dar, welche durch die Aufnahme von *Strongylus filaria* verursacht wird und zuweilen zu Lungenschwindsucht und allgemeiner Kachexie führt. Bei Schlachttieren fällt die Lungenwurmkrankheit dann, wenn in ihrem Verlauf Hydrämie eintritt, nach der Kaiserlichen Verordnung unter den Hauptmangel „allgemeine Wassersucht". Bei Nutz- und Zuchtschafen dagegen kommt sie nur unter Umständen als vertraglicher Mangel in Betracht (§ 492 B. G. B.). Die Verhältnisse liegen mithin ähnlich wie bei der Leberegelkrankheit.

Für die forensische Beurteilung der Lungenwurmkrankheit ist vor allem die Entwicklungsgeschichte der Strongylen von Bedeutung.

Entwicklung. Die Strongylen (Palisadenwürmer, Fadenwürmer) bewohnen im geschlechtsreifen Zustande die Bronchien der Schafe. Durch den Husten werden die Würmer nebst Eiern und Embryonen ausgeworfen und gelangen dadurch ins Freie. Außerdem findet eine Auswanderung durch den Kot statt. Die Entwicklung der Wurmbrut findet namentlich auf feuchtem, sumpfigem Boden, in Pfützen und Sümpfen, wahrscheinlich unter Einschaltung eines Zwischenwirts, statt. Die Aufnahme der Wurmbrut erfolgt gewöhnlich im Frühjahr und Sommer mit dem Futter und Trinkwasser. Wahrscheinlich gelangt sie zuerst in den Magen, sodann durch die Rumination in die Rachenhöhle und von da durch die Luftröhre in die Bronchien. Wahrscheinlich findet auch eine Einwanderung in die Lunge vom Blute her statt (Wurmknötchen in der Darmwand, intrauterine Übertragung bei Lämmern und Föten). Von der Aufnahme der Wurmbrut bis zur Ausbildung geschlechtsreifer, acht bis neun Zentimeter langer Weibchen vergeht ein Zeitraum von mindestens sechs bis acht Wochen.

16 *

Untersuchung. Die Lungenwurmkrankheit kommt gewöhnlich als Herdenkrankheit bei Lämmern und Jährlingen im Sommer und Herbst zur Beobachtung. Sie ist im allgemeinen nicht schwer festzustellen. Klinisch äußert sie sich unter dem Krankheitsbild des chronischen Bronchialkatarrhs und der Lungenschwindsucht. Das erste Krankheitssymptom bildet der Husten („Lungenwurmhusten"). Der Husten ist gewöhnlich mit schleimigem Auswurf verbunden, in welchem Würmer, Embryonen und Eier nachweisbar sind; zuweilen werden ganze Wurmklumpen ausgehustet. Die Atmung ist angestrengt, bei der Auskultation der Lunge hört man Rasselgeräusche. es besteht ferner schleimiger Nasenausfluß. Hierzu kommen im späteren Verlauf die Erscheinungen der Anämie und Kachexie: Abmagerung, Mattigkeit, Blässe der Haut und Schleimhäute, schlechte Beschaffenheit der Wolle usw.

Die anatomischen Veränderungen bestehen in chronischer Bronchitis mit Bronchiektasien und Emphysem, lobulären katarrhalisch-pneumonischen Herden und tuberkelähnlichen Wurmknoten (Peribronchitis nodosa). In den späteren Stadien der Krankheit finden sich die Erscheinungen der Anämie und Hydrämie (Transsudate in den Körperhöhlen, seröse Infiltration des Bindegewebes).

Beurteilung. 1. Die Erheblichkeit der Lungenwurmseuche ist wie die der Leberegelseuche verschieden zu beurteilen. Bei Schlachttieren liegt ein ganz unerheblicher Mangel vor, wenn sich die Veränderungen auf die Lunge beschränken und Symptome einer Allgemeinerkrankung fehlen; die Genußtauglichkeit des Fleisches wird durch den lokalen Prozeß in der Lunge nicht beeinflußt (nur die kranke Lunge ist zu beseitigen). Dies gilt besonders für ältere Schafe, welche erfahrungsgemäß bei der Schlachtung nicht selten mit Lungenwurmseuche behaftet gefunden werden, ohne daß Allgemeinstörungen vorliegen. Einen erheblichen Mangel bildet die Lungenwurmkrankheit nur dann, wenn gleichzeitig Anämie, Abmagerung und Hydrämie vorhanden sind; in diesen Fällen ist das Fleisch untauglich zum Genusse für den Menschen (§§ 33, 13 und 17 der Ausführungsbestimmungen zum Reichsfleischbeschaugesetz). Bei Nutz- und Zuchttieren bildet die verminöse Bronchitis namentlich dann einen erheblichen Mangel, wenn sie in einer Herde seuchenartig auftritt; sie ist im allgemeinen unheilbar und führt bei Lämmern und Jährlingen häufig zum Tod.

Im Gegensatz zur Lungenwurmseuche bildet die durch Strongylus capillaris verursachte sogenannte Lungenhaarwurmkrank-

heit gewöhnlich eine reine lokale Lungenaffektion ohne Allgemeinerkrankung.

2. Zur Altersbestimmung der Lungenwurmkrankheit dienen
die Entwicklungsgeschichte der Strongylen, der klinische Befund
und die anatomischen Veränderungen. Da die Ausbildung ausgewachsener, acht bis neun Zentimeter langer, geschlechtsreifer
Strongylen mindestens eine Zeit von sechs bis acht Wochen
beansprucht, beweist ihr Vorhandensein, daß die Infektion mindestens sechs bis acht Wochen vorher stattgefunden haben muß.
Die Krankheit selbst verläuft bei Lämmern und bei älteren Schafen
verschieden. Bei älteren Schafen entwickelt sich die Krankheit
gewöhnlich sehr langsam, so daß von der Aufnahme der Wurmbrut
bis zum Auftreten schwerer Gesundheitsstörungen immer mehrere
Monate vergehen. Lämmer können dagegen schon sechs bis acht
Wochen nach der Infektion kachektisch zugrunde gehen (Gerlach).

Lungenwurmseuche bei Rindern und Schweinen. Die Lungenwurmseuche des Rindes (Strongylus micrurus) und Schweines (Strongylus
paradoxus) bildet meist keinen redhibitorischen Mangel. Bei älteren
Rindern namentlich heilt die Seuche in den meisten Fällen nach einigen
Wochen von selbst. Nur bei Kälbern und Jungrindern bedingt sie mitunter eine ähnliche Allgemeinerkrankung, wie beim Schaf (Tuberkulose-
verdacht). Noch widerstandsfähiger sind Schweine. Ausgewachsene Tiere
erkranken überhaupt nur vereinzelt. Ferkel zeigen zwar oftmals die Erscheinungen der Bronchitis. Die Krankheitssymptome verschwinden aber
meist von selbst mit fortschreitendem Wachstum (vereinzelt bleibt indessen
chronisches Siechtum zurück).

2. Die Magenwurmkrankheit.

Allgemeines. Die Magenwurmkrankheit (Magenwurmseuche,
Magenseuche) wird veranlaßt durch den gedrehten Palisadenwurm,
Strongylus contortus. Die Naturgeschichte dieses Fadenwurmes
ist leider ziemlich dunkel. Wahrscheinlich wird die Wurmbrut
wie bei der Lungenwurmseuche, welche häufig mit der Magenwurmseuche vergesellschaftet ist, auf der Weide mit dem Grünfutter
und Wasser aufgenommen. Enzootien der Magenseuche werden
namentlich bei Lämmern im Frühjahr und Sommer in nassen Jahren
und auf feuchten Weiden beobachtet. Die Krankheit soll sich
jedoch auch bei Stallhaltung und ausschließlicher Trockenfütterung
entwickeln. Die Diagnose ist nur auf Grund einer Sektion
zu stellen. Man findet dann die zwei bis drei Zentimeter langen
roten, blutsaugenden Fadenwürmer in großen Massen auf und in
der katarrhalisch erkrankten Schleimhaut des Labmagens. Die
Krankheitserscheinungen sind ganz allgemeiner Natur; sie bestehen

in Anämie, Abmagerung, gastrischen Störungen, Schwäche und Hydrämie (Ansammlung von Transsudaten in den Körperhöhlen).

Beurteilung. Bei Schlachttieren bildet die Magenwurmkrankheit dann einen Hauptmangel im Sinne der Kaiserlichen Verordnung („allgemeine Wassersucht"), wenn sie zu Hydrämie geführt hat. Bei Nutz- und Zuchtschafen stellt sie als Herdenkrankheit einen wichtigen Vertragsmangel dar, indem sie häufig zum Tode führt und in der Regel unheilbar ist. Die Altersbestimmung ist wegen der Unvollständigkeit unserer Kenntnisse über die Entwicklung des Strongylus contortus nicht so sicher, wie bei den übrigen Herdenkrankheiten des Schafes. Als feststehend ist jedoch zu erachten, daß die Erscheinungen der Kachexie sich nicht in kurzer Zeit entwickeln können. Bei erwachsenen Schafen sind jedenfalls einige Monate zur Ausbildung einer schweren Allgemeinerkrankung erforderlich.

Magenwurmseuche beim Rind. Im Labmagen des Rindes findet sich sehr häufig der Strongylus convolutus. Bei starker Ansammlung erzeugt er nach Ostertag kachektische Wassersucht („Zellgewebswassersucht") mit wäßriger Beschaffenheit des Fleisches. Im letztgenannten Fall besitzt auch die Magenwurmseuche des Rindes die Eigenschaften eines erheblichen Mangels, weil das Fleisch zum Genusse für den Menschen untauglich ist (§ 33, 13 der Ausführungsbestimmungen zum Reichsfleischbeschaugesetz).

3. Die Drehkrankheit.

Allgemeines. Die Drehkrankheit der Schafe wird durch den Gehirnblasenwurm, Coenurus cerebralis, hervorgerufen. Dieser Blasenwurm stellt die Finne von Taenia Coenurus, einem Hundebandwurm, dar. Die Infektion der Schafe erfolgt durch den Kot bandwurmkranker Schäferhunde. Die Eier des Bandwurmes gelangen mit dem Kot auf die Weide und werden hier von den Schafen aufgenommen. Aus den Eiern entwickelt sich im Magen der Schafe der sechshakige Embryo, welcher die Magen- und Darmwand durchdringt und wahrscheinlich embolisch ins Gehirn gelangt, wo er sich zur Finne (Quese, Blasenwurm) auswächst. Meist erkranken nur Lämmer und Jährlinge.

Die Symptome der Drehkrankheit sind je nach den drei Stadien des Leidens verschieden. Das erste Stadium äußert sich durch Gehirnreizungserscheinungen, welche durch die Einwanderung der Embryonen ins Gehirn veranlaßt werden und etwa acht bis zehn Tage dauern, jedoch nur bei wenigen Tieren zur Beobachtung gelangen. Es folgt das Stadium der Latenz, das drei bis sechs Monate dauert und währenddessen die Schafe gesund erscheinen. Das dritte Stadium, die eigentliche Drehkrankheit, dauert vier bis sechs Wochen; als Herdenkrankheit wird sie gewöhnlich im Winter und Frühjahr beobachtet. Sie ist durch Stumpfsinn und Zwangsbewegungen charakterisiert (Manege-, Zeiger-, Rollbewegungen, Schwindel, Taumeln, Traben, Segeln). Am Schädeldach findet man häufig eine umschriebene, nachgiebige, fluktuierende Stelle, welche dem Sitz der Coenurusblase im Gehirn entspricht.

Die Diagnose der Drehkrankheit wird durch die Sektion eines kranken Schafes gesichert. Im Stadium der Einwanderung findet man herdförmige hämorrhagisch-eitrige Leptomeningitis und Encephalitis. Die eigentliche Drehkrankheit ist durch das Vorhandensein der Coenurusblasen ausgezeichnet, welche im reifen Zustande Taubenei- bis Hühnereigröße erreichen, einen dünnflüssigen, wasserklaren Inhalt zeigen und an der Innenseite mit zahlreichen Skolices besetzt sind. Man findet entweder nur eine größere oder mehrere kleinere Blasen.

Beurteilung. Die Drehkrankheit ist bei Nutz- und Zuchttieren ein erhebliches Leiden, welches häufig zum Tode führt und durch eine Operation nicht immer sicher zu heilen ist. Bei der mehrmonatlichen Latenz des zweiten Stadiums ist sie ferner ein verborgener Mangel. Sie besitzt mithin die wichtigsten Eigenschaften eines Vertragsmangels. Bei Schlachttieren ist sie dagegen unerheblich, weil nur die veränderten Teile (Gehirn) als untauglich anzusehen sind (§ 35 der Ausführungsbestimmungen zum Reichsfleischbeschaugesetz).

Das Alter der Drehkrankheit ist in jedem Falle leicht zu bestimmen, weil die Entwicklung der Coenurusblasen genau bekannt ist. Schon aus der klinischen Feststellung der eigentlichen Drehkrankheit ergibt sich mit Sicherheit eine Mindestdauer von drei Monaten. Vergleiche die oben mitgeteilte Dauer der Einzelstadien, unter denen das Latenzstadium allein drei bis sechs Monate dauert. Außerdem läßt sich das Alter nach der Größe der einzelnen Blasen beurteilen. Zahlreiche Fütterungsversuche haben ergeben, daß die Blasen nach 14—19 Tagen hirsekorn- bis hanfsamenkorngroß, nach 26—42 Tagen erbsengroß, nach 50 Tagen haselnußgroß und erst nach zwei bis drei Monaten taubenei- bis hühnereigroß sind.

Drehkrankheit des Rindes. Sie bildet bei Schlachttieren ebensowenig einen redhibitorischen Mangel, als beim Schaf. Dagegen ist sie bei Nutz- und Zuchttieren unter Umständen ein vertraglicher Mangel (§ 492 B. G. B.). Die Beurteilung des Alters geschieht analog wie beim Schaf. Von der Aufnahme der Bandwurmeier bis zum Auftreten deutlicher Zwangsbewegungen vergeht gewöhnlich ein Zeitraum von drei bis fünf Monaten.

Die Hauptmängel der Schweine.

I. Der Rotlauf.

Kaiserliche Verordnung. § 1. Für den Verkauf von *Nutz- und Zuchttieren* gilt als Hauptmangel bei Schweinen: Rotlauf mit einer Gewährfrist von drei Tagen.

Begriff. Der Rotlauf der Schweine ist eine durch den Rotlaufbazillus verursachte septische Infektionskrankheit, die durch hämorrhagische Magendarmentzündung, Nierenentzündung, Milztumor und parenchymatöse Entzündung der Leber, des Herzens und der Muskeln charakterisiert ist und enzootisch auftritt. Die gewöhnliche Eintrittsstelle für die Bazillen bildet der Verdauungskanal. Die Ansteckung findet namentlich durch Vermittlung des Bodens und Wassers statt (miasmatische, ektogene Entwicklung). Daneben findet auch eine direkte Ansteckung durch die Aufnahme infizierten Kotes und durch Verfütterung von Schlacht- und Küchenabfällen statt. Außerdem können die Bazillen durch Hautwunden, nicht aber durch die Atmungsorgane eindringen (fixes Kontagium). Am häufigsten erkranken Schweine im Alter von drei bis zwölf Monaten. Nach einmaligem Überstehen des Rotlaufes tritt gewöhnlich Immunität ein.

Das Inkubationsstadium des Rotlaufs beträgt in der Regel drei bis vier Tage (vereinzelt zwei bis fünf Tage).

Rotlaufformen. 1. Der akute Rotlauf, die gewöhnliche Form des Rotlaufs, beginnt nach Ablauf des Inkubationsstadiums plötzlich mit schwerer Erkrankung. Die Hauptsymptome sind: sehr hohes Fieber (bis 43 Grad), große Mattigkeit und Schwäche, starke Benommenheit und Schlafsucht, dunkelrote bis blaurote Verfärbung der Haut am Unterbauch, an der Unterbrust, an der Innenfläche der Hinterschenkel, am Hals und an den Ohren (zuweilen zu Hautnekrose führend), gastrische Störungen (Appetitlosigkeit, Erbrechen, Durchfall), Dyspnoe und schließlich allgemeine Lähmung. Die Mehrzahl der Fälle verläuft tödlich. Die

Mortalitätsziffer beträgt 50 bis 80 Prozent. Der Tod tritt meistens nach zwei bis vier Tagen, zuweilen jedoch schon innerhalb 24 Stunden ein.

2. Das Nesselfieber oder die Backsteinblattern bilden eine milde, in der Regel gutartig verlaufende Form des Rotlaufs, welche durch einen Nesselausschlag (symptomatische Urticaria) an der Außenseite der Schenkel, auf dem Kreuz, am Hals und Bug gekennzeichnet ist. Nach vorausgegangenem Fieber treten auf der Haut prominierende, scharf begrenzte, meist viereckige oder rhombische, dunkel- bis schwarzrote Quaddeln oft in großer Zahl auf, welche nach acht bis zwölf Tagen unter Epidermisabschuppung abheilen. Im Gegensatz zum gewöhnlichen Rotlauf sollen sich bei den Backsteinblattern die Rotlaufbazillen meist nicht in den inneren Organen (Milz, Nieren, Blut), sondern nur in der Haut finden.

3. Weitere Rotlaufformen sind: der perakut, ohne Hautrötung verlaufende Rotlauf (sehr selten), die Rotlaufnekrose der Haut (Absterben der Haut), die Rotlauf-Endocarditis (Nachkrankheit des gewöhnlichen Rotlaufs), sowie die chronische Form des Rotlaufs, welche zu monatelangem Siechtum, Arthritis, Endocarditis usw. führt.

Diagnose. Das Vorhandensein des Rotlaufs ist in forensischen Fällen in der Regel nur durch die Sektion festzustellen. Die Vornahme einer Sektion ist zur sicheren Unterscheidung des Rotlaufs von andern mit Hautrötung und Durchfall verlaufenden Krankheiten meist unentbehrlich. Als solche sind zu nennen: die Schweineseuche und Schweinepest, die einfache und die toxische Gastroenteritis, das traumatische Erythem und Erysipel, Erstickung, Überhetzung, Hitzschlag, Vergiftungen, Urticaria, Milzbrand usw.

Die für die gewöhnliche Form des Rotlaufs charakteristischen anatomischen Veränderungen sind:

1. die hämorrhagische Gastroenteritis;
2. die Schwellung der solitären Follikel, der Peyerschen Haufen und der Mesenterialdrüsen;
3. die hämorrhagische Nephritis;
4. der akute Milztumor;
5. die parenchymatöse Hepatitis und Myositis.

Die anatomische Diagnose wird durch den klinischen und epidemiologischen Befund unterstützt. Der bakteriologische Nachweis der Rotlaufbazillen (Milz, Nieren) ist für die forensische Diagnose nicht unbedingtes Erfordernis, auch in der kurzen Gewährfrist von drei Tagen meist nicht zu führen (Stichkulturen in Gelatine zeigen das Aussehen einer Gläserbürste oder eines Tannenbaums; geimpfte Mäuse sterben oft erst nach vier Tagen).

Gewährfrist. Nach der Kaiserlichen Verordnung beträgt die Gewährfrist für den Rotlauf drei Tage. Wenn der Rotlauf also bei einem Schwein innerhalb drei Tagen nach der Übergabe festgestellt ist, so gilt nach § 484 B. G. B. die Vermutung, daß die Krankheit schon zur Zeit der Übergabe vorhanden war. Die dreitägige Gewährfrist entspricht dem Inkubationsstadium des Rotlaufs. Die Erfahrungen in der Praxis sowie bei den Impfversuchen haben übereinstimmend ergeben, daß der Rotlauf gewöhnlich ein Inkubationsstadium von drei bis vier Tagen besitzt. Das Minimum beträgt mithin drei Tage. Meist liegen zwischen Aufnahme des Ansteckungsstoffes und sichtbarer Krankheit mehr als drei Tage. Da der Rotlauf schon im Verlauf von 24 Stunden tödlich verlaufen kann, und das Inkubationsstadium im Minimum drei Tage beträgt, so kann ein Schwein frühestens vier Tage nach der Infektion an Rotlauf sterben. Dies bildet jedoch nicht die Regel. Die Krankheitsdauer beträgt vielmehr gewöhnlich zwei bis vier Tage. Die Gesamtdauer der Krankheit inklusive Inkubationsstadium beläuft sich somit meistens auf fünf bis acht Tage.

Nach neueren Angaben ist in einzelnen Fällen ein nur zweitägiges Inkubationsstadium beim Rotlauf beobachtet worden (Jahresberichte der preuß. beamteten Tierärzte); es wurde daher angeregt, die Gewährfrist beim Rotlauf auf zwei Tage zu reduzieren. Bei diesem zweitägigen Inkubationsstadium handelt es sich indessen nur um Ausnahmefälle, denen gegenüber das Zutreffen der Regel (mindestens dreitägige Inkubation) so sehr überwiegt, daß die bestehende Gewährfrist vorerst beizubehalten ist. Somit muß auch fernerhin im allgemeinen vermutet werden, daß ein Schwein den Ansteckungsstoff schon vor drei Tagen aufgenommen hat, wenn es innerhalb dieser Frist die ersten Anzeichen des Rotlaufs zeigt. Dieser Standpunkt ist auch festzuhalten, wenn der Verkäufer den nach § 484 B. G. B. zulässigen Gegenbeweis führen und die Rechtsvermutung widerlegen will, daß die Infektion beim Rotlauf mindestens drei Tage vor dem offensichtlichen Ausbruch der Krankheit eingetreten sein muß. In einem solchen Falle wäre das Gutachten dahin zu formulieren: 1. Es ist zwar nicht mit Sicherheit auszuschließen, daß ein Schwein den Ansteckungsstoff des Rotlaufs abweichend von der regelmäßigen Ausbildungsfrist erst zwei Tage vor dem offensichtlichen Auftreten der Krankheit aufgenommen hat; 2. der regelmäßigen Entwicklung entspricht jedoch die Annahme, daß das Schwein den Infektionsstoff schon vor drei Tagen aufgenommen hat.

Minderwert. Der Rotlauf ist in seiner Eigenschaft als Hauptmangel bei Nutz- und Zuchttieren (nicht bei Schlachttieren!) in jedem Falle ein erheblicher Mangel. Die Wertverminderung ist jedoch je nach dem Grade der Erkrankung verschieden. Da die Minderungsklage bei Hauptmängeln nach § 487 B. G. B. ausgeschlossen ist, kommt beim Hauptmangel Rotlauf eine Schätzung des Minderwertes nicht in Betracht (Wandelung). Dagegen kann sich auf Grund von Sonderverträgen nach § 492 B. G. B. unter Umständen die Frage nach dem Minderwert bei Schlachttieren erheben. Die Begutachtung hat dann nach den Ausführungs-Bestimmungen zum Reichsfleischbeschaugesetz zu erfolgen. Dieselben enthalten bezüglich der Behandlung des Fleisches rotlaufkranker Schweine den Grundsatz, daß das Fleisch zwar nicht gesundheitsschädlich, aber je nach dem Grade der Krankheit untauglich (§ 33, 9) oder nur bedingt tauglich (§ 37, III, 2) und dann durch Kochen oder Dämpfen tauglich zu machen ist (§ 38, 1). Beim Nesselfieber kann das Fleisch sogar in den Verkehr gegeben werden (§ 35, 10), weil die Bazillen sich angeblich nicht im Blut bzw. Fleisch, sondern nur in der Haut vorfinden; nur die letztere ist soweit erkrankt als untauglich zu beseitigen. Im einzelnen besagen die Ausführungsbestimmungen folgendes:

1. *Untauglich* sind: a) der ganze Tierkörper, wenn eine erheblichere Veränderung des Muskelfleisches oder Fettgewebes besteht (§ 33, 9); b) die veränderten Fleischteile, wenn nicht § 33, 9 Anwendung findet. Blut und Abfälle sind stets zu vernichten (§ 35, 11).

2. *Bedingt tauglich* ist der ganze Tierkörper, falls nicht § 33, 9 Anwendung findet (§ 37, III, 2); die Tauglichmachung erfolgt durch Kochen oder Dämpfen (§ 38, I und IIb sowie 2).

3. Dem *freien Verkehr* zu überlassen ist alles Fleisch beim Nesselfieber (§ 35, 10); untauglich sind nur die veränderten Teile (Haut).

2. Die Schweineseuche (einschließlich Schweinepest).

Kaiserliche Verordnung. § 1. Für den Verkauf von Nutz- und
Zuchttieren gilt als Hauptmangel bei Schweinen: Schweineseuche (einschließlich Schweinepest) mit einer Gewährfrist von zehn Tagen.

Begriff. Die Schweineseuche ist in der Hauptmängelliste der
Kaiserlichen Verordnung deshalb gemeinschaftlich mit der Schweinepest als ein Hauptmangel aufgenommen, weil beide Seuchen häufig
bei einem und demselben Schwein vorkommen (Mischinfektion),
und eine Trennung beider Krankheiten in der forensischen Praxis
oft schwierig ist. Auch die Veterinärpolizei bekämpft beide Seuchen
vielfach gemeinsam. Wissenschaftlich dagegen handelt es sich um
durchaus verschiedenartige Krankheitszustände.

1. Die **Schweineseuche** wird durch den Bacillus suisepticus verursacht. Es herrscht Übereinstimmung, daß der Bacillus
suisepticus der Erreger der akuten Schweineseuche ist (dagegen
sind die Ansichten über seine Beziehungen zur chronischen Schweineseuche geteilt). Die Schweineseuche stellt entweder eine ansteckende
nekrotisierende Pneumonie (akuter Verlauf) oder eine ansteckende katarrhalische Lungenentzündung dar (chronischer
Verlauf). Außerdem gibt es eine septikämische Form der
Schweineseuche (perakuter Verlauf). Die Zugehörigkeit der chro-
schen Form zur Schweineseuche wird übrigens von anderen bestritten. Im Gegensatz zum Rotlauf ist die Schweineseuche sehr kon-
tagiös (Schweinezüchtereien). Die Bakterien können von der Lunge,
vom Darm und von der Haut aus in den Körper eindringen. Gewöhnlich bildet die Lunge die Eintrittstelle. Die Infektion wird durch
Katarrhe begünstigt.

Die anatomischen Veränderungen der Schweineseuche bestehen bei akutem Verlauf in einer multiplen nekrotisierenden
Pneumonie, hämorrhagisch-fibrinöser Pleuritis und Perikarditis,
sowie allgemeinen septikämischen Veränderungen; bei chronischem
Verlauf besteht eine katarrhalische Pneumonie der Vorderlappen.
Die nekrotisierende Pneumonie äußert sich in gelben oder grau-
gelben, trockenen, käsigen, umschriebenen, meist erbsen- bis
hühnereigroßen Herden in der Lunge, welche anfangs durch
eine entzündliche, rote Demarkationslinie, später durch eine bindegewebige Abkapselung vom gesunden Lungengewebe abgegrenzt
sind. Bei der perakuten Form der Schweineseuche findet man die
Erscheinungen der hämorrhagischen Septikämie.

Das wichtigste Krankheitssymptom der reinen Schweineseuche ist der Husten.

2. Die **Schweinepest** wird durch ein ultravisibles, filtrierbares Virus verursacht (Viruspest). Sekundär soll in die durch das filtrierbare Virus infizierte und geschwächte Darmschleimhaut der Bacillus suipestifer eindringen (bazilläre Pest), ein normaler Darmbewohner gesunder Schweine (Erreger der Nekrose und Geschwürsbildung). Außerdem soll der Voldagsenbazillus eine besondere Form der bazillären Schweinepest veranlassen (Schweinetyphus); die Ansichten hierüber sind jedoch geteilt. Die Schweinepest stellt gewöhnlich eine sehr ansteckende, kruppöse oder diphtheritische Darmentzündung dar. Die Infektion erfolgt in der Regel vom Darm aus. Die Seuche wird namentlich durch den Schweinehandel verschleppt (Schweinemärkte, Hausierhandel). Man unterscheidet die intestinale, die pektorale, die septikämische und die gemischte Form der Schweinepest. Die letztere bildet eine Mischinfektion mit dem Bacillus suisepticus, dem Erreger der akuten Schweineseuche.

Anatomisch ist die gewöhnliche intestinale Form der Schweinepest eine kruppöse und diphtheritische Darmentzündung, durch Darmgeschwüre, Schwellung und Nekrose der Lymphdrüsen im Gekröse, sowie manchmal auch durch Hautnekrose und Nierennekrose gekennzeichnet. Charakteristisch sind namentlich gelbe, käsige, knopfartige Knoten („Boutons") an der Stelle der Peyerschen Haufen im hinteren Teil des Dünndarmes (Hüftblinddarmklappe), sowie im Blind- und Grimmdarm. Wegen der häufigen Mischinfektionen lassen sich Schweineseuche und Schweinepest oftmals nicht unterscheiden.

Die wichtigste Erscheinung der intestinalen Schweinepest ist der Durchfall.

Das Inkubationsstadium beider Seuchen ist im allgemeinen länger als beim Rotlauf und beträgt im Durchschnitt zehn Tage. Es beträgt bei der akuten Schweineseuche im Durchschnitt 10 Tage (5—20 Tage), bei der Schweinepest etwa 10—14 Tage (4—20 Tage).

Symptome der Schweineseuche (einschließlich Schweinepest). Das Krankheitsbild ist bei vorhandener Komplikation beider Seuchen je nach dem Vorwiegen der einen oder andern Seuche, sowie je nach dem Verlaufe sehr verschieden. In letzterer Beziehung unterscheidet man eine akute, chronische und perakute Form.

1. Die akute Form war früher die häufigste. Sie äußert sich in mittelhochgradigem Fieber, Husten, schleimig-eitrigem Nasenausfluß, Dyspnoe, Dämpfung und Rasselgeräuschen in der Lunge (Schweineseuche), Durchfall, diphtherischen Geschwüren in der Maulhöhle und Rachenhöhle, Konjunktivitis und Keratitis (Schweinepest). Außerdem beobachtet man häufig Exantheme (Erytheme, Quaddeln, Blasen). Die Krankheit dauert einige Tage bis einige Wochen. Die Mortalitätsziffer beträgt 70—80 Prozent.

2. Die chronische Form dauert vier bis acht Wochen, zuweilen auch mehrere Monate. Sie ist gewöhnlich unheilbar. Die wichtigsten Erscheinungen sind: chronischer Husten, Abmagerung, Lungenschwindsucht (Schweineseuche), chronischer Durchfall (Schweinepest), Anämie und allgemeine Schwäche; die Haut ist zuweilen mit Borken besetzt; die Augenlider sind oft durch Krusten verklebt.

3. Die perakute Form verläuft in der Regel tödlich unter dem Bilde einer reinen Septikämie oder einer hämorrhagischen Lungenentzündung. Sie kann schon in drei bis zehn Stunden zum Tode führen (Schweineseuche, Schweinepest).

Diagnose. 1. Die reine *Schweineseuche* ist im Einzelfall an lebenden Schweinen nicht mit Sicherheit zu erkennen, weil noch andere Lungenkrankheiten bei Schweinen vorkommen, die sich durch die gleichen Erscheinungen äußern, wie die Schweineseuche. Erst wenn mehrere Tiere eines Bestandes unter den gleichen Symptomen erkranken, kann man den dringenden Verdacht auf das Vorhandensein der Schweineseuche äußern. Für die forensische Feststellung der reinen Schweineseuche ist daher im Einzelfalle die Vornahme der Sektion unentbehrlich. Ferner ist zu empfehlen, einen möglichst eingehenden und sorgfältigen Sektionsbefund aufzunehmen, um jeden Einwand und Zweifel an der Richtigkeit der Diagnose zu entkräften. Ein genauer Sektionsbefund ist um so notwendiger, weil in differential-diagnostischer Hinsicht zahlreiche Krankheitszustände in Betracht kommen, mit welchen erfahrungsgemäß Schweineseuche häufig verwechselt wird. Solche Krankheiten sind die Tuberkulose, die einfache, nicht seuchenhafte Bronchitis und Pneumonie, die Lungenwurmkrankheit, die Pyobazillose und die Atelektase. Auch die sog. „schlaffe" Hepatisation ist durchaus nicht pathognostisch für Schweineseuche. Der bakteriologische Nachweis ist für die forensische Feststellung der Schweineseuche nicht erforderlich (ebensowenig wie für die veterinärpolizeiliche). Es kommt hinzu, daß dieser Nachweis nur in Laboratorien mittelst Kultur und Tierimpfung ausführbar ist, indem Ausstrichpräparate zur Diagnose nicht genügen. Der bloße bakteriologische Befund von Schweineseuchebakterien beweist ferner das Vorhandensein der Schweineseuche deshalb nicht, weil Schweineseuchebakterien und ihnen ähnliche Bakterien sehr häufig in den Lungen ganz gesunder Schweine gefunden werden und bei der Sektion die Lungen und andere Organe mit ihnen verunreinigt werden können (auch geimpfte Mäuse können sterben und in ihrem Blut die betreffenden Bakterien in Reinkultur enthalten). Bei der chronischen Form der Schweineseuche ist ferner ein negativer bakteriologischer Befund um so weniger entscheidend, als der Nachweis des Bacillus suisepticus in etwa einem Drittel aller Fälle überhaupt nicht gelingt (Junack). Endlich ist zu beachten, daß die ätiologische Bedeutung des Bacillus suisepticus für die chronische Form der Schweineseuche zweifelhaft geworden ist, daß jedenfalls der Nachweis desselben von untergeordneter Bedeutung ist und auch aus diesem Grunde für sich allein zur Stellung der Diagnose nicht genügt (Preisz, Hutyra, Uhlenhuth).

2. Die reine *Schweinepest* ist dagegen an lebenden Schweinen in ausgeprägten Krankheitsfällen, auch in der Komplikation mit Schweineseuche, leichter, nicht selten sogar mit Sicherheit festzustellen, besonders wenn mehrere Schweine unter denselben Symptomen erkrankt sind. In allen Zweifelsfällen jedoch ist auch hier die Sektion zur sicheren Feststellung erforderlich.

Gewährfrist. Dieselbe beträgt nach der Kaiserlichen Verordnung für beide Seuchen zehn Tage. Diese Frist entspricht der durchschnittlichen Dauer der Inkubation. Da mitunter auch ein kürzeres Inkubationsstadium (fünf bis zehn Tage) beobachtet wird, läßt sich unter Umständen vom Verkäufer der Gegenbeweis führen und die Rechtsvermutung des § 484 B. G. B. widerlegen, wonach die Infektion schon vor zehn Tagen stattgefunden haben muß. Wenn z. B. zeugeneidlich feststeht, daß im Stall und Wohnort des Verkäufers die Schweineseuche und Schweinepest überhaupt nicht geherrscht, und daß sich für die streitigen Schweine auch sonst keine Gelegenheit zur Infektion vor der Übergabe geboten hat, wenn sich andrerseits die ersten Krankheitserscheinungen erst in den letzten Tagen der Gewährfrist gezeigt haben und die Möglichkeit der Infektion beim Käufer tatsächlich gegeben war, so dürfte der Gegenbeweis als geführt zu betrachten sein. Sind jedoch schon in den ersten fünf Tagen nach der Übergabe, vielleicht schon am ersten oder zweiten Tage, offensichtliche Krankheitserscheinungen festgestellt worden, so kann kein Zweifel obwalten, daß die Infektion vor der Übergabe erfolgt ist.

Minderwert. Die Schweineseuche und die Schweinepest sind als Hauptmängel bei Nutz- und Zuchttieren in jedem Falle erhebliche Fehler. Die Begutachtung des Minderwertes bei Schlachttieren (§ 492 B. G. B.) richtet sich nach den Ausführungsbestimmungen zum Reichsfleischbeschaugesetz. Danach ist das Fleisch bei beiden Seuchen zwar nicht gesundheitsschädlich für den Menschen, aber bei erheblicher Abmagerung oder schwerer Allgemeinerkrankung untauglich (§ 33, 10). In allen übrigen Fällen ist das Fleisch bei akuter Schweineseuche bzw. Schweinepest bedingt tauglich (§ 35, 12) bzw. durch Kochen, Dämpfen, Pökeln oder Ausschmelzen tauglich zu machen, bei chronischer Schweineseuche nach Entfernung der veränderten Teile tauglich (§ 37, III, 3). Die Residuen der Schweineseuche sind wie einfache bindegewebige Verwachsungen und Abszesse zu behandeln.

Rotlauf und Schweineseuche bei Schlachttieren. Die Gründe dafür, daß in der Kaiserlichen Verordnung die beiden genannten Seuchen als Hauptmängel nur bei Nutz- und Zuchttieren, nicht auch bei Schlachttieren aufgenommen wurden, sind folgende. Bei Nutz- und Zuchttieren bilden der Rotlauf und die Schweineseuche in jedem Falle einen erheblichen Mangel deshalb, weil die Mortalitätsziffer beider Seuchen sehr hoch und die Gefahr der Seuchenübertragung sehr groß ist. Ein einziges rotlaufkrankes oder mit Schweineseuche behaftetes Schwein kann den ganzen Schweinebestand des kaufenden Landwirts infizieren, während bei Schlachttieren dieses wichtige Moment wegfällt. Bei den Schlachttieren handelt es sich lediglich um die Wertverminderung nach dem Schlachten. Nun ist aber beim Rotlauf und bei der Schweineseuche die Wertverminderung ähnlich wie bei der Tuberkulose sehr verschieden. In einem großen Teil der Fälle ist beim Rotlauf das Fleisch überhaupt nicht minderwertig, sondern als vollwertig dem freien Verkehr überlassen. Dies gilt von der als Nesselfieber oder Backsteinblattern bezeichneten, sehr häufigen Rotlaufform, bei der nach § 35 der Ausführungsbestimmungen zum R. Fl. G. nur die veränderten Teile, d. h. die erkrankten Hautpartien, untauglich sind. Als Hauptmangel für Schlachttiere käme mithin lediglich der Rotlauf mit Ausschluß der Backsteinblattern in Betracht. Würde der Rotlauf ganz allgemein als ein gesetzlicher Mangel bei Schweinen aufgestellt werden, so hätte dies zur Folge, daß in zahllosen unerheblichen Rotlauffällen die Wandelungsklage gegen den Verkäufer erhoben werden würde. Ähnlich liegen die Verhältnisse bei der chronischen Schweineseuche, bei der das Fleisch nach Entfernung der veränderten Teile, d. h. der Lunge, vollkommen tauglich ist. Somit könnten höchstens, wie bei der Tuberkulose, die erheblichen Grade des Rotlaufs und der Schweineseuche als Hauptmangel in Betracht kommen („wenn infolge

dieser Krankheiten mindestens ein Viertel oder die Hälfte des Schlachtgewichts des Tieres erheblich im Nahrungs- oder Genußwerte herabgesetzt,
bedingt tauglich oder untauglich ist"). Aber auch bei dieser Beschränkung
des Hauptmangels bleibt der allgemeine Einwand gegen die Aufstellung
von Hauptmängeln bei Schlachttieren bestehen: die Schwierigkeit des
Nachweises der Identität. Bei geschlachteten Schweinen ist dieser Nachweis noch viel schwieriger als bei geschlachteten Rindern. In vielen
Fällen wird sich bei Schweinen der Identitätsnachweis überhaupt nicht
erbringen lassen.

3. Die Tuberkulose.

Kaiserliche Verordnung. § 2. Für den Verkauf von Schlachttieren
gilt als Hauptmangel bei Schweinen: tuberkulöse Erkrankung, sofern infolge
dieser Erkrankung mehr als die Hälfte des Schlachtgewichts nicht oder nur
unter Beschränkungen als Nahrungsmittel für Menschen geeignet ist, mit
einer Gewährfrist von 14 Tagen.

Allgemeines. Die Tuberkulose kommt zwar beim Schwein nicht
so häufig vor wie beim Rind, ist jedoch besonders bei jüngeren
Schweinen ziemlich verbreitet. Die Zahl der in den Schlachthäusern tuberkulös befundenen Schweine beträgt in Deutschland
nach der Statistik zwei bis fünf Prozent. Die häufigste Ursache
bildete früher die Übertragung des Tuberkelbazillus vom Rind durch
die Verfütterung roher Molkereirückstände aus Sammelmolkereien
(Zentrifugenschlamm). Heutzutage erfolgt die Übertragung des
Rindertuberkelbazillus meist durch die Kuhmilch und durch die
Aufnahme von Kot tuberkulöser Rinder. Außerdem wird die Infektion durch die Milch tuberkulöser Mutterschweine vermittelt. Die
Tuberkulose der Schweine ist daher am häufigsten eine Fütterungstuberkulose. Daneben kommt wie beim Rind eine Inhalationstuberkulose vor.

Die anatomischen Veränderungen bestehen bei der Fütterungstuberkulose in Tuberkeln in den Mesenterialdrüsen (Geschwüre im
Dünndarm und Blinddarm sind selten). Außerdem findet man tuberkulöse Tonsillitis, Tuberkulose des Mittelohrs und der Lymphdrüsen
des Kopfes. Bei der Inhalationstuberkulose findet man tuberkulöse
Bronchopneumonie mit käsigen Herden und Bindegewebszubildung,
tuberkulöse Knötchen und Knoten in der Lunge. Seltener beobachtet
man Serosentuberkulose mit Erkrankung der Mediastinaldrüsen. Zum
Unterschied von der chronischen Schweineseuche ist die Lungentuberkulose durch das Auftreten von Tuberkeln, das ungleiche Alter
der Herde, sowie durch Verkäsung und Verkalkung der Lymphdrüsen
gekennzeichnet. Der bakteriologische Nachweis der Tuberkelbazillen
ist in der forensischen Praxis meist nicht zu führen, weil die

258 Trichinen.

Tuberkelbazillen des Schweines selbst in anatomischen Präparaten schwer nachweisbar sind.

Die Symptome der Tuberkulose bestehen in Abmagerung, Zurückbleiben im Wachstum und chronischen Verdauungsstörungen. Eine sichere Diagnose ist übrigens während des Lebens wegen der Unbestimmtheit des Krankheitsbildes meist nicht zu stellen. Bei der Fütterungstuberkulose findet man wegen der fehlenden Erkrankung der Darmschleimhaut oft einen sehr guten Nährzustand. Das Tuberkulin hat für die forensische Diagnose der Schweinetuberkulose ebensowenig Bedeutung wie beim Rind.

Beurteilung. Nach der Kaiserlichen Verordnung bildet die Tuberkulose nur bei Schlachttieren, und auch bei diesen nur dann einen Hauptmangel, wenn sie eine so hochgradige allgemeine Erkrankung veranlaßt, daß mehr als die Hälfte des Schlachtgewichtes nicht oder nur unter Beschränkungen als Nahrungsmittel für Menschen geeignet ist. Die Beurteilung ist somit die gleiche wie bei der Tuberkulose der als Schlachttiere verkauften Rinder. Vgl. die Ausführungen bei der Rindertuberkulose S. 184.

4. Trichinen.

Kaiserliche Verordnung. § 2. Für den Verkauf von Schlachttieren gelten als Hauptmangel Trichinen mit einer Gewährfrist von vierzehn Tagen.

Vorkommen. Die Trichinen werden bei deutschen Schweinen sehr selten gefunden. In Deutschland beträgt der Prozentsatz der trichinös befundenen Schweine zurzeit 0,005 Prozent. Auf 20 000 Schweine kommt somit ein trichinöses. Viel häufiger sind dagegen die amerikanischen Schweine mit Trichinen behaftet (zwei bis acht Prozent!).

Die Lieblingsstellen der Trichinen sind in erster Linie die muskulösen Teile des Zwerchfelles, vor allem die Zwerchfellspfeiler, sowie die Kehlkopf- und Zungenmuskeln, in zweiter Linie die Bauchmuskeln und Zwischenrippenmuskeln. Zum mikroskopischen Nachweis dient eine 30—40fache Vergrößerung. In differentialdiagnostischer Beziehung kommen in Betracht: Konkretionen, Mieschersche Schläuche, Aktinomyzesrasen, Distomen, Finnen, Echinokokken, Essigälchen, Rhabditiden und Embryonen von Rundwürmern.

Entwicklungsgang. Die Trichine, Trichinella spiralis, gehört zu der Familie der Haarwürmer und kommt in zwei Entwicklungsformen vor:

1. Die Darmtrichine ist die geschlechtsreife Trichine und lebt auf der Oberfläche der Dünndarmschleimhaut. Das Weibchen ist 3,5 mm, das Männchen 1—1,5 mm lang. Ein Weibchen gebärt etwa 1000 lebende Junge (Embryonen).

2. Die Muskeltrichine bildet die Larvenform der Darmtrichine, aus deren Embryonen sie sich entwickelt. Sie ist ausgewachsen bis zu 1 mm lang und liegt aufgerollt und eingekapselt im Innern der quergestreiften Muskelfasern. Ihre Lebensdauer kann viele Jahre betragen.

Den Ausgangspunkt für die Entwicklung der Trichinen bildet die Aufnahme trichinösen Muskelfleisches durch die Schweine in Form trichinöser Ratten und Mäuse in Wasenmeistereien und Schlachthäusern oder von Schlachtabfällen kranker Schweine. Den Fäzes trichinöser Tiere kommt dagegen eine praktische Bedeutung für die Verbreitung der Trichinose nicht zu. Man unterscheidet vier Entwicklungsstadien der Trichinen: 1. Die Embryonenbildung im Darm beginnt mit dem siebenten Tage nach der Aufnahme trichinösen Fleisches, und zwar in der Tiefe der Lieberkühnschen Drüsen. 2. Die Einwanderung der Embryonen in den Muskel beginnt vom siebenten Tage ab und dauert bis zur zweiten und dritten Woche. Die Embryonen verlassen den Darm durch die Chylusgefäße, gelangen in den Milchbrustgang und werden dann mit dem Blute in die Muskeln verschleppt. 3. Die Einkapselung im Muskel beginnt von der vierten Woche ab und dauert bis zu drei Monaten. 4. Die Verkalkung der Kapsel beginnt vom dritten bis sechsten Monat und dauert bis zu einundhalb Jahren.

Beurteilung. Die Trichinose ist bei der großen Seltenheit der Trichinen in Deutschland als Hauptmangel nicht von Belang. Insbesondere in Süddeutschland, wo die Trichinenschau nicht allgemein obligatorisch ist, besitzt die Trichinose keine wirtschaftliche Bedeutung. Im Falle einer besonderen Zusicherung nach § 492 B G. B. (z. B. Garantie für Gesundheit und Fehlerfreiheit) ist das Alter der Trichinen auf Grund des oben geschilderten Entwicklungsganges leicht zu beurteilen. Man sieht

nach 7—8 Tagen: die ersten, 0.1 mm langen Muskeltrichinen,

„ 3 Wochen: ausgewachsene, 0.1—1,0 mm lange Trichinen,

17*

nach 2 Monaten: die erste Anlage der Trichinenkapsel an den Polen,
„ 3 Monaten: völlig entwickelte Kapseln,
„ 3—6 Monaten: beginnende Verkalkung der Kapseln,
„ 9—15 Monaten: völlig verkalkte Kapseln.

Die Erheblichkeit der Trichinose ist nach den Ausführungsbestimmungen zum Reichsfleischbeschaugesetz zu beurteilen.
Danach sind stark trichinöse und schwach trichinöse Schweine
zu unterscheiden.

1. Bei stark trichinösen Schweinen ist der ganze Tierkörper
mit Ausnahme des Fettes untauglich (§ 34, 4), das Fett ist bedingt
tauglich. Stark trichinös ist das Fleisch, wenn von den 24 untersuchten Präparaten neun oder mehr Trichinen enthalten.

2. Bei schwach trichinösem Fleisch ist der ganze Tierkörper
bedingt tauglich (§ 37, 5) bzw. durch Kochen, Dämpfen oder
Ausschmelzen tauglich zu machen (§ 38).

5. Finnen.

Kaiserliche Verordnung. § 2. Für den Verkauf von Schlachttieren gelten als Hauptmangel Finnen mit einer Gewährfrist von vierzehn
Tagen.

Vorkommen. Die Schweinefinne ist infolge der Fleischbeschau
bei den einheimischen deutschen Schweinen sehr selten geworden.
In Deutschland beträgt die Zahl der finnigen Schweine zurzeit nur
0,01—0,02 Prozent. Auf 5000 — 10000 Schweine kommt
mithin in Deutschland ein finniges. Sehr häufig findet man
dagegen Finnen bei den importierten serbischen, böhmischen, gali-
zischen und russisch-polnischen Schweinen.

Die Lieblingsstellen der Finnen sind die Bauchmuskeln,
die muskulösen Teile des Zwerchfelles, die Lendenmuskeln, Zunge,
Herz, Kau-, Zwischenrippen-, Nackenmuskeln usw. Die Diagnose
der Finnen ist leicht. Sie bilden im ausgewachsenen Zustand
erbsen- bis bohnengroße, mattweiße Bläschen mit eingestülptem
Kopf und Hals, und lassen bei mikroskopischer Untersuchung vier
Saugnäpfe, ein Rostellum sowie einen doppelten Hakenkranz von
durchschnittlich 21—28 Haken erkennen. Eine Verwechslung ist
höchstens mit Cysticercus tenuicollis möglich (subseröser Sitz ausschließlich in Eingeweiden, 32—40 Haken, langer Hals).

Entwicklungsgeschichte. Die Schweinefinne oder der Zellgewebs-
blasenschwanz, Cysticercus cellulosae, bildet die Jugendform

der Taenia solium des Menschen. Die Ansteckung der Schweine erfolgt durch den proglottidenhaltigen Menschenkot. Im Magen der Schweine werden die Bandwurmeier verdaut, worauf der sechshakige Embryo frei wird, die Darmwand durchbohrt und mit dem Blute in die Muskeln gelangt. In den Muskeln entwickelt sich aus dem Embryo nach drei Monaten die ausgebildete Finne. Es werden übrigens nur junge Schweine im Alter bis zu sechs Monaten infiziert.

Beurteilung. Im Gegensatz zur Rinderfinne, welche trotz ihrer Häufigkeit nicht in die Hauptmängelliste aufgenommen wurde (vgl. S. 223), besitzt die Schweinefinne wegen ihrer Seltenheit als Hauptmangel wenig Bedeutung. Bei etwaigen Sonderverträgen (§ 492 B. G. B.) läßt sich das Alter der Schweinefinne auf Grund zahlreicher Fütterungsversuche sicher bestimmen. Die Schweinefinne ist nämlich:

nach 20 Tagen stecknadelkopfgroß,

„ 40 „ senfkorngroß,

„ 60 „ erbsengroß,

„ 90 „ vollständig entwickelt.

Die Erheblichkeit der Schweinefinne ist nach den Ausführungsbestimmungen zum Reichsfleischbeschaugesetz zu beurteilen. Danach ist zwischen stark finnigen und schwach finnigen Schweinen zu unterscheiden:

1. Bei stark finnigen Schweinen ist der ganze Tierkörper mit Ausnahme des Fettes und der finnenfreien Eingeweide untauglich (§ 34, 2). Stark finnig ist das Fleisch, wenn die Mehrzahl der angelegten Muskelschnittflächen mehr als eine Finne enthält.

2. Bei schwach finnigen Schweinen ist der ganze Tierkörper bedingt tauglich (§ 37, 4). Das Fleisch ist durch Kochen, Dämpfen oder Pökeln tauglich zu machen (§ 38).

Trächtigkeit bei Schlachtschweinen. Das Fleisch trächtiger Tiere ist als solches nicht minderwertig. Wird jedoch ein Schlachttier „nach Gewicht" verkauft (Lebend- oder Schlachtgewicht), so liegt nach § 459 B. G. B. eine erheblich minderwertige Ware vor, wenn das Tier trächtig ist, und der Verkäufer hat den Minderwert nach Maßgabe des Gewichts der als Nahrungsmittel nicht verwendbaren trächtigen Gebärmutter samt Früchten zu vergüten. Der Verkauf eines Schlachttieres nach „Gewicht" wird nämlich von den Gerichten als Verkauf einer „Ware" angesehen, nicht als Viehhandel, weshalb die Gewährleistung wegen Trächtigkeit ausgeschlossen ist. (Ostertag, Handbuch der Fleischbeschau.)

Magenfüllung und Magenverdauung. Beim Kauf von Schlachtschweinen nach Lebendgewicht gilt als Voraussetzung, daß die Tiere nüchtern geliefert, also am Tage vor der Lieferung und Schlachtung nur bis abends 8 Uhr gefüttert und getränkt werden. Aus Gewinnsucht werden die Schweine zuweilen kurz vor dem Verkauf reichlich gefüttert und getränkt, um das Lebendgewicht zu erhöhen. Werden bei der Schlachtung reichliche zum Teil unverdaute Futtermengen im Magen und Darm gefunden, so glaubt der Käufer häufig, es liege in jedem Falle eine kurz vor der Ablieferung erfolgte rechtswidrige Fütterung und Tränkung vor und strengt die Klage an. Der tierärztliche Sachverständige hat sich dann gutachtlich darüber zu äußern, ob es sich um nüchterne Schweine handelt oder nicht. Hierbei ist folgendes zu beachten. Der Füllungszustand des Magens und Darms ist beim Schwein je nach der Zeit der Fütterung und der Art des Futters, ferner je nach Nährzustand, Mastzustand, Freßlust, Geschlecht, Größe und Haltung der Tiere (Ruhe, Transport) großen Schwankungen unterworfen. Außerdem unterliegt der Füllungszustand des Magens und Darmes bei Schweinen auch bei gleicher Fütterung und Haltung großen individuellen Schwankungen. Namentlich die Dauer der Magenverdauung bei Transporten wird häufig unterschätzt. Bei ruhenden Schweinen und regelmäßiger Haltung geht in der Regel innerhalb der ersten 6 Stunden nach der Fütterung etwa die Hälfte des Mageninhalts in den Darm über, während die andere Hälfte meist so lange im Magen bleibt, bis sie bei der nächsten Mahlzeit von dem nachfolgenden Futter verdrängt wird. Nach 24 Stunden langem Hungern enthält der Magen und Darm immer noch Futtermassen; der Magen wird meist erst nach 48 Stunden leer. Bei transportierten Schweinen kann man unter Umständen noch 18 Stunden nach der Fütterung 2—4 kg Mageninhalt beim Schlachten finden. Selbst größere Kartoffelstücke findet man noch nach 12 Stunden im Magen vor. Mägen von $2\frac{1}{2}$ Ztr. schweren Schweinen können dagegen nach 14 Stunden nicht noch 5—6 kg wiegen, wenn sie vor dem Schlachten 12 km gefahren sind. Ordnungsmäßig gefütterte, 12 Stunden nüchterne, „futterleere", $2\frac{1}{2}$ Ztr. schwere Schweine zeigen nach Versuchen von Bongert am Berliner Schlachthof (1913) höchstens ein Magengewicht (mit Inhalt) von $2\frac{1}{2}$ kg (durchschnittlich $1\frac{1}{2}$—2 kg). Schweine mit 5—6 kg Magengewicht 12 Stunden nach der Lieferung sind mithin nicht nüchtern abgeliefert, sondern entweder überfüttert oder in der Zwischenzeit gefüttert worden. Unmittelbar vor der Schlachtung überfütterte Schweine (Salzgaben!) können ein Gewicht des Magens (mit Inhalt) von 12—15 kg zeigen. — Das Durchschnittsgewicht von Magen und Darm samt Inhalt zusammen beträgt nach Versuchen von Bongert (1914) im Durchschnitt 7 Prozent (6,8—8,2), nach E. Wolff bei mittelfetten nüchternen Schweinen 12 Prozent, bei fetten, ausgemästeten 8 Prozent des Lebendgewichts, wenn die letzte Fütterung 12 Stunden vor der Schlachtung stattgefunden hat. Vgl. auch die Dissertation von K. Müller: „Bestimmungen des Gewichts des Magens und Darmes bei mageren, mittelfetten und fetten Tieren und Gewichtsbestimmungen des Magen- und Darminhaltes, soweit die letzte Fütterung bekannt ist."

Gewichtsverluste bei Schweinen nach Transporten. Wie bei Rindern (vgl. S. 232) finden auch bei Schweinen nach längeren Eisenbahntransporten ganz erhebliche Gewichtsverluste statt (bis zu 10 Prozent und mehr). Besonders stark ist der Gewichtsverlust bei unreifen, unausgemästeten Schweinen. Daß aber auch reife Schweine auf dem Transport sehr viel an Gewicht verlieren können, beweist ein von v. Bracht in der Landwirtsch. Rundschau (1912, Nr. 19) veröffentlichter Fall. Danach wurden im September 1911 100 Schweine nach einer Wurstfabrik einer süddeutschen Stadt versandt. Die Tiere wogen morgens vor der Fütterung 9560 kg. Sie wurden hierauf gefüttert und um 7 Uhr nach dem 4 km entfernten Bahnhof gefahren und dort verladen. Im Waggon blieben die Tiere 48 Stunden. Bei der nunmehrigen Wiegung am Bestimmungsorte betrug das Gewicht der Schweine nur noch 8650 kg; sie hatten also trotz Fütterung 890 kg. mithin pro Stück 9 kg an Gewicht verloren.

Widriger Geruch und Geschmack des Fleisches geschlachteter Schweine (Fischgeruch, Futtergeruch, Geschlechtsgeruch). 1. Als Fischgeruch bezeichnet man den tranigen Geruch des Schweinefleisches nach der Fütterung mit Fischen, namentlich mit Heringen und Stinten. Der Fischgeruch ist als *Hauptmangel* nicht geeignet. Eine Gewährfrist für diesen, übrigens meistens nur in einzelnen Küstengegenden vorkommenden und daher des allgemeinen Interesses entbehrenden Fehler würde sich nur dann berechnen lassen, wenn durch zahlreiche Fütterungsversuche genau der kürzeste Zeitraum ermittelt wäre, in dem sich der Regel nach beim Schwein ein Fischgeruch des Fleisches nach Verabreichung von Fischen entwickelt. Derartige Fütterungs- und Schlachtversuche haben aber bisher nur vereinzelt stattgefunden. Erst Stadie (Z. f. Fleisch- und Milchhygiene 1909) hat bei einigen Schweinen diesbezügliche Versuche angestellt. Er hat nach dreiwöchiger starker Fütterung mit fettreichen Fischen (nicht früher) einen fischigen und tranigen Geruch und Geschmack des Fleisches, vor allem aber des Fettes nachweisen können. Andererseits weisen die Erfahrungen, welche die Schweinezüchter mit anderen Futtergerüchen gemacht haben, darauf hin, daß durchaus nicht immer ein längerer Zeitraum zwischen der Aufnahme des Futters und dem Auftreten des Futtergeruchs im Fleisch zu liegen braucht. Fütterungsversuche von Mallet mit grünem Bockshorn bei Schweinen haben ergeben, daß eine einmalige Fütterung von grünem Bockshorn bei Schweinen genügt, um dem Fleisch den spezifischen Bockshorngeruch mitzuteilen. Danach ist es nicht unmöglich, daß das Schweinefleisch auch schon nach einer kürzeren Verfütterung von Fischen den charakteristischen Fischgeruch annimmt. Vom medizinischen Standpunkt aus ist dies auch leicht begreiflich. Erfahrungsgemäß verbreiten sich alle Riechstoffe vom Magen und Darm aus sehr schnell mit dem Blute in sämtliche Körperorgane. Unter Berücksichtigung dieser Tatsache wird daher von jeher bei Schlachttieren die Verabreichung riechender Arzneimittel, wie Kampfer, Terpentinöl usw., vermieden.

Forensische Bedeutung hat dagegen unter Umständen der Fischgeruch als *Vertragsmangel*. Hierbei handelt es sich zuweilen um die Entscheidung der Frage, wie lange sich der Fischgeruch nach dem Aussetzen der Fischfütterung im Schweinefleisch erhält bzw. nach welcher Zeit er wieder verschwindet. Auch hier fehlen zwar eingehende wissenschaftliche Versuche und allgemein bekannte Erfahrungen. Stadie (Z. f. Fleisch- und Milchhyg. 1909) hat bei einem diesbezüglichen Versuche gefunden, daß der tranige Geruch und Geschmack dem Fleische noch 14 Tage nach dem Aufhören der Fütterung der Schweine mit Fischen in unverminderter Stärke anhaftete. Nach Analogie mit anderen Tieren (Enten, Karpfen, Krebsen) kann ferner angenommen werden, daß die Geruchstoffe im Körper chemisch gebunden und je nach der Länge und Intensität der Fütterung längere Zeit (Wochen und Monate) festgehalten werden. Bei Enten verschwindet der durch Fischfütterung bedingte fischige Geschmack erfahrungsgemäß erst nach etwa vierwöchentlicher Körnerfütterung. Karpfen und Krebse verlieren den modrigen Geschmack morastiger Gewässer erst nach etwa vierwöchentlichem Aufenthalt in fließendem Wasser.

2. Ähnlichen Schwierigkeiten begegnet die Bestimmung einer Gewährfrist beim sog. **Geschlechtsgeruch** des Schweinefleisches. Da nicht alle Eber und Binneneber einen Geschlechtsgeruch besitzen, sondern nur etwa der fünfte Teil, da ferner auch das Fleisch kastrierter Schweine manchmal unangenehm riecht, kann der sogenannte Geschlechtsgeruch auf den Geschlechtsfaktor allein nicht bezogen werden, sondern es müssen noch andere unbekannte Umstände bei der Entstehung des Geschlechtsgeruchs mitwirken. Auf unbekannte Ursachen läßt sich aber eine Gewährfrist nicht begründen (der Deutsche Veterinärrat hat neuerdings — 1912 — die Aufnahme des Geschlechtsgeruchs des Fleisches bei Binnenebern mit einer Gewährfrist von acht Tagen befürwortet).

Borg oder Eberborg? Männliche zur Mast bestimmte Schweine pflegt man gewöhnlich in der dritten bis sechsten Lebenswoche zu kastrieren, weil sie nach der Meinung der Landwirte die Operation in dieser Zeit am besten vertragen; man nennt sie dann „Borg" oder „Frühkastrat". Im Gegensatz hierzu heißen die später (meist mit 1—1$\frac{1}{2}$ Jahren) kastrierten männlichen Schweine „Eberborg", „Eberkastrat" oder „Altschneider". Der Borg ist als solcher an der gleichmäßigen Entwicklung der Vor- und Nachhand, an der elastischen Haut (kein sog. Schild) und an der schwach entwickelten Rute zu erkennen, die einen Durchmesser von 0,8—1 cm besitzt, während der Durchmesser beim Eberborg 1,2—2,2 cm beträgt. Auch die Cowperschen Drüsen sind beim Eberborg verhältnismäßig groß (10—15 cm im Gegensatz zu 1—2 cm beim Borg); außerdem ist der Hakenzahn beim Eberborg stark entwickelt. Das Eberborgfleisch ist im Vergleich zum Borgfleisch wegen seiner zähen Beschaffenheit und geringeren Schmackhaftigkeit erheblich minderwertig (6—8 Mark pro Zentner Lebendgewicht) und wird meist nur zur Wurstfabrikation verwendet. — Literatur: Ostertag, Handbuch der Fleischbeschau; Ellinger, Z. f. Fl. und M., VI. Bd., S. 23.

Die Vertragsmängel der Hunde.

Allgemeines. Beim Hund gibt es keine Hauptmängel. Nach § 481 B. G. B. gelten die Hauptmängelbestimmungen der §§ 482 bis 492 nur für Pferde, Rindvieh, Schafe und Schweine. Auch Sonderverträge nach § 492 B. G. B. sind unzulässig. Für den Kauf und Verkauf von Hunden haben dagegen die §§ 459—480 B. G. B., d. h. das Währschaftsprinzip nach römischem Recht, Gültigkeit. Nach §§ 459 und 460 haftet der Verkäufer dem Käufer für alle erhebliche und verborgene Fehler, außerdem dafür, daß die Sache die zugesicherten Eigenschaften hat. Nach § 463 kann statt der Wandelung oder Minderung auch Schadenersatz wegen Nichterfüllung verlangt werden, wenn der Sache eine zugesicherte Eigenschaft fehlt.

Die Beanstandungen beim Kauf von Hunden können jede erhebliche innere oder äußere Krankheit betreffen. Am häufigsten dürften Gegenstand eines Rechtstreites werden: die Staupe, die Sarkoptesräude, der Akarusausschlag, gewisse Krankheiten der Augen, Zähne und Ohren, sowie die Zusicherung der Dressur bei Jagdhunden.

I. Die Staupe.

Ursachen. Die Hundestaupe oder Hundeseuche ist die häufigste Infektionskrankheit der Hunde. Die bakteriologischen Untersuchungen über die Natur des Ansteckungsstoffes widersprechen sich (Bacillus canicidus? Bacillus bronchicanis? Ultravisibles filtrierbares Virus?). Meist wird das Kontagium mit der Atmungsluft aufgenommen. Am häufigsten erkranken Hunde im ersten Lebensjahr; die Staupe befällt jedoch zuweilen auch ganz alte Hunde. Neben der Ansteckung hat die Erkältung lediglich eine prädisponierende Bedeutung. Das einmalige Überstehen der Staupe erzeugt gewöhnlich längere Immunität. Das Inkubationsstadium beträgt gewöhnlich vier bis sieben, im Minimum drei Tage.

Symptome. Die Staupe äußert sich in einem fieberhaften Katarrh der Schleimhäute der Augen, des Respirations- und Digestionsapparats. Hierzu kommen zuweilen schwere nervöse Erscheinungen sowie ein pustulöses Exanthem der Haut. Das Krankheitsbild ist außerordentlich verschiedenartig; je nach der Lokalisation unterscheidet man eine katarrhalische, nervöse und exanthematische Form der Staupe. Für die Diagnose der Staupe kommen namentlich folgende Symptome in Betracht:

1. fieberhafte Allgemeinerkrankung;
2. eitrige Konjunktivitis und Keratitis;
3. Erbrechen und Durchfall;
4. eitriger Nasenkatarrh, Husten und Atembeschwerde;
5. Muskelkrämpfe;
6. motorische Lähmung;
7. Pusteln am Unterbauch und Innenschenkel.

Für die Diagnose wichtig ist das gleichzeitige Vorhandensein mehrerer dieser Symptome. Pathognostische Bedeutung besitzt das Staupeexanthem. In differential-diagnostischer Beziehung sind als Krankheiten, mit welchen die Staupe verwechselt werden kann, zu nennen: einfache Augen-, Nasen-, Kehlkopf-, Lungen-, Magen- und Darmkatarrhe, Räude und Epilepsie.

Beurteilung. Die Staupe ist in der Regel eine erhebliche Krankheit. Sehr häufig führt sie durch die Entwicklung einer katarrhalischen Pneumonie oder durch Gehirnlähmung zum Tode. Die Mortalitätsziffer beträgt im Durchschnitt 50 bis 60 Prozent. Außerdem bleiben häufig chronische Nachkrankheiten (Lähmungen, Krämpfe) zurück. Aber auch bei günstigem und normalem Verlauf beträgt die Dauer der Krankheit meist drei bis vier Wochen. Staupekranke Hunde sind ferner dadurch gefährlich, daß sie gesunde Hunde anstecken; dieser Umstand ist besonders wichtig für Züchtereien. Die Staupe ist außerdem ein verborgener Fehler, da sie ein mehrtägiges Inkubationsstadium besitzt, während dessen sichtbare Krankheitserscheinungen fehlen. Bezüglich der Altersbestimmung ist zu beachten, daß das Inkubationsstadium mindestens drei Tage beträgt. Wenn also ein Hund schon in den drei ersten Tagen nach der Übergabe offensichtliche Staupesymptome aufweist, so ist anzunehmen, daß er den Keim der Krankheit bereits vor der Übergabe aufgenommen hat.

Die einzelnen Erscheinungen der Staupe selbst können sich unter Umständen ziemlich schnell entwickeln.

Inkubationsstadium der Staupe. Nach zahlreichen neueren Untersuchungen von Heinichen an der Berliner Hundeklinik (Dissert. 1913) beträgt das Inkubationsstadium der Staupe mindestens 3 Tage. Die ersten Symptome des Initialstadiums der Staupe (Fieber, Mattigkeit, verminderte Freßlust, leichter Bindehaut- und Nasenkatarrh, Exanthem) sind in der Regel wenig auffallend und werden daher vom Besitzer leicht übersehen. Hat die Staupe schon zu erheblichen Komplikationen im Digestionsoder Respirationsapparat geführt, so ist der Tag der Infektion nach H. mindestens 9 Tage, in der Regel 11 Tage zurückzudatieren.

2. Die Räude.

Sarkoptesräude. Die gewöhnliche Räudeform des Hundes ist die durch Sarcoptes squamiferus bedingte Sarkoptesräude. Sie beginnt meist am Kopf und befällt namentlich die Ohren, Unterbrust und Unterbauch, die Ellenbogengegend und die Innenfläche der Schenkel. Die erste Erscheinung bilden flohstichähnliche, rote Flecken, aus denen sich bald Knötchen und Bläschen entwickeln. Infolge des hochgradigen Juckreizes kommt es zu sekundärer Ekzembildung mit Haarausfall, starker Abschuppung, Krustenbildung, Verdickung und Falten der Haut. Der mikroskopische Nachweis der Milben ist wegen ihrer tiefen Lage meist schwierig und gelingt nicht immer; am ehesten findet man die Milben bei starker Krustenbildung und bei jungen Hunden. Für die Diagnose genügen daher in der Regel der starke Juckreiz, das Auftreten an den genannten Lieblingsstellen und der ansteckende Charakter des Ekzems. Von den nicht parasitären Hautausschlägen unterscheidet sich die Räude durch den heftigen Juckreiz, die Ansteckungsfähigkeit und die schwere Heilbarkeit.

Die Sarkoptesräude bildet in jedem Fall wegen ihrer schweren Heilbarkeit und wegen der Gefahr der Übertragung auf andere Hunde und auf den Menschen, außerdem zuweilen auch in ästhetischer Beziehung einen erheblichen Mangel. Das Alter ist nach der Ausbreitung und nach den Hautveränderungen zu beurteilen. Wenn sich auch unter Umständen die Räude bei einem Hunde im Verlauf eines Monats über den ganzen Körper, somit ziemlich schnell ausbreitet, so kann sie doch nicht in wenigen Tagen eine große Ausdehnung erlangen. Für ein älteres Leiden sprechen ferner die Verdickung und Faltenbildung der Haut. Über die Entwicklung der Räudemilben vgl. S. 236.

Akarusräude. Auch der Akarusausschlag ist eine beim Hund sehr verbreitete Räudeform. Die Krankheit wird durch den Acarus folliculorum, die Balgmilbe oder Haarsackmilbe verursacht, ein wurmförmiger, lanzettähnlicher, 0,2—0,3 mm langer Hautparasit, der hauptsächlich in den Talgdrüsen in großen Mengen lebt und dort eine eitrige Follikulitis in Form von Akneknoten, Pusteln und Abszessen hervorruft. Man findet diese pustulöse Form des Akarusausschlages besonders am Kopf (Nasenrücken, Lippen, Augenlider), am Hals und an den Gliedmaßen. Die Haut zeigt in älteren Fällen die Erscheinungen der Pachydermie. Drückt man eine Hautfalte, so werden zahlreiche Eiterpfröpfe ausgedrückt, in denen sich die Milben mikroskopisch leicht nachweisen lassen. Der mikroskopische Nachweis der Milben ist im Gegensatz zur Sarkoptesräude für die Diagnose unentbehrlich, weil auch eine nicht parasitäre Akne und Furunkulosis beim Hund vorkommt. Eine zweite Form des Akarusausschlags ist die squamöse; sie äußert sich lediglich in Haarausfall (Alopecie) und starker Epidermisabschuppung und findet sich besonders in der Umgebung der Augen. Auch bei dieser Form sind die Milben leicht nachzuweisen.

Die Akarusräude ist ein noch viel erheblicherer Mangel als die Sarkoptesräude, weil sie in den meisten Fällen unheilbar ist und sogar zum Tode führen kann. Hunde mit ausgebreiteter Akarusräude sind wertlos und am besten zu töten. Das Alter des Leidens ist nach der Ausbreitung und nach der Verdickung der Haut zu beurteilen. Im Gegensatz zur Sarkoptesräude breitet sich die Akarusräude langsam aus. Sie ist endlich im Anfang als ein verborgener Mangel zu bezeichnen, weil Juckreiz häufig fehlt, und weil die Bedeutung der kahlen Stellen von Laien nicht erkannt wird.

3. Augenkrankheiten.

Entropium. Das Entropium ist ein namentlich bei Jagdhunden häufig vorkommender erheblicher Augenfehler, der die Gebrauchsfähigkeit der Hunde oft vollständig aufhebt. Es handelt sich immer um ein altes Leiden, weil die Einstülpung des Lidrandes sich ganz allmählich als Folge einer chronischen Conjunctivitis follicularis entwickelt (Entropium spasticum). Besonders alt sind diejenigen Fälle von Entropium, in welchen sich bereits eine traumatische

Keratitis im Anschluß an die Einwärtsstülpung der Wimperhaare ausgebildet hat. Durch eine Operation läßt sich zwar das Leiden oftmals beseitigen. Die Heilung der Operationswunde erfordert jedoch längere Zeit; auch sind Rezidive nicht ausgeschlossen.

Das chronische Entropium darf nicht verwechselt werden mit dem krampfhaften Schließen der Augenlider bei akuten schmerzhaften Augenentzündungen (Conjunctivitis, Keratitis usw.), das aus verschiedenen Ursachen sehr schnell auftreten kann.

Grauer Star. Die häufigste Form ist der Altersstar (Cataracta senilis). Er äußert sich in einer meist beiderseitigen, zentral beginnenden und allmählich diffus werdenden Linsentrübung. Seine Entwicklung erfolgt sehr langsam, so daß eine umfangreiche Trübung jedenfalls mehrere Wochen alt ist. Im Gegensatz hierzu kann sich die bei jüngeren Hunden im Alter von ein bis drei Jahren vorkommende Cataracta juvenilis (Schichtstar) erfahrungsgemäß schnell, z. B. schon im Verlaufe einer Woche entwickeln. Dasselbe gilt für den übrigens seltenen traumatischen Star. Selten ist endlich der angeborene Star.

Der graue Star ist, wenn er beiderseitig (Altersstar) oder in größerer Ausdehnung auf einem Auge auftritt (Schichtstar, angeborener Star), ein erheblicher und für den Laien meist nicht erkennbarer Mangel.

Schwarzer Star. Man findet die Amaurose, d. h. die vollständige Lähmung des Sehnerven, zuweilen als Folge der Staupe, welche dann den Keim der natürlich sehr erheblichen Krankheit bildet. Die übrigen Formen sind ähnlich wie beim Pferd zu beurteilen (vgl. S. 164). Auch eine unvollständige Lähmung des Sehvermögens (Amblyopie) kommt bei Hunden vor in Form der sogenannten Nachtblindheit (Hemeralopie) und Tagblindheit (Nyktalopie). Die Nachtblindheit äußert sich durch Sehstörungen am Abend, die Tagblindheit umgekehrt bei hellem Tageslicht. Gewöhnlich handelt es sich um einen erheblichen und alten Fehler (periphere bzw. zentrale Trübung der durchsichtigen Medien).

Membrana pupillaris perseverans. Reste der fötalen Pupillarmembran in Form von Fäden und Strängen, die von der Vorderfläche der Linsenkapsel nach der Vorderfläche der Iris oder von einem Pupillarrand zum andern ziehen und zuweilen mit Linsentrübung verbunden sind, kommen vereinzelt als angeborener und erheblicher Fehler bei jungen Hunden vor.

4. Ohrenkrankheiten.

Taubheit. Die Ursachen der Taubheit beim Hund sind sehr verschieden. In manchen Fällen ist die Taubheit angeboren (bei Dalmatinerhunden zuweilen gleichzeitig mit Augenanomalien). Häufiger ist die Taubheit erworben und eine Folge akuter oder chronischer Ohrenkrankheiten. Als solche sind zu nennen: die Otorrhoe, Neubildungen im äußeren Gehörgang, Perforation des Trommelfelles, Otitis media und interna; zuweilen beobachtet man Taubheit im Anschluß an Pharyngitis (Tuba Eustachi). Die Feststellung der Taubheit ist nicht immer leicht; sie erfolgt durch Anrufen und künstliche Erregung verschiedener Geräusche.

Die völlige Taubheit eines Hundes bildet in der Regel einen erheblichen und verborgenen Fehler. Schwieriger ist die Altersbestimmung, weil sich die Ursachen der Taubheit nicht immer sicher ermitteln lassen, und weil die Taubheit plötzlich oder allmählich auftreten oder sogar angeboren sein kann. Ein Urteil über die Dauer der Taubheit läßt sich nur auf Grund von zuverlässigen Zeugenaussagen oder beim Vorhandensein nachweisbarer chronischer Veränderungen im äußeren Gehörgang abgeben.

Otorrhoe. Die häufigste Ohrenkrankheit beim Hund, die Otorrhoe (Ohrenkatarrh), kann sich wie jeder Katarrh und jedes Ekzem ziemlich schnell entwickeln. Ein älteres Leiden ist nur dann dargetan, wenn chronische Veränderungen nachweisbar sind in Form von Verdickungen, Wucherungen und Geschwüren auf der Haut des äußeren Gehörganges. Da die chronische Otorrhoe erfahrungsgemäß schwer heilbar ist und häufig zu Taubheit führt, ist der Fehler als erheblich zu bezeichnen. Für den Laien ist er ferner häufig nicht erkennbar.

5. Zahnkrankheiten.

Allgemeines. Beim Hund kommen Zahnkrankheiten, namentlich Zahnkaries, viel häufiger vor als bei Pferden. Man findet sie besonders bei alten Hunden, aber auch bei jungen nach Rachitis und Staupe. Häufig ist auch die Stomatitis ulcerosa mit Zahnkrankheiten vergesellschaftet. Wie beim Pferd, sind alle Zahnkrankheiten erhebliche Mängel, wenn sie eine Störung beim Fressen veranlassen. Sie sind ferner zuweilen als ekelhafte Zustände erheblicher Natur (Geruch bei Stomatitis ulcerosa). Bei Hunden,

welche auf Ausstellungen geschickt werden, sind ferner viele
Zahnfehler deshalb erheblich, weil die damit behafteten Hunde
nicht prämiiert werden. Die Beurteilung des Alters der Zahnkrankheiten beruht auf denselben Grundsätzen wie beim Pferd
(vgl. S. 160).

Zahnalter. Für die Berechnung des Zahnalters beim Hund
ist hauptsächlich, wie beim Pferd, der Durchbruch der Ersatzzähne maßgebend. Die Ersatzschneidezähne brechen meist im
vierten bis fünften Monat durch. Die weitere Beurteilung des
Alters richtet sich nach der Abnützung der sogenannten Lappen
der Schneidezähne. Die Lappen verschwinden gewöhnlich mit einem
bis zwei Jahren an den Zangen, mit zwei bis drei Jahren an den
Mittelzähnen, mit vier bis fünf Jahren an den Eckzähnen. Nach
dem fünften Jahr ist die Altersbestimmung unsicher (Abnützung).
Tabellarisch gestaltet sich das Zahnalter beim Hund etwa folgendermaßen:

1. Monat: Durchbruch aller Milchschneidezähne;
2. Monat: Emporwachsen aller Milchschneidezähne;
3. Monat: Auseinanderrücken aller Milchschneidezähne;
3.—4. Monat: Abnutzung der Milchlappen;
4.—5. Monat: Zahnwechsel; Ersatzschneidezähne;
1.—2. Jahr: Verschwinden der Lappen an den Zangen;
2.—3. Jahr: Verschwinden der Lappen an den Mittelzähnen;
4.—5. Jahr: Verschwinden der Lappen an den Eckzähnen.*)

Bissigkeit. Zum Begriff der Bissigkeit gehört beim Hund wie beim
Pferd (vgl. S. 84) das gewohnheitsmäßige, ohne äußere Veranlassung erfolgende, erhebliche Angreifen oder Beißen von Menschen
oder Tieren. Bissige Hunde haben gewöhnlich einen angeborenen bösartigen Charakter. Voraussetzung ist dabei immer, daß der betreffende
Hund seinerseits zuerst angegriffen und gebissen hat, ohne daß er vorher
gereizt oder angegriffen war.

6. Zusicherung besonderer Eigenschaften bei Jagdhunden.

Allgemeines. Eine Garantie für bestimmte Eigenschaften bezüglich der Dressur von Jagdhunden findet sehr häufig statt. Für
die Beurteilung empfiehlt sich die Zuziehung besonderer Jagd-
Sachverständiger. Es kommen namentlich die Gewährleistung für

---

*) Neuere, mit obigen Angaben im wesentlichen übereinstimmende Unter-
suchungen über das Zahnalter beim Hund sind von Bönisch gemacht worden
(Berl. Diss. 1913).

„gute Nase" und „Hasenreinheit", sowie die Zusicherung des Freiseins von „Schußscheue", „Handscheue", „Anschneiden" und „Totengräber" in Betracht.

Die nachstehenden Ausführungen sind den Angaben von Ströse*) und Oberländer**) entnommen.

Gute Nase. Als gute oder feine Nase bezeichnet man die angeborene Fähigkeit des Geruchs, der sogenannten Witterung. Für die Beurteilung wichtig ist die Tatsache, daß das Geruchsvermögen durch äußere Einflüsse sehr schnell beeinträchtigt werden kann. Als solche sind zu nennen: Witterungswechsel, Transporte, veränderte Bodenverhältnisse, Nasenkatarrhe und verschiedene andere Krankheitszustände. Ein Zurückdatieren des Mangels bis vor die Zeit der Übergabe ist also nur möglich, wenn derartige Einwirkungen nach Lage des Falles auszuschließen sind. Als gute Nase gilt z. B. bei einem Hund das Finden frisch geschossener Rebhühner auf 20 Meter Entfernung. Feine und teure Jagdhunde mit schlechter Nase sind als solche unbrauchbar und daher erheblich minderwertig.

Hasenreinheit. Als nicht hasenrein bezeichnet man gewöhnlich Hunde, welche auf Zuruf oder Pfiff den gefundenen Hasen nicht unbeachtet lassen. Hühnerhunde, welche nicht hasenrein sind, sind erheblich minderwertig. Die Dressur auf Hasenreinheit erfordert meist vier bis acht Wochen.

Schußscheue. Die Furcht vor dem Abfeuern des Gewehres äußert sich in Schreckhaftigkeit, Verkriechen oder Durchgehen. Schußscheue ältere Hunde sind als Jagdhunde unbrauchbar. Bei jungen, ungeübten Hunden findet sich dagegen häufig ein geringer Grad von Schußscheue, der sich meist beseitigen läßt. Durch unrichtige Behandlung (Strafschüsse) kann ein Hund in ganz kurzer Zeit schußscheu werden.

Handscheue. Man versteht darunter die Ungehorsamkeit oder das zögernde Gehorchen der Hunde, auf Zuruf heranzukommen. Der Fehler kann sich infolge unzweckmäßiger Bestrafung sehr schnell entwickeln. Andernfalls liegt ein angeborenes, ängstliches Temperament zugrunde. In den höheren Graden des Fehlers liegt gewöhnlich ein unheilbarer und damit erheblicher Mangel vor. Leichtere Grade von Handscheue lassen sich meist bald beseitigen.

Anschneiden. Man bezeichnet damit die gewohnheitsmäßige Untugend, geschossenes Wild anzufressen oder zu zerreißen. Der schwer heilbare Fehler ist sehr erheblich.

Totengräber. Das Verstecken oder Eingraben des Wildes ist eine erhebliche und schwer zu beseitigende Untugend. Der Fehler kann sich bei unaufmerksamer Dressur schnell entwickeln.

---

*) Anhang zu Krückmann: Anfechtung, Wandelung und Schadenersatz beim Viehkauf. 1904. Zucht und Pflege des Hundes
**) Dressur und Führung des Gebrauchshundes.

Die Vertragsmängel des Hausgeflügels.

I. Die Geflügelcholera.

Ursachen. Die Geflügelcholera oder der Geflügeltyphus (Typhoid) ist die wichtigste und häufigste Geflügelseuche. Sie wird durch den zur Gruppe der Septicaemia haemorrhagica gehörigen Bacillus avisepticus verursacht, ein außerordentlich kleines, nur mittelst Immersion sichtbares, achterförmiges Stäbchen, welches in der Natur weit verbreitet ist und sich z. B. auch in der Maulhöhle und im Darmkanal gesunder Tiere findet. Die Geflügelcholera befällt alle Arten von Hausgeflügel und vernichtet ganze Zuchten und Herden. Der Verlust an Geflügel in Deutschland beträgt pro Jahr bis 100 000 Stück. Die Ansteckung erfolgt durch die Aufnahme des Kotes kranker Tiere, durch die Verfütterung von Abfällen geschlachteter Tiere und durch den Import ausländischen Geflügels (Rußland, Österreich, Galizien, Bulgarien, Italien).

Das Inkubationsstadium ist meist sehr kurz; es beträgt durchschnittlich nur 24 Stunden (18—48 Stunden). Nach Fütterungsversuchen schwankte es bei Gänsen zwischen 1—2 Tagen, bei Hühnern zwischen 4—9 Tagen.

Symptome. Die Geflügelcholera ist durch einen sehr raschen Verlauf gekennzeichnet. Nicht selten sterben die Tiere apoplektisch ohne vorausgegangene Krankheitserscheinungen. In andern Fällen dauert die Krankheit nur einige Stunden. Im Durchschnitt beträgt die Dauer der Krankheit einen bis drei Tage. Die wichtigsten Symptome sind: Appetitlosigkeit, Traurigsein, Mattigkeit, Fieber und Durchfall. Der Tod erfolgt gewöhnlich unter den Erscheinungen der allgemeinen Schwäche und Schlafsucht, zuweilen auch unter Konvulsionen.

Diagnose. Dieselbe stützt sich auf das seuchenhafte Auftreten, den ansteckenden Charakter und den schnellen Verlauf der Krankheit, auf das Vorhandensein von Durchfall, sowie auf

die anatomischen Veränderungen im Darm, im Herzen und in
der Lunge. Die Darmschleimhaut ist dunkelrot gefärbt und mit
blutigen Flecken besetzt; die Darmfollikel sind ulzeriert. Das Herz
erscheint durch subepikardiale Hämorrhagien rot gesprenkelt. An
der Lunge besteht häufig kruppöse und hämorrhagische Pneumonie,
zuweilen auch fibrinöse Pleuritis. Im Blute findet sich in großen
Mengen der Bacillus avisepticus. Der mikroskopische Nachweis
läßt sich übrigens in der forensischen Praxis nicht immer erbringen
(Immersion!). In der Regel genügen die beschriebenen anatomischen
Veränderungen, der seuchenhafte und perakute Verlauf und der
Nachweis von Durchfall zur Diagnose; die klinischen Erscheinungen
reichen jedoch für sich allein zur Diagnose nicht aus (Vergiftungen
mit Scilla, Erysimum und anderen Giften). Über die Unterscheidung
der Geflügelcholera von der Geflügelpest vergleiche unten.

Beurteilung. Da es beim Geflügel Hauptmängel nicht gibt,
gelten die Vorschriften der §§ 459—480 B. G. B. Daß die Geflügelcholera ein erhebliches Leiden ist, ergibt sich aus der Mortalitätsziffer, welche 90 95 Prozent beträgt. Bei der Altersbestimmung hat man zu beachten, daß unter Umständen Infektion und Tod innerhalb 24 Stunden eintreten können.
Wenn schon in den ersten 18 Stunden nach der Übergabe Todesfälle auftreten, kann das Leiden bis vor die Übergabe zurückdatiert
werden. Bei mildem Seuchenverlauf und nach Eisenbahntransporten,
bei denen eine Infektion während des Transports ausgeschlossen ist,
kann namentlich bei Gänsen das Minimum der Inkubationszeit auf
24 Stunden angesetzt werden.

Geflügelpest. Eine neue, durch einen unbekannten Erreger verursachte, außerordentlich ansteckende Krankheit, welche meist nur Hühner
befällt und auf Tauben nicht übertragbar ist. Sie führt in zwei bis vier
Tagen zum Tode unter den Erscheinungen von Mattigkeit, Schlafsucht,
Lähmung und Blaufärbung des Kammes. Der Sektionsbefund ist
negativ. Durch diesen Umstand, ferner durch die Nichtübertragbarkeit
auf Tauben und das Fehlen des Durchfalles unterscheidet sich die Geflügelpest von der Geflügelcholera.

2. Die Geflügeldiphtherie.

Ursachen. Die Geflügeldiphtherie hat mit der Diphtherie des
Menschen ursächlich nichts gemein. Sie bildet vielmehr eine auf
das Geflügel beschränkte Infektionskrankheit, welche sich in
kruppös - diphtheritischer Entzündung fast aller sichtbarer
Schleimhäute, zuweilen auch in der Bildung von Epitheliomen

auf der Haut (Geflügelpocke) äußert und durch einen filtrierbaren Erreger verursacht wird. Die Geflügeldiphtherie bildet eine sehr wichtige und gefährliche Geflügelseuche, welche namentlich Hühner und Tauben der feineren, französischen und italienischen Rassen befällt und durch den Import sowie durch Geflügelausstellungen verschleppt wird. Das Inkubationsstadium beträgt einige Tage (bei Hühnern nach Krajewski vier bis zehn Tage, bei Tauben nach Babes und Puscarin zwei bis drei Tage).

Symptome. Die Geflügeldiphtherie ist im Gegensatz zur perakuten Geflügelcholera eine chronische, Wochen und Monate dauernde Krankheit, welche sich aus unmerklichen Anfängen ganz allmählich entwickelt. Das Allgemeinbefinden ist im Beginn der Krankheit wenig oder gar nicht gestört. Die Schleimhautdiphtherie findet sich bald in der Maulhöhle und Rachenhöhle, bald in der Nasenhöhle und im Kehlkopf, bald im Lidsack. In der Maulhöhle findet man weiße, käseähnliche, der Schleimhaut fest anhaftende Massen am Gaumen, an der Zunge, an den Backenwandungen, im Maulwinkel und in der Umgebung des oberen Kehlkopfes. Die Erkrankung der Nasenhöhle äußert sich durch einen schmierigen, oft eingetrockneten Ausfluß aus den Nasenlöchern, Schniefen, Niesen, Schlenkern, Abszeßbildung unter dem medialen Augenwinkel und mitunter starke Entstellung des Kopfes. Bei Diphtherie des Kehlkopfes und der Luftröhre sieht man Exsudatmassen im Innern des Kehlkopfes und der Luftröhre. Daneben besteht Dyspnoe. Die Augendiphtherie äußert sich in Schwellung und Verklebung der Lider, Ansammlung käsiger, halbmond- oder linsenförmiger Massen im Lidsack, Keratitis und eitriger Panophthalmie. Bei Darmdiphtherie besteht Durchfall.

Auf der Haut bilden sich an den unbefiederten Stellen des Kopfes gelbgraue, perlmutterglänzende, derbe Knötchen und Knoten oder warzen- und maulbeerähnliche Wucherungen (Geflügelpocken, Epitheliome).

Beurteilung. Die Geflügeldiphtherie ist eine gefürchtete, häufig unheilbare und auch wegen der Ansteckungsgefahr sehr erhebliche Krankheit (§ 459 B. G. B.). Ihre Mortalitätsziffer beträgt durchschnittlich 50 bis 70 Prozent. Das Fleisch geschlachteter Tiere ist im günstigsten Falle als minderwertig zu beurteilen (bei starker Abmagerung als untauglich). Bei der Altersbestimmung sind der schleichende, chronische Verlauf und das Vorhandensein eines Inkubationsstadiums von mindestens einigen Tagen zu berücksichtigen. Jedenfalls hat die Infektion schon vor der Übergabe stattgefunden, wenn Hühner schon in den ersten Tagen nach der Übergabe diphtherische Veränderungen an den Schleimhäuten aufweisen. Da endlich die Krankheit in der Regel schleichend und mit unmerklichen Krankheitserscheinungen beginnt, so ist sie in diesem Stadium für den Laien nicht in die Augen fallend. Den Laien ist auch die ausgebildete Krankheit meist nicht bekannt. Dagegen muß bei Geflügelhändlern und Geflügelzüchtern die Kenntnis der entwickelten Geflügeldiphtherie vorausgesetzt werden, da die Seuche schon seit 50 Jahren bekannt ist und seit Jahrzehnten in allen Geflügelblättern besprochen wird.

3. Syngamus trachealis.

Entwicklungsgeschichte. Die durch Syngamus trachealis bedingte Geflügelseuche kommt namentlich in Fasanerien, sowie bei Hühnern, Puten, jungen Gänsen, Pfauen, Rebhühnern, Papageien und Kanarienvögeln vor. Auch viele wild lebende Vögel (Dohlen, Elstern, Krähen usw.) beherbergen den Parasiten. Der Syngamus trachealis lebt im geschlechtsreifen Zustand paarweise im oberen Teil der Luftröhre, wobei das Männchen mit dem Weibchen kopulativ vereint ist.

Die Übertragung der Seuche erfolgt durch das Aushusten bzw. Entleeren der Eier mit dem Kote. Im Freien entwickeln sich aus den Eiern nach sieben bis vierzig Tagen (Wärme, Kälte) die Embryonen, welche dann mit der Nahrung von den gesunden Tieren aufgenommen werden. Wahrscheinlich bohren sich die Embryonen durch den Schlund nach der Lunge und gelangen von da in die Trachea. Fütterungsversuche von Ehlers, Mégnin und Theobald haben ergeben, daß die Syngamen schon sieben Tage nach der Aufnahme Husten erzeugen können, daß sie schon nach zwölf Tagen im Kopulationszustand in der Luftröhre angetroffen werden, und daß beim Weibchen schon nach siebzehn Tagen reife Eier vorhanden sind.

Symptome. Die Syngamen erzeugen als blutsaugende Parasiten an ihrer Anheftungsstelle eine Tracheïtis und verengen bzw. verstopfen in großer Anzahl die Luftröhre. Die Krankheit äußert sich daher durch Husten und Atemnot. Zuweilen werden Schleimklümpchen schleudernd ausgeworfen, in welchen sich die elliptischen Eier nachweisen lassen. Gesichert wird die Diagnose durch die

Sektion bzw. durch den Nachweis der Würmer in der Trachea (kopulierte rote Würmer, Weibchen etwa 1 cm, Männchen $^1/_2$ cm lang).

Beurteilung. Die durch Syngamus trachealis bedingte Geflügelseuche tritt in manchen Gegenden sehr verheerend auf; sie ist daher auch mit Rücksicht auf die Ansteckungsgefahr für gesunde Tiere ein sehr erhebliches Leiden (§ 459 B. G. B.). Bei der Altersbestimmung darf man nicht vergessen, daß die Syngamen sich in der Trachea ziemlich schnell entwickeln können. Schon vom siebenten Tage ab nach der Aufnahme der Wurmbrut können sich Krankheitserscheinungen (Husten) bemerklich machen. Man darf daher das Alter der Krankheit nicht überschätzen. Auch ist bezüglich der Infektion mit der Möglichkeit zu rechnen, daß Fasanen und zahmes Geflügel durch wild lebende Vögel infiziert werden können, indem sie eierhaltiges Futter, Wasser, Erde usw. aufnehmen. Angeblich sollen auch Regenwürmer die Infektion vermitteln.

Altersbestimmung beim Geflügel. 1. Hühner. Bei jungen Hühnern sind die Sporen nicht ausgebildet. Junge Hähne zeigen bis zu $4^1/_2$ Monaten nur eine Andeutung des Sporns (breite Schuppe), von $4^1/_2$—5 Monaten einen kleinen Höcker, mit 7 Monaten einen 3 mm langen, mit 12 Monaten einen $1^1/_2$ cm langen geraden Sporn. Mit 2 Jahren krümmt sich der 2—3 cm lange Sporn (Cornevin). Bei jungen Hühnern sind ferner die Schuppen an den Füßen glatt und der Schnabel weich, während alte Hühner rauhe Schuppen und einen harten Schnabel haben.

2. Gänse. Starke Flügel, starker Schnabel und rauhe Füße sind Kennzeichen einer alten Gans (und Ente).

3. Tauben. Bei jungen Tauben bis zum Alter von 6—8 Monaten ist der Schnabel weich, später hart (Cornevin). Junge Tauben haben ferner Flaumfedern und glatte Füße.

4. Rebhühner. Junge Tiere haben gelbliche, alte graue Füße. Der Schnabel ist bei jungen Tieren weich (mit dem Finger einzudrücken), bei alten hart.

Ausführliches über die Altersbestimmung beim Geflügel findet sich bei Ostertag, Handbuch der Fleischbeschau 1913.

Geschlechtsbestimmung beim Kanarienvogel. Im Handel mit Kanarienvögeln gibt es zuweilen Meinungsverschiedenheiten und Rechtsstreitigkeiten (sogar Betrugsklagen) zwischen Käufer und Händler über die Frage: ob ein als Hahn verkaufter Vogel männlichen oder weiblichen Geschlechts ist. Man hat hierbei zu beachten, daß es auch für einen Fachmann und Händler schwierig und mitunter sogar unmöglich ist, einen Kanarienhahn von einer Kanarienhenne zu unterscheiden. Wenn es auch mehrere unterscheidende Merkmale gibt, die es dem Händler meist ermöglichen, das Geschlecht zu erkennen, so sind diese doch nicht untrüglich. Die sonst bei Singvögeln zur Unterscheidung des Geschlechtes dienende Farbe kann nur bei den hellgelben Kanarienvögeln und nur bis zu einem gewissen Grade als Kennzeichen benützt werden (intensiv gelbe

Färbung des Kopfes und Rückens beim Männchen im Gegensatz zum
helleren Weibchen), während bei den hochgelben, hochgrünen und bunten
Kanarienvögeln beide Geschlechter meist gleich gefärbt sind. Aber auch
bei den hellgelben Vögeln findet man oft keinen Farbenunterschied. Ein
ebensowenig sicheres Unterscheidungsmerkmal bildet der sog. Zapfen,
die Spitze des Hinterleibes mit der Kloake. Bei jungen, bis zu einem
Jahr alten Vögeln besteht kein wesentlicher Unterschied in der Form und
Stellung des Zapfens (bei älteren Hähnen ist allerdings gewöhnlich der
Zapfen mehr rundlich, kegelförmig und nach vorne gerichtet, die Kloake
ebenfalls rundlich). Der Gesang endlich ist kein absolut sicheres männliches Merkmal, da es auch Weibchen gibt, die im Gesang hinter einem
Hahn nicht zurückstehen. Ein Händler kann somit auch bona fide ein
Weibchen für einen Hahn verkaufen. Vgl. Genaueres bei Borchert, Ruß
und Volger, Der Kanarienvogel.

Bezüglich der Unterscheidung der einzelnen Vogelarten auf Grund
der mikroskopischen Untersuchung der Vogelfedern (Dunen) vgl. Kockel,
Vierteljahrsschrift für gerichtl. Med. 37. Bd. 1909. Nach Wittlinger
(Berl. Tierärztl. Wochenschr. 1909) besteht zwischen Gänsefedern und Entenfedern (Diebstahl einer Gans) mikroskopisch kein Unterschied; beide lassen
sich nur makroskopisch unterscheiden (Gänsefedern zeigen eine rein weiße
Färbung, Entenfedern eine mehr gelbliche; Gänsefedern sind ferner leichter
und elastischer als Entenfedern).

Die Vertragsmängel des Wildes.

Allgemeines. Beim Wild (Hirsche, Rehe, Wildschweine, Hasen usw.) kommen unter Umständen verschiedene Vertragsmängel nach § 459 B. G. B. vor. So findet man bei Wildschweinen nicht selten Trichinen (in Preußen ist daher die Trichinenschau für Wildschweine gesetzlich vorgeschrieben). Sehr häufig sind ferner Strongylen (Lungen- und Magenwurmseuche bei Hirschen, Rehen, Wildschweinen usw.), Distomen (Leberegelseuche bei Hirschen und Rehen) und Finnen (Cysticercus tenuicollis bei Rehen und Wildschweinen). Auch Milzbrand, Wildseuche, Aphthenseuche und vereinzelt Tuberkulose hat man bei Rot-, Dam-, Reh- und Schwarzwild beobachtet. Zu erwähnen sind ferner septische und pyämische Prozesse. Forensisch am wichtigsten sind jedoch gewisse postmortale Veränderungen des Fleisches (Verhitzen, Fäulnis). Unter ihnen bedarf das besonders bei Hirschen und Wildschweinen vorkommende sog. „erhitzte" Fleisch einer besonderen Besprechung.

Das sog. erhitzte Fleisch. Als „hitziges", „erhitztes", „verhitztes" Fleisch oder als „stinkende saure Gärung" bezeichnet man diejenige Form der Fäulnis, welche beim Wild sich einstellt, wenn es nach dem Tode unausgeweidet oder jedenfalls mit uneröffneter Bauchhöhle unter Verhältnissen liegt, die das Auskühlen des Körpers verlangsamen. Dies tritt z. B. ein, wenn lebenswarmes Wild aufeinandergeworfen und unmittelbar darauf verladen wird. Hierbei dringen fäulniserregende anaërobe Bakterien aus dem Magen und Darmkanal in die Blutgefäße und gelangen auf dem Wege der Blutgefäße in das Fleisch. Diese Fäulniserreger vermehren sich um so schneller und führen die Zersetzung des Fleisches um so rascher herbei, je höher die Außentemperatur ist. Die Verhitzung kann jedoch auch im strengsten

Winter eintreten. Die Fäulnis des Fleisches setzt mit Vorliebe an den Schußstellen und in der Nachbarschaft der großen Körperhöhlen ein und verbreitet sich, den Bindegewebszügen folgend.

Die Erscheinungen des „Verhitztseins" bestehen in starkem Fäulnisgeruch sowie einer den ganzen Körper betreffenden Gasbildung im Fleisch, die eine Auftreibung und Spannung der Haut veranlaßt. Die Haut, das Unterhautbindegewebe und das Fett sind grünlich verfärbt, die Muskulatur graurot, schmutzig-grün oder laubgrün, die Haare lockern sich und lassen sich büschelweise ausziehen. Das Fleisch reagiert stark sauer unter gleichzeitiger Bildung großer Mengen von Schwefelwasserstoff und starker Wärmeentwicklung („Erhitzen").

Das Erhitztsein des Wildes stellt einen sehr erheblichen Mangel dar, den der Verkäufer (Jäger) zu vertreten hat, weil ihm eine Versäumnis zur Last fällt (nicht weidmannsgerechte Behandlung des Wildes). Wenn auch die Frage der Gesundheitsschädlichkeit noch strittig ist, so muß stärker erhitztes Fleisch jedenfalls als untauglich, schwach erhitztes als erheblich minderwertig begutachtet werden; besteht gleichzeitig Fäulnis, dann ist das Fleisch gesundheitsschädlich.

Bezüglich der Altersbestimmung, also des Zeitpunktes der Entstehung des Mangels, ist zu beachten, daß die Einwanderung der fäulniserregenden Bakterien aus dem Darm ins Blut unmittelbar nach dem Tode vor der Ausweidung stattfindet. Auch bei einem ausgeweidet verkauften Wild sind mithin als Ursache des Erhitztseins die besonderen Verhältnisse zu bezeichnen, unter denen sich der Körper während der Zeit unmittelbar nach dem Tod und vor der Ausweidung befunden hat (unausgeweidet oder mit uneröffneter Bauchhöhle unter Verhältnissen liegen, die das Auskühlen des Körpers verlangsamen).

Die stinkende saure Gärung (Erhitzen) darf nicht verwechselt werden mit der einfach sauren Gärung (Reifung) des gesunden Wildfleisches, welche einen normalen, ohne die Mitwirkung von Bakterien entstehenden chemischen Zersetzungsvorgang bildet. Auch von dem sog. Haut-goût muß das Erhitzen unterschieden werden. Derselbe bildet das Höhestadium der Reifung und ist durch einen spezifischen, leichtsäuerlichen, pikanten, nicht unangenehmen Geruch, zarte, mürbe Konsistenz und gesteigerte Schmackhaftigkeit gekennzeichnet; die Reaktion des Fleisches ist dabei sauer, es enthält Spuren

flüchtiger Schwefelverbindungen (Schwefelwasserstoff) und ist infolgedessen mitunter leicht grünlich verfärbt. Im Gegensatz hierzu bildet
die gewöhnliche Fäulnis des Fleisches einen erheblichen Mangel,
weil sie eine durch die Einwirkung von Mikroorganismen (Fäulnis-
bakterien) bedingte faule Zersetzung („alkalische Gärung") des
Fleisches darstellt, bei der sich große Mengen von Schwefelwasserstoff sowie freies Ammoniak bilden (alkalische Reaktion, Ammoniak-
probe), so daß das Fleisch verdorben bzw. gesundheitsschädlich ist.
In Betracht kommen jedoch hierbei nur die eigentliche Tiefenfäulnis
und die Leichenfäulnis. Die Oberflächenfäulnis des Wildes bildet
dagegen keinen erheblichen Mangel, das Fleisch wird vielmehr im
Handel als vollwertig betrachtet, weil sich die oberflächlichen,
höchstens 2—3 Millimeter dicken Fäulnisschichten leicht entfernen
lassen (Essigwaschung). Über den Nachweis der Fäulnis vergleiche
die Lehrbücher der Fleischbeschau. Bezüglich der Altersbestimmung
der Fäulnis ist endlich zu beachten, daß sie sich unter günstigen
Bedingungen jederzeit sehr schnell entwickeln kann.

Die Haftpflicht.

I. Die Bestimmungen des B. G. B. über Haftpflicht.

Nach dem B. G. B. besteht allgemein die Haftpflicht für den Schaden, der aus Fahrlässigkeit bzw. infolge eines Verstoßes gegen die Regeln der Wissenschaft und Kunst entstanden ist (§ 276). Dies gilt auch für den Tierarzt, sowie für alle, die sich gewerbsmäßig mit der Ausübung der Tierheilkunde befassen (Tierkliniken, Tierheilkundige, Empiriker, Viehkastrierer). Wenn ein Tierarzt die Behandlung eines Tieres übernimmt, so ist dadurch ein „Dienstvertrag" im Sinne des § 611 ff. B. G. B. zwischen den Parteien zustande gekommen. Auf derartige Verträge findet die allgemeine Vorschrift des § 276 Anwendung, wonach Fahrlässigkeit zu vertreten ist. Hat ein Tierarzt bei der Behandlung des ihm anvertrauten Tieres die erforderliche Sorgfalt nicht beachtet, dann hat er gemäß § 823 B. G. B. Schadenersatz zu leisten. Der Tierarzt ist dabei auch haftbar für das Verschulden seiner Assistenten (§ 278) und für den seinen Bediensteten zustoßenden Schaden (§ 823). Dieselbe Haftpflicht besteht für Beschlagschmiede (§§ 631—635) und Schäfer. Haftpflichtig sind ferner die Gastwirte (§ 701), die Tierhalter (§§ 833 und 834), Apotheker, Drogisten und Futterhändler (§ 823), die Besitzer von Deckhengsten (§ 276), sowie diejenigen, die sich Pferde leihen oder mieten. Auch der Militärfiskus ist haftpflichtig für Verluste, Beschädigungen und außergewöhnliche Abnützungen bei Zugtieren, welche ohne Verschulden der Eigentümer bei Vorspannleistungen entstanden sind, zu denen die Eigentümer auf Grund des Gesetzes über die Naturalleistung für die bewaffnete Macht im Frieden vom 24. Mai 1898 verpflichtet sind (§§ 3 und 9), ferner für Beschädigungen bei der Einquartierung sowie durch Einschleppung von Seuchen. Endlich besteht in manchen Gegenden für die Tierbesitzer eine besondere Haftpflicht gegenüber den Abdeckereiprivilegien (Art. 74 des Einführungsgesetzes zum B. G. B.).

Bezüglich der Schadenersatzpflicht ist zu beachten, daß ein ursächlicher Zusammenhang (Kausalkonnex) zwischen der Entstehung des Schadens und der zum Ersatz verpflichtenden Tatsache (Kunstfehler usw.) bestehen muß. Zum Nachweis des Kausalkonnexes ist es aber nicht nötig, daß der zum Schadenersatz verpflichtende Umstand (Kunstfehler) der einzig mögliche Grund des entstandenen Schadens ist. Es genügt vielmehr, daß der Umstand (Kunstfehler) geeignet war, den Schaden hervorzurufen.

Verträge sind im übrigen so auszulegen, wie es Treue und Glauben mit Rücksicht auf die Verkehrssitte erfordern (§ 157 B. G. B.).

Die einschlägigen Paragraphen des B. G. B. lauten:

§ 276. Der Schuldner hat Vorsatz und Fahrlässigkeit zu vertreten. Fahrlässig handelt, wer die im Verkehr erforderliche Sorgfalt außer acht läßt.

§ 278. Der Schuldner hat ein Verschulden seines gesetzlichen Vertreters und der Personen, deren er sich zur Erfüllung seiner Verbindlichkeit bedient, in gleichem Umfange zu vertreten, wie eignes Verschulden.

§ 823. Wer vorsätzlich oder fahrlässig das Leben, den Körper, die Gesundheit, die Freiheit, das Eigentum oder ein sonstiges Recht eines andern widerrechtlich verletzt, ist dem andern zum Ersatze des daraus entstehenden Schadens verpflichtet.

Die gleiche Verpflichtung trifft denjenigen, welcher gegen ein den Schutz eines anderen bezweckendes Gesetz verstößt.

§ 831. Wer einen andern zu einer Verrichtung bestellt, ist zum Ersatze des Schadens verpflichtet, den der andere in Ausführung der Verrichtung einem Dritten widerrechtlich zufügt. Die Ersatzpflicht tritt nicht ein, wenn der Geschäftsherr bei der Auswahl der bestellten Person und, sofern er Verrichtungen oder Gerätschaften zu beschaffen oder die Ausführung der Verrichtung zu leiten hat, bei der Beschaffung oder der Leitung die im Verkehr erforderliche Sorgfalt beobachtet oder wenn der Schaden auch bei Anwendung dieser Sorgfalt entstanden sein würde.

§ 833. Wird durch ein Tier ein Mensch getötet oder der Körper oder die Gesundheit eines Menschen verletzt oder eine Sache beschädigt, so ist derjenige, welcher das Tier hält, verpflichtet, dem Verletzten den daraus entstehenden Schaden zu ersetzen.

Die Ersatzpflicht tritt nicht ein, wenn der Schaden durch ein Haustier verursacht wird, das dem Berufe, der Erwerbstätigkeit oder dem Unterhalt des Tierhalters zu dienen bestimmt ist, und entweder der Tierhalter bei der Beaufsichtigung des Tieres die im Verkehr erforderliche Sorgfalt beobachtet oder der Schaden auch bei Anwendung dieser Sorgfalt entstanden sein würde.

§ 834. Wer für denjenigen, welcher ein Tier hält, die Führung
der Aufsicht über das Tier durch Vertrag übernimmt, ist für den
Schaden verantwortlich, den das Tier einem Dritten in der im § 833
bezeichneten Weise zufügt. Die Verantwortlichkeit tritt nicht ein,
wenn er bei der Führung der Aufsicht die im Verkehr erforderliche
Sorgfalt beobachtet oder wenn der Schaden auch bei Anwendung
dieser Sorgfalt entstanden sein würde.

§ 254. Hat bei der Entstehung des Schadens ein Verschulden
des Beschädigten mitgewirkt, so hängt die Verpflichtung zum Ersatze, sowie der Umfang des zu leistenden Ersatzes von den Umständen,
insbesondere davon ab, inwieweit der Schaden vorwiegend von dem
einen oder dem andern Teil verursacht worden ist.

§ 611. Durch den Dienstvertrag wird derjenige, welcher
Dienste zusagt, zur Leistung der versprochenen Dienste, der andere
Teil zur Gewährung der vereinbarten Vergütung verpflichtet. Gegen-
stand des Dienstvertrages können Dienste jeder Art sein.

§ 631. Durch den Werkvertrag wird der Unternehmer zur
Herstellung des versprochenen Werkes, der Besteller zur Ent-
richtung der vereinbarten Vergütung verpflichtet. Gegenstand des
Werkvertrags kann sowohl die Herstellung oder Veränderung einer
Sache, als ein anderer durch Arbeit oder Dienstleistung herbei-
zuführender Erfolg sein.

§ 633. Der Unternehmer ist verpflichtet, das Werk so herzustellen, daß es die zugesicherten Eigenschaften hat und nicht
mit Fehlern behaftet ist, die den Wert oder die Tauglichkeit zu
dem gewöhnlichen oder dem nach dem Vertrage vorausgesetzten
Gebrauch aufheben oder mindern.

§ 701. Ein Gastwirt, der gewerbsmäßig Fremde zur Be-
herbergung aufnimmt, hat einem im Betriebe dieses Gewerbes aufgenommenen Gaste den Schaden zu ersetzen, den der Gast durch
den Verlust oder die Beschädigung eingebrachter Sachen
erleidet. — Ein Anschlag, durch den der Gastwirt die Haftung ab-
lehnt, ist ohne Wirkung.

II. Die Haftpflicht des Tierarztes.

I. Haftpflicht beim Verschreiben, Dosieren, Dispensieren und Applizieren von Arzneien.

Vertretbare Versehen bei der Anwendung von Arzneien
kommen in der tierärztlichen Praxis nicht selten vor. Sie betreffen
Fehler beim Rezeptieren, in der Dosierung, beim Selbstdispensieren und bei der Applikation der Arzneimittel.

Rezeptfehler. Sie bestehen teils in Schreibfehlern (auch
unleserlich geschriebene Rezepte bedingen unter Umständen eine
zu vertretende Fahrlässigkeit), teils in Verwechslung von Arzneien
und Präparaten, teils in der Ordination unzweckmäßiger Arzneimischungen. Besonders verhängnisvoll ist zuweilen das Verschreiben

explosibler Arzneimischungen. Erfahrungsgemäß sind es
namentlich zwei Arzneimittel, welche fehlerhaft mit brennbaren
Stoffen zusammen verschrieben werden: das Kalium chloricum und
das Kalium permanganicum. Wird z. B. Kalium chloricum zusammen mit Schwefelantimon oder Kalium permanganicum zusammen
mit Alkohol gemischt, so erfolgt eine unter Umständen lebensgefährliche Explosion. Ähnliche explosible Verbindungen sind:
Chromsäure und Alkohol, Chlorkalk und Schwefel, Jod und Terpentinöl, Salpetersäure und Glyzerin, Chlorkalk und Schwefel usw.

Fehler in der Dosierung. Sie bedingen die Arzneivergiftungen. Sie betreffen namentlich das Strychnin, die Queck-
silberpräparate, den Arsenik und Phosphor, den Brechweinstein,
das Chlorbaryum und Chloroform, die Digitalisblätter, das Veratrin,
Atropin, Eserin und Pilocarpin, die Cantharidensalbe und die Aloe;
vgl. genaueres S. 289 ff.

Haftpflicht beim Selbstdispensieren. In Betracht kommen
zunächst Verstöße gegen das tierärztliche Dispensierrecht
(in Preußen ist den Tierärzten die Abgabe der in der Tabelle B des Arzneibuchs verzeichneten giftigen Arzneimittel, u. a.
auch des Arekolins verboten), gegen die Arzneitaxe (Über-
schreitung!), sowie gegen die Bundesratsvorschriften betr. die
Abgabe stark wirkender Arzneimittel (vom 13. Mai 1896) und über
den Handel mit Giften (29. November 1894). Sodann besteht die
Haftpflicht aus § 823 B. G. B. Hierher gehören Verstöße gegen die
Wissenschaft und Kunst, insbesondere Arzneiverwechslungen, das
Verabreichen explosierbarer Gemenge, falsches Abwägen und Sig-
nieren, Abgabe von schädlichen Geheimmitteln unbekannter Zu-
sammensetzung, mangelhafte Unterweisung des Personals und andere
fahrlässige Handlungen und Verstöße gegen die Sorgfalt, Verstöße gegen Schutzgesetze, insbesondere gegen den § 367, Abs. 3
und 5 des Strafgesetzbuches (unerlaubte Abgabe und gesetz-
widrige Aufbewahrung von Giften und Arzneien, z. B. in Bier-
flaschen), sowie die Haftung für Betriebsunfälle des Personals
in der Hausapotheke.*)

Fehler in der Applikation. Sie bestehen in der unzweckmäßigen
Art der Anwendung der Scharfsalben, in Versehen bei der Ausführung der Räudebäder, beim Eingießen flüssiger Arzneien, bei der
intratrachealen, intravenösen und subkutanen Injektion. Auch Ver-

---

*) Genaueres über die Haftpflicht im Apothekenbetrieb findet sich
in der Pharmazeut. Zeitung 1909, S. 806.

letzungen der Schleimhaut der Rachenhöhle und des Schlundes beim
Pilleneingeben sowie fahrlässige Verletzungen des Mastdarms bei rek-
taler Applikation und Exploration hat der Tierarzt zu vertreten.
Mastdarmverletzungen ereignen sich in fahrlässiger Weise
dann, wenn bei der rektalen Untersuchung und Behandlung die
allgemein üblichen Vorsichtsmaßregeln außer acht gelassen werden
(Beschneiden spitzer Fingernägel, Reinigung der Hand, langsames,
vorsichtiges Eingehen mit angefeuchteter oder eingeölter, konisch
zugespitzter Hand, Zurückziehen der Hand beim Drängen des
Tieres, Nasenbremse usw.). Vereinzelt hat man auch bei sachgemäßer und vorsichtiger Untersuchung eine Mastdarmperforation
dadurch eintreten sehen, daß eine sehr starke Kontraktion der
Mastdarmwand eine Ruptur derselben über der eingeführten Hand
herbeiführte (Vollblutpferde, abnorm enger Mastdarm).*) In einem
solchen, übrigens sehr seltenen Ausnahmefall muß der Untersuchende
einwandfrei nachweisen können, daß er alle gebräuchlichen Vorsichtsmaßregeln beachtet hat. Bezüglich des Pilleneingebens ist folgendes zu bemerken. Nach den Regeln der tierärztlichen Praxis
wird bei Pferden eine Pille entweder mit der Hand eingegeben
oder mit einem besonderen Instrumente („Pilleneingebeapparat“,
„Pillenpistole“) oder mit dem sogenannten „Pillenstock“ (glatter,
daumendicker, nach oben verjüngter Holzstab ohne eigentliche
Spitze). Der Pillenstock darf nicht dünn und zerbrechlich sein, auch
nicht so zugespitzt, daß Verletzungen mit der Spitze eintreten
können; er ist ferner mit großer Vorsicht zu handhaben, weil bei
forcierter Einführung leicht Verletzungen erfolgen. Die Anwendung
eines gewöhnlichen Stocks oder Peitschenstocks zum Eingeben der
Pille ist zwar bei manchen Tierärzten noch im Gebrauch, jedoch
als eine nicht ungefährliche Applikationsmethode zu bezeichnen.
Jedenfalls darf die Pille bei Benutzung eines Stockes oder Peitschen-
stockes nicht bei unruhigen Pferden und namentlich nicht mit Gewalt und ruckweise eingeführt werden, sondern die Einführung hat
sehr vorsichtig und langsam sowie unter Vermeidung jeder Gewalt
zu geschehen. Wird bei der Benutzung eines Stockes oder Peitschen-
stockes zum Pilleneingeben der Schlundkopf oder Schlund verletzt
(spitze Stöcke sind besonders gefährlich), so liegt ein Kunstfehler
vor, dessen Folgen der Tierarzt zu vertreten hat.

    Eine fahrlässige Handlung kann ferner dadurch begangen

---

*) Larsen, Monatshefte für prakt. Tierhlkde. 1895, VI., S. 504; Wörtz,
Repertorium 1886, S. 207.

werden, daß von Tierärzten notorisch gefährliche Mittel angewandt werden, ohne daß der Tierbesitzer auf die damit verbundene Gefahr vorher aufmerksam gemacht wird. In den letzten Jahren sind speziell nach der Anwendung des Chlorbaryums (Kolik), der kombinierten Morphium-Atropininjektion (Schulterlahmheit beim Pferd) und des sog. Lumbagins (Hämoglobinurie beim Pferd) Todesfälle eingetreten und hierbei mit Erfolg Schadenersatzansprüche erhoben worden. Nach Ausweis der Literatur sind sehr viele Pferde nach einer Chlorbaryuminjektion plötzlich an Herzlähmung gestorben. Viele Pferde sind ferner nach der Einspritzung von Morphium-Atropin an Kolik erkrankt und mehrere daran gestorben. Auch das Lumbagin hat mehrere Todesfälle infolge Thrombosierung der Jugularis verschuldet. Es ist daher vor der Anwendung dieser Mittel verschiedentlich in der Literatur gewarnt worden. Somit muß es nunmehr jedem Tierarzt bekannt sein, daß die genannten Mittel sehr gefährlich sind und nicht ohne besondere Erlaubnis des über die Gefährlichkeit aufgeklärten Besitzers appliziert werden dürfen (Obergutachten des Preußischen Landesveterinäramts).

Zur Geburtshilfe werden in manchen Gegenden beim Rind maschinelle Kräfte (Flaschenzüge, Winden usw., sog. Geburtsmaschinen) zum Herausziehen der Kälber benutzt. Der Gebrauch solcher Gewaltmittel ist gefährlich, weil dabei leicht schwere Verletzungen der Muttertiere eintreten können. Diese Hilfsmittel dürfen daher nur in Notfällen beim Fehlen lebendiger Zugkräfte unter sachgemäßer Leitung angewandt werden. Bei vorsichtiger und richtiger Anwendung, unter Kontrolle eines Sachverständigen, kann die Verwendung derartiger Zugkräfte an und für sich nicht als ein Kunstfehler angesehen werden, besonders nicht bei Geburten, die ihrer ganzen Art nach sich als solche darstellen, die nur durch besondere Hilfsmittel zu Ende geführt werden können (Obergutachten des Preußischen Landesveterinäramts 1912).

Arzneivergiftungen. Der forensische Nachweis einer Arzneivergiftung gehört im allgemeinen zu den schwierigsten Aufgaben des tierärztlichen Sachverständigen. Da die mit Arzneien behandelte Krankheit für sich allein, ganz unabhängig von der Arznei, tödlich verlaufen kann, da ferner verschiedene Nebenumstände den Tod herbeigeführt haben können, muß in jedem Falle einwandfrei bewiesen werden, daß der Tod ausschließlich durch die Arznei und nicht etwa durch die Krankheit oder durch

andere Ursachen veranlaßt worden ist. Bei Räudebädern
z. B. werden manche Todesfälle irrtümlich auf eine Vergiftung
zurückgeführt, welche ganz unabhängig von dem angewandten
Räudemittel durch das Baden oder durch besondere Umstände nach
dem Baden verursacht worden sind (Erkältung, Schluckpneumonie,
zu heißes Bad usw.). Die äußeren Umstände, der Krankheitsverlauf
und der Sektionsbefund müssen daher sehr sorgfältig gewürdigt werden.

Bezüglich der Dosierung des beschuldigten Arzneimittels
muß dargetan sein, daß die verschriebene Dosis die Maximaldosis so erheblich überschritten hat, daß sie geeignet
war, giftig oder tödlich zu wirken. Erfahrungsgemäß vertragen
manche Tiere relativ große Dosen ohne Schaden (Rasse, Alter,
Größe, Individualität, Füllungszustand des Magens usw.). Von
einer giftigen oder tödlichen Dosis kann nur gesprochen werden,
wenn auf Grund der wissenschaftlichen Erfahrung, namentlich unter
Berücksichtigung von Experimentaluntersuchungen oder ad hoc angestellten Versuchen erwiesen ist, daß die verschriebene Dosis gewöhnlich giftig oder tödlich wirkt.

Eine zu hohe Dosierung kann auch durch die Art der Arznei-
applikation bedingt werden. Wird die normale, mittlere Dosis
eines Arzneimittels statt subkutan intratracheal oder intravenös
injiziert, so kommt dadurch eine zwei- bis fünfmal stärkere, also
eine giftige bzw. tödliche Wirkung zustande. Dasselbe gilt für
die sogenannte kumulative Wirkung mehrerer, nicht giftiger Einzel-
dosen (Strychnin).

Zum Nachweis einer Arzneivergiftung dient außer der Feststellung der Dosis der klinische und anatomische Befund. Da
es sich in der Regel um bekannte Arzneien handelt (Rezepte),
erübrigt sich für gewöhnlich die chemisch-physikalische Analyse
des Giftes. Der klinische Nachweis einer Vergiftung ist meist
unsicher, da nur wenige Gifte so charakteristische Symptome aufweisen, daß aus ihnen mit Wahrscheinlichkeit das Vorhandensein
einer bestimmten Vergiftung gefolgert werden kann (Strychnin,
Chlorbaryum, Merkurialismus, Lathyrismus). Wertvoller für die
Diagnose ist der anatomische Befund. Derselbe kann positiv oder
negativ sein. Besonders wichtig für die Diagnose einer
Vergiftung ist der negative Sektionsbefund (Alkaloide,
Chlorbaryum). Positive anatomische Veränderungen findet man
bei den Ätzmitteln und scharfen Giften (Sublimat, Brechweinstein,
Phosphor, Arsenik, Canthariden).

Vereinzelt kommt es endlich vor, daß Tiere im unmittelbaren Anschluß an die Verabreichung einer Arznei sterben, ohne daß ein Fehler in der Dosierung vorliegt. Große Hunde starben z. B. nach einer einmaligen subkutanen Injektion von zwei oder drei Milligramm Strychnin, erwachsene Rinder nach dem Eingeben von sieben Zentigramm Strychnin. Hierbei sind folgende Möglichkeiten in Betracht zu ziehen:

1. Das richtig verschriebene Rezept wurde in der Apotheke unrichtig angefertigt (wiederholt nachgewiesen!).

2. Der Tod ist, ganz unabhängig von der Arznei, zufällig eingetreten.

3. Das betreffende Tier besaß eine abnorme individuelle Empfindlichkeit gegen das Mittel (Idiosynkrasie).

4. Bei der subkutanen Injektion wurde zufällig ein Gefäß getroffen (intravenöse Injektion!) oder die Arznei gelangte beim Eingeben in die Luftröhre (intratracheale Applikation!).

Meist bleibt die eigentliche Veranlassung bei derartigen Fällen unaufgeklärt.

Strychninvergiftung. Falsche Dosierungen ereignen sich namentlich bei intratrachealer Injektion und zu lange fortgesetzter Verabreichung (kumulative Wirkung). Auch Versehen in der Apotheke sind vorgekommen. Die subkutane Arzneidosis des Strychnins beträgt 0,1 Milligramm pro Kilo Körpergewicht (1—3 Milligramm für Hunde, 5 Zentigramm für Pferde usw.). Die tödliche Dosis beträgt subkutan 0,5—1,0 mg pro Kilo Körpergewicht (0,2—0,3 g für Pferde, 0,3—0,4 g für Rinder, 5—20 mg für Hunde usw.). Bei intratrachealer Injektion wirken beim Pferd schon 0,15 g tödlich. Die Vergiftung äußert sich in Tetanus und Schreckhaftigkeit. Die wichtigste Strychninreaktion ist die Blaufärbung durch Schwefelsäure und chromsaures Kali.

Quecksilbervergiftung. Arzneivergiftungen ereignen sich am häufigsten beim Rind, und zwar mit grauer Salbe (schon 30 g können beim Rind schwere Vergiftung veranlassen), Sublimat (Uterusausspülungen beim Rind), Kalomel (8 g wirken beim Rind giftig bzw. tödlich) und Hydrargyrum bijodatum (Einreibung beim Rind). Die wichtigsten Symptome des Merkurialismus sind: Salivation, profuser Durchfall, Stomatitis ulcerosa, Hautexantheme, Bronchitis und Bronchopneumonie, Anurie, Zittern und Lähmung. Nachweis: Verflüchtigung, Amalgamierung von Kupfer, Bildung von schwarzem Schwefel-Quecksilber beim Einleiten von Schwefelwasserstoff usw.

Arsenikvergiftung. Veranlassung geben namentlich Arsenikbäder bei Schafen (zu frühzeitige Anwendung nach der Schur), Arsenikwaschungen bei Pferden (zu konzentrierte, ein Prozent übersteigende Lösungen), sowie fehlerhafte Dosierung als innerliches Mittel und in der Chirurgie (Ätzmittel). Die tödliche Arsenikdosis beträgt durchschnittlich innerlich 10—15 g für Pferde, 0,1—0,2 g für Hunde; von Wunden aus können schon 2 g bei Pferden und 0,02 g bei Hunden tödlich wirken. Die Symptome der akuten Arsenikvergiftung sind Erbrechen, Kolik, Durchfall, Lähmung und Herzschwäche; bei Rindern kommt als besondere Erscheinung die Ausbildung einer Labmagenfistel hinzu. Bei der Sektion findet man Anätzung der Magenschleimhaut, Verfettung der Magendrüsen, der Leber, Nieren und des Herzmuskels. Nachweis: als Arsenspiegel im Marshschen Apparat.

Phosphorvergiftung. Zu hohe Dosierung beim Pferd und Hund ist die gewöhnliche Ursache. Die therapeutische Dosis beträgt für Pferde 0,01—0,05 g, für Hunde $\frac{1}{2}$—2 Milligramm. Die tödliche Dosis für Pferde beträgt 0,5—2,0 g, für Hunde 0,05—0,1 g. Die Erscheinungen der Vergiftung sind: Erbrechen, Leuchten des Erbrochenen im Dunkeln, Kolik, Durchfall, Ikterus, Lähmung sowie örtliche Anätzung. Die Sektion ergibt korrosive Entzündung der Digestionsschleimhaut, Verfettung der Magendrüsen, der Leber, Nieren und Muskeln, allgemeine Hämorrhagien, Phosphoreszenz und Phosphorgeruch des Mageninhaltes.

Brechweinsteinvergiftung. Arzneivergiftungen werden beim Pferd teils durch zu hohe Dosen, teils durch die Applikation in ungelöster Form, teils durch das gleichzeitige Verabreichen einer Aloepille verursacht. Die therapeutische maximale Einzeldosis beträgt für Pferde 10 g, die Tagesdosis 15 g. Die tödliche Einzeldosis beträgt bei Verabreichung im nüchternen Zustand 15—30 g. Wird der Brechweinstein im Trinkwasser ohne vorherige Lösung verabreicht, so können auch kleinere Dosen eine schwere und selbst tödliche korrosive Gastroenteritis veranlassen. Die Erscheinungen der Vergiftung äußern sich in Kolik, Durchfall und Herzlähmung; bei Aufnahme in Substanz treten die Symptome einer ulzerösen Stomatitis, Pharyngitis und Oesophagitis hinzu. Die Sektion ergibt hämorrhagisch-diphtherische Gastroenteritis.

Bleivergiftung. Ursachen sind Verwechslungen von Glaubersalz, Spießglanz usw. mit Bleizucker und Bleiweiß, sowie zu hohe Dosierung des besonders für Rinder sehr gefährlichen Bleizuckers. Die tödliche Dosis des Bleizuckers für Rinder beträgt 50—100 g. Pferde sind viel weniger empfindlich; die Todesdosis beträgt hier 500—750 g. Die Erscheinungen der akuten Bleivergiftung bestehen in Erbrechen, Kolik, Verstopfung, hartem, drahtförmigem Puls, Tympanitis, epileptiformen Krämpfen, Tobsucht und schließlich allgemeiner Lähmung. Die chronische Bleivergiftung äußert sich in Abmagerung, Schwäche, Lahmheit, psychischer Erregung, Kolikanfällen, epileptiformen Krämpfen, pustulösen Exanthemen, Hautjucken, Amblyopie und Amaurosis, Kehlkopfpfeifen, Dämpfigkeit sowie motorischen Lähmungen. Die Sektion ergibt bei der akuten Vergiftung korrosive Gastroenteritis.

Chlorbaryumvergiftung. Zahlreiche Vergiftungen sind durch die intravenöse Injektion bei kolikkranken Pferden hervorgerufen worden. Die angegebene therapeutische intravenöse Dosis von 0,5—1,25 g ist viel zu hoch. Mehrere Pferde starben nach der intravenösen Injektion von 0,7—0,8 g. Die therapeutische intravenöse Einzeldosis ist daher auf 0,25—0,5 g herabzusetzen; auch diese niederen Dosen sind unter Umständen nicht ungefährlich. Bei innerlicher Verabreichung wirken Dosen über 8 g giftig bzw. tödlich. Die Chlorbaryumvergiftung nach intravenöser Injektion äußert sich in apoplektischem Tod. Die Pferde sterben meist plötzlich oder im Verlaufe weniger Minuten unter Vorwärtsdrängen, Zusammenstürzen und tetanischen Krämpfen infolge von Herzlähmung. Bei innerlicher Verabreichung giftiger Dosen beobachtet man Darmtetanus, schwere Kolik mit heftigem Durchfall, Würgen, Erbrechen, Schreien, tonisch-klonische, sowie eklamptische Krämpfe, hochgradige Pulsbeschleunigung und allgemeine Lähmung. Der Sektionsbefund ist bei intravenöser Einverleibung des Chlorbaryums negativ.

Chloroformvergiftung. Beim Chloroformieren von Pferden und Hunden hat man wiederholt tödliche Vergiftungen beobachtet, welche sich in Lähmung des Atmungszentrums und Herzens, Rohren (akute Stimmbandlähmung), Erbrechen und brandiger Lungenentzündung äußerten. Für die forensische Beurteilung sehr wichtig ist die Tatsache, daß sich derartige Todesfälle während der Narkose bei Beachtung aller Vorsichtsmaßregeln und bei ganz niedrigen Dosen ereignen können. Die Erklärung dieser unerwarteten, ohne Schuld des Operateurs eintretenden Fälle von Chloroformtod nach therapeutischen Dosen ist in einer latenten Erkrankung der betreffenden Tiere (Herzfehler, Dämpfigkeit, Nervenschwäche) oder in einer Idiosynkrasie gegen Chloroform zu suchen. Ich habe selbst ein Pferd in regulärer Narkose schon nach 55 g Chloroform sterben sehen. Das Chloroformieren ist daher für Pferde und Hunde auch bei Beobachtung aller Regeln nicht ganz ungefährlich. Besonders gefährlich ist das Chloroformieren bei Rindern, Schafen und Ziegen (Tetanus, Tympanitis). Eine Schuld beim Chloroformtod ist dem Operateur nur dann beizumessen, wenn ihm regelwidrige Versehen beim Chloroformieren nachgewiesen werden können. Solche Versehen sind z. B., wenn er nicht für die Einatmung genügender Mengen reiner Luft Sorge trägt, wenn er den Vorderkopf des Pferdes in einen Eimer stecken läßt, in dem sich das Chloroform befindet, und hierauf den Eimer ringsherum luftdicht verschließt, wenn er den Thorax durch Personen oder den Brustgurt belasten läßt, wenn er den Kehlriemen nicht lockert, wenn er die Atmung und den Puls nicht kontrolliert oder kontrollieren läßt, wenn er flüssiges Chloroform in die Nasenhöhle gießt, wenn er nicht Gegenmittel (Atropin, Skopolamin) gegen eine etwa eintretende Chloroformvergiftung bereithält bzw. anwendet, wenn er bei eingetretener tiefer Narkose oder bei Atmungsstillstand und Unregelmäßigkeit in der Herztätigkeit nicht mit dem Chloroformieren aussetzt, wenn er schlechtes, zersetztes Chloroform anwendet (Narkosechloroform, Chloroformium pro narcosi!), wenn er das Pferd vor der Narkose nicht auf seinen allgemeinen Gesundheitszustand untersucht hat usw.

Digitalisvergiftung. Vergiftungen kommen zuweilen beim Pferd infolge falscher Dosierung oder fortgesetzter Anwendung vor (kumulative Wirkung!). Die therapeutische Maximaldosis der trocknen Digitalisblätter für Pferde beträgt 12 g. Die Todesdosis für Pferde beträgt 25 g. Der Tod tritt auch ein, wenn innerhalb ein bis zwei Tagen 25 g in Form kleinerer Dosen verabreicht werden. Die Vergiftung äußert sich in anfänglicher Verlangsamung und späterer enormer Beschleunigung des Pulses und der Herztätigkeit mit schließlicher Herzlähmung. Daneben beobachtet man gastroenteritische Erscheinungen.

Veratrinvergiftung. Meist sind Dosierungsfehler die Ursache. Die mittlere therapeutische Dosis für Pferde beträgt bei subkutaner Injektion 0,05—0,1 g, die Maximaldosis 0,2 g, die tödliche Dosis 0,5—1,0 g. Vereinzelt hat man Vergiftungsfälle schon nach der subkutanen Injektion von 0,1—0,2 g Veratrin bei Pferden beobachtet (Idiosynkrasie? Inkonstantes Präparat?). Die Vergiftung äußert sich in starker, psychischer und motorischer Erregung mit späterer Lähmung, außerdem in Kolik,

19*

Durchfall und Erbrechen. Der Sektionsbefund ist bei subkutaner Applikation
negativ.

Atropinvergiftung. Bei Pferden kamen zahlreiche Vergiftungen vor
durch die Kombination von Atropin und Morphin (Schulterlahmheit).
Die mittlere therapeutische Dosis des Atropins beträgt bei subkutaner
Anwendung für Pferde 0,05—0,1 g. Manche Pferde zeigen allerdings
schon nach 0,05 g Vergiftungserscheinungen (Idiosynkrasie). Eine tödliche Vergiftung tritt jedoch unter Umständen ein, wenn 0,05 g Atropin
zusammen mit einer kleinen Morphiumdosis (0,2 g) Pferden injiziert
werden. Es entsteht dann zuweilen eine tödliche Verstopfungskolik infolge der sekretionshemmenden Wirkung des Atropins auf die
Darmdrüsen und der lähmenden Wirkung des Morphiums auf die Darm-
peristaltik. Die reine Atropinvergiftung äußert sich in psychischer
Erregung, Tobsucht, Krampfanfällen, Herzklopfen und Pupillenerweiterung.

Eserinvergiftung. Vereinzelt hat man bei kolikkranken Pferden nach
subkutaner Injektion therapeutischer Dosen (0,05—0,1 g) schwere Vergiftungen beobachtet. Die Ursachen dieser ungewöhnlichen und für den
behandelnden Tierarzt nicht zu verantwortenden Vergiftungsfälle sind teils
in einer Idiosynkrasie oder latenten Erkrankung der betreffenden
Pferde (Dämpfigkeit), teils in der Inkonstanz der Präparate zu suchen.
Ein Versehen liegt nur dann vor, wenn zu große Dosen Eserin verabreicht
werden, oder wenn die therapeutische Maximaldosis von 0,1 g Eserin
einem kolikkranken Pferde verabreicht wird, bei dem im Verlaufe der Kolik
bereits Herzschwäche eingetreten ist. Die Vergiftung äußert sich in heftiger
Kolik, profusem Durchfall, Pupillenverengerung, Krämpfen sowie
Lähmung des Herzens, der Atmung und der Körpermuskulatur.

Pilokarpinvergiftung. Nach normalen Dosen (0,3—0,8 g) sind bei
Pferden ähnliche Vergiftungen beobachtet worden wie beim Eserin
(Idiosynkrasie, Inkonstanz der Präparate, latente innere Krankheiten).
Ein Versehen liegt auch hier nicht bzw. nur dann vor, wenn die Maximal-
dosis erheblich überschritten wird. Symptome der Vergiftung sind: abundantes
Speicheln und Schwitzen, Dyspnoe, Durchfall, Erregungs- und
Lähmungserscheinungen.

Aloevergiftung. Zu große einmalige Aloedosen oder zu rasche
Wiederholung der normalen Dosis sind gewöhnlich die Ursachen der
Aloevergiftung beim Pferd. Die tödliche Dosis ist gewöhnlich die doppelte
bis dreifache der therapeutischen Laxierdosis. Auch dann, wenn die
normale Dosis von 40 g Aloe innerhalb ein bis zwei Tagen wiederholt gegeben wird, kann eine tödliche Vergiftung entstehen. Außerdem hat man
beobachtet, daß auch bei einmaliger normaler Dosis unter Umständen eine
tödliche Purgierwirkung eintreten kann, wenn ungünstige Außenverhältnisse
einwirken (Erkältung, Überanstrengung) oder wenn gleichzeitig noch ein
anderes Laxans (Brechweinstein, Kalomel) gegeben wird. Die Erscheinungen der Aloevergiftung sind: Kolik, anhaltender Durchfall, Schwäche
und Lähmung.

Cantharidenvergiftung. Zu hohe Dosierung der Canthariden innerlich,
namentlich aber die zu ausgedehnte äußerliche Anwendung der Cantharidensalbe, sowie das Unterlassen der notwendigen Schutzmaßregeln gegen das
Ablecken der Salbe (Hochbinden!) sind die Veranlassungen zu Vergiftungen
bei Pferden und Rindern, welche sich in Speicheln, Schlingbeschwerden,
Kolik, blutigem Durchfall, Polyurie, Albuminurie, Hämaturie, Harndrang

sowie allgemeiner Lähmung äußern. Bei der Sektion findet man aphthöse und hämorrhagische Stomatitis, Pharyngitis, Gastroenteritis, Nephritis und Cystitis.*)

2. Vertretbare Versehen beim Abwerfen der Pferde.

Unglücksfälle. Beim Abwerfen der Pferde ereignen sich am häufigsten Knochenbrüche (Rückenwirbel, Lendenwirbel, Femur, Becken, Rippen usw.). Diese Knochenbrüche sind meist sogenannte spontane, d. h. durch die eigene Muskeltätigkeit veranlaßte; hierher gehören die Konquassationsfrakturen der Wirbelsäule nach übermäßiger Kontraktion des Longissimus dorsi und die Splitterfrakturen des Femur nach gewaltsamer Anstrengung der Stemmuskulatur. Bei andern Pferden liegen sogenannte idiopathische Frakturen vor, d. h. Brüche, welche durch alte Knochenkrankheiten begünstigt werden (Fragilitas ossium, Osteoporose, Knochentumoren, Ankylosierung der Wirbelsäule usw.). Endlich können sich Brüche direkt oder indirekt durch hartes Aufschlagen des Körpers auf den Boden ereignen (Brüche des äußeren Darmbeinwinkels, Rippenbrüche, Brüche der Kopfknochen).

Durch die Selbstüberhetzung und das Sträuben der abgeworfenen Pferde gegen die Fesseln kommt es ferner nicht selten zu Entzündung, Zerreißung und Lähmung von Muskeln und selbst zu myogener Hämoglobinämie. Die Muskelentzündung und Muskellähmung betrifft namentlich den Longissimus dorsi ein- oder beiderseitig, die Glutäen, den Iliopsoas, den Quadriceps und die Ankonäen, und äußert sich unter dem Bilde der Kreuzschwäche, Kreuzlähmung oder allgemeinen Lähmung. Bleiben die Tiere am Leben, so entwickelt sich schon nach wenigen Tagen eine deutlich sichtbare, degenerative Muskelatrophie.

Von sonstigen Zufällen nach dem Abwerfen sind zu nennen: Magenzerreißung, Augenverletzungen, Peroneuslähmung, Gehirnerschütterung, Ruptur der Aorta und der hinteren Hohlvene, Sehnenzerreißung, Kontusionen und Distorsionen.

Regeln beim Abwerfen der Pferde. Zur Vermeidung der eben genannten Unglücksfälle dient eine Reihe von Vorsichtsmaßregeln, deren Beachtung allgemein üblich ist.

---

*) Ausführlicheres über Vergiftungen, namentlich auch über Futtervergiftungen sowie über den forensischen Nachweis derselben findet sich in meinem Lehrbuch der Toxikologie, 3. Aufl. 1910.

1. Vor dem Abwerfen schwächt man womöglich die Pferde durch Hunger und Hochbinden. Demselben Zweck dient die Verabreichung von Abführmitteln, Morphium und Choralhydrat.

2. Man sorgt für ein weiches Lager von hinreichender Dicke, damit sich die Pferde beim Auffallen nicht verletzen. Bei Strohlager ist zum Schutze der Augen eine Augenkappe anzulegen oder eine weiche Decke unter den Kopf zu legen.

3. Die Gehilfen sind vorher genau über ihre Obliegenheiten zu instruieren, damit das Abwerfen schnell und sicher erfolgen kann. Das Wurfzeug ist vor dem Abwerfen auf seine Gebrauchsfähigkeit zu untersuchen.

4. Kopf und Hals sind am abgeworfenen Pferd möglichst gestreckt zu fixieren; das Abbeugen ist zu verhindern.

5. Sofort nach dem Abwerfen ist dem Pferd eine Nasenbremse, bei der Berliner (deutschen) Wurfmethode außerdem eine Schenkelbremse anzulegen. Das Chloroformieren und die Chloralhydratnarkose ersetzt die Bremse.

6. Die Kruppe des liegenden Pferdes ist sofort durch einen Gehilfen zu belasten, um ein seitliches Aufbiegen des Pferdes zu verhindern.

7. Beim Ausbinden eines Hinterfußes darf der Huf nicht zu weit nach vorn und oben gezogen werden, jedenfalls nicht über das Ellenbogengelenk hinaus; das Festbinden des ausgebundenen Hinterfußes auf dem Radius des Vorderfußes ist unstatthaft (Metatarsus auf Metakarpus ist die Regel).

8. Alte Pferde operiere man womöglich im Stehen oder werfe sie nur ab, nachdem die Besitzer auf die große Gefahr des Abwerfens aufmerksam gemacht worden sind.

Kunstfehler. Das Abwerfen eines jeden Pferdes ist mit einer gewissen Gefahr verbunden. Auch bei strenger Beachtung aller oben aufgezählten Vorsichtsmaßregeln sind Unglücksfälle nicht immer zu vermeiden. Namentlich Knochenbrüche können sich bei ganz kunstgerechtem Abwerfen ereignen, wenn die Pferde im Moment des Schwebens den Longissimus dorsi sehr stark kontrahieren oder wenn eine abnorme Fragilität der Knochen vorliegt. Diese jedem erfahrenen Operateur bekannte Tatsache ist bei der Beurteilung von Unglücksfällen wohl zu berücksichtigen. Von einer Haftpflicht des Operateurs für Unglücksfälle beim Werfen kann daher keine Rede sein, wenn er den Nachweis liefern kann, daß beim Abwerfen kunstgemäß

und regelrecht verfahren worden ist. (Auch die Haftpflicht-
versicherungen pflegen in solchen Fällen, in denen ein Kunstfehler
des Operateurs nicht nachzuweisen ist, eine Entschädigung dem
versicherten Tierarzt gegenüber abzulehnen.) In den Kreisen der Pferdebesitzer ist es vielfach nicht bekannt,
daß sich Pferde beim Abwerfen auch ohne Schuld des Tierarztes
verletzen können. Es empfiehlt sich daher, daß der Operateur jeden
Pferdebesitzer vor dem Abwerfen auf die mit dem Abwerfen verbundenen Gefahren aufmerksam macht. In manchen Fällen, z. B. bei
Vollblutpferden, ist es sogar ratsam, den Besitzer vor dem Abwerfen
durch einen schriftlichen Revers auf die gefährlichen Folgen
des Abwerfens hinzuweisen. In der Berliner chirurgischen Klinik
habe ich mir von jedem Pferdebesitzer vor dem Abwerfen eine
schriftliche, mit Namensunterschrift versehene Bescheinigung darüber
ausstellen lassen, daß der Besitzer auf die Gefährlichkeit des Abwerfens aufmerksam gemacht worden ist, und daß er die mit dem
Abwerfen verbundenen Gefahren auf sich nimmt. Im Hinblick auf
die in den letzten Jahren sich mehrenden unberechtigten Schadenersatzklagen dürfte es angezeigt sein, von dieser Vorsichtsmaßregel
allgemein Gebrauch zu machen.

Anders liegt der Fall, wenn nachgewiesen wird, daß der
Operateur die allgemein übliche Vorsicht und Sorgfalt beim Abwerfen außer acht gelassen hat. Dann ist er haftpflichtig.

Um ein Beispiel herauszugreifen. Der Operateur (Tierarzt,
Empiriker) hat es unterlassen, eine Nasenbremse oder Schenkelbremse anzulegen. Mit Recht hat die Berliner Hochschule von
jeher, seit Gerlachs Zeiten, die Unterlassung des Anlegens der
Bremse stets als ein Versehen bezeichnet, welches dem Operateur
zur Last fällt. Wenn auch zuzugeben ist, daß sich Pferde trotz
der Anlegung einer Bremse einen Knochenbruch zuziehen können,
und daß sich vielfach Pferde auch ohne Bremse keinen Knochenbruch zuziehen, so ist doch andrerseits hervorzuheben, daß durch
das Anlegen einer Bremse bei den meisten Pferden die Aufmerksamkeit auf die Fesselung und Operation abgelenkt und das Widerstreben der Pferde vermindert wird. Speziell durch die Schenkelbremse wird das Hinterbein in eine Beugestellung gebracht, welche
das Stemmen gegen die Fessel verhindert und dadurch die Gefahr
eines Femurbruches erheblich herabsetzt. Das Anlegen einer Bremse
schließt zwar die Gefahr eines Knochenbruchs nicht mit absoluter
Sicherheit aus, vermindert sie aber in sehr erheblichem Maße.

Auch wenn man in Betracht zieht, daß das Anlegen einer Bremse
den Knochenbruch nicht mit Sicherheit verhindert haben würde, so
ist doch die Vernachlässigung dieses Hilfsmittels als ein Mangel
an Sorgfalt und Vorsicht bei Vornahme der Operation anzusehen
und dem Operateur als ein vertretbares Versehen zur Last zu legen,
durch das der Knochenbruch begünstigt wurde.

Bezüglich der einzelnen Wurfmethoden ist schließlich zu
beachten, daß von den zahlreichen, in der Praxis üblichen Arten
des Werfens jede ihre Berechtigung hat, wofern nur die gehörige
Vorsicht angewandt wird. Eine Wurfmethode als solche kann
daher im allgemeinen nicht als fehlerhaft bezeichnet werden. Die
deutschen Methoden sind ebenso berechtigt wie die dänische,
ungarische, russische usw.

3. Vertretbare Versehen beim Kastrieren.

Viehkastrierer. Die Viehkastrierer waren nach der alten
Gewerbeordnung vom 17. Januar 1845 verpflichtet, ein Befähigungs-
zeugnis zu besitzen. Durch die Gewerbeordnung für das Deutsche
Reich ist diese Bestimmung geändert worden (Gewerbefreiheit).
Die Viehkastrierer betreiben jedoch die Kastration der Tiere gewerbsmäßig (Gewerbeschein, Wandergewerbeschein) und sind
daher als Sachverständige im Sinne des Gesetzes anzusehen,
welche zur sachgemäßen Ausführung der Kastration besondere
Kenntnisse und Fertigkeiten sowie die notwendige Vorsicht besitzen müssen und daher haftbar für Kunstfehler sind. Für
die Viehkastrierer gelten im allgemeinen dieselben Regeln wie für
den Tierarzt.

Üble Zufälle beim Kastrieren. Das Kastrieren normaler
männlicher Tiere und weiblicher Schweine ist zwar für gewöhnlich
eine ungefährliche Operation. Dabei können sich jedoch teils mit,
teils ohne Schuld des Operateurs verschiedene üble Zufälle ereignen,
für welche der Operateur dann haftbar ist, wenn ihm ein Fehler
bei der Ausführung der Operation nachgewiesen werden kann.
Diese Fehler beziehen sich in der Regel nicht auf die Wahl
der Methode (alle üblichen Kastrationsmethoden sind berechtigt),
sondern auf Einzelheiten der Ausführung. Die wichtigsten Zufälle
bei der Kastration der Pferde sind: Verblutung, Netzvorfall,
Darmvorfall und gewisse Wundinfektionskrankheiten
(Phlegmone, Samenstrangfistel, Peritonitis, Septikämie, Tetanus).

Bei der Kastration weiblicher Schweine kommen vor: Verletzung des Darmes, Annähen einer Darmschlinge, Einklemmung des Darmes in die innere (Bauchfelltasche) oder äußere Kastrationswunde mit nachfolgender Darmnekrose, Peritonitis und Darmfistel.

Verblutung. Blutungen kommen im Anschluß an die Kastration bei Pferden nicht selten vor. Eine mäßige Blutung beobachtet man namentlich zuweilen nach der Kastration mit dem Emaskulator; dieselbe hält mitunter fünf bis zehn Minuten lang an und steht dann von selbst. Man beschränkt sich bei diesen geringgradigen, ungefährlichen Blutungen auf die Beobachtung der Blutung und wartet ruhig einige Zeit ab, bis sie nachläßt und ganz aufhört.

Bei allen stärkeren Blutungen, wie sie bisweilen auch bei regelrechter Ausführung der Kastration (variköser Samenstrang), häufiger indessen infolge fehlerhafter Operation vorkommen (schlechtes Anlegen und unvorsichtiges Abnehmen der Kluppen, mangelhafte Ligatur, zu schnelles Abdrehen usw.), hat der Operateur die Pflicht, sofort die zur Stillung der Blutung geeigneten Mittel anzuwenden. Das sicherste Mittel ist die Unterbindung des blutenden Samenstranges oder das Anlegen von Kluppen auf denselben. Zur Vornahme der Unterbindung des Samenstranges wirft man das Pferd am besten noch einmal ab. Ungeeignet zur Blutstillung ist die Tamponade und das Vernähen der Wundhöhle. Starke Blutungen sich selber zu überlassen, ist ein Kunstfehler; verblutet sich das Tier, so ist der Operateur haftbar.

Netzvorfall. Das Hervortreten des Netzes nach dem Spalten der gemeinschaftlichen Scheidenhaut bildet meist ein nicht vorherzusehendes Ereignis. Bei richtiger Behandlung ist der Zufall belanglos. Die Behandlung besteht gewöhnlich im Abschneiden des vorgefallenen Netzstücks oder im Kastrieren mit bedeckter Scheidenhaut. Fehlerhaft ist das Hängenlassen des vorgefallenen Netzstücks.

Darmvorfall. Ebenso wie der Netzvorfall, so kann auch ein Darmvorfall ganz unvorhergesehen und ohne Schuld des Operateurs während und nach der Kastration eintreten. Nur dann, wenn schon vor der Operation ein nachweisbarer Leistenbruch bestand und der Kastrierer die wichtige Regel nicht beobachtet hat, wonach bei jedem Hengst vor der Kastration die Leistengegend auf das etwaige Vorhandensein von Brüchen zu untersuchen

ist, muß das Auftreten eines Darmvorfalles als durch den Operateur
verschuldet betrachtet werden. Bei bestehenden Leistenbrüchen
ist nämlich die Kastration mit bedeckter Scheidenhaut das einfachste
und sicherste, bei jedem Kastrierer als bekannt vorauszusetzende
Mittel zur Verhütung eines Darmvorfalles.

Tritt während der Kastration mit oder ohne Schuld des
Kastrierenden ein Darmvorfall ein, so ist allgemeine Regel, das
Pferd zunächst in Rückenlage zu bringen, den Darm in reinem Zustande zu reponieren und sodann die gemeinschaftliche Scheidenhaut über den Samenstrang herunterzuziehen und auf die Scheiden-
haut und den Samenstrang eine Kluppe oder Ligatur anzulegen
(Kastration mit bedeckter Scheidenhaut). Das bloße Vernähen
der Hautwunde ohne Verschluß der gemeinschaftlichen
Scheidenhaut durch Kluppen oder Ligatur ist fehlerhaft.
Die einfache Hautnaht verhindert weder das Wiederherunterfallen
des Darmes, noch schützt es denselben vor Infektion. Das Vernähen der Hautwunde beim Darmvorfall kommt nur als provisorisches
Verfahren für Viehkastrierer, und nur unter der Voraussetzung in
Betracht, daß der Viehkastrierer, wenn ihm das Herunterziehen
und der Verschluß der Scheidenhaut nicht gelingt, die sofortige Zuziehung eines Tierarztes veranlaßt, welcher die weitere Behandlung
übernimmt. Unterläßt der Viehkastrierer die Zuziehung
eines Tierarztes bei einem derartigen Darmvorfall, so ist
er für den Verlust des Pferdes haftbar.

Tritt ein Darmvorfall nach beendeter Kastration am auf-
gestandenen oder in den Stall zurückgeführten Pferd ein, so muß
das Pferd sofort wieder abgeworfen, der Darm in Rückenlage repo-
niert, die Scheidenhaut heruntergezogen und nach dem Verfahren
mit bedeckter Scheidenhaut durch eine Kluppe oder Ligatur geschlossen werden. Repositionsversuche am stehenden Pferd
sind aussichtslos und fehlerhaft. Bei unverletztem Darm führt
das beschriebene Verfahren zuweilen sogar noch mehrere Stunden
nach dem Vorfallen des Darmes zur Heilung (eigene Erfahrung).
In der Mehrzahl der Fälle von Darmprolaps nach der Kastration
läßt sich allerdings auch bei gelungener Darmreposition der tödliche
Ausgang nicht abwenden. Immerhin muß wenigstens ein Versuch
der Reposition gemacht werden, weil wenn auch nicht die Wahrscheinlichkeit, so doch die Möglichkeit der Rettung des Pferdes
dadurch gegeben ist. Das Unterlassen dieses Versuchs ist
fehlerhaft. Nur wenn der Darm verletzt oder schon abgestorben

ist, darf der Fall als unheilbar bezeichnet und die Tötung des Pferdes empfohlen werden.

Zeitpunkt der Kluppenabnahme. Die zu frühe oder zu späte Abnahme der Kluppen hat zuweilen ungünstige Zufälle im Gefolge (Nachblutung, Störung der Wundheilung, Wundinfektion). Als Regel für den Zeitpunkt der Kluppenabnahme gilt folgendes. Bei der gewöhnlichen Kluppenmethode mit unbedeckter Scheidenhaut werden die Kluppen meist nach 12 bis 24 Stunden, frühestens nach 6 bis 12 Stunden abgenommen; ein mehrtägiges Liegenlassen der Kluppen ist hier fehlerhaft. Bei der Kastration mit bedeckter Scheidenhaut, wie sie bei Leistenbrüchen und nach Darmvorfall üblich ist, müssen dagegen die Kluppen mehrere Tage, bis zur festen Verwachsung der gemeinschaftlichen Scheidenhaut mit dem Samenstrang, liegen bleiben. Die Abnahme der Kluppen schon nach 12 bis 24 Stunden ist hier fehlerhaft.

Wundinfektion. Da die Operationswunde bei Hengsten nach erfolgter Kastration weder genäht wird, noch verbunden werden kann, mithin vor einer späteren Infektion nicht geschützt ist, bietet sich bis zum Zeitpunkt der erfolgten Heilung der Wunde, also mehrere Wochen hindurch, täglich und stündlich die Gelegenheit zur Wundinfektion, namentlich durch die Streu und den Schweif. Dieser Umstand erklärt die Tatsache, daß erfahrungsgemäß selbst bei einer nach allen Regeln der Asepsis ausgeführten Kastration Wundinfektionskrankheiten, ja sogar tödliche Peritonitis eintreten können. Man darf daher die Ursache des tödlichen Ausganges einer Kastration bzw. den Beginn der Wundinfektion nicht ohne weiteres auf ein vertretbares Versehen des Operateurs bzw. auf den Zeitpunkt der Kastration zurückführen. Wie bereits früher bei der Samenstrangfistel (S. 171) und beim Starrkrampf (S. 109) ausgeführt worden ist, läßt sich der Zeitpunkt der Infektion in der Regel nicht sicher bestimmen. Auf eine mangelhafte Desinfektion speziell läßt sich der tödliche Verlauf einer Kastration gewöhnlich nicht mit Bestimmtheit beziehen, weil einerseits die Möglichkeit einer späteren Infektion nicht bestritten werden kann, andrerseits erfahrungsgemäß vielfach Pferde trotz mangelhafter oder ganz unterlassener Desinfektion die Kastration gut überstehen (Viehkastrierer). Beachtenswert ist ferner der Umstand, daß sogar in der humanen wissenschaftlichen Chirurgie vielfach von einer Desinfektion im eigentlichen Sinne des Wortes, d. h. von der Anwendung antiseptischer Mittel Abstand

genommen und das Hauptgewicht auf die Reinigung (Asepsis) gelegt wird. Auch bei der Rotlauf-Impfung der Schweine und der
Tuberkulin-Impfung der Rinder wird die vorhergehende Desinfektion
der Impfstelle von den praktischen Tierärzten vielfach nicht ausgeführt, sondern als überflüssig erklärt (vgl. S. 303).

Aus diesem Grunde kann es einem Viehkastrierer
nicht als ein Kunstfehler angerechnet werden, wenn er
beim Kastrieren Desinfektionsmittel nicht angewandt hat.
Dagegen ist von ihm zu verlangen, daß er die Kastration mit
größter Reinlichkeit vornimmt, daß er sich namentlich vor dem
Operieren die Hände sauber mit Seife wäscht und die Instrumente
sorgfältig reinigt. Das Unterlassen dieser Reinlichkeits-
maßregeln ist als ein Kunstfehler zu bezeichnen, weil
durch Unreinlichkeit beim Operieren die Infektion der Wunde begünstigt wird.

Kastration weiblicher Schweine. Die Operation wird gewöhnlich in der Weise vorgenommen, daß in der linken Flanke ein
Hautschnitt angelegt und sodann mit dem Finger gleichzeitig die
Bauchmuskeln und das Bauchfell schnell durchstoßen werden. Bei
fehlerhafter Ausführung der Operation kann sich durch Loslösung des Bauchfells eine Tasche zwischen Bauchfell und Bauchmuskeln bilden, in welche sich der Darm oder Uterus einklemmt,
so daß eine Darmnekrose, Peritonitis oder Darmfistel entsteht. Ist
eine Tasche entstanden, so ist ferner Regel, daß man durch Einführen des Zeigefingers die Bauchfellwunde so erweitert, daß sie
größer als die äußere Wunde ist; hierdurch läßt sich gewöhnlich
die Einklemmung von Eingeweiden in der Tasche verhüten. Ein
Kunstfehler kann ferner darin bestehen, daß bei der Operation der
Darm verletzt oder in die Wunde eingenäht wird. Übrigens
kann es sich sehr wohl auch ohne Verschulden des Operateurs ereignen, daß der Darm sich in die Kastrationswunde einklemmt (Unruhe, Wälzen, Transport usw.). Es
ist daher in jedem Einzelfalle eingehend zu prüfen, ob tatsächlich
ein Kunstfehler stattgefunden hat oder nicht. Namentlich dann,
wenn kein sorgfältiger Sektionsbefund, sondern nur Zeugenaussagen
von Laien vorliegen, läßt sich die eigentliche Ursache des tödlichen
Ausganges der Operation meist nicht mit Sicherheit begutachten.

Die Methoden der Kastration weiblicher Schweine sind verschieden. Bei älteren, über zwölf Wochen alten Schweinen werden
meist nur die Eierstöcke, bei jüngeren dagegen die Eierstöcke zu-

sammen mit den Uterushörnern entfernt. Das Abtrennen der
Uterushörner bei zehn Wochen alten Schweinen ist kein Kunstfehler; diese Art der Kastration wird bei jungen Schweinen herkömmlich ohne Nachteil, namentlich ohne innere Verblutung, ausgeführt. Über die Zulässigkeit der Kastration trächtiger Schweine
in den ersten fünf Wochen der Trächtigkeit sind die Ansichten
geteilt.

4. Vertretbare Versehen bei der Rotlaufimpfung.

Allgemeines. Bei der Serumimpfung gegen Schweinerotlauf
sind in den letzten Jahren wiederholt Schadenersatzklagen gegen
die impfenden Tierärzte wegen Übertretung der Impfvorschriften
bzw. wegen fahrlässiger Handlungen beim Impfen erhoben worden.
Die beschuldigten Impffehler bestanden darin:

    a) daß Serum und Kultur gleichzeitig eingespritzt wurden;
    b) daß die Kultur in zu großer Dosis eingespritzt wurde;
    c) daß das Serum zu schwach war;
    d) daß nicht vorher auf Schweineseuche untersucht wurde;
    e) daß die Desinfektion der Impfstelle unterblieb.

Gleichzeitiges Einspritzen von Kultur und Serum. Die Beantwortung der Frage, ob das gleichzeitige (simultane) oder getrennt-
zeitliche Einspritzen von Serum und Kultur angezeigt erscheint,
hängt davon ab, ob in einem Schweinebestande der Rotlauf bereits
ausgebrochen ist oder nicht. Befinden sich in einer Schweineherde
bereits rotlaufkranke oder rotlaufverdächtige Tiere, handelt
es sich also um eine Notimpfung, so ist die Simultanimpfung
als ein Kunstfehler zu bezeichnen, wenn sie einem ausdrücklichen
Verbot in den Impfvorschriften und Entschädigungsbedingungen
der betreffenden Lieferanten zuwider vorgenommen wird. Hieran
ändert der Umstand nichts, daß neuerdings vereinzelt Simultan-
impfungen in verseuchten Schweinebeständen angeblich ohne Nachteil vorgenommen worden sind. Erfahrungsgemäß sind tatsächlich
durch die Simultanimpfung Verluste an Impfrotlauf hervorgerufen
worden. Dies ist auch sehr wohl erklärlich. Haben nämlich
Schweine Rotlaufbazillen schon auf natürlichem Wege aufgenommen,
so wird die Zahl dieser Bazillen durch das Hinzukommen der ein-
geimpften Kultur unter Umständen so gesteigert, daß sie durch das
gleichzeitig eingespritzte Serum nicht völlig unschädlich gemacht
werden können, daß vielmehr durch die Kulturinjektion der Aus-

bruch des Rotlaufs befördert wird. Es gilt daher als Regel, versuchte oder seuchenverdächtige Schweinebestände zunächst nur mit Serum und erst einige Tage später mit Kulturen zu impfen. Hat der Verstoß gegen die von den Lieferanten aufgestellten Impfvorschriften Impfrotlauf zur Folge, so ist der impfende Tierarzt dafür haftpflichtig. — Ist dagegen ein Schweinebestand vollkommen frei von Rotlauf, wird eine sogenannte Präkautionsimpfung vorgenommen, so kann die Einspritzung von Serum und Kultur gleichzeitig vorgenommen werden, weil das angewandte Serum ausreicht, um eine etwaige pathogene Wirkung der in der Kultur enthaltenen Bazillen aufzuheben.

Einspritzung zu großer Kulturmengen. Die von den Lieferanten der Rotlaufimpfstoffe abgegebenen Kulturmengen sind so berechnet, daß sie der beigefügten Serummenge entsprechen. Die Lieferanten übernehmen daher die Garantie für die gelieferten Impfstoffe unter der Voraussetzung, daß nach der mitgeteilten Vorschrift geimpft wird. Treten trotz genauer Befolgung dieser Vorschriften Impfverluste ein, so wird der Schaden von den Lieferanten ersetzt. Diese Ersatzpflicht des Lieferanten fällt jedoch weg, wenn der Impftierarzt gegen die Regel größere Kulturdosen einspritzt. Für die hierbei entstehenden Verluste trägt der Tierarzt die Verantwortung. Wenn auch in rotlauffreien Beständen von den gesunden Schweinen größere Kulturmengen häufig ohne Schaden vertragen werden, so ist doch in versuchten oder verdächtigen Beständen die Anwendung zu großer Kulturmengen immer gefährlich und daher als Kunstfehler zu bezeichnen.

Zu schwaches Serum. Wenn das Serum nicht den erforderlichen Schutzwert zur Neutralisierung schädlicher Wirkungen der Kultur besitzt, so entstehen unter Umständen Impfverluste durch Impfrotlauf. Ist das Serum entsprechend den Vorschriften des Lieferanten angewandt, so ist dieser für etwaigen Schaden haftpflichtig. Handelt der Tierarzt indessen gegen die Impfanweisung und benützt zu altes oder verdorbenes, in der Schutzwirkung abgeschwächtes Serum, so kann er für den Impfschaden regreßpflichtig gemacht werden. Übrigens halten sich die Schutzstoffe im Rotlaufserum bei richtiger Aufbewahrung über ein Jahr unverändert wirksam, so daß also die Verwendung eines acht oder neun Monate alten Serums nicht als ein Kunstfehler bezeichnet werden darf.

Das Unterlassen der Untersuchung auf Schweineseuche. Die Erfahrungen der Impfpraxis haben gelehrt, daß die Impfung mit

Rotlaufkulturen sehr nachteilige Folgen hat, wenn in dem betreffenden Schweinebestande gleichzeitig Schweineseuche herrscht (Erhöhung der Mortalität, Akutwerden der chronischen, okkulten Schweineseuche). Es ist daher Regel, jeden Schweinebestand vor der Impfung mit Rotlaufkulturen auf das Vorhandensein von Schweineseuche zu untersuchen und alle Schweine von der Rotlaufimpfung auszuschließen, welche an akuter oder chronischer Schweineseuche leiden.

Das Unterlassen der Desinfektion vor der Impfung. Dasselbe kann als ein vertretbares Versehen im allgemeinen nicht bezeichnet werden, weil die Desinfektion der Impfstelle bei der Rotlaufimpfung der Schweine ebenso wie bei der Tuberkulinimpfung der Rinder unter den praktischen Tierärzten nicht allgemein üblich ist, ja sogar vielfach als überflüssig bezeichnet wird. Unter 18 000 geimpften Schweinen hatte Foth keinen einzigen Verlust, obgleich von ihm die Impfstelle vorher nicht einmal gereinigt wurde. Nach Joest und Helfers kamen unter 21 000 ohne jede Desinfektion geimpften Schweinen Wundinfektionen nur bei 0,02 % vor. Es wird ferner darauf hingewiesen, daß die in den Impfstoffen vorhandenen lebenden Rotlaufbazillen durch die Desinfektion der Impfstelle geschwächt oder getötet werden, wodurch der Nutzen der Impfung in Frage gestellt werde. Bei Massenimpfungen wird die Desinfektion überhaupt als nicht durchführbar bezeichnet (Zeitverlust, Kosten, Mühe, Hilfspersonal). Dieselben Gründe werden gegen die Desinfektion der Impfstelle bei der diagnostischen Tuberkulinimpfung des Rindes angeführt (Kitt, Eber, Bang). Wenn nun aber auch die Anwendung von Desinfektionsmitteln bei der Rotlaufimpfung gewöhnlich unterbleibt, so ist doch unbedingt die Forderung zu erheben, daß mit reinen Händen, Instrumenten und Gläsern geimpft wird.

Zuweilen findet trotz reiner Hände, Instrumente und Gläser, insbesondere trotz sorgfältiger Desinfektion der Impfnadel, eine Wundinfektion an der Impfstelle statt (Schwellung und Abszeßbildung am Hals, Erstickung, Septikämie). Diese Fälle können verschiedene Ursachen haben. Zuweilen entsteht nach der Impfung eine Verunreinigung der Impfwunden durch den Aufenthalt der geimpften Schweine in unsauberen Stallungen. Hierbei erkranken aber gewöhnlich nicht alle Schweine, auch nicht alle zu gleicher Zeit, sondern meist nur einige. Oder die Schweine sind mit unreinem Serum geimpft worden. War dieses Serum dem Impftierarzt von vornherein in unreinem Zustande geliefert worden, so kann derselbe nicht haftpflichtig gemacht werden. Er hat dagegen die durch eigene Fahrlässigkeit veranlaßte Verunreinigung des Serums zu vertreten. Bei der Impfung mit unreinem Serum pflegen meist alle oder viele Schweine im unmittelbaren Anschluß an die Impfung zu erkranken. Dagegen erkranken nach dem Gebrauch unreiner Impfnadeln häufig nur die zuerst geimpften Schweine.

Ohne besondere Bedeutung ist endlich die Wahl der Impf- stelle. Wenn auch für gewöhnlich wegen der lockeren Beschaffenheit der Unterhaut hinter dem Ohr oder an der Innenfläche der Hinter- schenkel geimpft wird, so kann doch die Einspritzung am Hals an und für sich nicht als fehlerhaft bezeichnet werden, selbst dann nicht, wenn dabei das Serum in die Halsmuskulatur eingespritzt wird.

5. Die Haftpflicht der beamteten Tierärzte.

Kreistierärzte. Die Grundlage für die Haftpflicht der Kreis- tierärzte und ähnlicher Veterinärbeamten in ihrer Eigenschaft als beamtete Tierärzte bildet der § 276 in Verbindung mit dem § 839 B. G. B. Der letztgenannte Paragraph lautet: „Verletzt ein Beamter vorsätzlich oder fahrlässig die ihm einem Dritten gegenüber ob- liegende Amtspflicht, so hat er dem Dritten den daraus entstehenden Schaden zu ersetzen usw." Der beamtete Tierarzt haftet somit für jede Verletzung der Amtspflicht, insbesondere auch für Fahrlässig- keit (fahrlässiges Verschulden). Die Haftpflicht des Staates für die von seinen Beamten in Ausübung ihrer Amtstätigkeit ver- ursachten Schäden wird durch die Landesgesetzgebung geregelt. Das preußische Gesetz über die Haftung des Staates und anderer Verbände für Amtspflichtverletzungen von Beamten usw. vom 1. August 1909 bestimmt in § 1, daß bei Verletzung der Amts- pflicht die in § 839 vorgesehene Verantwortlichkeit den Staat trifft. Nach § 3 kann aber der Staat von den Beamten Ersatz des Schadens verlangen, den er durch die Verantwortlichkeit nach § 1 erleidet. Ähnlich sind die Bestimmungen des Reichsgesetzes vom 22. Mai 1910 und der übrigen Bundesstaaten.

Verletzungen der Amtspflichten können sich außer den be- sonderen Dienstvorschriften der Einzelstaaten namentlich gegenüber dem Reichsviehseuchengesetz und der hierzu erlassenen Instruktion des Bundesrats, ferner gegen die landesgesetzlichen Seuchenvorschriften, Ministerialerlasse, Verfügungen und Polizeiverordnungen sowie gegen die Ausführungsbestimmungen des Reichs-fleischbeschaugesetzes ereignen.

Schlachthoftierärzte. Auch die Schlachthoftierärzte und Fleisch-beschauer sind nach § 3 des preußischen Gesetzes über die Haftung des Staates usw. vom 1. August 1909 Beamte. Der § 3 besagt nämlich, daß die Vorschriften des Gesetzes auch auf die für den Dienst eines Kommunalverbandes angestellten Beamten An-wendung finden. Der § 839 B. G. B. ist daher auch auf die Schlachthoftierärzte und Fleischbeschauer anzuwenden. Der § 839 kann jedoch nur Anwendung finden bei verletzter Amts-pflicht. Es ist daher in jedem Falle zunächst zu prüfen, ob über-haupt eine „Verletzung der ihm dem Dritten gegenüber obliegenden Amtspflicht" vorliegt oder ob eine solche Verletzung nicht vorliegt (dasselbe gilt für den Kreistierarzt).

1. Liegt eine Verletzung der Amtspflicht vor, so kommt der § 839 B. G. B. zur Anwendung. Diese Haftung nach § 839 B. G. B. hat zunächst zur Folge, daß die Haftung des Schlachthof-tierarztes eingeschränkt wird, weil er bei bloßer Fahrlässigkeit nur dann haftet, wenn der Verletzte nicht auf andere Weise Ersatz zu erlangen vermag. Dies wird aber meistens der Fall sein, weil nach § 1 und § 4 des preußischen Beamtenhaftpflichtgesetzes vom 1. August 1909 der Staat bzw. die Gemeinden für Handlungen des Schlachthoftierarztes haften, die zum Schadensersatz verpflichten. Auf der anderen Seite wird die Haftpflicht für den Schlachthof-tierarzt nach § 839 B. G. B. erweitert, weil er nicht nur für die Verletzung der im § 823 B. G. B. aufgeführten Rechtsgüter (Leben, Körper usw.) haftet, sondern ganz allgemein für jeden Schaden.

2. Liegt die Verletzung einer Amtspflicht nicht vor, so kommt der § 839 B. G. B. nicht in Betracht, sondern vor allem der § 823 B. G. B. Der § 823 verpflichtet zum Schadenersatz bei fahrlässigen Verletzungen des Lebens (z. B. tödliche Fleischvergiftung beim Menschen infolge fahrlässiger tierärztlicher Untersuchung), des Körpers (z. B. unvorsichtiges Verletzen einer Person durch das Schlachtmesser), der Gesundheit (z. B. Außerachtlassen der Infektionsgefahr bei Verletzungen an den Händen von Arbeitern), der Freiheit (z. B. fahrlässige Begutachtung der Gesundheits-schädlichkeit einer Fleischware, auf Grund deren der Schlächter unschuldigerweise zu Gefängnisstrafe verurteilt wird), des Eigen-tums (z. B. unvorsichtige Öffnung abgekapselter Abszesse im Fleisch) oder sonstiger Rechte eines anderen.

Außerdem sind Vergehungen gegen die sog. Schutzgesetze im Sinne des § 823 Abs. 2 zu vertreten, nämlich das Reichsfleischbeschaugesetz mit den Ausführungsbestimmungen und ergänzenden Ministerialerlassen, das Nahrungsmittelgesetz, das Reichsviehseuchengesetz (§ 9), das Rinderpestgesetz, das Strafgesetzbuch, das Reichshaftpflichtgesetz, das Unfallversicherungsgesetz (§ 136), die Gewerbeordnung für das Deutsche Reich, die den Schlachthofbetrieb betreffenden Landesgesetze (Ausführungsgesetze und -bestimmungen der Bundesstaaten, Schlachthausgesetze, Gesetz über die Polizeiverwaltung), die für Schlachthöfe erlassenen Polizeiverordnungen sowie privatrechtliche Vorschriften (Vereine, Berufsgenossenschaften, Abdeckereiprivilegien). Besonders groß ist die Haftpflicht bei kleineren Schlachthöfen, an denen der Schlachthoftierarzt neben seiner Eigenschaft als tierärztlicher Fleischbeschauer die Verwaltung ausübt und damit die Aufsichts- und Haftpflicht übernimmt für die Betriebsschäden der Schlachthofanlage (Kühlhaus, Eisfabrik), für die Kasse, für die Verkehrs-, Gewerbe- und Veterinärlpolizei (Schlacht- und Viehhof). Die Schadenersatzpflicht der Schlachthoftierärzte ist ferner dadurch sehr umfangreich, daß letztere von verschiedenen Seiten belangt werden können: von den Schlächtern und anderen Gewerbetreibenden, die die Schlachthofanlage benutzen, von den privaten Tierbesitzern, vom konsumierenden Publikum, von den Angestellten des Schlachthofs, von der Schlachthofgemeinde bzw. Fleischerinnung, von Versicherungsgesellschaften, Abdeckereien usw. Der Eintritt in eine Haftpflichtversicherung ist daher den Schlachthoftierärzten, namentlich an kleineren Schlachthöfen, dringend zu empfehlen.

Literatur: Delius, Die Haftpflicht der Beamten 1901. Linkelmann, Die Schadenersatzpflicht aus unerlaubten Handlungen. Oertmann, Recht der Schuldverhältnisse 1906. Mittweg, Unerlaubte Handlungen nach B. G. B. 1899. Meltz, Die Beamtenhaftpflicht nach § 839, 1904. Hüssener, Die zivilrechtliche Verantwortlichkeit der Beamten 1901. Dernburg, Planck, Endemann, Heilfron, Kommentare zum B. G. B. Goldstein, Zur Haftpflicht der Schlachthoftierärzte und Schlachthofleiter. Zeitschr. f. Fleisch- und Milchhygiene 1910. 21. Jahrgang. 3. Heft. Außerdem die Zeitschriften über Fleischbeschau.

III. Die Haftpflicht der Beschlagschmiede.*)

Gesetzliche Bestimmungen. Nach § 631 B. G. B. geht der Schmied durch die Übernahme des Beschlages eines Pferdes mit dem Besitzer desselben einen sog. Werkvertrag ein. Nach § 633 ist er durch diesen Vertrag ver-

---

*) Literatur: M. Lungwitz, Der Kreistierarzt in seinen Beziehungen zum Hufbeschlagsgewerbe. III. Band des Preußischen Kreistierarztes von R. Fröhner

pflichtet, den Beschlag so herzustellen, daß er die zugesicherten Eigenschaften hat und nicht mit Fehlern behaftet ist, die den Wert und die Tauglichkeit aufheben oder mindern. Solche Fehler muß der Schmied auf Ersuchen des Besitzers unentgeltlich beseitigen. Der Besitzer kann ferner Schadenersatz verlangen, wenn der Mangel auf einem Umstande beruht, den der Schmied zu vertreten hat (§ 635), oder wenn der Schmied vorsätzlich oder fahrlässig das Eigentum des Besitzers widerrechtlich verletzt hat (§ 823.) Der Schadenersatz wird durch die §§ 249 und 252 geregelt (Wiederherstellung, Geldbetrag, Ersatz des eingegangenen Tieres, Kur-, Pflege- und Futterkosten, entgangener Gewinn). Endlich hat der Besitzer der Schmiede auch für die vertretbaren Versehen seiner Gehilfen, Gesellen und Lehrlinge sowie seines gesetzlichen Vertreters aufzukommen (§§ 278, 831 und 832).

Die Beweislast trifft nach § 282 den Schuldner, also den beklagten Beschlagschmied, nicht den Gläubiger (Kläger).

I. Kunstfehler beim Beschlag.

Vernagelung. Als Vernagelung bezeichnet man die Verletzung der vom Hornschuh eingeschlossenen Gewebe, in der Regel der Huflederhaut, seltener des Hufbeins, durch einen zur Befestigung des Hufeisens dienenden Nagel. Man unterscheidet den Nagelstich (Verletzung mit sofortiger Entfernung des Nagels), die eigentliche Vernagelung (Sitzenbleiben des Nagels in der Huflederhaut) und den Nageldruck (Quetschung der Huflederhaut durch einen in unmittelbarer Nähe eingedrungenen Nagel). Den Nagelstich und die eigentliche Vernagelung bezeichnet man wohl auch als direkte, den Nageldruck als indirekte Vernagelung. Die durch die Vernagelung bedinge Lahmheit tritt je nach der Art der Vernagelung früher oder später auf. Bei der direkten, eigentlichen Vernagelung, bei der der Nagel sitzen bleibt, zeigen die Pferde schon während des Einschlagens des Nagels sofortiges Aufzucken, und die Lahmheit zeigt sich unmittelbar nach dem Beschlag. Beim Nagelstich und bei der indirekten Vernagelung dagegen entsteht Lahmheit oft erst mehrere Tage nach dem Beschlag. Dem Nagelstich folgt ferner häufig überhaupt gar keine Lahmheit.

Die Ursachen der Vernagelung sind sehr verschieden. Zunächst ist hervorzuheben, daß eine Vernagelung auch bei völlig kunstgerechtem Hufbeschlag eintreten kann. Die

und C. Wittlinger. Berlin 1905. Mit Literatur. Eberlein, Über die Haftverbindlichkeit der Schmiede. Beschlagschmied 1900, Nr. 7; 1905, Nr. 15. Ellinger, Beschädigungen beim Hufbeschlag. Hufschmied 1895. Schmidtchen, Die Haftpflicht des Hufschmieds. Ibid. 1900. Klemm, Zur Vernagelung pro foro. B. T. W. 1891. Töpper, Holm, v. Königslöw, Beschlagschmied 1903 u. 1904. Kuchtner, Deutscher Schmiedemeister 1903. Prüfungsordnung für Hufschmiede in Preußen. Lehrbücher des Hufbeschlags von Lungwitz, Kösters, Eberlein, Gutenäcker.

Vernagelung ist somit durchaus nicht in allen, sondern nur in denjenigen Fällen als ein vom Beschlagschmied vertretbares Versehen zu bezeichnen, in welchen sich der Nachweis führen läßt, daß die Regeln des ordnungsmäßigen Hufbeschlags verletzt worden sind. In jedem Einzelfall sind daher die nachstehenden Punkte sorgfältig zu prüfen.

A. Der Beschlagschmied ist bei Vernagelungen *haftpflichtig*:
  a) wenn ein fehlerhaftes Hufeisen die Ursache der Vernagelung bildet („auf dem Amboß vernageln"); in Betracht kommen namentlich verlochte, d. h. zu tief oder schief gelochte Eisen, zu weite Nagellöcher, zu enge Eisen;
  b) wenn der Nagelansatz zu tief ist, so daß der Nagel nicht in die weiße Linie, sondern in die Hornsohle eindringt und die Huflederhaut verletzt;
  c) wenn die Zwicke des Nagels verkehrt angesetzt, schlecht gerichtet oder unganz war;
  d) wenn der Nagel bei normaler Wand zu hoch geschlagen wurde oder zu stark war, und dadurch die Huflederhaut verletzt wurde;
  e) wenn ein zweiter Nagel an der Stelle eingeschlagen wurde, wo unmittelbar vorher ein Nagel wegen Nagelstichs entfernt wurde.

B. Der Beschlagschmied ist *nicht haftpflichtig*:
  a) wenn Unruhe und Widersetzlichkeit des Pferdes den Beschlag erschwerte;
  b) wenn das Wandhorn bröcklig und mürbe oder spröde und abnorm hart war, wenn ferner die Wand sehr dünn, schwach und steil war, oder wenn wegen ausgebrochener, loser und hohler Wand der Nagel sehr hoch geschlagen werden mußte;
  c) wenn in der Tiefe der Wand steckengebliebene, unsichtbare Nagelstümpfe den Nagel von der normalen Richtung ablenkten;
  d) wenn ein nicht sichtbarer Fehler am Nagel vorlag (Spalten und Stauchen des Nagels).

Der Nachweis, daß eine nach dem Beschlagen aufgetretene eitrige Entzündung oder Nekrose der Huflederhaut tatsächlich durch eine Vernagelung und nicht durch andere Ursachen veranlaßt worden ist, läßt sich einwandfrei vielfach nicht führen. Ein ursächlicher Zusammenhang zwischen Vernagelung und Hufentzündung läßt sich nur durch eine sehr sorgfältige örtliche Untersuchung, durch den Ausschluß anderer Ursachen, sowie durch die Tatsache beweisen, daß das Pferd sofort oder bald nach dem Beschlage gelahmt hat (eine eitrige Huflederhautentzündung in der Umgebung von Nagellöchern kommt erfahrungsgemäß häufig auch ohne Vernagelung vor). Im übrigen beweist der Umstand, daß ein Pferd nach dem Beschlagen lahmt, für sich allein noch nicht, daß tatsächlich eine Vernagelung stattgefunden hat; die Lahmheit kann auch durch eine Kron- oder Fesselgelenksverstauchung infolge von unsicherem Gang auf den neuen Eisen entstanden sein. Bezüglich des zu tiefen Nagelansatzes ist ferner zu beachten, daß das zu tiefe Ansetzen der Nägel für sich allein nicht immer eine Vernagelung zu veranlassen braucht. Bei der Beurteilung zu tief angesetzter Nägel kommt es nämlich nicht allein auf die Lage derselben zur weißen Linie und zur Hornsohle an, sondern es sind im Zusammenhange damit auch die Höhe der Nagellöcher, die Richtung und Lage des Nagelkanals innerhalb der Hornwand, die Dicke und die Richtung der Hornwand und andere Umstände zu berücksichtigen. Auch das zu hohe Herauskommen der Nägel bedingt nicht an und für sich, sondern nur dann eine Vernagelung, wenn dabei die Huflederhaut verletzt wird (vgl. unten).

Hat sich im Anschluß an eine Vernagelung Lahmheit bei dem beschlagenen Pferde eingestellt, so ist der Beschlagschmied verpflichtet, den Besitzer hiervon in Kenntnis zu setzen und ihm die sofortige Zuziehung eines Tierarztes anzuraten. Unterläßt der Beschlagschmied diese übliche Vorsichtsmaßregel, so kann er unter Umständen haftpflichtig gemacht werden.

Hochschlagen der Nägel. Von den Gerichten wird dem tierärztlichen Sachverständigen zuweilen die Frage vorgelegt, ob beim ordnungsmäßigen Beschlagen des Hufes ein Nagel nicht 1 bis 2 cm höher als die übrigen Nägel im Huf herauskommen darf, und ob ein Beschlagschmied, der einen solchen Nagel nicht entfernt, nicht gegen die anerkannten Regeln der Kunst verstößt. Diese Frage ist im allgemeinen zu verneinen. Nach den Regeln des Hufbeschlages sollen die zur Befestigung der Hufeisen dienenden Hufnägel so hoch eingeschlagen werden, bis sie festes gesundes Horn erreicht haben. Bei normalem Horn genügt es gewöhnlich, wenn die Nägel 2—4 cm hoch an der Hornwand herauskommen. Bei abnormem Horn müssen die Nägel unter Umständen höher geschlagen werden. Ferner ist es nicht erforderlich, daß alle Nägel am Hufe gleichmäßig hoch hervorkommen. Dies kann sogar von Nachteil sein, wenn mehr als sechs Nägel geschlagen werden. Die Höhe des Durchtritts der Nägel durch die Hornwand ist außerdem von verschiedenen äußeren Umständen abhängig (Verwendungsart der Pferde, Größe und Form der Hufe und Hufeisen, Beschaffenheit des Hufhorns, Zahl der erforderlichen Nägel usw.). In der Hutbeschlagspraxis beobachtet man daher häufig, daß die Nägel nicht allein bei verschiedenen Tieren, sondern auch an den einzelnen Hufen ungleich hoch stecken und daß der Unterschied zwischen einzelnen Nägeln 1—2 cm beträgt. Wenn auch mit Rücksicht auf das bessere Aussehen des Beschlages möglichst angestrebt wird, daß die Hufnägel gleichmäßig hoch hervorkommen, so ist doch nicht richtig, daß beim ordnungsmäßigen Beschlagen eines Hufes ein Nagel nicht 1—2 cm höher als die übrigen Nägel herauskommen darf. Der Umstand, daß ein Nagel 1—2 cm höher als die übrigen Nägel hervorgetreten ist, bedingt an sich keinen Nachteil, wenn der Nagel vorschriftsmäßig in der weißen Linie angesetzt ist und die Hornwand richtig durchdrungen hat. In einem solchen Falle verstößt mithin ein Hufschmied, der einen derartigen Nagel nicht entfernt, nicht gegen die anerkannten Regeln der Kunst und muß nicht voraussehen, daß das Pferd hierdurch Schaden erleidet. Nur wenn der hoch hervorkommende Nagel sich gesetzt (gestaucht) oder die Huflederhaut verletzt, also eine Vernagelung herbeigeführt hat oder das Pferd Schmerzen zeigt, muß der Nagel entfernt werden und es darf an seiner Stelle ein neuer nicht geschlagen werden.

Kunstfehler beim Herrichten der Hufe. Außer der Vernagelung kommen beim Beschlagen noch zahlreiche andere erhebliche Kunstfehler vor (unerhebliche Fehler sind nach § 634 B. G. B. nicht zu vertreten). Die wichtigsten vertretbaren Fehler sind:

a) Zu starkes Ausschneiden der Sohle, der Eckstreben und des Strahls, sowie das zu starke Verkürzen der Wand mit nachfolgender Lahmheit. Regel ist bekanntlich, daß an der Sohle und am Strahl nur das lockere, bröcklige Horn entfernt und die Eckstreben möglichst unberührt gelassen werden. Bei Platthufen darf die flache Sohle überhaupt gar nicht oder nur mit größter Vorsicht und nur oberflächlich ausgeschnitten werden.

b) Das Durchschneiden und Durchhauen der Sohle und Wand (Hauklinge). Das Durchhauen der Sohle ist in der Regel durch eine Fahrlässigkeit der Beschlagschmiede bedingt. Die Anwendung der Hauklinge an sich ist für einen geübten Schmied nicht besonders gefährlich, also zulässig und auch allgemein gebräuchlich. Unzulässig ist die Hauklinge nur dann, wenn das Pferd unruhig und die Sohle sehr dünn oder abnorm beschaffen ist (Vollfuß, Knollfuß, Flachhuf). Hat ein Schmied fehlerhafterweise die Sohle durchhauen, so ist er verpflichtet, die Wunde zu reinigen und vor Verunreinigung zu schützen (Verband oder Deckeleisen). Er hat ferner dem Besitzer Schonung des Pferdes zu empfehlen und ihn auf die mit der Verwundung verbundene Gefahr aufmerksam zu machen.

c) Das Ausschneiden und das Ausbohren der trockenen Steingallen mit nachfolgender eitriger Entzündung der Huflederhaut. Hierbei ist indessen wohl zu beachten, daß nicht jede eitrige Steingalle auf einen Kunstfehler des Beschlagschmiedes zurückgeführt werden darf. In dieser Beziehung ist folgendes zu bemerken. Die Ursache der eitrigen Steingalle ist in einer Infektion der Huflederhaut mit Eiterbakterien zu suchen. Diese Eitererreger dringen in der Regel von außen durch Verletzungen oder Zusammenhangstrennungen der Hornkapsel bis zur Huflederhaut. Außer den vom Beschlagschmied verursachten Verletzungen (Durchschneiden der Sohle, Vernagelung) kann eine eitrige Steingalle auch durch Nageltritte, Eckstrebenbrüche, Hornrisse usw. ganz unabhängig vom Beschlag entstehen. Die letztgenannten Zusammenhangstrennungen der Hornkapsel sind oft sehr klein, so daß sie mit bloßem Auge überhaupt nicht wahrzunehmen und insbesondere bei einer späteren Untersuchung nicht mehr nachweisbar sind. In vielen Fällen ist es somit nicht möglich, den Weg festzustellen, welchen die mikroskopisch kleinen Eiterbakterien genommen haben bzw. wie sie an die Huflederhaut gelangt sind.

d) Die Verbrennung der Fleischsohle beim Aufpassen des Eisens oder beim Wegbrennen des Sohlenhorns durch glühende Eisen und Kohlen.

e) Die Verletzung der Haut und tieferen Teile am Ballen, an der Krone, am Fessel, Schienbein usw. durch unvorsichtige Handhabung des Rinnmessers, der Hauklinge, des Stoßmessers usw.

Ausschneiden der Steingallen und Haftpflichtversicherung. Einige Versicherungsgesellschaften haben infolge starker Inanspruchnahme wegen des Ausschneidens der Steingallen beim Kaiserl. Aufsichtsamt für Privatversicherung in Berlin einen Beschluß dahin angeregt, daß das Ausschneiden der Steingallen nicht Sache des Schmiedes sei, sondern

dem Tierarzt zukomme, daß mithin dem Pferdebesitzer gegenüber eine
Haftung für vom Schmied ausgeschnittene Steingallen abzulehnen sei.
Das Aufsichtsamt hat daraufhin den Standpunkt vertreten, daß man den
Schmieden nicht bei allen Steingallen die Berechtigung zum Ausschneiden
absprechen könne, sondern nur bei den trocknen. Eitrige Steingallen
dürfe der Schmied ausschneiden (!). Gegen diese Auffassung hat sich
Lungwitz (Der Hufschmied 1914, Nr. 3) ausgesprochen. Weder das
Ausschneiden der eitrigen Steingallen zum Zweck der Eiter-
entleerung noch das Ausschneiden der trocknen Steingallen
zum Zweck der Untersuchung gehört nach Lungwitz zu den
Obliegenheiten des Schmiedes. Verwerflich ist insbesondere das tiefe
Ausschneiden der trockenen Steingallen. Nur das ordnungsmäßige Frei-
legen der Steingallenpartie der Sohle, damit das Eisen dem Huf dort
nicht aufliegt, in Form der Beraspelung des Tragrandes, der Eckstrebe
und des Sohlenastes, ist bei schmerzhaften Steingallen Obliegenheit des
Schmieds, nicht aber das Ausschneiden der Steingallen selbst.

Kunstfehler bei der Abnahme der Hufeisen. Wird der Huf
beim Abnehmen des Eisens mit der linken Hand nicht gestützt,
so können erhebliche Gelenklahmheiten im Huf-, Kron- und Fesselgelenk entstehen. Fehlerhaft ferner sind das Abreißen von Stücken
der Hornwand durch das Abwürgen des Eisens ohne vorherige
Öffnung der Niete, die Quetschung der Sohle und das Abdrücken
der Wand durch die Abnehmzange, sowie das Herumliegenlassen
von Nägeln (Nageltritt) und abgenommenen Hufeisen (Sohlen-
verletzungen) auf der Beschlagbrücke. Der Schmied ist endlich
auch haftpflichtig für solche Beschädigungen der Pferde, welche
durch eine fehlerhafte Beschaffenheit und bauliche Mängel der
Beschlagbrücke und Vorführbahn (Löcher, abnorme Glätte,
Unebenheit, Abschüssigkeit, herumliegende Geräte, vorstehende
Haken und Nägel, mangelhafte Holzbekleidung der Wände usw.),
sowie durch unzweckmäßige Befestigung der Tiere veranlaßt
waren (nicht sofort lösbare Anbindevorrichtung usw.).

Vernieten der Hornspalten. Durch das Einziehen des Nietes kann
sich erfahrungsgemäß eine eitrige Huflederhautentzündung entwickeln.
Diese wird aber nicht in jedem Falle durch ein Verschulden des Schmiedes
veranlaßt. Bei schwachem, wenig widerstandsfähigem Hufhorn, namentlich
im Bereich der Seiten- und Trachtenwand schiefer Hufe, kann sich beim
Nieten eine Verletzung der Huflederhaut trotz aller Vorsicht ereignen. Nur
wenn durch eine eingehende Untersuchung der Nietstelle dargetan ist, daß
das Niet bei normaler Hornbeschaffenheit infolge mangelnder Sorgfalt des
Schmiedes zu tief geraten ist, die Hornwand durchdrungen und die Huflederhaut verletzt hat, liegt ein vertretbares Verschulden des Schmiedes
vor. Zu beachten ist ferner, daß Kronrandspalten an schiefen Hufen leicht
von neuem reißen, auch wenn sie schon vernarbt sind. Eitererreger können
daher bei regelrechter Vernietung auch auf anderem Wege in die Huflederhaut eindringen. Außerdem sind beim Einziehen eines Hornspaltnietes
Erschütterungen des Hufhorns unvermeidlich, so daß auch ohne direkte

Verletzung der Huflederhaut und ohne Schuld des Schmiedes durch das Niet Zerrungen und neue Zusammenhangstrennungen an alten Hornspalten mit nachfolgender Huflederhautentzündung und Lahmheit entstehen können.

2. Unerlaubte Zwangsmittel.

Pferd. Beim Beschlagen von unruhigen und widersetzlichen Pferden sind dem Beschlagschmied erlaubt: das Anbinden bei ruhigen Pferden, mäßige Züchtigung mit der Peitsche oder dem Stock, das Anlegen einer Strickbremse an der Oberlippe, sowie der sogenannten chinesischen Bremse (Oberkieferbremse), der Kappzaum, die Anlegung des Rareyschen Riemens und des Brust-, Rücken-, Schweif- und Fesselbandes.

Unerlaubt sind dagegen dem Beschlagschmied schwere Züchtigungen mit Besenstielen, Knüppeln, Zangen, Hämmern usw., das kurze Anbinden unruhiger, widersetzlicher, bösartiger und dummkolleriger Pferde, das Bremsen der Unterlippe, die polnische und eiserne Bremse, die Ohrenbremse, das Bremsen mit der Feuerzange, das Anbinden der Zunge und der Ohren, die spanische Wand, das Aufziehen eines Hinterfußes durch befestigte Ringe, Rollen oder Balken, das Zusammenfesseln von Unterfuß und Vorarm, sowie das Abwerfen; letzteres ist nur bei Zuziehung eines Tierarztes gestattet.

Zu dem Gebrauch eines *Notstandes* (Beschlagstandes) ist folgendes zu bemerken. Ein sog. Notstand wird von Beschlagschmieden zuweilen benützt, um widersetzliche und bösartige Pferde so zu befestigen, daß sie ohne Gefahr für den Menschen beschlagen werden können. Ein sog. Beschlagstand wird ferner in manchen Gegenden (Rheinprovinz, Belgien, Nordfrankreich) allgemein auch beim Beschlag ruhiger, frommer Pferde gebraucht, wenn es sich um schwere Tiere handelt, die sich stark auf den Aufhalter legen, so daß derselbe schnell ermüdet. In beiden Fällen müssen aber zur Vermeidung einer Beschädigung der Pferde bestimmte Vorsichtsmaßregeln beachtet werden (Bauchgurt, Halskette, Anbindevorrichtungen usw.). Zu diesen Vorsichtsmaßregeln gehört unter andern auch, daß das im Notstand beschlagene Pferd sich stets unter der Aufsicht eines mit der Einrichtung des Notstandes wohlvertrauten Gehilfen befinden muß, der im Bedarfsfall sofort die Fesseln des aufgehobenen Fußes löst. Bösartige Pferde müssen ferner Zwangsmittel (Bremse) oder Betäubungsmittel erhalten. Auch bei der größten Sorgfalt lassen sich übrigens in diesen Ständen Zerreißungen des

Schienbeinbeugers und andere Beschädigungen der Pferde nicht immer sicher vermeiden. Eine Haftpflicht des Beschlagschmiedes liegt nur dann vor, wenn derselbe beim Gebrauch des Notstandes (Beschlagstandes) fahrlässig insofern handelte, als er die üblichen Vorsichtsmaßregeln außer acht ließ.

Rind. Beim Beschlagen von Rindern gelten andere Regeln als beim Pferd. Allgemein wird anerkannt, daß ein zweckmäßiger Notstand erlaubt ist, desgleichen das Anbinden, das Anschlagen mit einem Stock an die Hörner, das Anfesseln und Aufheben eines Vorderbeins über den Rücken hinüber, das Hochheben eines Hinterbeins durch einen Baum usw. Unerlaubt sind dagegen alle Tierquälereien (Aufrollen, Verdrehen und Kneifen des Schweifes usw.).

Notstand. Über die Zulässigkeit des Notstandes beim Beschlagen der Pferde sind die Ansichten geteilt. M. Lungwitz verwirft den Notstand wegen seiner Gefährlichkeit. Ich bin mit Eberlein der Meinung, daß ein gut konstruierter Notstand für widersetzliche und bösartige Pferde einerseits, für sehr schwere Pferde andererseits erlaubt und üblich ist. Auch Kösters vertritt diese Auffassung, indem er sich in seinem Lehrbuch des Hufbeschlags (6. Aufl. 1914) hierüber folgendermaßen äußert: „In der Militär-Lehrschmiede Berlin werden unverbesserliche und gefährliche Schläger, bei denen die übrigen zulässigen Zwangsmittel nicht ausreichen, seit etwa 30 Jahren im Notstand beschlagen. Derselbe hat sich hierbei gut bewährt und nennenswerte Verletzungen sind nicht vorgekommen. Dies ist mit darauf zurückzuführen, daß der Notstand zweckmäßig eingerichtet ist, mit der nötigen Sorgfalt und zwar nur bei kaltblütigen und halbblütigen Pferden zur Anwendung kommt. Für bösartige Pferde, die für den betreffenden Notstand zu klein sind, und für sehr heftige, edle, besonders Vollblutpferde ist der Notstand nicht geeignet und gefährlich. Auf Grund dieser Erfahrungen und mit Rücksicht auf die verschiedenen Ansichten über die Zulässigkeit der Verwendung eines Notstandes bei bösartigen Pferden empfiehlt es sich für Hufschmiede, sich dem Pferdebesitzer gegenüber durch kurzen, schriftlichen Vertrag vor allen Folgen etwa im Notstand eintretender Unglücksfälle zu sichern. Eine vor Ausführung des Beschlages vom Pferdebesitzer zu unterzeichnende Bescheinigung hat dahin zu lauten, daß der Pferdebesitzer für alle beim Gebrauch des Notstandes entstehenden Beschädigungen eines Pferdes die Gefahr selbst übernimmt und die Folgen trägt. Auch in der hiesigen Lehrschmiede sind nur nach vorherigem Abschlusse eines derartigen schriftlichen Vertrages mit dem Besitzer Pferde im Notstand beschlagen worden."

Statistik. Unter 500 bei Versicherungsgesellschaften durch Schmiede angemeldeten Hufbeschlag-Haftpflichtschäden betrafen 300 Vernagelungen (= 60 Prozent), 27 Nageltritte, 25 zu tiefes Ausschneiden, je 5 fehlerhaftes Ausschneiden von Steingallen, Verletzungen durch die Hauklinge und im Notstand. Von den gemeldeten Fällen waren jedoch nur etwa 20 Prozent tatsächlich entschädigungspflichtig, während 80 Prozent der Meldungen Vorkommnisse betrafen, für die der Schmied nicht verantwortlich gemacht werden konnte. Von den angestrengten Prozessen wurde die Mehrzahl ($^4/_5$) zugunsten der Schmiede bzw. zuungunsten der Pferdebesitzer entschieden (Eberlein).

IV. Die Haftpflicht des Tierhalters.

Bürgerliches Gesetzbuch. § 833. Wird durch ein Tier ein Mensch getötet oder der Körper oder die Gesundheit eines Menschen verletzt, oder eine Sache beschädigt, so ist derjenige, welcher das Tier hält, verpflichtet, dem Verletzten den daraus entstehenden Schaden zu ersetzen. Die Ersatzpflicht tritt nicht ein, wenn der Schaden durch ein Haustier verursacht wird, das dem Beruf, der Erwerbstätigkeit oder dem Unterhalt des Tierhalters zu dienen bestimmt ist und entweder der Tierhalter bei der Beaufsichtigung des Tieres die im Verkehr erforderliche Sorgfalt beobachtet hat oder der Schaden auch bei Anwendung dieser Sorgfalt entstanden sein würde. **§ 834.** Wer für denjenigen, welcher ein Tier hält, die Führung der Aufsicht über das Tier durch Vertrag übernimmt, ist für den Schaden verantwortlich, den das Tier einem Dritten in der im § 833 bezeichneten Weise zufügt. Die Verantwortung tritt nicht ein, wenn er bei der Führung der Aufsicht die im Verkehr erforderliche Sorgfalt beobachtet oder wenn der Schaden auch bei Anwendung dieser Sorgfalt entstanden sein würde.

Die Bestimmungen des B. G. B. Nach § 833 ist in erster Linie für Beschädigungen durch Tiere haftpflichtig der Tierhalter. Mit dem Wort „Tierhalter" ist im Gegensatz zum „Tierbesitzer" nicht der Besitz eines Tieres als das Wesentlichste gemeint. Zum Begriff Tierhalter gehört vielmehr, in erster Linie die Nutzung des Tieres im eigenen Interesse sowie die Obhut und die Gewährung von Unterhalt und Obdach im eigenen Wirtschaftsbetrieb für eine gewisse Dauer. Haftpflichtig ist außerdem nach § 834 derjenige, welcher für den Tierhalter die Führung der Aufsicht über das Tier durch Vertrag übernimmt. Eine Haftpflicht tritt jedoch bei Beschädigungen durch Haustiere weder nach § 833 noch nach § 834 ein, wenn die im Verkehr erforderliche Sorgfalt beobachtet wurde.

Das Nähere über die vom Tierhalter bei mangelhafter Sorgfalt zu leistende Entschädigung ist in den §§ 843 bis 846 B. G. B. festgesetzt. Danach ist dem Verletzten durch Entrichtung einer Geldrente Schadenersatz zu leisten, wenn infolge einer Verletzung des Körpers oder der Gesundheit die Erwerbsfähigkeit des Verletzten aufgehoben oder gemindert wird oder eine Vermehrung seiner Bedürfnisse eintritt (§ 843). Im Falle der Tötung hat der Ersatzpflichtige unter anderm durch Entrichtung einer Geldrente Schadenersatz zu leisten (§ 844).

Eine Haftpflicht des Tierhalters für Beschädigungen, welche Tierärzten bei Ausübung übertragener Operationen und Untersuchungen von seiten der behandelten Tiere zugefügt werden (Beißen, Schlagen usw.), besteht insbesondere dann nicht, wenn dem Tierarzt hierbei ein Verschulden nachgewiesen werden kann, für das er nach § 254 B. G. B. einzustehen hat (Kunstfehler, Unvorsichtigkeit). Es gehört zu den übernommenen Vertragspflichten des behandelnden Tierarztes, derartige Vorkehrungen zu treffen, welche eine Beschädigung seiner Person unmöglich machen. Der Operateur muß hierzu kraft seiner Befähigung als Tierarzt imstande sein (Entscheidung des Landgerichts zu Dortmund). Ebensowenig ist der Tierhalter dem Beschlagschmied gegenüber haftpflichtig, wenn bei einer Beschädigung des Schmiedes durch Beißen oder Schlagen ein eigenes Verschulden desselben mitgewirkt hat. Dagegen ist der Tierhalter dem Schmied gegenüber haftpflichtig, wenn der Schmied bei ordnungsmäßiger Ausführung des Beschlags von dem Pferd verletzt wird. Alle Personen überhaupt, die in Ausübung ihres Berufes sich mit fremden Pferden zu beschäftigen haben (Tierärzte, Schmiede, Bereiter, Trainer usw.), übernehmen die damit verbundene Gefahr und haben deshalb erhöhte Aufmerksamkeit zu beobachten; wenn sie dies unterlassen, können sie den Tierhalter nicht zum Ersatz heranziehen. Wer sich z. B. einem ihm unbekannten Pferde so weit von hinten nähert, daß er beim Ausschlagen getroffen werden kann, unterläßt die im Verkehr erforderliche Sorgfalt und trägt daher selbst Schuld an einem Unfall. Auch bei einem nicht bösartigen Pferde ist regelmäßig die Besorgnis begründet, daß es instinktiv, in Furcht vor einer unbekannten Gefahr, zu seiner Verteidigung von seinen Hufen Gebrauch macht (R. G. E. vom 13. November 1905).

Die Tierhalterhaftung aus § 833 kann selbstverständlich durch Vertrag ausgeschlossen werden. Ein solcher Ausschluß der Haftung ist unter Umständen auch ohne ausdrückliche Abrede als stillschweigend vereinbart anzusehen. Ob eine derartige stillschweigende Vereinbarung vorliegt, ist nach der Lage des einzelnen Falles zu beurteilen. Das Reichsgericht hat sie neuerdings angenommen bei unentgeltlicher Mitnahme (Bd. 67, S. 431) und beim Trainer (Bd. 58, S. 410), nicht dagegen beim Stallknecht (Bd. 50, S. 244).

Sind tierärztliche Kliniken „Tierhalter" im Sinne des § 833? Diese namentlich für tierärztliche Lehranstalten sehr wichtige Frage ist durch eine Entscheidung des Kammergerichts vom 28. Mai 1907 auf Grund nachstehender Erwägungen für staatliche Kliniken verneint worden. „Nach der R. G. E., Bd. 52, S. 118, ist Tierhalter, wer im eigenen Interesse durch Gewährung von Obdach und Unterhalt die Sorge für das Tier übernommen hat, und zwar nicht zu einem ganz vorübergehenden Zwecke, sondern auf einen Zeitraum von einer gewissen Dauer." Von diesen Erfordernissen ist bei der Tierärztl. Hochschule weder das der Aufnahme im eigenen

Interesse, noch das der Aufnahme auf einen Zeitraum von einer gewissen Dauer gegeben.

1. Die T. H. übernimmt nach ihren Aufnahmebedingungen Haustiere von den Eigentümern zum Zwecke der Heilung auf deren Kosten. Die Unterbringung der kranken Tiere in der Hochschule zum Zwecke ihrer Heilung erfolgt also wesentlich im eigenen Interesse des Eigentümers, der demnach auch für die Zeit des Aufenthalts des Tieres in der Hochschule seine Eigenschaft als Tierhalter nicht auf diese überträgt. Daran ändert auch der Umstand nichts, daß die T. H. die bei ihr eingebrachten Tiere dazu benutzt, um an ihnen ihren Studenten und Praktikanten die Krankheiten der Tiere, ihre Behandlung, insbesondere die notwendigen Operationen vorzuführen. Es ist also wohl zutreffend, daß der Lehrzweck der Hochschule eine solche Benutzung des eingelieferten Materials an Tieren mit sich bringt und notwendig macht; es mag auch sein, daß die Hochschule der Behandlung eingelieferter Tiere sich nicht unterziehen würde, wenn sie nicht zugleich Gelegenheit hätte, sie ihren Lehrzwecken dienstbar zu machen. Trotzdem ist dieser Beweggrund, aus dem sie die tierärztliche Behandlung der Tiere unternimmt, nicht genügend, um sie in Ansehung derselben zum Tierhalter zu machen.

2. Es kommt hinzu, daß das lediglich zum Zwecke seiner Heilung nur für die Zeit der dazu erforderlichen ärztlichen Behandlung aufgenommene Tier von der Hochschule für einen Zeitraum aufgenommen wird, dessen Dauer sich von vornherein als eine beschränkte und durch den Heilzweck begrenzte voraussehen läßt. Auch dieses entspricht nicht der Stellung eines Tierhalters.

Unerheblich ist endlich der Umstand, daß nach den Aufnahmebedingungen während der Unterbringung des Tieres in der Hochschule der Eigentümer keinen Zutritt zu dem Tier hat. Denn hierdurch ist es für diesen Zeitraum seiner tatsächlichen Verfügungsgewalt nicht entzogen. Er könnte jederzeit von der Hochschule die Herausgabe des Tieres verlangen. Lediglich der Zutritt zu dem Tier war ihm während dessen Behandlung in der Klinik versagt. Diese Fernhaltung ist wahrscheinlich in dem Heilzweck begründet, der selbst nur ein vorübergehender ist.

Entscheidung des Reichsgerichts. Sehr wichtig ist im § 833 die Bestimmung, daß der Schaden „durch ein Tier" veranlaßt wird. Mit diesem Ausdruck „durch das Tier" ist ein willkürliches, absichtliches Tun des Tieres gemeint, ein selbsttätiges, auf eigenem Entschlusse beruhendes Verhalten. Solche willkürliche, schädliche Handlungen der Tiere können durch äußere Einwirkungen hervorgerufen werden. Diese Einflüsse dürfen aber nicht so starke sein, daß das Tier infolge Erschreckens die Überlegung des Handelns verliert. In dieser Beziehung hat das Reichsgericht entschieden, daß die Haftung des Tierhalters auszuschließen ist, wenn ein äußeres Ereignis auf ein Tier mit solcher Gewalt eingewirkt hat, daß das Tier nicht widerstehen konnte und in diesem Zustande Schaden angerichtet hat (Entscheidungen in Zivilsachen, Bd. 54, S. 74). Nach dieser Entscheidung „kann von einem selbständigen, willkürlichen Tun des

Tieres dann nicht die Rede sein, wenn ein äußeres Ereignis auf den Körper oder die Sinne des Tieres mit einer Gewalt eingewirkt hat, der Tiere der in Frage kommenden Art nach physiologischen Gesetzen nicht widerstehen können, und wenn es im Zustande eines solchen Zwangs Schaden anrichtet. In einem solchen Falle ist die Haftung des Tierhalters ausgeschlossen; denn der Schaden ist nicht durch das Tier, sondern durch das mit unwiderstehlicher Gewalt über das Tier hereingebrochene äußere Ereignis verursacht worden." Der Begriff „eines mit unwiderstehlicher Gewalt einwirkenden Ereignisses" wird übrigens von den Gerichten sehr eng begrenzt. So sind nach einer Entscheidung des Reichsgerichts vom 6. Juli 1905 Vorkommnisse im gewöhnlichen Verkehr keine das tierische Tun ausschaltende Ereignisse. Das Pfeifen und Dampfablassen der Lokomotive auf einem Güterbahnhof z. B. ist ein alltägliches Vorkommnis, mit dem der Führer eines Rollwagens zu rechnen hat; der Tierhalter hat dafür zu haften, wenn ein Pferd vor einem solchen Geräusche scheut. „Bahnfromm" ist eine selbstverständliche Voraussetzung für jedes Pferd.

Die obige Reichsgerichtsentscheidung hat zur Folge, daß dem tierärztlichen Sachverständigen von den Gerichten zuweilen die oft schwer zu beantwortende Frage vorgelegt wird, ob bei dem betreffenden Tier ein bewußtes, willkürliches Tun oder eine Zwangshandlung bzw. unbewußte Reflexbewegung vorgelegen hat. Im letzten Fall ist der Tierhalter nach der Reichsgerichtsentscheidung nicht haftpflichtig. Vom physiologischen und tierpsychologischen Standpunkt ist hierzu folgendes zu bemerken. Die Physiologie unterscheidet zwei Arten von Handlungen bzw. Bewegungen bei Tieren: willkürliche und unwillkürliche.

1. Die willkürlichen, Beschädigungen herbeiführenden Handlungen sind bewußte, überlegte, selbständige Angriffs- oder Abwehrbewegungen und bilden einen natürlichen, normalen Ausfluß der tierischen Wildheit. Für solche willkürliche, bewußte Handlungen der Tiere ist der Tierhalter haftpflichtig.

2. Die unwillkürlichen, Schaden verursachenden Handlungen sind entweder reine Reflexe oder unbewußte, instinktive Bewegungen, welche zur Abwehr oder Flucht ohne Überlegung, zwangweise, unter Umständen in sinnlosem Zustande (Erschrecken, Scheuen, Durchgehen) ausgeführt werden. Diese unbewußten Bewegungen sind gewohnheitsmäßig, angelernt oder vererbt und wie die Reflexe in ihrer Endwirkung nützlich und zweckmäßig. Für

solche unwillkürliche Handlungen der Tiere ist der Tierhalter nach der Entscheidung des Reichsgerichts nicht haftpflichtig.

Beispiele. 1. Einem ruhig vor dem Wagen stehenden Pferd fällt plötzlich ein Bretterdach, durch den Sturm gehoben, auf den Kopf und vor die Füße. Das Pferd geht infolgedessen durch und richtet beträchtlichen Schaden an. Die vom Richter gestellte Frage lautet: Mußte das Pferd notwendigerweise infolge einer Zwangshandlung unter Ausschluß des bewußten und willkürlichen Tuns durchgehen?

2. Ein Kind läuft von hinten her auf ein Pferd zu, das hinter einem Wagen angebunden geht, um einen auf die Straße gefallenen Ball aufzuheben und faßt das Pferd am Schwanz an. Das Pferd schlägt aus und zertrümmert dem Kind das Nasenbein. Der Richter fragt: Ist der Hufschlag lediglich als eine durch das Ziehen am Schwanze ausgelöste Reflexbewegung anzusehen?

In beiden Fällen handelt es sich nicht um eine bewußte Angriffs- oder Abwehrbewegung, sondern um unwillkürliche, unbewußte, durch das Erschrecken hervorgerufene Bewegungen. Der Tierhalter ist also nicht haftpflichtig.

3. Ein abgeworfenes Pferd sucht sich der Fesseln zu erwehren und verletzt dabei eine Hilfsperson. Diese Verletzung ist lediglich die Folge des an dem Pferde vorgenommenen Gewaltakts. Das Pferd hat die Person nur zufällig, nicht absichtlich getroffen, unter dem unwiderstehlichen Einfluß der Gewalteinwirkung. Der Tierhalter ist nicht haftpflichtig (R. G. E. vom 5. November 1908).

4. Ein Pferd schlägt beim Schweifkoupieren hinten aus und verletzt eine danebenstehende Person. Das Ausschlagen ist hier keine bloße Reflexbewegung, wie im Falle 2, sondern eine Reaktion auf den Schmerz, also ein willkürliches Tun, eine Äußerung der tierischen Natur. Der Tierhalter ist haftpflichtig (R. G. E. vom 17. Dezember 1908).

Eine kritische Darstellung der Tierhalterhaftung nach den neuesten Entscheidungen des Reichsgerichts hat G. Fröhner veröffentlicht (Monatshefte für prakt. Tierheilkunde 1913).

Haftpflicht der Tierkliniken. Wenn nicht durch besondere Vereinbarung mit dem Tierbesitzer (Aufnahmeschein, Revers) die Haftpflicht für Fahrlässigkeit ausgeschlossen wurde, sind die Inhaber der Tierkliniken für **fahrlässige Verletzung der eingelieferten Tiere** haftpflichtig. Die vertragliche Ausschließung der Haftpflicht hat dabei nur für den Fall der **Fahrlässigkeit**, nicht aber des **Vorsatzes** Gültigkeit (vergl. § 276 B. G. B., Absatz 2); bei **grober Fahrlässigkeit** ist ferner der Ausschluß der Haftpflicht unzulässig, weil gegen die guten Sitten verstoßend. Erkranken oder sterben jedoch Tiere ohne nachweisbare Schuld der Klinik (**Infektion** durch Hundestaupe, Brustseuche, Influenza, Druse usw., **Knochenbrüche** beim Abwerfen usw.), so kann die Klinik hierfür nicht haftbar gemacht werden. Auf die bloße Tatsache der Infektion eines Tieres kann ein Anspruch auf Entschädigung nicht gestützt werden, da jeder, der ein Tier in die Behandlung einer Klinik gibt, **sich den mit dem Betriebe notwendig verbundenen Gefahren unterwirft**, mithin auch der Gefahr einer Ansteckung. Dasselbe gilt für Knochenbrüche bei dem keinesfalls ungefährlichen Abwerfen (vgl. S. 294).

Ähnlich liegen die Verhältnisse bei **Tierpensionaten**. Große Pferdehaltungen namentlich, in denen ein öfterer Wechsel der Pferde durch Zu- und Abgang stattfindet, sind erfahrungsgemäß häufig für längere Zeit verseucht (Druse, Brustseuche, Influenza). Jedem Pferdebesitzer, der ein Pferd in eine große Pensionsstallung gibt, muß es bekannt sein, **daß die Gefahr der Ansteckung in einem solchen Institute größer ist, als in einem Privatstall**. Eine Haftpflicht der Pferdepensionate tritt aber z. B. dann ein, wenn das Vorhandensein der Brustseuche usw. verschwiegen wird oder wenn beim Ausbruch einer Seuche nicht sofort umfassende Vorsichtsmaßregeln gegen die Weiterverbreitung getroffen werden.

Haftpflicht der Eisenbahn. Sie wird geregelt durch die **Eisenbahnverkehrsordnung** (E. V. O.) vom 26. Oktober 1899, welche das Bürgerliche Gesetzbuch und das Handelsgesetzbuch (§ 456) als Grundlage hat. Nach § 75 der E. V. O. haftet die **Eisenbahn für alle durch ihr Verschulden entstandenen Beschädigungen von Haustieren beim Transport**. Als „Beschädigung" gilt jede nachteilige Veränderung des Gutes bezüglich seiner Beschaffenheit. Solche Beschädigungen sind namentlich: Fallen und Gestoßenwerden beim Rangieren, Erdrücktwerden, Ersticken, Verdursten, Verhungern, Entspringen. Ausgenommen von der Haftpflicht sind: 1. Beschädigungen durch Verschulden des Eigentümers; 2. Beschädigungen durch höhere Gewalt; 3. Beschädigung durch äußerlich nicht erkennbare Mängel der Verpackung (natürliche Beschaffenheit des Gutes). Beschränkt ist ferner die Haftpflicht der Eisenbahn: 1. bei Beschädigungen in offen gebauten Eisenbahnwagen; 2. bei Beschädigungen infolge der mit dem Aufladen, Abladen oder mangelhaften Verladen verbundenen Gefahr; 3. bei Beschädigungen, welche auf die für lebende Tiere mit der Beförderung verbundene Gefahr zurückzuführen sind. — Literatur: Rundnagel, Haftung der Eisenbahn 1906; Endemann, Das Recht der Eisenbahn 1886; Eger, Hertzer, Die E. V. O.; Keyssner, Die Haftung der Eisenbahnen in Buschs Archiv, X. Bd.; Zschokke, Viehtransport auf Eisenbahnen, D. T. W. 1898, S. 226; Reichsgerichtliche Eisenbahn-Entscheidungen, Bd. XII—XX.

Haftpflicht der Hengsthalter. Das sog. **Verdecken der Stuten** besteht darin, daß beim Beschälakt der Penis des Hengstes in den Mastdarm der Stute eindringt und denselben perforiert, was gewöhnlich eine innerhalb 12—24 Stunden tödlich verlaufende Peritonitis zur Folge hat. Nach §§ 276 und 278 B. G. B. ist der Hengsthalter haftpflichtig, wenn ihm oder seinem Vertreter ein schuldhaftes Versehen nachgewiesen wird. Da jedoch eine Zerreißung des Mastdarmes unter Umständen auch bei ordnungsmäßigem Decken sich ereignen kann, so läßt sich eine Schuld des Hengsthalters nicht immer bestimmt nochweisen. Eine Mastdarmzerreißung kann beim Deckakt auf verschiedene Weise zustande kommen. In der Regel entsteht sie allerdings dadurch, daß der Penis sofort in den Mastdarm, statt in die Scheide, eingeführt wird. In diesem Falle ist der Hengsthalter haftpflichtig, weil das direkte Eindringen des Penis in den Mastdarm bei einiger Aufmerksamkeit verhindert werden kann. Es kommt indessen auch vor, daß der Penis zuerst richtig in die Scheide eingeführt wird, während des Deckaktes jedoch wieder aus der Scheide herausgleitet und dann erst in den Mastdarm eindringt. Dieser Vorgang kann namentlich bei sehr heftigen Hengsten der Aufmerksamkeit des Leiters des Deckgeschäftes leicht entgehen. Es ist auch nicht ausgeschlossen, daß ausnahmsweise einmal der Mastdarm durch den ordnungsmäßig in die Scheide eingeführten Penis von der Scheide aus verletzt wird. Das Verdecken wird außerdem begünstigt durch Unruhe der Stute, durch einen auffallenden Größenunterschied zwischen Stute und Hengst sowie durch die eigenartige Lage des Afters bei alten Stuten, welche schon öfters gefohlt haben. Der After ist nämlich bei ihnen tief ins Becken hineingezogen, so daß After und Scheide nicht senkrecht übereinander, sondern in der Richtung von vorn oben nach hinten unten liegen; hierbei kann der Penis leicht ohne Verschulden des Hengsthalters in den Mastdarm gelangen.

Haftpflicht beim Mieten und Leihen von Tieren. Bei vorsätzlicher oder fahrlässiger Verletzung gemieteter und geliehener Tiere ist der Mieter (Leihende) auf Grund des § 823 B. G. B. haftpflichtig (z. B. bei Überanstrengung von Pferden). Ausgeschlossen von der Haftpflicht sind zufällige Verletzungen (z. B. nicht verschuldeter Zusammenstoß mit einem anderen Gefährt, Lahmen nach Fehltritten).

Haftpflicht der Gastwirte. Bei Beschädigungen von Pferden und anderen Tieren („eingebrachter Sachen") ist der gewerbsmäßige Gastwirt nach § 701 B. G. B. zum Schadenersatz verpflichtet. Die Ersatzpflicht tritt nicht ein, wenn der Schaden durch höhere Gewalt entsteht (z. B. durch Blitzschlag).

Haftpflicht der Schäfer. Als „Verhüten" bezeichnet man hauptsächlich das Auftreten der Leberegelkrankheit bei einer Schafherde infolge des Beziehens feuchter, infektiöser Weiden (vgl. das Kapitel über Leberegelkrankheit S. 238). Der Schäfer ist haftpflichtig, wenn die betreffende Weide als schädlich gekannt ist oder wenn er trotz des Vorhandenseins trockner Weiden feuchte bezieht. Die Haftpflicht fällt weg, wenn dem Schäfer nur feuchte Weiden zur Verfügung standen.

Haftpflicht des Militärfiskus. Entschädigungsansprüche werden namentlich im Manöver geltend gemacht, wenn bei der Einquartierung Zivilpferde durch Militärpferde verletzt (Schlagwunden, Knochenbrüche, Bißwunden) oder durch eingeschleppte Seuchen angesteckt werden (Brustseuche, Influenza, Rotz, Druse), sowie wenn bei Vorspanndienstleistungen Beschädigungen der gestellten Zugtiere stattfinden (Lahmheiten, Rehe, Hämoglobinämie, Kolik, Gehirnentzündung, Lungenentzündung, Blitzschlag usw.). — Literatur: Amann, Die Haftpflicht des Staates als Tierhalter. Ztschr. f. Veterinärkunde 1911.

V. Die Abdeckereiprivilegien.

Geschichtliches. In einigen preußischen Provinzen wurden im 17. und 18. Jahrhundert den Abdeckern sogenannte Privilegien, Patente, Bannrechte usw. verliehen, wonach jeder Viehbesitzer verpflichtet war, „das gefallene, sowie das außer der Viehseuche (Rinderpest) abgestandene, auch bei dem Schlachten

unrein befundene Vieh (Schafe ausgenommen) dem Scharf-
richter oder Abdecker des Distrikts anzusagen" (Publikandum
vom 29. April 1772 und andere ähnliche Edikte). Als „abgestanden"
sollte „alles zum ferneren Gebrauche für den Menschen untüchtige
Vieh" gelten (Ministerialreskript vom 11. Mai 1787 an die Kur-
märkische Kriegs- und Domänenkammer). Wenn ein „gemeiner
Landmann oder bäuerlicher Untertan" gegen diese Anzeigepflicht
handelte, mußte er dem Abdecker „zur Schadloshaltung für Haut,
Talg und Pferdehaare" je nach der Beschaffenheit des Rindes oder
Pferdes 1—2 Taler entrichten.

Diese alten Abdeckereiprivilegien, welche eine bestimmte
Haftpflicht der Tierbesitzer den Abdeckern gegenüber involvieren,
bestehen heute noch zu Recht und haben Gesetzeskraft, wofern sie
nicht abgelöst sind (Art. 74 des Einführungsgesetzes zum B. G. B.,
§ 7 der Gewerbeordnung). In Preußen gibt es zur Zeit (1915)
noch 190 privilegierte Abdeckereien. Nur durch die Bestimmungen
des Deutschen Viehseuchengesetzes, wonach die Kadaver milzbrand-
kranker (§ 34), tollwutkranker (§ 41), rotzkranker (§ 45) und pocken-
kranker Tiere (§ 210 B. A) sofort unschädlich beseitigt werden
müssen und das Abhäuten verboten ist, sind die Abdeckereiprivilegien zum Teil beschränkt worden. Von diesen vier Seuchen
und von der Rinderpest abgesehen, ist in Gegenden mit Abdeckerei-
zwang jeder Tiereigentümer verpflichtet, die Kadaver von ge-
fallenem, abgestandenem, inkurablem und unrein befun-
denem Vieh dem Abdecker anzusagen und zu überlassen. Entzieht sich der Tiereigentümer dieser Pflicht, so erhebt der Abdecker
gegen ihn mit Erfolg die Klage auf Entschädigung nach § 252
B. G. B. Das Abdeckereiprivilegium erstreckt sich auch auf die
Militärdienstpferde (Reichsgerichtsentscheidung vom 28. April 1902
zum Urteil des O. L. G. Stettin vom 11. Dezember 1901).

Die dem tierärztlichen Sachverständigen vorgelegten Fragen
beziehen sich gewöhnlich auf die Begriffe „abgestanden", „unheilbar" und „unrein", seltener auf den Wert der Kadaver.

Der Begriff „abgestanden". Aus der dem Begriff „abgestanden"
beigegebenen amtlichen Erläuterung, wonach damit „das zum ferneren
Gebrauche für Menschen untüchtige Vieh", also das wirtschaftlich wertlose Vieh gemeint ist, ergibt sich folgende Definition.
Abgestanden sind:

1. Tiere mit unheilbaren Krankheiten, welche die Nutzung
vollkommen aufheben (unheilbare Knochenbrüche usw.);

2. Tiere, welche so verbraucht sind, daß sie die Futterkosten nicht mehr lohnen;

3. Tiere, deren Fleisch zum menschlichen Genuß ungeeignet ist, d. h. bei welchen eine Krankheit nach §§ 9, 33 und 34 der Ausführungsbestimmungen zum Reichsfleischbeschaugesetz vorliegt;

4. Tiere, welche wirtschaftlich unbrauchbar, wertlos und auch zur Schlachtung nicht geeignet sind.

Fallen auch Schweine unter das Abdeckereiprivilegium? Diese Frage ist vom Kammergericht verschieden beantwortet worden. Nach der Entscheidung des Kammergerichts vom 25. Oktober 1906 fallen Schweine unter das Privileg, wenn sie darin auch nicht aufgeführt sind; würde nämlich keine Anzeigepflicht an den Abdecker bestehen, so wäre dies im Privileg zum Ausdruck gebracht worden (vgl. „Schafe ausgenommen"). Der Grund dafür, daß in dem die Entschädigungssumme betreffenden Teil der Privilegien unter den dort benannten Tiergattungen Schweine nicht aufgezählt sind, hat seinen Grund darin, daß zur Zeit der Verleihung der Privilegien (18. Jahrhundert) Schweinekadaver wertlos waren; ihre Verwertung ist erst im 19. Jahrhundert üblich geworden. Nach einer anderen Kammergerichtsentscheidung hat dagegen der Abdecker kein Recht auf die Kadaver gefallener Schweine. Das Publikandum von 1772 enthält eine Schadloshaltung des Abdeckers nur bei Nichtanzeige von Pferde- und Rinderkadavern. Eine Schadloshaltung für die Kadaver kleinerer Tiere ist im Publikandum nicht ausgesprochen (vgl. „nach der Beschaffenheit des Rindes oder Pferdes sind 1—2 Taler zu entrichten").

Der Begriff „Viehseuche". Das Publikandum vom 29. April 1772 ist unter dem Einfluß der durch die Rinderpest im 18. Jahrhundert in Preußen verursachten Schädigungen entstanden. Als „Viehseuche" im Sinne des Publikandums ist daher nur die Rinderpest zu verstehen. Bei allen übrigen Seuchen gehören die ganzen Kadaver den privilegierten Abdeckern, sofern sie ihnen nicht durch das Viehseuchengesetz entzogen werden (Milzbrand, Rotz, Tollwut, Schafpocken). Speziell die Maul- und Klauenseuche und der Rotlauf der Schweine sind nicht als „Viehseuche" im Sinne des Publikandums zu verstehen. Bei diesen Seuchen bietet das Viehseuchengesetz keine Handhabe, den privilegierten Abdeckern die ganzen Kadaver zu entziehen. Die Entscheidung des Kammergerichts vom 23. April 1908, wonach die Vorschriften des Publikandums auf alle Tiere nicht anwendbar sein sollen, die an einer ansteckenden Krankheit verendet sind, steht mit der gesetzlichen Regelung der Behandlung der Tierseuchenkadaver im Widerspruch (Gutachten des Preuß. Landesveterinämts 1914).

Nach einer Kammergerichtsentscheidung (1904) sind abgestanden nur Tiere, die bereits „gestanden" oder einen wirtschaftlichen Wert gehabt haben, also nicht Kälber, die während der Geburt verenden oder Fohlen, welche tot geboren sind. Nach einer anderen Kammergerichtsentscheidung (1902) fällt Federvieh nicht unter den Begriff „abgestanden", weil sich das Abdeckereigewerbe darauf nicht bezieht.

Sind schlachtbare Pferde „abgestanden"? Der früher von tierärztlicher Seite und von manchen Gerichten, z. B. vom Ober-

landesgericht Stettin am 11. Dezember 1901 (Abdecker Pfeil gegen
den Militärfiskus) vertretenen Auffassung, wonach abgestandene
Pferde nicht geschlachtet werden dürfen, sondern dem Abdecker zufallen, weil beim Erlaß der Abdeckereiprivilegien das
Schlachten der Pferde nicht bekannt war und weil den damaligen
Anschauungen Rechnung zu tragen sei, hat sich die neuere Rechtsprechung nicht allgemein angeschlossen. Nach der Entscheidung
des Landgerichts zu Stargard vom 3. April 1903 (Abdecker Peters
gegen den Roßschlächter Haase) gehören schlachtbare Pferde
nicht dem Abdecker. Die Entscheidung wird mit den veterinär-
und sanitätspolizeilichen Zwecken der Abdeckereiprivilegien begründet. Die Frage, was im einzelnen Fall als abgestanden, d. h.
zum menschlichen Gebrauche untüchtig zu erachten ist, muß nach
den jeweiligen wirtschaftlichen Verhältnissen und Anschauungen,
nicht nach denen des 18. Jahrhunderts beurteilt werden. Diese
letztere Gerichtsentscheidung dürfte zutreffend sein. Auch das
Preußische Landesveterinäramt hat sich in seiner Sitzung vom
17. November 1911 (Prozeßsache des Abdeckers Lorenz gegen den
Gutsbesitzer Amende) gutachtlich dahin ausgesprochen, daß nach
den gegenwärtigen Anschauungen ein Pferd nicht „abgestanden" ist,
dessen Fleisch für Schlachtzwecke verwendbar ist.

In diesem Gutachten des Landesveterinäramts heißt es: „Zu
der uns vorgelegten allgemeinen Frage, ob ein Pferd als „abgestanden" bezeichnet wird, wenn es arbeitsunfähig ist, oder nur
dann, wenn sein Fleisch zur menschlichen Nahrung nicht mehr
geeignet ist, bemerken wir folgendes. Nach den gegenwärtigen
wirtschaftlichen Verhältnissen und Anschauungen, insbesondere nach
der heutigen Auffassung der Tierärzte, bezeichnet man ein Pferd nicht
schon als „abgestanden", wenn es nur arbeitsunfähig ist, sondern
erst dann, wenn sein Fleisch zur menschlichen Nahrung nicht mehr
geeignet ist. Heutzutage sind nicht bloß Rinder, Schafe und Schweine,
sondern auch Pferde wichtige Schlachttiere insofern, als das Pferdefleisch ein wichtiges Nahrungsmittel für den Menschen darstellt.
Eine ganz andere Frage ist die, ob im Sinne der Abdeckereiprivilegien ein Pferd schon als „abgestanden" zu bezeichnen ist,
wenn es nur arbeitsunfähig ist. Die Entscheidung darüber, wie der
Wortlaut des Publikandums vom Jahre 1772 und ähnlicher Edikte
zu deuten ist, ob für die Auslegung dieser alten Privilegien der da-
malige oder der jetzige Standpunkt maßgebend sein soll, ist nicht
die Aufgabe tierärztlicher Sachverständigen, sondern Sache richter-

lichen Ermessens. Wir bemerken lediglich, daß die Auffassung der
einzelnen Gerichte hinsichtlich der Interpretation dieser alten Bestimmungen sehr verschieden ist. Während z. B. das Oberlandes-
gericht Stettin in der Entscheidung vom 11. Dezember 1901 die
alten Privilegien zugunsten der Abdecker ausgelegt hat, ist in dem
Urteil des Landesgerichts zu Stargard i. P. vom 3. April 1903 der
entgegengesetzte Standpunkt vertreten und gegen die Abdecker entschieden worden."

Der Begriff „unheilbar". Unheilbar sind diejenigen Krankheiten,
welche nach der tierärztlichen Erfahrung in der Regel nicht oder
nicht vollständig zu heilen sind (Ausnahmen können vorkommen,
beweisen aber nichts). Auch solche Fälle, in welchen eine Heilung
zwar möglich wäre, die Länge und die Kosten der Heilungsdauer dem
Werte des Tieres jedoch nicht entsprechen würden, sind als unheilbar
(inkurabel) im Sinne der Abdeckereiprivilegien zu begutachten.

Unter den unheilbaren Krankheiten sind besonders häufig
Knochenbrüche zu begutachten. Als unheilbar sind in der Regel
nachstehende Knochenbrüche bei den größeren Haustieren zu bezeichnen: die Brüche der Halswirbel, Rückenwirbel und Lendenwirbel (Wirbelkörper, Wirbelbogen), die vollständigen Brüche des
Oberschenkelbeins, Unterschenkelbeins, des Schulterblattes, Arm-
beins, der Speiche, des Metatarsus und Metakarpus, die vielfachen
Brüche des Fesselbeins und Kronbeins, sowie besondere Arten der
Beckenbrüche (Brüche in der Pfanne, in der Symphyse, in der
Umgebung des Verstopfungslochs, schwere Darmbeinbrüche). Speziell
bei den Fesselbeinbrüchen hängt die Beurteilung wesentlich von
der Art des Bruches ab. Einfache Brüche sind leichter zu heilen
als mehrfache; vielfache Brüche und komplizierte Splitterbrüche
sind unheilbar; Horizontalbrüche (Querbrüche) sind gleichfalls gewöhnlich nicht zu heilen; bei alten Pferden erfolgt die Heilung
langsamer als bei jungen. Daß Fesselbeinbrüche im allgemeinen
nicht unheilbar sind, lehrt die Statistik, wonach im Durchschnitt
inkl. Fissuren 20 Prozent geheilt wurden (Preuß. Militär, Berliner
chirurgische Klinik). Unter den eitrigen Gelenkentzündungen
sind in der Regel unheilbar die des Hüft-, Knie-, Sprung-, Schulter-,
Ellenbogen-, Fessel-, Kron- und Hufgelenkes. Andere in der Regel
unheilbare Krankheiten sind: perforierende Darmverletzungen,
Darmvorfälle nach perforierenden Bauchwunden usw.

„Unheilbar und unbedingt tödlich". Nach § 71 des Viehseuchengesetzes wird die Entschädigung versagt bei Tieren, die mit einer „ihrer

Art oder dem Grade nach unheilbaren und unbedingt tödlichen" Krankheit
behaftet sind. Die Motive zum Seuchengesetz erläutern diese Begriffe
dahin, daß erstens der Tod binnen kurzer Frist („demnächst") erfolgen
muß, und daß zweitens das Tier bei längerer Haltung keinen Nutzen mehr
gewähren darf. Der Zustand des Tieres muß durch das Leiden so beeinflußt werden, daß es zu den gewöhnlichen Nutzungszwecken mit Vorteil
nicht mehr verwendet werden kann, also „abgestanden" ist.

Der Begriff „unrein". „Unrein" bedeutet nach dem Erkenntnis
des Amtsgerichts zu Eberswalde vom 11. Juli 1890 gesundheitsschädlich oder wegen kranker Beschaffenheit nicht genießbar.
Der Begriff „unrein" deckt sich also mit dem Begriff „untauglich"
im Sinne der Ausführungsbestimmungen zum Reichsfleischbeschaugesetz (§§ 9, 33 und 34). Das bedingt taugliche Fleisch fällt dagegen nicht unter den Begriff „unrein".

Schadloshaltung der Abdecker. Die Entscheidungen der Gerichte
hierüber widersprechen sich. Während es sich z. B. nach dem
Reichsgericht (11. Januar 1901) bei den Sätzen des Publikandums
von 1772 (1—2 Taler) nur um Strafen handelt, weshalb diese
Sätze der Schadenersatzberechnung nicht zugrunde gelegt werden
können, und auch das Kammergericht unter dem 25. Juni 1907
entschieden hat, daß das Recht des Abdeckers auf diese Sätze nicht
beschränkt werden solle, hat das Kammergericht unter dem 7. April
1902 (in Sachen der Stadt Werder gegen mehrere Personen) den
Abdeckern als Entschädigung nur diejenigen Sätze zuge-
sprochen, die im Publikandum von 1772 vorgesehen sind
(1—2 Taler). Nach diesem Urteil des Kammergerichts „fehlt es
an jedem Anhalt dafür, daß die im Publikandum angesetzten Sätze
(1—2 Taler) nur als Mindestsätze gemeint wären, die dann erhöht
werden müßten, wenn der Schade des Abdeckers tatsächlich höher
war, als die ausgeworfenen Beträge. Im Gegenteil läßt gerade
der Umstand, daß der gemeine Mann beim Verschweigen eines
Pferdes weniger zahlen sollte, als „der andere Verbrecher", der
auch nur ein Pferd verschwiegen hatte, mit Sicherheit erkennen,
daß die Sätze ein für allemal als nach unten und oben unverrück-
bar fixiert gelten sollten". Diese letzte Entscheidung des Kammergerichts muß als durchaus zutreffend bezeichnet werden.

Wert der Kadaver. Derselbe ist je nach den ortsüblichen
Preisen, ferner je nach der Größe, dem Körpergewicht, dem Nährzustand der Tiere usw. verschieden. In der Umgebung von Berlin
haben Pferdekadaver von mittlerer Art und durchschnittlicher
Güte für den Abdecker einen Wert von 34 bis 47 Mark (3 Zentner

Fleisch = 15 Mark, 1 Zentner Knochen = 2 Mark, $^1/_4$—$^1/_2$ Zentner
Fett = 4—13 Mark, Haut 12—16 Mark, Roßhaare 1 Mark). Kuh-
kadaver von mittlerer Art und Güte, bei einem Lebendgewicht
von acht bis zehn Zentnern, meist infolge von Krankheiten abgemagert, haben für den Abdecker einen Wert von 31 Mark
(4 Zentner nahezu wertlose Eingeweide nebst Inhalt, 3 Zentner
Fleisch = 15 Mark, 1 Zentner Knochen = 1$^1/_2$ Mark, $^1/_4$ Zentner
Talg = 5 Mark, Haut 10 Mark). Die Gewinnungskosten der Abdecker sind unerheblich.

Der Roßschlächter kann im Gegensatz zum Abdecker, der
das Fleisch nur als Tierfutter oder zu technischen Zwecken (Dünger,
Schmieröl) verwerten darf, ein Pferd erheblich vorteilhafter verwerten. In Berlin z. B. erlöst ein Roßschlächter für ein mittelschweres mageres Pferd 102 Mark (3 Zentner Fleisch à 26 Mark
= 78 Mark, Haut 16 Mark, 1 Zentner Knochen und Hufe 2 Mark,
Zunge, Lunge, Herz, Leber, Därme 5 Mark, Mähnen- und Schweif-
haare 1 Mark). Für ein mittelschweres fettes Pferd erlöst er sogar
134 Mark (3 Zentner Fleisch à 30 Mark = 90 Mark, $^1/_2$ Zentner
Fett à 40 Mark = 20 Mark, das übrige wie oben 24 Mark).

Genaueres über die Verwertung der Kadaver in Abdeckereien
findet sich bei Haefcke, Handbuch des Abdeckereiwesens, Berlin 1906.*)

Betrug (Arglist, Dolus). 1. Das Bürgerliche Gesetzbuch enthält
Bestimmungen über „arglistiges Verschweigen" beim Verkauf von Tieren
in den §§ 123, 460, 463, 476, 477, 478, 480 und 485. Danach kann der
Käufer statt Wandelung oder Minderung Schadenersatz wegen Nichterfüllung klagen, wenn der Verkäufer einen Fehler arglistig verschwiegen
hat. Die Verjährung tritt bei arglistigem Verschweigen erst in
30 Jahren ein. Der Anzeige an den Verkäufer bedarf es beim arglistigen Verschweigen eines Hauptmangels nicht. Die Einschränkung und
die Ausschließung der Garantie sind ungültig.

2. Das Strafgesetzbuch bestimmt im § **263**: „Wer in der Absicht,
sich oder einem Dritten einen rechtswidrigen Vermögensvorteil zu verschaffen,
das Vermögen eines anderen dadurch beschädigt, daß er durch Vor-
spiegelung falscher oder durch Entstellung oder Unterdrückung
wahrer Tatsachen einen Irrtum erregt oder unterhält, wird wegen
Betrugs mit Gefängnis bestraft, neben welchem auf Geldstrafe bis zu
3000 M., sowie auf Verlust der bürgerlichen Ehrenrechte erkannt werden
kann. Sind mildernde Umstände vorhanden, so kann ausschließlich auf
Geldstrafe erkannt werden. Der Versuch ist strafbar." Ein Betrug des
Verkäufers im Sinne des Strafgesetzbuchs ist juristisch im allgemeinen
schwer nachweisbar. Ein strafbarer Betrug liegt z. B. vor, wenn ein
Verkäufer ein Pferd, das er wegen eines Hauptmangels zurücknehmen
mußte, einem andern Käufer ausdrücklich als fehlerfrei verkauft, trotzdem
ihm der Fehler bekannt ist.

---

*) Vgl. auch Haefcke, Die preußischen Abdeckerei-Privilegien, Berlin 1908.

Das bloße Verschweigen eines Mangels ist nach der üblichen Auffassung kein Betrug. Das Verschweigen der **Neurotomie** z. B. ist nicht unter allen Umständen ein Betrug. Da der Verkäufer für Nichthauptmängel, abgesehen vom § 492, nicht zu haften hat, ist er auch rechtlich nicht verpflichtet, dem Käufer das Vorhandensein eines Nichthauptmangels (neurotomierte Schale) anzuzeigen, den er kennt. Es ist vielmehr Sache des Käufers, sich durch Befragen Gewißheit darüber zu verschaffen, ob ein Nichthauptmangel vorliegt. Das Unterdrücken wahrer Tatsachen setzt nach § 263 des Str. G. B. voraus, daß eine Verpflichtung zur Angabe der wahren Tatsachen besteht. Dies trifft aber für den Viehkauf nicht zu, weil nach der Absicht des B. G. B. der Verkäufer von Pferden usw. durch den § 482, nach welchem er nur die Hauptmängel zu vertreten hat, günstiger gestellt sein soll, als der Verkäufer einer gewöhnlichen Sache nach § 459. Das Verschweigen der Neurotomie ist daher keine wider Treu und Glauben verstoßende Handlung. Ein Dolus liegt aber dann vor, wenn der Verkäufer ausdrücklich nach dem Vorhandensein eines Nichthauptmangels befragt, dessen Abwesenheit wahrheitswidrig behauptet. Bei der Neurotomie kommt noch hinzu, daß der Laie in der Regel die Bedeutung dieser Operation gar nicht beurteilen kann. Betrug ist dagegen z. B. das sog. Spannen der Milchkühe (Überschlagen mehrerer Melkzeiten oder Verschluß der Zitzen) mit dem Zweck, dem Käufer ein größeres Euter und größere Milchergiebigkeit vorzutäuschen.

Genaueres über den Dolus findet sich bei Vogler, Zeitschr. f. Vetkde. 1907, 5. Heft, Tennecker, Pferdehandel und Roßtäuscherkünste 1822, Zürn, Betrügereien beim Pferdehandel 1864.

Tierquälerei. 1. Nach **§ 360** des Strafgesetzbuchs wird mit Geldstrafe bis zu 150 M. oder mit Haft bestraft, wer öffentlich oder in ärgerniserregender Weise Tiere boshaft quält oder roh mißhandelt. 2. Durch Polizeiverordnungen wird in größeren Städten häufig u. a. bestimmt, daß Pferde mit Wunden, Gebrechen usw., insbesondere lahme Pferde nicht auf der Straße öffentlich gebraucht werden. Bezüglich der lahmen Pferde hat man sich daran zu erinnern, daß es drei Arten bzw. Ursachen von Lahmheiten gibt: schmerzhafte Entzündungszustände, mechanische Behinderung der Bewegung (Kontrakturen, Ankylosierung) und Lähmungen. Nur die erstgenannte Art von Lahmheit kann in Betracht kommen; dabei wird vorausgesetzt, daß das Pferd nicht erst unterwegs lahm geworden ist, und daß die Lahmheit erheblich ist.

Sodomie und Sadismus. Als Sodomie bezeichnet man die Unzucht des Menschen mit Tieren, als Sadismus die Vornahme grausamer Handlungen von Menschen an Menschen und Tieren zum Zweck der Erregung geschlechtlicher Wollustempfindungen (bei Tieren sind es namentlich Verletzungen des Mastdarms und der Scheide). Die Sodomie wird nach § 175 des Strafgesetzbuchs mit Gefängnis bis zu 5 Jahren bestraft. Beim Sadismus kommt unter Umständen Tierquälerei (§ 360 St. G. B.) und Sachbeschädigung (§ 303 St. G. B.) in Betracht. Die Aufgabe des tierärztlichen Sachverständigen besteht bei der Sodomie im mikroskopischen Nachweis der menschlichen Samenfäden, beim Sadismus in der Feststellung und Beurteilung der Verletzungen in der Scheide und im Mastdarm.

Eine Zusammenstellung der tierärztlichen Literatur findet sich bei Reichert, Die Bedeutung der sexuellen Psychopathie des Menschen für die Tierheilkunde, Berner Dissertation, München 1902. Vergl. außerdem Heß, Der Sadismus an Haustieren, Schweizer Archiv für Tierhlkde. 1911.

Anhang.

Die forensische Identifizierung von Tiergattung und Geschlecht.

I. Die Identifizierung der Tiergattung.

Veranlassung. Der tierärztliche Sachverständige wird nicht selten vom Strafrichter veranlaßt, bei Verfälschungen auf Grund des Reichsfleischbeschaugesetzes und Nahrungsmittelgesetzes (§ 10) sowie bei Betrug, Wilderei, Diebstahl, Sodomie usw. auf Grund des Strafgesetzbuches sich gutachtlich über die Herkunft von Fleisch, Knochen, Blut, Haaren, Sperma usw. zu äußern. Die Unterscheidung des Fleisches usw. der verschiedenen Tiergattungen stützt sich auf die besonderen anatomischen Kennzeichen der einzelnen Tiere, speziell auf die Abweichungen an den Knochen, auf die verschiedene Beschaffenheit des Fettes, die Farbe und den spezifischen Geruch des Fleisches, sowie auf das Verhalten gegenüber den präzipitierenden Antisera (biologische Methode). Namentlich die letztgenannte Methode hat sich neuerdings als das sicherste Mittel zum forensischen Nachweis von Blut, Fleisch, Sperma usw. einer bestimmten Tiergattung erwiesen.

Biologische Methode.*) Sie besteht in der Ausfällung von gelöstem Pferde-, Rinder-, Menschen- usw. Eiweiß in Form einer Trübung oder eines Niederschlags bei Zusatz des Blutserums von Kaninchen, denen das zu untersuchende Blut, Fleischsaft usw. subkutan oder intraperitoneal eingespritzt wurde (sog. präzipitierendes Kaninchenblut-Antiserum). Im Kaninchenblut bilden sich nämlich nach der Einspritzung des fremden Eiweißes (Pferd, Rind, Mensch) Antikörper mit spezifischer, ausfällender Wirkung gegen das Eiweiß des Pferdes, Rindes, Menschen usw. (sog. Präzipitine). Diese im Blutserum der z. B. mit Pferdeblut vorbehandelten

---

*) Vergl. Genaueres bei Uhlenhuth und Weidanz, Die biologischen Untersuchungsmethoden.

Kaninchen enthaltenen Präzipitine wirken nur gegenüber homologen Eiweißlösungen (Pferd) ausfällend, nicht aber gegenüber dem Eiweiß anderer Tierarten (Rind, Menschen).

Die biologische Methode, von Bordet entdeckt, von Uhlenhuth, Jeß u. a. vervollständigt, kann bei exakter Ausführung als durchaus zuverlässig bezeichnet werden. Sie läßt sich jedoch, ähnlich wie die Agglutination, wegen ihrer Kompliziertheit nur in Instituten und besonderen Laboratorien ausführen (hygienische Institute der Tierärztl. Hochschulen und Universitäten, Fleischbeschaulaboratorien, Institut für Infektionskrankheiten und Staatsarzneikunde). In der forensischen Praxis wird übrigens gewöhnlich nicht bloß eine qualitative, sondern auch eine quantitative Bestimmung verlangt; hierfür reicht das biologische Verfahren nicht aus.

Genaueres über die Technik der biologischen Methode findet sich in der Bekanntmachung des Reichskanzlers vom 22. Februar 1908 betr. die Änderung der Ausführungsbestimmungen D des Reichsfleischbeschaugesetzes.

Nachweis von Pferdefleisch. 1. Nach der biologischen Methode werden klare, filtrierte Auszüge des Fleisches getrübt oder es wird ein Niederschlag ausgefällt bei Zusatz des Blutserums von Kaninchen, die mit Einspritzungen von Blutserum oder Fleischsaft von Pferden vorbehandelt sind.

2. Das Pferdefleisch ist ferner charakterisiert durch seine Farbe (dunkelrot, bei langem Liegen schwärzlich und bläulich schimmernd, starke Faszien), das Fett (hellgoldgelbes, weiches, oleïnreiches, schon bei 30⁰ schmelzendes Unterhautfett, gelbe Tröpfchen beim Kochen, Jodzahl etwa 80), den spezifischen Pferdegeruch (beim Kochen und bei Zusatz von Schwefelsäure) und den meist starken Reichtum an Glykogen (letzteres kann übrigens auch in anderem Fleisch enthalten sein!).

Unter den Knochen sind besonders charakteristisch die Wirbel und Rippen, das Brustbein, Armbein, Becken und Unterschenkelbein.

Die Dornfortsätze der vorderen Rückenwirbel sind kurz und zeigen starke Beulen (Unterschied vom Rind). Die Dornfortsätze der Lendenwirbel sind nach vorne gerichtet und nahe beieinander. Die Schweifwirbel sind sehr kurz, die Rippen nicht flach, das Brustbein vorn kammartig. Das Armbein hat drei Rollfortsätze und einen kräftigen Umdreher. Das Becken ist breit, die Beule am Sitzbein zweihöckerig. Am Unterschenkelbein ist das Köpfchen vom Knorren getrennt; die Gelenkschraube steht schief nach auswärts.

Nachweis von Rindfleisch. 1. Nach der biologischen Methode werden klare, filtrierte Auszüge des Fleisches getrübt oder ausgefällt bei Zusatz des Blutserums von Kaninchen, die mit Einspritzungen von Blutserum oder Fleischsaft von Rindern vorbehandelt sind.

2. Die Farbe des Fleisches von Jungrindern ist blaßrot, von Ochsen hellrot bis ziegelrot, oft marmoriert, von Bullen dunkelrot. Das Fett ist meist weiß, ziemlich fest, weil wenig oleïnhaltig, und schmilzt bei 41—50°. Beim Kochen entwickelt sich der spezifische Rindfleischgeruch (Bullen zeigen bisweilen einen widerlichen Geschlechtsgeruch, Büffel einen moschusähnlichen Geruch).

3. Besonders charakteristische Knochen sind Halswirbel und Schweifwirbel, Rippen und Brustbein, Schulterblatt, Armbein, Ellenbogenbein, Oberschenkelbein und Unterschenkelbein.

Am 1. Halswirbel fehlt das hintere Flügelloch; der 3.—7. Halswirbel ist sehr kurz. Die Dornfortsätze der Lendenwirbel stehen aufrecht und sind getrennt. Der Wirbelkanal an den ersten 5 Schweifwirbeln ist geschlossen. Rippen und Brustbein sind flach. Das Schulterblatt ist dreieckig, der Hals dünn. Das Armbein hat nur 2 Rollfortsätze, der Umdreher ist kantenförmig. Das Ellenbogenbein besteht aus einem Stück. Am Oberschenkel ist der Hals stark eingeschnürt, der große Umdreher ist mit dem mittleren verschmolzen, der kleine Umdreher fehlt. Am Unterschenkelbein bildet das Fibulaköpfchen einen kleinen Haken, die Gelenkschraube steht gerade. Das Becken ist schmal, die Sitzbeinbeule dreihöckerig.

Nachweis von Schaffleisch. 1. Nach der biologischen Methode werden klare, filtrierte Auszüge des Fleisches getrübt oder ausgefällt bei Zusatz des Blutserums von Kaninchen, die mit Einspritzungen von Blutserum oder Fleischsaft von Schafen vorbehandelt sind.

2. Die Farbe ist hellrot oder ziegelrot, das Fett schön weiß, geruchlos, bei 31—52° schmelzend. Beim Kochen entsteht ein spezifischer Geruch nach Schafstall oder Panseninhalt.

3. Von Knochen dienen namentlich zur Unterscheidung von der Ziege und vom Reh das Schulterblatt und die Wirbel.

Unterschied von der Ziege. Die Knochen der Ziege sind im allgemeinen schmäler und schlanker als beim Schaf, besonders die Extremitätenknochen, die Gelenke und das Becken. Das Schaf hat ein breites, kurzes Schulterblatt mit starker Gräte und in der Mitte wulstartigem Schulterblatt-Grätenrand, der im Bogen etwas nach hinten läuft (bei der Ziege ist die Gräte flach und niedrig). Beim Schaf ist der 11. Wirbel der diaphragmatische, bei der Ziege der 12. Die ersten 5 Dornfortsätze der Rückenwirbel sind beim Schaf stark nach rückwärts umgebogen.

Das Schaf hat zuweilen nur 3 Kreuzbeinwirbel, die Ziege immer mindestens 4. Die untere Brustbeinfläche ist beim Schaf flach und eben, bei der Ziege konkav.

Unterschied vom Reh. Die Rehknochen sind besonders zierlich und schlank. Die Dornfortsätze der Rückenwirbel sind beim Reh vom dritten ab nach vorne gebogen, die der Lendenwirbel sind in scharfem Haken nach vorne ausgezogen. Die Ellenbogenspalte ist beim Reh sehr lang, beim Schaf und bei der Ziege oval.

Nachweis von Ziegenfleisch. 1. Nach der biologischen Methode werden klare, filtrierte Auszüge des Fleisches getrübt oder ausgefällt bei Zusatz des Blutserums von Kaninchen, die mit Einspritzungen von Blutserum oder Fleischsaft von Ziegen vorbehandelt sind.

2. Die Farbe ist hell- bis dunkelrot. Die Unterhaut ist klebrig, es besteht Fettmangel. Die Haare kleben am Fleisch.

3. Bezüglich der Knochen vgl. die Angaben beim Schaf.

Nachweis von Schweinefleisch. 1. Nach der biologischen Methode werden klare, filtrierte Auszüge des Fleisches getrübt oder ausgefällt bei Zusatz des Blutserums von Kaninchen, die mit Einspritzungen von Blutserum oder Fleischsaft von Schweinen vorbehandelt sind.

2. Die Farbe des Fleisches ist bei Mastschweinen weiß, blaß- oder rosarot (dabei ist es weich und fettreich), bei alten Zuchtschweinen dunkelrot (dabei ist es fest und fettarm). Beim Kochen wird das Schweinefleisch hellgrauweiß (das Fleisch anderer Tiere dunkelgrau) und zeigt den charakteristischen Geruch (das Fleisch von Ebern und Binnenebern hat zuweilen einen urinösen Geschlechtsgeruch). Das Fett ist weiß (Konsistenz und Schmelzpunkt sind nach Rasse und Fütterung sehr verschieden).

3. Von den Knochen werden namentlich zur Unterscheidung vom Hund benutzt die Wirbel, das Kreuzbein, Schulterblatt, Armbein und Becken.

Der 1. Halswirbel zeigt am oberen Bogen eine hohe Beule, der 2. ist sehr kurz, auch der Zahnfortsatz ist kurz und stumpf (beim Hund lang und spitz), der 3. besitzt einen langen Dornfortsatz. Die Rückenwirbel haben sehr große, messerklingenähnliche Dornfortsätze (beim Hund sind sie klein, rauh und dick). Die Dornfortsätze der Lendenwirbel stehen senkrecht und verbreiten sich nach oben, während sie beim Hund nach vorne gerichtet sind und sich verjüngen. Das Kreuzbein hat 4 Wirbel (beim Hund 3). Das Schulterblatt zeigt einen sehr langen Hals, die Gräte ist in der Mitte nach hinten ausgezogen. Das Armbein hat einen sehr kräftigen lateralen Muskelhöcker, der laterale Rollfortsatz ist hakenförmig nach innen umgebogen. Das Becken ist beim Schwein sehr lang (beim Hund kurz).

Nachweis des Hundefleisches. 1. Nach der biologischen Methode werden klare, filtrierte Auszüge des Fleisches getrübt oder ausgefällt bei Zusatz des Blutserums von Kaninchen, die mit Einspritzungen von Blutserum oder Fleischsaft von Hunden vorbehandelt sind.

2. Das Fett des Hundefleisches ist weiß, ölig, von spezifischem Geruch, bei 22,5° schmelzend.

3. Bezüglich der Knochen vgl. die Angaben beim Schwein.

Nachweis des Katzenfleisches. 1. Nach der biologischen Methode werden klare, filtrierte Auszüge des Fleisches getrübt oder ausgefällt bei Zusatz des Blutserums von Kaninchen, die mit Einspritzungen von Blutserum oder Fleischsaft von Katzen vorbehandelt sind.

2. Die Knochen dienen namentlich zur Unterscheidung vom Hasen und Kaninchen.

Unterscheidung vom Hasen. Der Kamm des 2. Halswirbels ist bei der Katze hakenförmig nach hinten ausgezogen und vorn abgestumpft (beim Hasen umgekehrt). Die Dornfortsätze der Rückenwirbel sind bei der Katze bis zum 12. Wirbel schwach nach hinten gekrümmt (beim Hasen sind sie alle nach vorn gerichtet). Die Querfortsätze der Lendenwirbel sind bei der Katze schmal, in eine Spitze auslaufend (beim Hasen sind sie groß, in einen vorderen und hinteren Lappen ausgezogen). Die Rippen sind bei der Katze rundlich, beim Hasen breit und flach. Am Schulterblatt des Hasen ist das Gräteneck in eine lange, rechtwinklig nach hinten umgebogene Spitze ausgezogen. Am Oberschenkelbein der Katze fehlt der kleine Umdreher.

Unterscheidung vom Kaninchen. Beim Kaninchen sind alle Dornfortsätze der Rückenwirbel leicht nach hinten umgebogen. Am Kreuzbein sind die Dornfortsätze beim Kaninchen zu einem Kamm verschmolzen. Der Ellenbogenhöcker ist beim Kaninchen nach vorn übergebogen.

2. Die Bestimmung des Geschlechtes.

Veranlassung. Bei ausgeschlachteten Tieren werden häufig zum Zwecke der Täuschung die Geschlechtsorgane entfernt, um weibliche oder nicht kastrierte männliche Tiere (Bullen, Eber) als vollwertig erscheinen zu lassen. Außerdem ist beim Rehwild unter Umständen zu begutachten, ob ein männliches (Bock) oder weibliches Tier geschossen wurde. Die wichtigsten unterscheidenden Merkmale sind folgende:

Rind. Bullen zeigen dunkelrotes, fettarmes Fleisch und eine starke Entwicklung der Hals- und Schultermuskeln. Der Leistenkanal ist offen, das Skrotalfett fehlt (im Gegensatz zum Ochsen).

Die Durchschnittsfläche des Gracilis ist dreieckig (bei weiblichen
Tieren bohnenförmig abgerundet). Der Beckendurchschnitt in
der Gesäß-Schambeinfuge ist von dem weiblicher Tiere verschieden.
Die Hörner sind beim Bullen gerade, kurz und kegelförmig, beim
Ochsen gekrümmt, lang und stark, bei der Kuh gekrümmt, kurz
und schlank.

Schwein. Eber zeigen eine charakteristische Verdickung und
Verhärtung der Haut und Unterhaut am Thorax (sog. Schild) und
häufig starken Geschlechtsgeruch (kann fehlen). Die Schnitt-
linie der Mitte des Bauches ist wegen der Entfernung des Penis
nicht gerade. Der Sitzbeinausschnitt läßt die Reste der Sitz-
beinrutenbänder erkennen. Spät kastrierte Eber („Eberkastraten")
zeigen den Ebertypus, jedoch keinen Geschlechtsgeruch (vgl. S. 264).

Reh. Beim Bock ist das Becken schlanker, schmäler und
enger als beim weiblichen Reh; die Schambeinsymphyse ist
beim erwachsenen Bock dicker und rundlicher. — Bezüglich der
Kanarienvögel vgl. S. 277.

Unterscheidung von Tierhaaren. Das Haar jeder Tiergattung hat
charakteristische anatomische Merkmale, die sich durch eine mikroskopische Untersuchung leicht feststellen lassen. Das Grannenhaar des
Kaninchens und Hasen z. B. ist durch den „zeiligen" Bau charakterisiert
(mehrere Strickleitern nebeneinander verlaufend); das feine Flaumhaar zeigt
einzeiliges Mark, in dem dunkle Markzellen von größeren lichten Luftspalten
so unterbrochen sind, daß das Bild einer punktierten Linie entsteht. Das
Grannenhaar der Katze dagegen zeigt eine ganz andere Oberflächen-
zeichnung; am Flaumhaar geben die Markzellen ein anderes Bild; an den
Rändern ist eine ziemlich grobe, stumpfe Zähnelung bemerkbar.

Genaueres über die Unterscheidung der Haare der einzelnen Tiergattungen findet sich im „Atlas der menschlichen und tierischen Haare"
von Waldeyer. Ein Gutachten über die Frage: „Hasen- oder Kaninchen-
haare?" ist von Wittlinger (Berl. Tierärztl. Wochenschr. 1911), ein solches
über die Frage: „Reh-, Fuchs- oder Hasenhaar" von Stroh (Zeitschr. für
Fleisch- und Milchhygiene 1912) veröffentlicht worden.

Sachregister.

Berlin. Druck von W. Büxenstein.

www.ingramcontent.com/pod-product-compliance
Lightning Source LLC
Chambersburg PA
CBHW031426180326
41458CB00002B/460